智能制造技术译丛

Advanced Control Foundation
Tools, Techniques and Applications

先进控制基础
工具、技术和应用

特伦斯·布莱文思 (Terrence Blevins)

[美]　威利·K. 沃伊什尼斯 (Willy K. Wojsznis)　　著

马克·尼克松 (Mark Nixon)

[美]　陈德基

　　王　泉　译

清华大学出版社

北　京

Terrence Blevins，Willy K. Wojsznis and Mark Nixon

Advanced Control Foundation：Tools，Techniques and Applications

ISBN：978-1-937560-55-3

北京市版权局著作权合同登记号　图字：01-2017-5201

图书在版编目(CIP)数据

先进控制基础：工具、技术和应用/(美)特伦斯·布莱文思(Terrence Blevins)，(美)威利·K.沃伊什尼斯(Willy K. Wojsznis)，(美)马克·尼克松(Mark Nixon)著；(美)陈德基，王泉译.—北京：清华大学出版社，2021.4 (2021.12重印)

(智能制造技术译丛)

书名原文：Advanced Control Foundation：Tools，Techniques and Applications

ISBN 978-7-302-56741-7

Ⅰ.①先…　Ⅱ.①特…②威…③马…④陈…⑤王…　Ⅲ.①自动控制系统　Ⅳ.①TP273

中国版本图书馆 CIP 数据核字(2020)第 210750 号

责任编辑：梁　颖　李　晔
封面设计：何凤霞
责任校对：李建庄
责任印制：沈　露

出版发行：清华大学出版社
　　　　网　　　址：http://www.tup.com.cn，http://www.wqbook.com
　　　　地　　　址：北京清华大学学研大厦 A 座　　　　邮　　编：100084
　　　　社 总 机：010-62770175　　　　　　　　　　　邮　　购：010-83470235
　　　　投稿与读者服务：010-62776969，c-service@tup.tsinghua.edu.cn
　　　　质量反馈：010-62772015，zhiliang@tup.tsinghua.edu.cn
　　　　课件下载：http://www.tup.com.cn，010-83470236
印 装 者：三河市龙大印装有限公司
经　　销：全国新华书店
开　　本：185mm×260mm　　印　张：23.25　　　　字　　数：561 千字
版　　次：2021 年 5 月第 1 版　　　　　　　　　　印　　次：2021 年 12 月第 2 次印刷
印　　数：1501～2500
定　　价：89.00 元

产品编号：067206-01

献　辞

此书献给 Karen Blevins、Susan Wojsznis、Nancy Nixon、Qing Li **和** Shugui Yang，**她们为我们的职业生涯提供了鼓励和协助**。

致　　谢

本书作者感谢 Grant Wilson 对先进控制研究和本书编纂的支持,感谢艾默生过程管理公司的 Jim Nyquist、John Berra、Mike Sheldon、Duncan Schleiss、John Caldwell、Dawn Marruchella、Jerry Brown、Dave Imming、Darrin Kuchle、Jay Colclazer、Nathan Pettus、Bruce Greenwald、Jim Hoffmaster、Ron Eddie 和 Gil Pareja 对启动先进控制的激励和支持。同时,我们由衷感谢艾默生过程管理公司前高级技术副总裁 Bud Keyes 对 DeltaV 先进控制程序开发的积极参与。在本书编纂之际,我们十分感谢与来自隆德大学的 Karl Åström、得克萨斯大学的 Tom Edgar、南加利福尼亚大学的 Joe Qin、加州大学圣芭芭拉分校的 Dale Seborg 进行基本和先进控制领域的交流,获益良多。感谢负责本书网站内容的 Joanne Salazar 和 Glenn McLaughin 以及负责封面创意性设计的 Brenda Forsythe 和 Jim Sipowicz,感谢 Joan Forbes 和 Cary Laird 对初稿的全面审查和诸多修订建议,感谢 ISA 对本书的投资和 ISA 出版开发经理 Susan Colwell 对本书出版的支持。

这些年与他人共同设计和运用先进控制工具,使我们获益匪浅。本书作者十分感激先进控制工具的开发人员,而这些工具恰是编纂本书的基础。这些开发人员包括 Vasiliki Tzovla、Ron Ottenbacher、Dirk Thiele、Ashish Mehta、Yan Zhang、Peter Wojsznis、Ian Nadas、Paul Muston、Bob Havekost、Paul Daly、Adam Qui、Chris Worek、Ken Beoughter、Dan Christensen、Ling Zhou、Ian Lloyd 以及 Vivi Hidayat。此外,我们认可 Tom Aneweer、Dennis Stevenson、Dick Seemann、Yang Zhang、Steve Morrison、Mike Ott、Chuck Johnston、Randy Reiss、Greg McMillan、Todd Maras、Michael Boudreau、David Rehbein、Pat Dixon、Quay Finefrock、Shelli Callender 和 Sai Ganesamoorthi 所做的宝贵贡献。我们衷心感谢众多参与先进控制产品实地测试的消费者。尤其是将先进控制工具用于各自工厂以支持评估工作的以下人士:得克萨斯州伊斯特曼的 John Traylor;美国首诺公司的 Mark Sowell;哈斯基能源公司的 Romeo Ancheta;加福林业的 Derrick Vanderkraats;路博润公司的 Bruce Johnson 和 Efren Hernandez;以及得克萨斯大学奥斯汀分校 Pickle 研究中心的 Bruce Eldridge、Frank Seibert、Ricardo Dunia、Eric Chen、Robert Montgomery、Stephen W. Briggs。我们向 Bob Wojewodka 带领的路博润团队特致谢意,感谢以下成员为数据分析开发做出的贡献: Denise Vermilya、Michel Lefrancois、Thomas Delangle、Philippe Moro、Beatrice Ozenne、Amelie Lehuen、Jean Sagot。

本书作者非常感谢艾默生过程管理系统和解决方案的控制工程师们,他们通过不懈努力,成功实现了先进控制在石油化工、油气、化学、生命科学、制浆造纸、电力和其他行业的应用。我们向 James Beall、Lou Heavner、Pete Sharpe、Doug White、Jim Dunbar、Elizabeth Alagar 等致以真诚的感谢。

与 Terry Chmelyk、Don Umbach、John Peterson、Mike Begin 和斯巴达控制团队的其他成员一同实地测试新型的先进控制技术,着实令人满意。本书列举的石灰窑一例便是先进控制在此领域的典型范例。与此同时,我们也感谢斯巴达控制团队和艾默生过程管理团队为在各类应用中实现实时优化和 MPC 所做的努力。英国艾默生过程管理公司的 Chris Hawkins、George Buchanan、Andrew Riley，斯巴达控制公司的 Terrance Chmelyk、Saul Mtakula、Manny Sidhu、Carl Sheehan，加福林业的 Barry Hirtz，催化剂纸业公司的 Stewart McLeod 所提供的应用实例大大丰富了本书内容。

我们也十分感激未列于此但影响了艾默生过程管理公司的先进控制产品的开发、为这些产品的成功应用做出贡献，以及启发我们编纂此书的各位人士。

译者要感谢下列人士为中文版提供的帮助。韩晟和袁波在该书翻译过程中给予了很大的协助。同济大学的王辰祥审阅了初稿。艾默生过程管理集团上海总部的瞿昭、沈骥骏、姚永斌、魏华等提供了很大帮助。ISA 出版社的 Susan Colwell 经理和清华大学出版社的梁颖先生也一直关心着整个翻译过程。最后译者还要感谢本书的原作者 Terrence Blevins、Willy K. Wojsznis 和 Mark Nixon，没有他们的大力协助这一翻译工作是无法完成的。

作者简介

Terrence "Terry" Blevins 在他的职业生涯中一直积极参与过程控制系统的应用及设计。在超过15年的工作生涯中,他担任系统工程师和团队管理者为纸浆和造纸工业设计和开发了先进的控制解决方案。Terry 在建立艾默生过程管理集团(Emerson Process Management)的高级控制项目中起了关键作用。Terry 是开发 DeltaV 高级控制产品的团队领导。他是现场总线基金会(Fieldbus Foundation™)功能模块规范开发和维护团队的领导,也是 SIS(安全仪表系统)结构和模型规范的编者。在这方面的工作中,Terry 参与了将现场总线基金会的功能模块推进成为国际标准的过程。Terry 是 IEC(国际电工委员会)SC65E WG7 功能块标准委员会的美国专家,该委员会负责 IEC 61804 的功能块标准。他是 ISA104-EDDL(电子设备描述语言)具有投票权的委员和委员会主席,是美国对 IEC65E 小组的技术咨询小组(USTAG)的技术顾问。他也是美国技术咨询小组 USNC TAG(IEC/SC65 和 IEC/TC65)的成员。Terry 撰写了《过程/工业仪表与控制手册》(*Process/Industrial Instruments and Controls Handbook*)第五版第11节标准概要的"ISA /IEC 现场总线概述",联合撰写了《仪器工程师手册,过程控制与优化》(*Instrumentation Engineer's Handbook,Process Control and Optimization*)第四版的四个章节。他与别人合著了 ISA(国际自动化协会)的畅销书《解除对高级控制的约束》(*Advanced Control Unleashed*)。他拥有 50 项专利,并已写作了 70 篇以上关于过程控制系统设计和应用的论文。Terry 在 1971 年获得路易维尔大学(University of Louisville)电机工程科学学士学位,在 1973 年获得普渡大学(Purdue University)电子工程科学硕士学位。2004 年,他入选了控制杂志的过程自动化名人堂。目前,Terry 是艾默生过程管理集团 DeltaV 产品工程部未来产品规划团队的首席技术师。

Willy K. Wojsznis 以模型预测控制、数据分析和自整定为重点,在过去二十年间一直从事过程控制产品的研发。在其过去近二十五年的职业生涯中,Willy 在水泥、钢材、矿业和纸业领域实现了多个计算机控制系统的研发和应用。凭借出色的专业化研究,成功研发出多个创新性先进控制产品,拥有三十余项发明,发表过四十余篇技术性论文。他于 1964 年、1972 年和 1973 年分别获得基辅技术大学的控制工程学位、弗罗茨瓦夫大学的应用数学硕士学位和华沙理工大学的博士学位。他曾与他人合著过 ISA 畅销书供工厂使用的先进控制。Willy 于 2010 年入选控制杂志的过程控制化名人堂,现在是 DeltaV 未来架构团队中的一员,并致力于优化、自适应控制、数据分析和模型预测控制领域的应用研究。

Mark Nixon 的职业生涯一直与控制系统的设计和开发相关。Mark 开始时作为一名系统工程师在石油和天然气、炼油、化工、纸浆等行业的项目上工作。他在 1998 年从加拿大搬到得克萨斯州奥斯汀市,在各种研究和开发的职位上工作过。1995—2005 年,Mark 是 DeltaV 系统首席设计师。2006 年,他加入了无线团队,非常积极地参与了 WirelessHART 规范和 IEC 62591 标准的制定。Mark 目前的研究领域包括基于 WirelessHART(无线 HART)设备的控制,批量过程的数据分析,无线技术在过程工业中的应用,移动用户,操作员界面和高级图形学。他目前活跃于下列领域：操作员行为中心（http://www.operatorperformance.org），WirelessHART 标准，ISA-88 标准，现场总线基金会标准（http://www.fieldbus.org/）和 ISA-101 标准。他写了许多论文，目前拥有超过 70 项专利。他与别人合著了《WirelessHART：用于工业自动化的实时网状网络》（*WirelessHART：Real-Time Mesh Network for Industrial Automation*），并为《工业仪表与控制手册》（*Industrial Instruments and Controls Handbook*）和《过程工业中的现代测量与终端执行单元精要》（*Essentials of Modern Measurements and Final Elements in the Process Industry*）提供了章节。Mark 1982 年在滑铁卢大学（University of Waterloo）电气工程系获得理学学士学位。

译 者 简 介

  陈德基(Deji Chen)在过程控制工业界工作了近20年,现为同济大学计算机系教授级研究员。他是OPC工业标准的始创者之一,工作过的项目涉及各种现场总线,包括WirelessHART标准的制定。他与别人合写了许多论文,拥有多项专利,与Mark Nixon等合著了《WirelessHART:用于工业自动化的实时网状网络》(*WirelessHART: Real-Time Mesh Network for Industrial Automation*)和 *Wireless Control Foundation-Continuous and Discrete Control for the Process Industry*。德基于1999年在得克萨斯大学奥斯汀分校(University of Texas at Austin)计算机系获得博士学位,研究方向是实时系统。

  王泉 加拿大西安大略大学博士/博士后。2015年6月获得加拿大西安大略大学电子与计算机专业博士。现任国际物联网标准技术委员会(ISO/IEC SC41)"物联网平台/互操作/网络/测试工作组"主席(召集人)、国际自动化学会工业物联网(ISA100)委员会投票权委员、国际自动化学会无线一致性测试(ISA WCI)工作组核心成员、国家标准技术评估专家、国家传感器网络标准工作组专家、国家物联网基础标准工作组专家、IEC智慧城市系统委员会第三工作组专家。近年来,主持或参与了国家级和省部级项目十多项,在国内外学术期刊和国际会议上发表论文三十余篇,出版专著两部及译著四部,获国家专利十项、美国国家专利两项,获得重庆市技术发明一等奖、重庆市科学技术进步奖二等奖、重庆市教育教学成果奖一等奖等。

前　　言

　　控制由于以下因素在过程工业中变得越来越重要：全球化的竞争、快速变化的经济环境、更严格的环境和安全规定。高效的测量和控制系统已成为工厂的基本组成部分。在这种情况下，《先进控制基础：工具、技术和应用》一书的作者收集了过程控制实践中最先进的做法。

　　该书的作者都来自艾默生过程管理集团。过去12年来我有幸与他们在多个过程控制项目上合作。他们都是受人尊敬的工程师，加起来有超过100年的行业经验，都因为在计算机过程控制上做出的贡献而进入过程自动化名人堂。其中两位曾成功撰写了ISA出版的《解除对先进控制的约束》。该书列举的技术，比如模型预测控制、模糊逻辑控制以及智能神经网络，超越了使用基本的反馈和前馈控制达到的效率。

　　本书覆盖了当前的话题，如多回路先进控制、控制系统性能评估、自适应整定和基于模型的整定、模糊逻辑和神经网络、无线控制、连续和批过程数据分析、模型预测控制、实时优化，还包含配套的可以用在专题练习中的软件。作者不是以理论为主线，而是以过程控制的基础支撑来阐述每个话题。

　　不同行业的代表性案例都在书中，如氨气生产、纸和浆、炼油、特种批量生产、发电和生命科学等。书中展示的应用反映了先进控制的最新进展，绝大多数的方法来自于得克萨斯大学奥斯汀分校、加州大学圣芭芭拉分校和艾默生过程管理集团的科研合作。本书非常适合专业人员独立学习。我祝贺作者们完成了这一有用的先进控制技术专著。

Thomas F. Edgar 教授

得克萨斯大学奥斯汀分校(University of Texas, Austin, TX)

目　　录

第1章 简 介

在许多先进控制技术被整合到过程控制系统之前,与这些先进控制技术相关的数学基础早已被人所熟知。随着 20 世纪 70 年代第一批过程控制计算机的引入,将先进控制作为分层应用解决方案部署成为可能。现在,先进控制产品可以被作为现代过程控制系统中的嵌入式应用程序使用,也可以被作为分层应用程序使用,所以能很容易地被添加到较老的控制系统中。在本书中,我们将详细讨论一些用于过程控制工业的常见的先进控制技术。

本书作者在先进控制工具的开发和试运转方面所做的多数工作,均可追溯到 20 世纪 90 年代早期,即艾默生过程管理公司创立先进控制项目之际。多数内嵌于 DeltaV 控制系统的先进控制产品都是产生于该研究和开发项目。2003 年出版的 ISA 畅销书《先进控制——最佳效益的工厂性能管理》包括了一些实例,这些实例使用了内嵌于 DeltaV 控制系统的先进控制技术。自那时起,我们见证了过去十年里先进控制工具的能力和用户界面的巨大进步,先进控制应用的设计和试运转因此变得更加容易。与此同时,新型的先进控制应用也已被引入到批量过程和连续过程中。因此,本书提供了一种将一些最新先进控制技术用于过程工业的新视角。

在此期间,工作上的合作伙伴们在应用先进控制方面的非凡洞察力使我们受益良多。我们编纂本书的目的是阐述一些理解和应用先进控制所需的概念和术语。本书提供的洞察力将有助于应用先进控制技术来改善工厂的性能。无论是在制造工厂还是工程部门的控制组抑或是制造工厂仪表部门的过程控制工程师,本书的信息将为他们理解先进控制应用提供坚实的基础。

现在,过程工业中的过程控制系统均为体积庞大且设计复杂。因此,那些熟悉传统控制技术的人士,可能不愿意花费时间钻研和学习作为控制系统一部分的先进控制工具。这确实有些令人遗憾,因为先进控制技术明显优于传统控制技术。本书每章所列举的应用实例,都是为了阐述先进控制的设计、实施和试运转等方方面面,以及如何与传统控制技术进行比较。

先进控制具有诸多方面,编纂本书的目的是让工程师、管理者、技术人员和不熟悉先进控制的其他人士能够迅速了解这门技术的详细情况以及如何应用。熟悉先进控制产品的熟练控制工程师们将得益于本书列举的专题练习、应用实例和解决方案。这些材料以独立于控制系统制造商的方式呈现,且可通过使用浏览器访问本书网站并获取相关的专题练习解决方案。

过程控制通常分为两种控制:批量控制和连续控制。本书重点介绍了一些连续高级控制技术,这些连续高级控制技术在许多情况下也可以应用于批量控制。许多实例和专题练习被用于阐释连续过程和批量过程的控制。

本书各章节可按任意顺序阅读。若读者过去曾使用过先进控制工具,那么只需阅读最感兴趣的几个章节即可。即便如此,回顾所有章节和相关专题练习也不失为一个好主意,这样可以更好地理解先进控制工具的最新特点。通常,这些新增特点会使得先进控制的设计和试运转更加容易和快速。本书的前几章介绍的许多先进控制概念为理解奠定了基础,有助于评估本书后续章节所列技术的好处。同时,有了这样的理解,一些先进控制解决方案也应该可以被设计出来,并且独立于被选择来实现这些解决方案的先进控制工具。

针对每个章节阐述的特定先进控制技术,都列举了一些实例来展示先进控制的典型操作界面。当先进控制被嵌入到控制系统时,可将操作员界面完全整合进普通的操作员界面显示。同时,在某些情况下,案例的显示可被操作员用于访问先进控制解决方案。操作界面的一个重要部分便是与控制策略息息相关。例如,警报系统经常被精心设计,以使操作员的注意力首先集中在最高优先级的警报上。虽然先进控制实现的操作界面的总体设计超出了本书的范围,但是本书中的许多实例描述了控制策略和操作显示界面之间的工作关系。

本书作者假设读者可能没有使用过先进控制系统并且没有相关的概念,但对分布式控制系统中的传统知识有一个很好的理解。因此,每一章都涵盖了有助于理解先进控制的概念和术语。例如,关于控制系统投资回报最大化和控制系统绩效评估的章节,提出了估算使用先进控制产品可以实现的经济效益必须理解的基本原则。在考虑某个先进控制技术是否适合某个制造工厂时,重要的是要记住该工厂的要求以及使用先进的控制技术可能实现的经济效益。例如,必须满足哪些生产和质量目标?当控制目标和经济效益很清楚的时候,确定先进控制产品是否经济合理,如果是,那么选择适当的先进控制技术通常是一个直接的过程。

在介绍了基本概念和术语之后,本书继而阐述了一些特殊技术,如可用于提高现有控制系统运行绩效的按需整定或自适应整定。接下来几个章节介绍了一些先进控制技术,如模糊逻辑控制和模型预测控制,这二者不仅可用来替换传统控制技术,亦可大大提高控制系统的功能性并从中获益。随着对这些新领域的介绍的进行,这些先进控制技术的优势会愈加明显。

鉴于各章节分别对先进控制技术的方方面面进行了详解,读者可通过一些专题练习解决方案看到先进控制工具的实例。http://www.advancedcontrolfoundation.com/网站展示了专题练习解决方案,且无需特殊软件便可获取,唯一的要求便是高速的互联网连接和一个网页浏览器。在本书附录部分,我们为如何进入访问该网站提供了详细指引。各章的专题练习旨在加强对所述章节内容的学习。除此之外,每个章节后面都附有一些与专题练习相关的问题,读者可进行浏览和回答,以判断是否已真正理解书中所述内容。这些问题不仅内容翔实,还十分有趣。在思考最佳答案的同时,重新浏览对应的章节内容可能会大有帮助。这些问题的目的是为了巩固学习过程。专题练习的结构非常有趣,而且信息量丰富。在查看专题练习解决方案后,如果练习题解决方案没有清楚理解,回头阅读相关章节可能会有所帮助。本书中每个专题练习均使用了动态过程仿真,以显示可能与本书所列先进控制技术一同实现的现实过程响应。本书作者发现在先进控制系统的试运转检验期间,创建与控制系统相互作用的动态过程仿真通常是很有用的。当一个合理的过程仿真与控制系统相联系时,其控制操作和过程响应将接近于实际运行中遇到的情况。第14章专门阐述了一些技术,这些技术通过使用大部分过程控制系统中的相同工具来创建过程仿真。

在介绍了一些可在工业上使用的先进控制技术之后,本书第15章将介绍可用来将先进控制整合进现有控制系统的技术。该章讨论了一些必须解决的共同问题,并举例说明了如何在现有的控制系统之上实现先进控制。

与介绍先进控制技术相同,本书自始至终都在通过使用过程实例和专题练习来阐释可满足各种过程控制要求的技术。如何将控制技术应用到有相似要求的其他过程,通过学习这些实例会变得更加清晰。我们希望通过阅读本书和浏览专题练习解决方案所获得的理解,为处理其他控制应用奠定基础。

如果读者对本书或基于专题练习的网站的使用存有疑虑,请随时通过邮件与本书作者联系。

第2章　控制系统投资的收益最大化

为了使控制投资的收益最大化,设计新控制系统或升级现有控制系统时,应当充分考虑系统预期的性能要求以及安装成本和长期维护成本等因素。在安装过程中,明确控制系统的目标(其定义如下所示)是从控制系统中长期获利的关键。当一个现代数字控制系统被安装后,现代数字控制系统的灵活性允许在过程控制实现中对该系统做出快速修改。然而,这种修改通常会直接影响控制系统的文档、操作培训、结构展示,现场设备通常也会被要求进行相应的变化。因此,在项目初期,明确控制系统的目标、评估预期收益和安装维护开销的重要性,并没有因为数字控制系统更好的易改变性而降低。

过程控制系统要实现的目标,通常为以下三个目标之一:

- 经济诱因的响应(降低成本或增加收入);
- 安全性能和环保要求;
- 设备保护。

一个新的或升级的控制系统,其目标之一是响应经济指标的要求,如降低成本或增加收入;采取的措施包括:通过提高原材料利用率来改善工厂运行效率(更高的生产率),减少不合格产品数量或降低能源消耗。此外,当工厂生产的某种产品市场需求充足时,通过增加工厂产量,就能增加效益。第二类目标是安全和环境的符合性。工厂的安全操作通常要求工厂关键操纵参数维持在正常范围内。控制系统中设计了与安全相关的功能,当操作过程出现混乱时,能够避免因安全系统发出的停车命令而对过程造成破坏。然而,如果控制系统不能维持安全运行条件,安全系统就会采取行动。构成安全系统的控制逻辑和现场设备独立于过程控制系统运行。这样,安全系统可作为控制系统控制行为的独立执行者,负责工厂的安全。如果最近安装了分布式控制系统,那么安全系统可能会被并入分布式控制系统并共享一些资源(例如操作员接口和控制配置的环境等)。

控制系统的某些功能是工厂必不可少的,例如控制系统可以将废气和污水的排放量控制在环保标准范围之内。较新的分布式控制系统包含接口能力,例如用于交换过程控制数据的OPC。这种能力可能被用于访问一些用于证明环境符合性的分析仪测量。这些测量可能被监测,并被包括在一些控制策略中,以维护操作条件来避免超过环境标准所规定的限度。

控制系统的第三类目标是保护过程设备。某些工厂操作环境可能会对过程设备造成损坏,但是不会对安全生产或环境造成危害。在这些情况下,过程控制系统需要采取必要措施,避免设备损坏。例如,如果水槽是空的,那么用于传输水槽中液体的水泵将处于干转状态,这将会对水泵造成损坏。由于这种情况不会威胁到安全操作条件,因此,安全系统不会采取任何处理措施。然而,更换水泵成本昂贵,而且水泵无法正常工作,也会影响生产效率。在这种情况下,控制系统可以自动关闭水泵以避免对设备造成损坏。在维持操作条件以保护过程设备方面,多个回路控制策略比单回路控制更有效,现代分布式控制系统通常能更容易地实现多个回路控制策略。

实施先进控制之前,要根据其成本进行合理性分析,本章重点研究改善控制的经济诱因,以及哪些应用领域需要先进控制技术来实现控制系统的经济目标。通过使用先进控制技术可以减少过程变差,这通常被用来提高工厂的产量或运行效率。然而,减少过程变差并使过程保持在或低于操作极限的经济动机,也可能是由于需要避免与违反环境标准规定有关的罚款。

2.1　经济诱因

如果控制系统能够减少过程操作中的变量,就能够提高工厂的操作效率。当工厂生产受到设备能力的限制或在特定的运行条件下达到最大产量和最优操作效率时,过程变差会影响工厂的经济效益。如果工厂产量受设备性能制约,控制系统减少过程变量并调整操作目标,使设备运行状态接近其操作极限,工厂即可达到最大生产效率。例如,限制放热反应器的吞吐量可能是一种可用的除热能力。当调整某一操作条件可以达到最大产量时,该过程可作为获得全局最大产量的参考。此时,任何操作条件的变动都会减少工厂的产量。

蒸汽锅炉是在给定总产量的条件下获得全局最大产量的典型过程案例。锅炉烟气中过量空气的含量,将直接影响锅炉的效率和蒸汽锅炉的生产成本。如果送入锅炉的空气量大于完全燃烧时所需要的量,那么这些增加的气体则会热降低锅炉效率。随着烟气中过量空气量减少,在某一特定拐点,过量空气的含量正好可以支持燃料完全燃烧。如果烟气中空气含量进一步减少,锅炉效率将随之降低,部分未燃烧燃料也将随烟气被排出锅炉。

如图 2-1 所示,在燃烧率一定的条件下,最佳运行效率可在某个特定的过量空气操作点时获得。过量空气是指燃烧过程中超过完全氧化所需的空气量。如图 2-1 所示,当过量空气在最佳运行点以上或以下变化时,效率会降低,从而影响工厂运营的利润。该操作平衡点的任何变化都将降低运行效率,而且应当注意,也可能会对环境造成损害。如果控制系统能够减少过量空气含量的变化,锅炉运行效率将得到提升。在燃烧率一定的条件下,过量空气含量对锅炉效率的影响将表现为全局产量的最大值。

在锅炉控制过程中,锅炉烟气中氧气(O_2)浓度可间接反映出锅炉中过量空气的多少。锅炉控制系统必须尽量减少这一关键工艺参数的变化。如果氧气输入量没有被控制,那么过程输入的变化将引起过量空气含量的变化,例如,外界温度的变化将引起燃烧值或者空气密度的变化。锅炉控制系统必须最小化该关键过程参数及过程输入的变化。锅炉燃烧控制中氧气设定值通常为锅炉负荷(需求)的函数,因为最高效的操作点会随着燃烧率的变化而呈现函数性变化,而燃烧率则决定于负载修正。第 13 章介绍了先进控制技术如何应用于锅炉控制以降低蒸汽产生的成本。

如果某个过程(如这个蒸汽锅炉)具有全局产量最大值,那么控制系统能够通过将该过程维持在最佳操作点来提升操作效率。然而,如果设定值不适合当前操作条件,那么过程产量将会下降。在这种情况下,应当将设定值设置为运行条件的函数,例如,可设置为过程吞吐量的函数。在安装和维护控制系统的过程中,应当注意,减少过程中的变化因素是设计方向;同时,选定使过程性能达到最优的操作设定值也是十分重要的。如果不这样做,则可能无法充分实现新的或升级的控制系统带来的好处。图 2-2 显示了设定值选择错误对操作的影响。

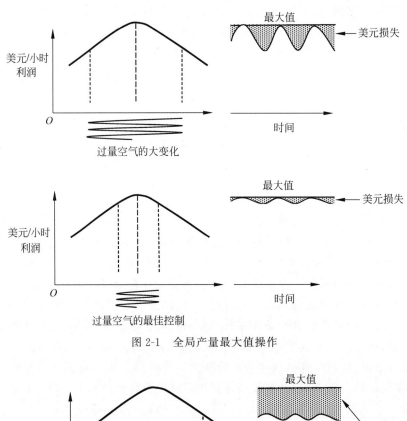

图 2-1　全局产量最大值操作

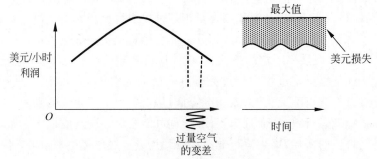

更好的控制，但错误的设定值

图 2-2　偏离全局最大产量的操作

现在把注意力转移到设备容量的问题上。在工厂规划设计过程中，要确定设备的容量，从而当达到期望的生产效率时，工厂中每一台设备都满负荷工作。如果工厂的生产不受市场的限制，也就是说，如果增产的产品总是可以被卖出，那么可以通过最大化工厂的产量来实现收入的最大化。即便如此，当工厂的生产效率高于所设计的生产效率时，某个或多个设备很可能会成为制约产量提升的瓶颈。如果工厂生产不受市场制约，即供不应求，那么当工厂生产效率最大时，即可获得最高效益。如果由于操作限制（例如设备的物理限制）而不能增加产量，则通常可以通过减少过程中的变化而非突破设备物理限制的方式来提升工厂产量，如图 2-3 所示。

如前所述，术语"产量受限"通常用于描述工厂最大产量由一个或多个过程中的局限而决定的情况。此时，有必要追究制约产量的瓶颈来源，即哪个过程或哪台设备限制了工厂的产量。可以与工厂操作人员探讨产量无法提升的原因，以便弄清哪台设备制约了工厂产量。

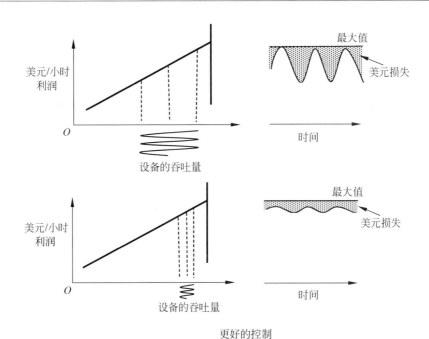

图 2-3　设备物理限制下的产量最大化

如果控制系统中允许工厂操作具有较大过程变差,那么目标生产速率的设定值要确保不会超出每台设备的操作范围。同样,为了避免超过产品规格限制,产品质量的目标值可以被设置成避免超过规格限制。例如,通过改善控制系统以减少过程变差,可以增加工厂产量的设定值,而不超过与过程区域或设备相关的物理限制(即工厂的瓶颈),如图 2-4 所示。这个简单的减少过程变差的概念,允许生产速度或质量参数目标的变化,通常被用来证明在工厂升级或安装更好的控制系统的基础。

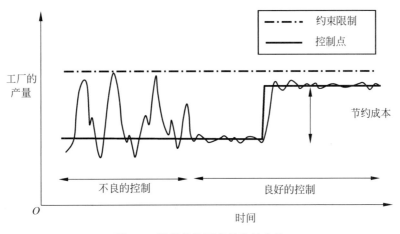

图 2-4　限制条件下产量的最大化

2.1.1　合成氨工厂实例

通过对一个典型的合成氨工厂运行情况的分析,可以说明过程变差对工厂效益的影响。

合成氨工厂的进料为天然气,因此工厂通常位于天然气资源丰富的地区。虽然近期天然气的价格大幅下降,但是北美的合成氨工厂依然在世界市场竞争中处于劣势。因此,以最高效的方式维持工厂运行有很重要的经济意义。

工厂合成氨示例的工艺流程图如图 2-5 所示。在一段转化炉中,天然气进料甲烷(CH_4)与水蒸气(水)混合,在催化剂的作用下,被加热至高温。与催化剂反应后,该进料转化为氢气(H_2)和一氧化碳(CO)。在二段转化炉中,加入空气(约含 21％的氧气、78％的氮气和其他惰性气体,如氩气),在燃烧过程中,大部分一氧化碳气体与氧气结合,生成二氧化碳(CO_2)、氢气以及氮气(N_2)。在变换炉中,未参与反应的 CO 转换为 CO_2。在如图 2-5 所示的吸收单元中,CO_2 被除去,留下氮气和氢气。残留的 CO_2 在甲烷转化器中被转化为甲烷(CH_4)。

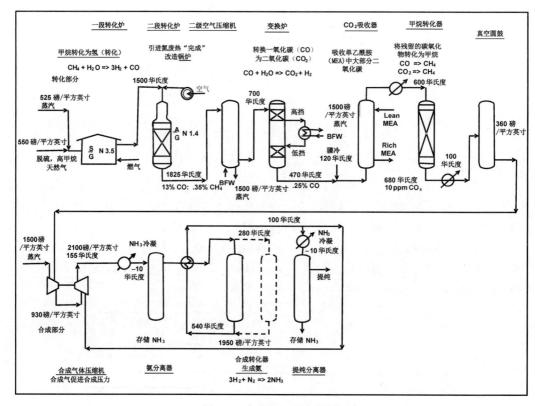

图 2-5　合成氨工厂的实例

原料气体 H_2、N_2 以及少量的甲烷和惰性气体在下游工序中被压缩。在该合成回路中,在合成塔内部催化剂的作用下,进料中的氢气与氮气反应生成氨(NH_3),通过分程器将其从该合成回路中提取。该合成回路中积聚的甲烷和惰性气体,在气体清洗时被除去。

新型氨工厂中的控制系统,用于应对日常操作问题。这类基本控制系统设计简单,并能帮助工厂迅速以设计的控制方式进入运转状态。然而,一旦工厂运行稳定,仍有必要增加控制性能方面的投资,以便使工厂的运行效率和产量最大化,这对于北美地区的工厂尤为重要。在引入分布式控制系统之前,有必要为控制系统添加计算机,以便为工厂提供额外控制能力。过去,某些过程控制供应商提供专门的合成氨工厂控制包,其中包含可设计并安装基于计算机的工厂优化系统的服务。然而,现在,如果一个工厂有一个现代分布式控制系统,那么该控制系统的先进控制能力(如自适应回路整定和模型预测控制)就足以提高工厂运行效率和生产的控制能力。

通过在工厂运营的四或五个区域中加入模型预测控制,可以显著提升合成氨工厂的运营效率和产量。这种增加的控制直接影响到工厂内关键单元的运行。在大多数情况下,数月之内即可收回投资成本。因此,这种被添加到氨工厂以提高工厂效率和生产的控制,可以作为一个很好的例子,旨在保持工厂在全球生产最大化的水平上运行,并将产量维持在设备物理限度内生产最大化的水平。

合成转换器内温度对氢气与氮气反应生成氨的转化过程有着重要影响。对合成转换器操作条件的干扰,会影响合成转换器的温度。这种干扰的例子包括甲烷和惰性气体浓度的变化、通过合成转换器的流量的变化以及氢气与氮气相对浓度的变化。在没有更高效控制系统的情况下,转换器上淬火阀(见图 2-6)通常由操作人员手动控制,操作人员对合成催化剂床的温度做粗略调整,从而会导致合成转换器内温度的大幅变化。在工厂进料速率恒定的前提下,合成床温度对氨产量的影响如图 2-6 所示。

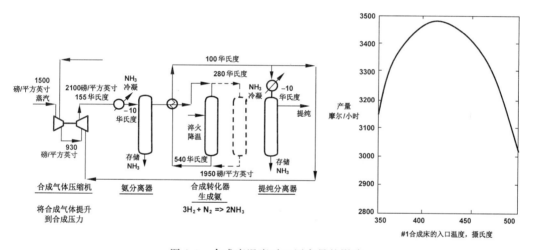

图 2-6　合成床温度对工厂产量的影响

在如图 2-6 所示的场景中,最经济的产量点出现在全局最大值处,因为在正常的操作条件下,产量仅受合成床温度的影响。在进料速率一定的前提下,如果合成床温度低于理想值,合成氨的产量将减少。因此,自动调整淬火阀,将合成床的温度保持在设定值是十分必要的。该自动控制能够快速补偿运行条件的变化带来的影响。模型预测控制对过程响应中的时滞和扰动变量的补偿能力,使合成床的温度控制成为可能。

合成床温度的自动控制对工厂效率的改善情况,可以通过最佳操作点(理想值)平均偏移量的减少计算得到。例如,在如图 2-6 所示的曲线中,平均操作温度上升 1℃,工厂产量将增加 0.4%。

$$\frac{\%\ 产量变化}{\#1\ 合成床的温度变化} = \frac{\dfrac{\dfrac{(3441-3413)\ 摩尔的\ NH_3}{小时}}{\dfrac{3413\ 摩尔的\ NH_3}{小时}}}{(430-410)℃} \times 100 = \frac{0.4\%\ 的产量变化}{合成床温度变化\ 1℃}$$

　　由于合成氨工厂每天氨产量超过 1000 吨，在进料一定的前提下，产量的少量增加也会极大地提升工厂的效益。

　　过程生产限制的一个例子是合成回路。在进料速率一定的前提下，合成氨产量随压力变化的情况如图 2-7 所示。合成回路的压力直接受到工厂进料速度、进料流中甲烷和惰性气体的浓度、合成回路转化率等操作条件的影响。

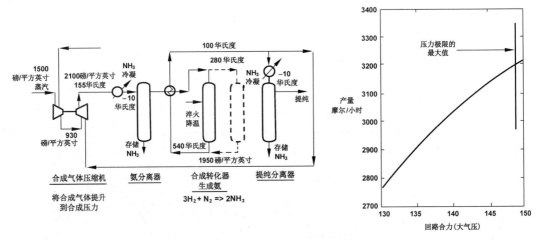

图 2-7　限定范围内合成回路压力控制

　　在过程区域中容器和管道可承受的范围内，合成回路中压力设定为最大值，此时运行效率最大。在没有自动控制的情况下，合成回路中的压力由操作员控制，操作员通过调整阀门来改变合成回路中的清洗流量。当操作员手动调整清洗值以防止超压状态时，合成回路的压力会发生很大的变化。

　　通过使用自动控制来调整清洗阀以保持压力设定值，可以实现对回路压力更严格的控制。因此，合成回路压力控制可以通过尽可能接近最大压力极限来最大限度地提高产量。

　　合成回路中压力每增加 1 个大气压，氨产量将提升 0.05%。

$$\frac{\%\ 产量变化}{压力变化(大气压)} = \frac{\left[\dfrac{(3205.6 - 3142.26)\ 摩尔\ \dfrac{NH_3}{Hr}}{3142.26\ 摩尔\ \dfrac{NH_3}{Hr}}\right]}{(150 - 146)\ 大气压} \times 100 = \frac{0.05\%\ 产量变化}{压力变化 1 个大气压}$$

　　过程限制生产的另一个例子是一段转化炉。在合成氨工厂的前端，一段转化炉管的温度，会影响天然气被转化为氢气和一氧化碳。随着温度的升高，转化率会提高，转化率能否达到 100% 取决于炉管的温度。

　　未被转化的天然气称为甲烷泄漏。随着甲烷泄漏量的增加，应当适当增加合成回路中的清洗气体流量，将回路中的压力维持在安全范围内，并会降低氨的产量。在进料速率一定的前提下，甲烷泄漏对氨产量的影响如图 2-8 所示。

　　天然气和水蒸气通过装有催化剂的管排进入一段转化炉。一堆一堆的管束被集合在一起，称为"竖琴管"，其被安装在具有耐火材料衬里的墙壁内衬。位于一段转化炉底部的加热

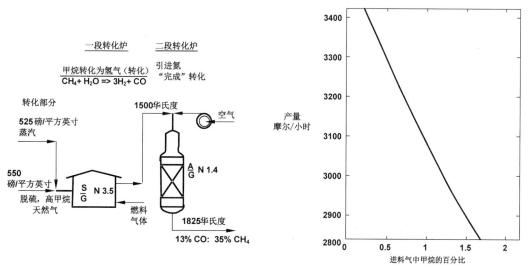

图 2-8　一段转化炉甲烷泄漏

器,对流经管排的气体进行加热。工厂操作人员手动调节燃气阀门,控制燃烧器中燃料的输入量,因此也将控制着流经管排气体的温度。

自动控制技术的运用,能够减少一段转化炉管中温度的变差,进而减少甲烷泄漏。在转化炉可承受的温度范围内,此类控制能够最大化工厂的产量。对于给定的进料速率,即使甲烷泄漏量少量下降,也会极大地提高工厂产量。

当 1% 的甲烷(CH_4)泄漏时,

$$\frac{\text{产量的 \% 变化}}{CH_4 \text{ 的 \% 变化}} = \frac{\left[\dfrac{(3303.9 - 2909.1)\text{摩尔}\frac{NH_3}{Hr}}{2909.1\text{摩尔}\frac{NH_3}{Hr}}\right]}{(0.5 - 1.5)\% \text{ 的 } CH_4} \times 100 = \frac{12.7\% \text{ 的变化}}{CH_4 \text{ 泄漏变化 \%}}$$

总之,在合成氨工厂中,某些工作区域中的控制可归类为可达到全局产量最大值的控制,而其他区域中产量受设备性能限制。前面描述的实例说明了如何通过控制,提升氨工厂效率,以及如何指导其他过程操作中的成本节省和产量提升。

2.2　降低过程变差——实现控制目标

如前所述,在实现经济目标方面有两件事是至关重要的:确定最优工作点、减少过程变差,从而使操作更接近最优条件。各种传统的和先进的控制工具都可被用于减少过程变差。在安装和维护一个控制系统以及先进的控制解决方案后,通过尽可能减少过程变差,从而有可能从过程操作中获得最大的经济效益。

2.2.1　单回路控制

设计建造新工厂时,出于经济效益因素的原因,会尽量考虑减少变送器、自动调节阀门以及控制回路的安装和调试。因此,在大多数情况下,新工厂安装的绝大部分自动控制系统采用单回路 PID 反馈控制方式。如图 2-9 所示,流量控制是很常见的单回路 PID 控制应用。

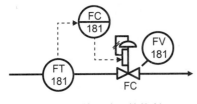

图 2-9　单回路反馈控制

为了帮助最小化单回路控制技术中的过程变差,制造商使用先进控制工具以实现自动评估控制性能,这部分内容将在第 3 章(控制系统性能评估)中详细探讨。测量和执行过程中出现的问题会对单回路性能造成影响,控制工具可以识别出这些问题。此外,某些工具能够自动识别出哪些过程变差可被减少,通过调整与 PID 相关的参数(即增益、复位和比例参数),针对设定值,获得最好控制器响应以及干扰输入变化。PID 参数设置的程序设定相对复杂,因为迟缓的过程响应会造成重大的过程延迟。因此,如今大部分过程控制系统具有自动建立回路调节的能力,如第 4 章(按需整定)所述。当过运行条件发生过程增益或动态变化时,用于自适应控制的超前控制工具将发挥作用,如第 5 章(自适应整定)所述。

通过对储液罐的控制,可以说明单回路设置和整定对装置运行的影响。液体储罐被用于各种方法来控制工厂内的库存。工厂过程区域中间通常安装中间储液罐(调压罐)。在正常运行条件下,中间储液罐提供的缓冲区域能够为过程独立运行提供环境。不合格或可回收材料以及制造过程中的副产品,都可以先存储起来,等待更进一步的处理。此外,某些过程区域可能要求为特定操作存储一定量的液体。

中间储液罐中液体的存储量,可由操作员手动调节每个过程区域的液体流量来维持。然而,通过自动调节方式控制中间储液罐中的存储,可以改善对过程区域的调节。此外,在大多数情况下,过程区域中通常使用自动控制来实现所要求的液体存储量。

工厂中过程区域间产量的不平衡会反映在过程区域之间调压罐的液面变化上。因此,通过将调压罐的液位维持在其上操作极限与下操作极限之间的范围内,就有可能保持产量的平衡。如果下游工序区域是连续过程,那么可以根据调压罐的液位自动调整其流量,如图 2-10 所示。

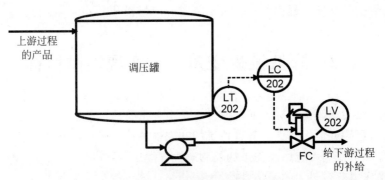

图 2-10　调压罐的液位控制

为避免下游工序生产效率发生突变,可将液位控制(LC 202)配置为纯比例控制,其偏移量是基于工厂正常生成速率进行设置的。浮动水平控制对下游流量的调节范围取决于控制器增益和偏移量。或者,上游过程吞吐量的任何变化所需的时间由复位参数决定时,并被反馈在下游过程的吞吐量,可以使用 PI 控制。对缓冲罐液位控制的整定,会直接影响下游过程中流量的变化,如图 2-11 所示。

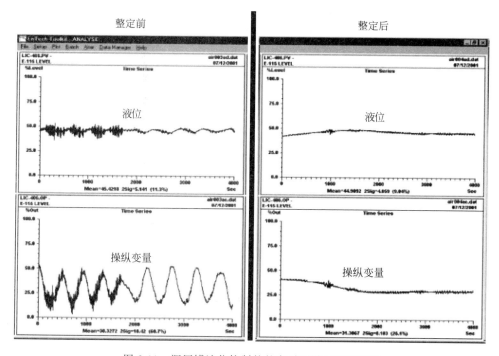

图 2-11 调压罐液位控制的整定对下游过程的影响

2.2.2 多回路技术

当单回路控制无法最小化关键参数变差,或无法将过程维持在其操作限制范围之内时,可以使用多回路控制技术(例如,前馈控制、级联控制和超驰控制)来改善控制。为调节与多进程输入相关的流速,使其达到合理的运行条件,应该使用分程控制、比例控制以及阀门位置控制。本章节简要介绍了这些传统多回路控制技术。与单回路控制类似,多回路控制中使用的 PID 反馈整定,其安装与调试将直接影响控制技术在减少过程偏差方面的效率。因此,一些用于性能评估、按需整定和自适应整定的先进控制工具,可被用于改善多回路技术的性能。

2.2.2.1 前馈控制

单回路控制的基本限制在于,其控制动作是基于设定值和被控参数之间的误差。如果两者之间无误差或误差发生变化,那么操纵参数将维持在其最后值。采用单回路控制对过程扰动输入进行修正时,输入扰动必定会影响到被控参数。只有当被控参数发生变化后,才能调整操纵参数来修正输入扰动。然而,如果控制回路包含过程扰动的测量值,那么可以使用前馈控制来预测和最小化扰动对下游过程的影响。扰动测量值前馈至控制系统,只有了解了系统自动采取控制措施,才能在扰动影响被控参数之前对其进行修正。一个扰动变量可以被前馈到控制系统中,这样就可以在扰动变量影响到被控参数之前自动对其进行校正。

前馈控制通常与反馈控制共同使用。例如，将给水温度 TT185A 作为反馈输入，可改善加热器温度控制，如图 2-12 所示。

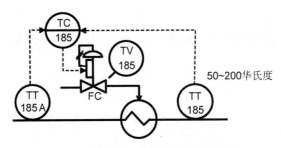

图 2-12　加热器温度控制中的反馈输入

使用前馈控制的一个关键问题是过程扰动必须是一个被测参数。如果扰动输入是未测量的，要使用前馈控制，则扰动测量值必须作为控制系统的输入。

2.2.2.2　级联控制

级联控制是指一个过程由两个或多个（子）过程级联组成，其中一个过程被定义为一个特定的设备配置，该配置作用于输入以产生输出。要使用级联控制，必须测量每个过程的输出。如图 2-13 所示，过程的第一个输入由辅助控制器直接操作。由于级联序列中每个过程的输出是下一个过程的主输入，所以第一个过程的可控输入发生变化，将会影响到其他过程的输入，如图 2-13 所示。

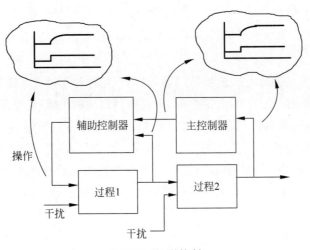

图 2-13　级联控制

主回路被配置成对过程序列中与上游过程相关的 PID 设定值进行调节。以锅炉为例（见图 2-14），出口蒸汽温度的控制过程由两个级联（子）过程组成：调温器和过热管。由主控制器 TC187 实现的出口温度控制，调节了调温器温度控制（TC186）的设定值，如图 2-14 所示。

实施级联控制的一个重要目的在于：在级联过程中，每个过程节点的二级 PID 能够对相应过程扰动输入做出快速反应。如果 PID 响应够快，扰动输入引起的变化不会对下游过

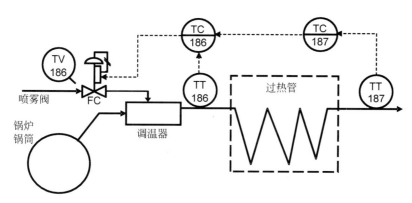

图 2-14　级联控制的示例

程造成影响,或者影响很小。通常,从属过程和二级 PID 回路的响应速度远快于主回路,所以,上述条件自然能够得到满足。级联控制的一个特性是:二次回路的响应时间应该比一级回路的响应时间快几倍(通常为 3～5 倍)。

在某些情况下,使用级联控制可用于补偿调节阀的非线性安装特性。例如,级联的从回路可能与某个过程相关,而该过程中阀门的安装特性是非线性的。因为过程中流速的变化可能非常快,所以可以调整从回路以快速调节阀门,以实现主回路要求的流速设定值。阀门的非线性安装特性,不会影响主回路的整定和响应。如果与主回路相关的过程对变化的响应非常缓慢,那么这是一个真正的好处。

2.2.2.3　超驰控制

为了维持合适的过程运行条件,有必要将某些可测量参数(例如,容器的温度、压力和液位)保持在其特定操作范围内,即特定约束区间内。超驰控制通常是将过程维持在其运行约束区间内最高效的控制方法,其在过程工业中占据着极为重要的地位。大多数控制系统都提供了一些实现超驰控制的工具。

超驰控制可应用于具有如下特征的过程中:过程具有一个操纵参数、一个被控参数以及一个或更多个约束输出。图 2-15 展示了压缩机控制方案中超驰控制的实现,该控制方案由一个约束输出 IT193、一个被控参数 PT192 和一个低选择器 PY192 组成,其中低选择器 PY192 操纵着吸入阀 PV192。

在本实例中,在正常运行条件下,选用 PID 控制器 PC192 将压力维持在设定值。当约束变量(电机电流)接近其设定值时,超驰控制 PID(IC193)将发挥作用。超驰控制 PID 通常设置为约束区间值,即约束变量绝对不能超过的值。重载 PID 何时接管控制,取决于 PID 整定参数以及超驰控制参数值的变化速率。

2.2.2.4　比例控制

对于许多过程,例如混合过程和锅炉燃烧过程,一个关键目标是将两个过程的流速保持在特定比例。此时,就需要比例控制。使用比例控制时,其中一个过程输入称为从属输入,另一个过程输入称为独立输入,两个输入之间保持一定比例。独立输入通常为过程测量值。输入之间保持的比例值,即为比率。独立输入值发生变化时,通过比例控制的作用,其他过程输入将被自动调节,将两者的比例维持在比率设定值。例如,比率 1∶1 表示两个输入在

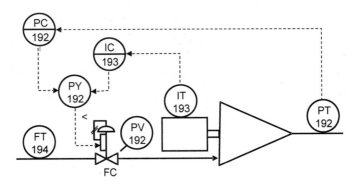

图 2-15　压缩机控制中的超驰控制

过程中比重相同。

在几乎所有的比例控制应用中，比例控制器确定流量控制器的设定值，而非阀门位置，如图 2-16 所示。因此，阀门相关的任何非线性安装特性都由流量控制器处理，不会对比例控制器维护比率设定值造成影响。

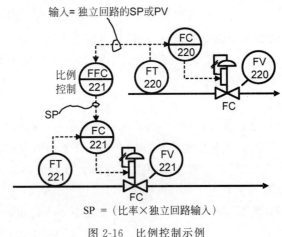

图 2-16　比例控制示例

在实现比例控制时，控制设计者可以选择调控非独立输入。在许多情况下，通常选择最大流量的输入作为独立输入，因为该输入可用于设置过程的生产量。

2.2.2.5　分程控制

处理多过程输入最常用的方法之一是分程控制。使用分程单元，将控制器输出映射到多个可控过程输入。分程单元块可用于确定控制器输出和每个可控过程输入之间的关系，如图 2-17 所示。

当控制器输出从 0 变化到 100% 时，分程单元块确定阀门开关顺序。从控制器角度来说，只有一个可控过程输入，分程单元块为过程的一部分。完成对分程功能块的配置后，可以使用操作调试单回路控制器的方法，对与分程功能块一同使用的 PID 功能块进行操作调试。通过使用分程功能块，将两个阀门以固定的方式进行级联起来，这样它们对于控制器而言就像一个阀门。

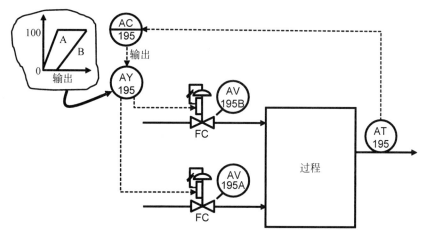

图 2-17　分程控制的例子

2.2.2.6　阀门位置控制

小型阀门能够准确计量流量,但是小型阀门却无法满足工厂生产速率对流量的要求。为了实现大流量范围内对流速的精确控制,通常有必要同时使用大小两个阀门。较小的阀门用于对流量进行精细调节;而较大的阀门被自动调节,以便让小阀门保持在其 0～100% 的操作范围内。使用阀门位置控制能实现对此类大小阀门的调节。

阀门位置控制是简明的概念,在现代控制系统中实现方便。图 2-18 显示了阀门位置控制策略的基本组成。

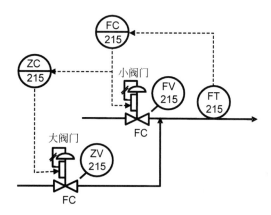

图 2-18　阀门位置控制的例子

在上述实例中,反馈控制器直接调节小阀门对过程的输入。反馈控制器的输出,即小阀门预期位置,也是积分控制器的控制参数。在此实例中,假设纯积分控制设定为 50%。如果反馈控制器在足够长的时间内,将小阀门工作状态从 50% 打开移动到其他操作位置,那么纯积分控制器将逐步调节大阀门,以便驱动小阀门运行状态返回到正常值的 50%。在此设定值上,反馈控制器可以对阀门做出调整,使其返回到正常工作设定值。对积分控制器的调节非常缓慢,大阀门的位置变化将会成为反馈控制器的负载扰动,该反馈控制器用于调节小阀门。

2.3　先进控制

单回路 PID 反馈控制与多回路传统控制技术（例如，前馈控制、级联控制、超驰控制、分程以及阀门位置控制）能够满足多种控制需求。然而，如果一个过程具有非线性响应的特征，那么可能需要自适应控制（详见第 5 章）来提高控制性能。当 PID 控制无法实现对设定值和负载扰动的较快响应时，可能需要采用模糊逻辑控制（详见第 6 章）。智能 PID（详见第 8 章）可能需要被用来提高从过程饱和恢复的程度，或者被用于在闭环控制中使用无线设备。当控制中需要的质量参数不能在线测量时，可以使用在线属性估计，如第 7 章、第 9 章和第 10 章所述。在电力装置中，通过使用在线过程优化（详见第 13 章）可以达到最佳的运行效率。然而，更加复杂的过程通常具有以下特点：极长的过程时延、较强的过程交互、多个操作约束以及可测量过程扰动。一些先进的控制技术（例如，模型预测控制）能有效地解决这些复杂过程的控制问题。用于大型和小型过程的模型预测控制，将分别在第 11 章和第 12 章中介绍。纸浆漂白和炉温控制是使用先进控制技术的典型应用。

2.3.1　纸浆漂白

如图 2-19 所示，在纸浆工厂漂白过程区域，使用漂白剂使纸浆达到预期光泽度。漂白剂添加之后，反应过程非常缓慢，漂白塔通常设为长停留时间的结构。由于漂白剂通过漂白剂塔的过程延迟，漂白剂塔后进行的亮度测量可能不会在 30~60 分钟内反映漂白剂添加量的变化，这取决于浆料流量，化学成分添加后发挥作用的时间取决于纸浆进料速率。

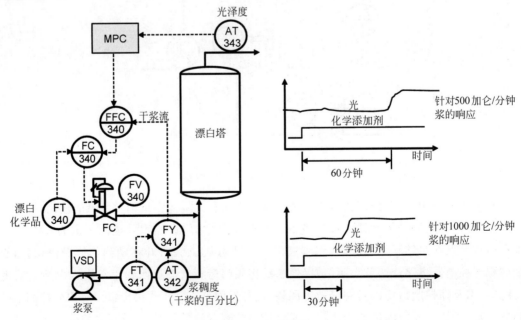

图 2-19　纸浆漂白

为了适应原料一致性的变化,即固体(即干纸浆)浓度及进料速率的变化,漂白剂添加速率可根据漂白剂与固体进料的比例而设定。然而,要有效地根据设定值的亮度偏差来调整这一比率,有必要使用过程建模和控制技术,如模型预测控制,以应对非常长的过程延迟。在没有这种能力的情况下,亮度必须由操作者通过手动设定化学品/干库存的比率来控制。

2.3.2　炉温控制

在一个合成氨工厂(如 2.1.1 节所述)中,一段转化炉由多个管束或"竖琴"组成,每个管束或"竖琴"包含一种催化剂。管束之间安放燃气炉,置于转化炉的底部,如图 2-20 所示。

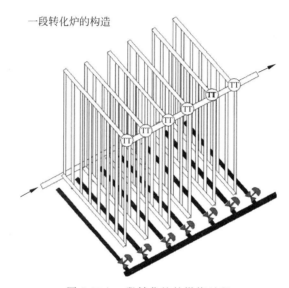

一段转化炉的构造

图 2-20　一段转化炉的燃烧过程

管束中反应气体的温度接近 1500 华氏度(815.55℃)。然而,气体温度会随着进料速率的变化而变化,当其他运行条件发生变化时,如管束外部气体温度变化,也会引起管束反应气体温度的变化。为了在最大限度地减少甲烷泄漏的同时有效地推动重整过程的完成,在管束内部保持一个高的、一致的过程气体温度是很重要的。

通常会设定温度上限,如果温度超过上限,将造成管束金属变形,甚至会最终导致管束破裂。如果发生这种情况,必须停止运行,直到完成破损管束的替换。因此,为了提高生产效率,将管束温度维持在较高水平,以减少甲烷消耗,同时又不能超过限定温度,以免引起管束破裂。

对每个管束的出口温度进行测量。然而,对燃烧炉的调整会影响到相邻管束的温度。由管束温度上限值和测量过程干扰引起的交互和约束,最好使用模型预测控制进行处理,如图 2-21 所示。

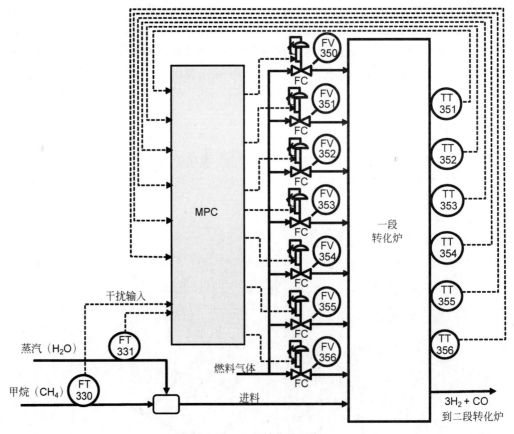

图 2-21　一段转化炉温度

2.4　复杂性和利益性的平衡

设计过程控制系统时，满足系统目标所需的复杂性水平必须与工厂运营的可衡量的利益相一致。无论该目标是为安全性或设备保护提供基本控制功能性，还是提高工厂操作的效率（经济诱因），这一要求均适用。在任何情形下，公司或工厂都必须确定新型控制系统或新型现场设备的复杂性与费用以及更多的先进控制性能是否与效率、产量、安全和环保要求的提高相匹配，如图 2-22 所示。

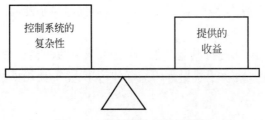

图 2-22　控制系统的利益平衡

　　本书接下来的几个章节将分别介绍一些不同的工具和控制技术。本书列举了一些实例来阐释如何通过结合这些工具和技术来完成各类应用的要求。后面这些章节所讨论的工具和技术,如按需整定、自适应整定和推理度量,可以被用于改进本章所述的传统单回路和多回路控制的性能。此外,本书将详细介绍一些 PID 改进,以扩展其能力和先进的控制技术,如模型预测控制、在线优化和数据分析。一般来说,出现如下情况时需更多地考虑使用先进控制技术和工具:

- 控制目标无法通过改进传统控制技术来实现;
- 传统的控制策略由于其复杂性,在保持最优性能时更为困难;
- 先进控制解决方案提供了更高的经济利益、产品质量、安全性和设备保护性能。

　　通过记录由先进控制应用实现的经济和运营效益,可以证明安装和维护先进控制工具的成本是可行的。

参 考 文 献

1. Edgar, T. F., Himmelblau, D. M., Lasdon, L. *Optimization of Chemical Processes*, 2nd ed. New York City, NY: McGraw-Hill, 2001.

2. Lipták, B. *Instrument Engineers' Handbook—Process Control and Optimization*, Boca Raton, FL, CRC, 2006.

3. Seborg, D. E., Edgar, T. F., Mellichamp, D. A. *Process Dynamics and Control* Hoboken, NJ: John Wiley & Sons, Inc., 2004.

第3章 评价控制系统性能

如图 3-1 所示,许多工业过程控制系统都涉及对多个运行单元的控制,其中包含数以百计的测量工具与控制回路。尽管这些控制系统被设计成能对历史运行数据自动归档,但是检查历史数据以确定控制系统的性能是否发生了可能影响工厂吞吐量或最终产品质量的变化是很耗时的。因此,在大多数情况下,工厂的过程工程师、控制工程师以及设备技术员都需要花费大量的时间来应对这类问题。控制系统通常没有时间或资源来用于检查控制性能,以便提前主动处理影响操作性能或产量的问题。

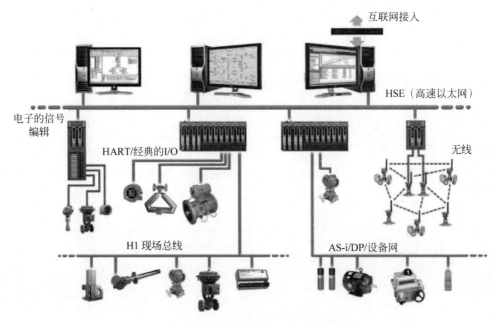

图 3-1 分布式控制系统实例

许多北美工厂都存在人力资源匮乏的现象,在过去的 20 年间,公司工程人员数目急剧下降。因此,运行中的工厂不能像过去一样,向工程人员寻求帮助,来分析并校正限制工厂生产及效率的测量和控制的问题。现在,控制系统中应当有合适的工具,用于自动评估控制性能,并快速识别并校正量测或控制错误。

基于场地的可调整量的过程控制系统以及现场总线设备,在 20 世纪 90 年代末期首次引入,支持嵌入式工具,用来提供过程分析、测量及控制问题诊断等功能,如图 3-1 所示。这些工具可用于分析快速和慢速系统。其中某些系统中使用的核心技术支持对反常控制及现场设备操作连续性监测。对于传统的分布式控制系统,通过在控制系统的顶层放置性能监测工具,可实现类似功能。然而,在某些情况下,分层应用的通信速度,可能会限制系统监测更快控制回路的能力。对于用于老的分布式控制系统和可编程逻辑控制器(PLC)系统的任何分层应用程序,这些限制是固有的。

在现代分布式控制系统中,性能监测工具可被用于监测控制回路,自动检测回路性能下降,以及检测在测量、执行器或控制功能块中的不正常状况。通过使用自动系统性能监测和内置的诊断工具,通常有限的工厂维护资源可被用于解决测量、执行器和控制功能块的问题。这样一来,可削减工厂维护成本,系统性能可维护在较高水平,并且减少过程中的波动。任何总体系统性能的增加或者可变性的减少,都可以直接导致更高的工厂吞吐量、更高的操作效率和(或)更好的产品质量。

为获得最大收益,安装在控制系统中的、用于评估工厂性能的监测工具,应当同时支持过程分析和过程诊断。

- 过程分析是对过程、过程各个组成部分以及各部分之间的关系所做的检查。
- 过程诊断是对过程条件或问题的起因或特性所做的调查。

对过程性能的评估是一个实时过程,包含过程分析和过程诊断,如图 3-2 所示。

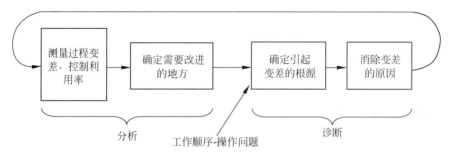

图 3-2　对过程性能的评估是一个持续性过程

大多数性能监测工具,能够检测控制回路的瞬时利用率及在一段历史时间内的平均利用率。控制回路利用率(通常简称为控制利用率)是指:控制回路在某个指定周期内,其设计模式("正常模式")的运行时间百分比。如果控制利用率低于正常水平,那么用户可以选择过程区域的详细视图,该视图显示了每个控制回路的利用率。一个控制性能监测工具的功能实例,如图 3-3 所示。该图也显示了自动收集到的关于控制系统性能的某些信息。

- 资源管理树允许简易的导航的控制层次结构
- 总体展示总结了系统、区域、单元和模块的性能
- 针对问题回路的异常控制条件
  - 控制服务状态
    - 错误的模式
    - 被限制的控制输出
    - 坏的或者不确定的输入
  - 控制性能状态
    - 标准的微分
    - 变差的指示
    - 振荡的指示
    - 整定的指示
- 设备和阀的诊断

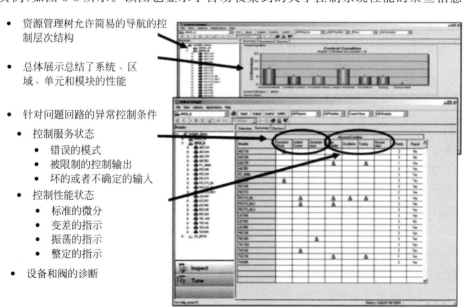

图 3-3　检测控制利用率的工具

报告生成是性能监测工具的重要特色。报告可用来生产应对低控制利用率的管理方案，也可用于确定影响工厂产量和产品质量的多余的过程变差。性能监控报告实例如下所示。根据报告的目的不同，通常有多个报告选项：总体报告、区域性能报告、控制回路详细报告以及用户定制报告。区域性能报告实例如图 3-4 所示。

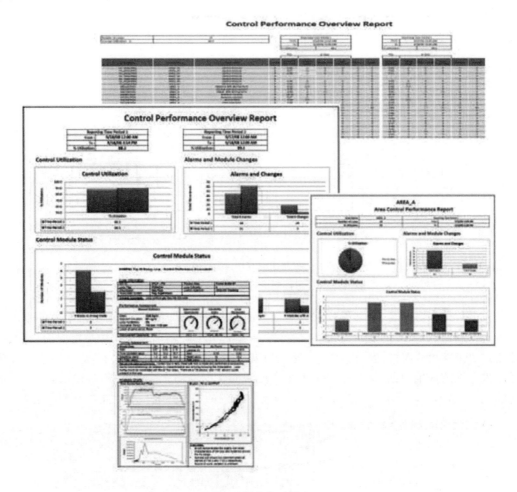

图 3-4　性能报告实例

总之，使用性能监测工具，在有限的人力资源支持下，能够高效地分析并诊断控制性能。使用此类工具，能够显著提升工厂产量和产品质量。

3.1　控制性能评估

工厂操作员通常要管理一个或多个过程区域，每个过程区域又包含数百个控制回路和过程量测。如果过程区域中的控制回路处于自动模式下，并且能够自动补偿扰动，还能够将运行状态维持在操作员设置的控制回路设定值上，那么操作人员的工作将会变得更加轻松。因此，只有当某个测量或控制问题导致控制回路无法满足操作要求或性能要求时，操作员才会将控制回路设置为手动模式。因此,在评价测量和控制性能时,应当首先量化工厂内各过程区域中当前及之前的平均控制回路利用率。

大多数性能监测工具能够检测控制回路的瞬时利用率及一段历史时间内的平均利用率。如果利用率低于正常水平,用户可查看过程区域细节视图,其中显示了每个控制回路的利用率。

通过比较模式参数的实际值和标准值,可确定控制利用率。PID 功能块的模式参数,可确定功能块设定值的源和输出值的源。该参数是操作员与 PID 功能块接口的重要组成部分,由四个属性组成:

- 目标值——操作员要求的操作模式;
- 实际值——基于目标模式可得到的操作模式,以及 PID 功能块的输入状态;
- 允许值——针对特定应用,操作员可使用的模式;
- 正常值——PID 功能块的正常操作模式。

实际模式属性可以采用除目标模式属性指定的值以外的值。当某个内部条件或输入状态表明操作员通过目标模式属性所要求的操作模式无法实现时,就会发生这种情况。在正常操作条件下,目标模式属性和实际模式属性是匹配的。当实际模式属性变为本地覆写(Local Override,LO)时,输出跟踪或内部应用(如自动整定)将被设置成功能块输出。类似地,如果通向过程的路径损坏,那么实际模型属性将变为手动初始化(Initialization Manual,IMan),如表 3-1 所示。

表 3-1 实际模式属性及其说明

实 际 模 式	含 义
本地覆写(LO)	激活跟踪或自动调整,控制输出量
手动初始化	物理输出的前向路径损坏,输出跟随下游功能块变化

如果 PID 控制的实际模式为手动初始化,则通向该过程的路径是不完整的。如果从级联模式中取出一个下游功能块,则通向该进程的路径可以变成完整的。路径不完整可能是由于下游功能块不处于级联模式,也可能是因为物理条件的限制,例如 PID 控制的某个执行器不能正常工作。

在没有安装和/或没有使用性能工具的工厂中,检查控制利用率可能会令人震惊。例如,在 20 世纪 80 年代中期,针对一个主要的纸浆和造纸工厂进行了一项控制调查,工厂的控制系统被更新到最新的分布式控制系统,当时还没有性能工具来自动评估控制系统的性能。但是,可能可以通过使用工厂操作的快照来人为地评估控制利用率。调查的结果如表 3-2 所示。

表 3-2 制浆造纸厂控制利用率

过 程 区 域	控 制 回 路	正 常 模 式	利用率/%
漂白车间	78	60	76
动力车间	185	130	70
制浆车间	174	116	66
造纸车间	236	134	56

　　当管理层看到了这次调查的结果之后，一个仪器小组成立了，以调查那些没有在正常（设计）模式下运行的回路。该小组负责及时解决测量、控制阀门以及过程中出现的问题。过程变化的减少，极大地提升了工厂的产量和产品质量。两年之后，工厂产生了新的生产记录。

　　即便是今天，安装有最新控制系统和现场设备的过程区域仍然有类似情况发生。例如，近期对石油化工工厂中七个区域的调查，用到了嵌入控制系统中的性能监测工具。该工厂中控制利用率如表 3-3 所示。

表 3-3　石油化工工厂控制利用率

系　　　　统	回　　　路	利用率/%
PX	471	67.3
APS&VPS,CLE,硫回收	469	59.7
精炼车间	478	60.9
联合循环发电/辅助锅炉	946	52.7
乙烯	1355	77.5
催化裂化装置	475	48
C4	164	68.9

　　一旦石油化工工厂的管理层意识到工厂核心过程区域的控制利用率低下，势必要投入人力和资金，调查和纠正妨碍操作员按照设计使用控制的测量、控制和过程问题，这导致了重大的操作改进。

　　这些例子表明，改进控制性能的途径应该从对控制利用率的评估开始。控制系统自动收集控制利用统计信息，这对于识别测量、控制、过程设计和操作中的问题具有重要的意义。

　　如果某些工厂没有一个可以提供控制性能监控的嵌入式控制系统，那么该功能实现可以放置在现有的控制系统中。当控制回路没有被充分利用时，应当找到造成该情况的原因，并采取措施解决。一旦控制利用问题得到解决，就可以开始检查控制参数中的可变性，用它的标准偏差表示。当参数变化巨大，对工厂产量或产品质量造成影响时，应当调查参数变化的原因，并采取措施减少变化。在随后的章节中，我们将探索当控制回路按照其设计操作模式运行时，改善控制利用率和减少过程变化的步骤。

3.2　提高控制的利用率

　　在工厂正常操作条件下，当控制回路利用率下降时，应当进一步探索影响控制回路在其设计操作模式下运行的测量或控制问题，如图 3-5 所示。为使系统利用率达到最大化，改善系统维护与操作之间的交互是十分重要的。

　　当一个控制回路不在正常模式（通常是自动模式）下运行时，就需要对回路控制利用率低的原因做进一步研究。在自动模式下，影响回路控制利用率的常见原因包括：

- 测量稳健性；
- 不正确整定；
- 阀门/执行器故障；

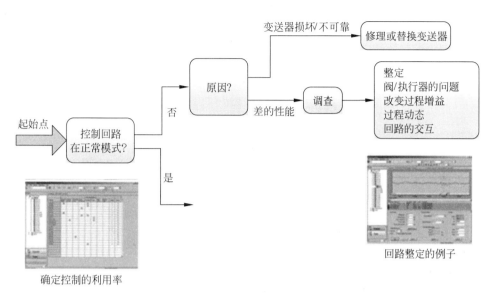

图 3-5　解决影响控制利用率的问题

- 改变过程增益；
- 分程设置；
- 过程动态响应；
- 回路交互作用。

　　控制性能评测工具提供了一些信息，来指导用户解决性能问题。然而，如果没有明显迹象表明问题来源，则有必要测试并观察回路在手动和自动模式下的操作状态。

3.2.1　变送器的问题

　　导致控制利用率低下的一个显著原因是变送器损坏或者其性能不可靠。如果控制系统遵循国际功能块标准 IEC 61804，如图 3-6 所示，状态属性总是与测量值进行通信，并提供了测量条件的直接指示。测量状态处于"差""不确定""受限制"的时间与运行时间的百分比，可用于确定测量的准确性。该标准定义的模式参数，其目标属性和实际值属性可被用于确定 PID 是否工作在其设计的操作模式。因此，功能块的状态和模式属性是评价测量健康度和控制利用率的基础。

　　测量值附带的状态属性提供了测量质量的指示。由传统变送器提供的测量输入，其状态属性由模拟输入卡确定。对于传统变送器提供的一个数字值，其状态属性也可由变送器提供。状态属性值由八位组成。最前面两位被用来表示测量的质量，分为"差的""不确定的""控制良好的"和"测量良好的"四种状态。状态属性的最后两位，即低优先级位，用于表示高限制、低限制、没有限制或者常数。状态属性的中间四位用于表明为什么质量是好的、坏的或不确定的。一个测量值的健康程度可以根据其状态处于某些值的时间百分比来评估，这些状态值包括坏的状态、不确定的状态或者良好但处于极限的状态。

　　在模拟输入块生成测量值和状态后，其他使用该输入量的功能块，以某种方式处理并使用该状态量，并向下游功能块传送一个状态量。如果输入块的状态为"差"，那么使用该测量值的功能块，其实际工作模式无法实现自动操作模式，因此，正常模式属性及实际模式属性

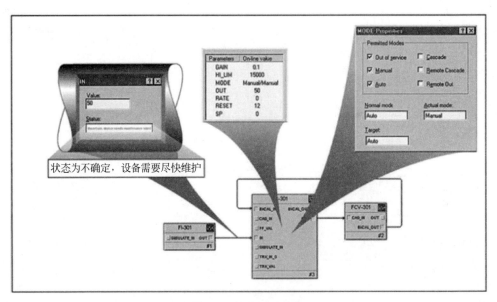

图 3-6　标准 PID 参数

将显示控制没有达到所设计的利用率要求。

与测量相关的大多数问题都可通过校准或更换变送器来快速解决。

3.2.2　不正确整定

回路整定对回路的利用率和性能有着重要影响。控制器的整定参数可以很容易地在较大量程范围内变化，以针对各种不同过程要求调整回路操作。然而，即使在使用先进控制工具时，也需要一些回路整定方面的专业知识；而且，在为控制回路选择的整定过程中，可能无法解释某个进程的行为。这些都是将回路整定视为回路性能下降的主要原因。

在工厂或过程区域设计中，可以根据与控制回路相关联的测量类型（即压力、电平、温度、流量或其他的受控过程变量）来确定初始回路整定。在大多数情况下，默认设定值足够应对新过程区域或工厂的初始设置值。然而，为减小过程变量相对于设定值的变化，减少输入扰动，并且在过程启动或启动完成之后，提供多项操作条件的稳定运行，有必要根据观测到的各个控制回路过程增益和动态响应设定 PID 整定值。不幸的是，参与工程调试的仪表工程师或操作员没有整定回路的机会，这导致了工厂操作效率无法达到最大值。

在工厂实际操作中，工厂职员可采取多种方式修整控制回路的整定参数，以改善控制性能。获得回路整定参数的最直接、最可靠的方式是：基于可测过程增益和动态性能，手动或自动地设置 PID 调节功能块参数（在后面章节中将详细描述）。一些旧的控制系统所使用的模拟单回路控制器和可编程逻辑控制器（PLC），可能不包括一些 PID 整定的工具，使用这类工具时可以基于观察到的输入变化的过程响应而自动建立 PID 整定。现代控制系统通常提供一些功能来自动建立回路整定。

当整定控制回路时，通常会有以下问题："针对某个特定回路，何为最佳整定？回路控制的性能测量应当基于设定值变化引起的可观测过程响应，还是负载扰动引起的响应？评判回路控制性能时，应当考虑哪些因素？"

这些问题的答案取决于回路的控制目标。如果设定值经常改变,那么回路对其响应情况将成为评价回路性能的重要因素。然而,如果回路设定值为某一个固定值,那么回路对扰动输入的响应将成为评价回路性能的最重要因素。如果回路对设定值和扰动输入的响应都很重要,那么回路整定必须在控制响应之间寻求平衡。

当选择 PID 增益时,应注意过程增益会随着操作条件的变化而改变。为了在控制回路的整个操作范围中,都能够实现稳定可靠的操作,通常采取的方式是:当某个过程在其过程增益最高的区域运行时,对其进行 PID 整定。其结果是,当过程过渡到低增益区域操作时,被控参数变化较大。

3.2.3 阀门/执行器故障

当控制回路被设定为自动控制时,可以很容易地检测到某个阀门或阻尼器对控制系统的响应是否正确。这可以通过观察 PID 输出中被控参数对控制系统变化的响应来实现,如图 3-7 所示。

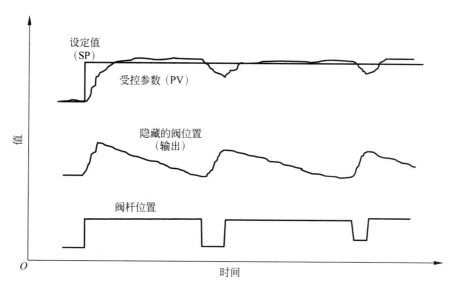

图 3-7 黏性阀门对控制的影响

控制系统调试过程中,最常遇到的问题往往可以追溯到阀门没有安装定位器、定位器安装不当或者定位器故障。控制的首要原则是获得最好的控制性能,所有调节阀都应当安装定位器。没有定位器的帮助,当阀门具有黏性时——大部分阀门都具有此属性,系统的控制性能将严重受限。

黏性阀门(没有定位器)或故障定位器引起的滞回效应,不能通过整定来消除。整定的变化只会影响滞回效应的循环周期。要从根本上消除该效应,唯一的方法是安装阀门定位器。

3.2.4 改变过程增益

从控制角度来看,非常期望过程增益是恒定的。如果该值为常数,则在控制回路的整个操作范围内,都可以使用相同的比例增益。以控制阀门为例,如果阀门特性不是基于过程要求选择的,那么其安装特性将为非线性。

图 3-8 为非线性安装特性的例子,过程增益在 0.5～4 变化,即过程增益可以在其 8 倍范围内变化。

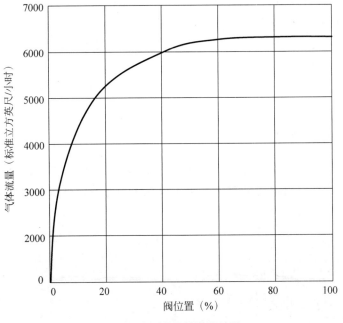

图 3-8　非线性安装特性

对于这种非线性安装特性,通常可以通过被控参数(PV)、设定值(SP)和控制器输出(OUT)的趋势,来观察过程增益随阀门位置变化的影响,如图 3-9 所示。

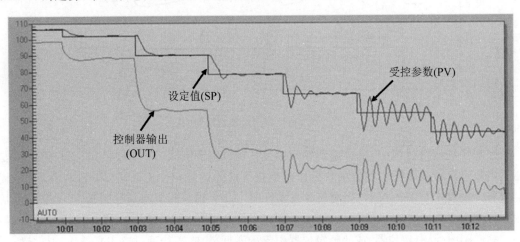

图 3-9　非线性过程实例

如前所述,通过整定高增益区域的控制回路,可以得到稳定的过程操作,但是当在低增益区域操作时,会降低响应的速率。为补偿过程增益变化,可在 PID 和模拟量输出功能块之间安装一个信号表征器(SGCR)功能块,如图 3-10 所示。

表征器功能块的主要输入与输出之间的关系,可以在阀门的工作范围内定义。由特征点定义的曲线与阀门的安装特性曲线成反比。表征器功能块的一个设置实例如图 3-11 所示。

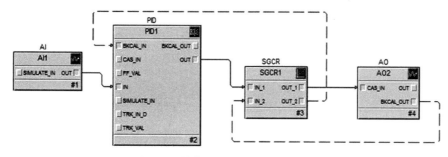

图 3-10　补偿非线性安装特性的工具

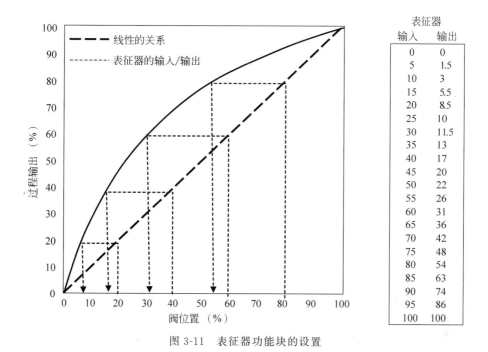

图 3-11　表征器功能块的设置

　　由于包含有表征器功能块的控制回路,其安装、调试和维护都需要一定的时间及专业知识,所以该方法在过程工业中并不常用。为了提高控制性能,可以修改阀门安装以提供线性安装特性。例如,可以修改阀门内件或安装支持特性描述的数字阀门定位器。

3.2.5　不正确的分程设置

　　处理多个过程输入的最常用方法是分程控制。在控制策略中,可以使用一个分程功能块(在 PID 块中作为一个阀门)来定义控制器输出和每个过程操纵输入之间的固定关系。分程控制的一个实例如图 3-12 所示。

　　分程功能块的设置要考虑到与每个过程输入相关的增益,以便保持控制操作的一致性。不幸的是,在很多安装过程中,在调试期间,分程范围设置被任意定义为过程输入之间的相等分割。当控制器输出从一个输入转换到另一个输入时,这种的设置可能导致缓慢的或不稳定的操作。

　　分程功能块的设置对与每个过程输入相关增益的影响,可通过蒸汽压头的压力控制应

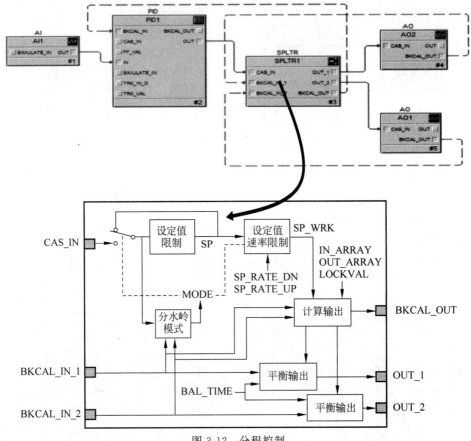

图 3-12　分程控制

用实例来说明。一台或多台动力锅炉可能被用于满足某个工厂的过程蒸汽要求。此外，该蒸汽也可用于涡轮发电机，以满足工厂对蒸汽的部分要求或全部要求。用于发电的汽轮机是由高压蒸汽驱动的。例如，在较新的安装中，压头可能为 1475 磅/平方英寸。蒸汽流经涡轮机时，其压力会降低，从而可以在不同的地方提取低压蒸汽。这种低压蒸汽可用于满足工厂的一些过程蒸汽需求。例如，在某一点上，可以调节抽汽阀以满足 400 磅/平方英寸的集管的蒸汽需求。与涡轮相关的抽汽阀自动调节，以保持较低的联箱压力恒定。为了让工厂在涡轮机或发电机发生故障并必须关闭时能继续运行，可以调节高压头和低压头之间的减压阀（PRV），以满足低压头的蒸汽需求，并维持低压头的压力恒定。

通过使用分程功能块与 PID 功能块来调节减压阀，可实现上述要求，如图 3-13 所示。

由于阀门大小或运行环境各不相同，所以有必要针对这些不同点，对表征器功能块的性能进行配置。

如果某个分程区域内的回路利用率较低，应当检查分程设置中的假设，如果有必要，则可基于控制器的监测结果修改设置，以维持平稳的过程增益。

3.2.6　回路交互

在某些情况下，控制回路的操纵参数能够影响其他回路的控制参数，如图 3-14 所示。

两个回路同时以自动模式运行，通过减少其中一个控制回路的比例增益，这样就可消除

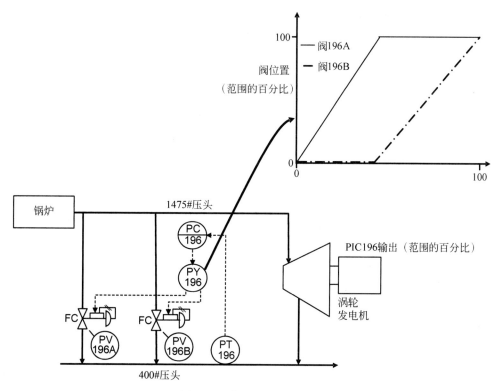

图 3-13　蒸汽压头控制实例

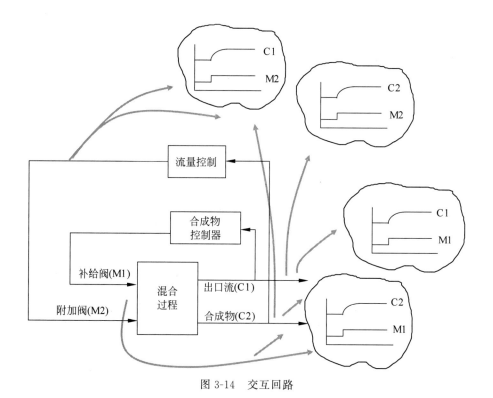

图 3-14　交互回路

回路间的交互作用。与失谐回路相关的阀门（或另一个最终控制元件）将缓慢改变位置。这样，这两个回路将不会相互交互，但付出的代价是失谐控制回路中更高的可变性。

3.3　过程可变性的处理

即使某个控制回路的利用率较高，但是传统的控制技术可能不足以减少增加工厂产量或实现产品质量目标所需的过程可变性。如第 2 章所述，关键工艺参数的变化会影响产品质量和生产效率。同时，当产量受到过程限制时，通过减少过程变差并使操作接近工艺或设备的极限，可以提高过程的产量。控制回路应当将过程可变性降低到何种程度，在许多情况下取决于控制回路的目标。因此，性能监控应用为检测过度可变性而设定的极限值，应当基于控制回路的设计目标进行调整。例如，借助浮动液位控制，使用过程存储能力缓冲过程可变性，此时设定宽泛的极限值范围是合适的。

系统处于自动控制模式时，性能监视工具可被用于自动量化所看到的过程变化。如果控制系统中不包含自动检测控制变量并生成报告的功能，可以使用工厂历史数据中的统计计算量，或者添加回路性能监控包，该监控包能够直接连接到 DCS 系统或者通过 OPC 连接到工厂历史数据中。OPC 标准是针对不同厂家的控制设备之间的实时数据通信标准。上述两种方式都可以监测控制回路的可变性，并通过先进控制产品的使用来观察过程区域内有待提升的控制性能。

当发现控制利用率可接受，即控制回路在正常过程运行时几乎 100% 处于其设计的运行模式时，那么可根据控制的变化性来检测控制性能（见图 3-15）。如果控制中存在变化量放大时，就需要调查控制性能变差的原因。假设影响控制利用率的问题已经得到解决，控制器也已经被正确整定，在自动模式下，可能会影响控制回路可变性的常见问题如下：

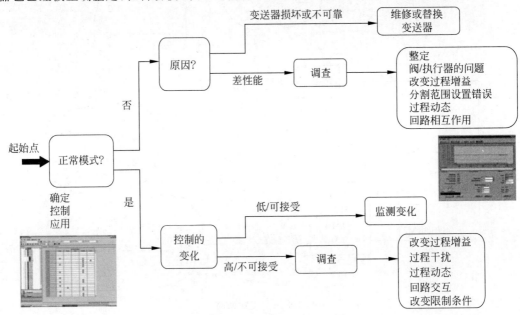

图 3-15　检测控制高可变性

- 过程增益的变化;
- 非测量过程扰动;
- 过程动态性能;
- 回路交互;
- 极限条件的变化;
- 质量参数为实验室测量值。

3.3.1　过程增益和动态性能的变化

在某些情况下,控制性能工具可以提供信息,来指导用户查找控制变化的原因。当不能明确找到问题原因时,有必要在手动模式和自动模式下,观察回路的操作。正如本章所讨论的,在许多情况下,可能需要使用本书其余章节中详细介绍的高级控制工具,来将过程变化减少到实现最佳过程操作所需的水平。

如果控制的变化是由过程增益的变化引起的,那么正如本章前面所述,可以在控制功能块和控制系统输出之间安装一个表征器功能块。此外,如果增益改变是由不正确的分程范围设置造成的,那么应当检查分程功能块的调试过程。然而,如果控制系统支持自适应控制(见第 5 章),那么使用这种能力来处理过程增益的变化要容易得多。当过程增益变化与控制器输出无关时,自适应控制特别有效。例如,在某些应用中,过程增益随着工厂产量的变化而变化,或者随着某个未测量参数(例如,进料流的组成)的变化而变化。此外,当过程动态性能随增益变化时,自适应控制可能是纠正这些变化的唯一方式,并且可为所有操作条件提供最佳的整定。

3.3.2　非测量过程扰动

有时,高的过程可变性可能是由未测量过程干扰引起的。此时,通常可以通过控制参数与可能影响控制参数的上游测量条件之间的相互关联找到变化的根源。控制性能差的根本原因通常可以追溯到控制设计、整定、测量准确性或执行器性能。例如,主级联回路的性能,可能会因次级回路性能的限制而下降。

在某些性能监控工具中,测量值或者需分析的执行器位置变化分布,通常通过直方图描点来分析。钟形分布表示变化源具有随机性。功率谱是组成测量或执行器信号的元件在选定时间内的频率分布。这些信息有助于确定过程噪声的大小和频率,或者确定由回路相互作用或上游过程引起的频率扰动。其他控制回路以及上游运行环境对控制回路可变性的影响,可通过两者之间交叉相关性确定。图 3-16 展示了如何在性能监控系统中显示直方图、功率谱、交叉关联和自关联。

如第 2 章所述,当过程扰动的源可以用测量参数表示时,该输入可作为正馈输入被添加到反馈控制中。通过这种方式修改控制,可以在控制行动中预测和考虑干扰的影响。当多个测量参数对被控参数产生影响,或者可扰动变量与操纵参数变化产生的影响存在动态差异,此时,可使用模型预测控制(Model Predictive Control,MPC)处理复合扰动或动态差异产生的影响,如第 11 章和第 12 章所述。

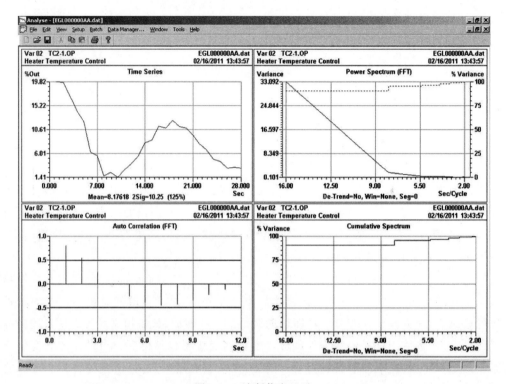

图 3-16　诊断信息显示

3.3.3　过程动态性能

在某些情况下，当一个过程具有显性滞后特征，即当它具有很小的时滞和很大的时间常数时，设定值变化和过程扰动引起的系统动态响应可能无法满足所期望的控制目标。如果系统的设计目标是在最短的时间内达到系统设定值，且无超调量，那么模糊逻辑控制相对于PID控制而言，具有更好的响应。在控制参数与设定值之间的大误差范围内，模糊逻辑控制采用非线性措施，获得更好的系统性能。

当过程是时滞占优时，即过程时滞大于或等于过程时间常数，即使是最好的PID整定，也无法及时响应设定值变化，或者校正过程扰动。随着空载时间与时间常数比例的增加，为了保持系统稳定，比例及复位增益要随之减少。这就导致设定值变化和负载扰动引起的控制响应速度通常低于最佳过程操作要求的速度。这样，使用模型预测控制取代PID反馈控制，即可改善控制性能，如第11章和第12章所述。

这种对PID反馈控制性能的改进是可能的，因为MPC算法是基于对过程输入的阶跃变化（称为阶跃响应模型）的流程响应生成的，而不是像PID算法那样基于预先定义的算法。具有时滞特性的系统，当其输入发生变化时，与PID算法不同，MPC算法能够识别出，该变化不会立即反映到过程中。MPC算法对过程响应的识别，能够更好地控制一个时滞占主导的过程。

3.3.4　回路交互

如果过程具有多个可操作过程输入和多个可控过程输出，那么该过程可能会存在过程交互,即某个可控输入的变化会影响多个可控输出。当控制回路之间的交互作用较大时,解调 PID 控制是常用的解决方法。如果使用 MPC 控制,可操作输入与可控输出之间的交互作用将不复存在,并且能够为所有控制回路提供最好的性能。

如第 11 章和第 12 章所述,MPC 功能块的生成中使用的阶跃响应模型,能够识别每个操作输入参数对可控输出参数的影响。因此,当使用模型预测控制时,任何交互都会被自动补偿。

3.3.5　限制条件的变化

MPC 用于过程控制,且在 PID 反馈控制中,过程输出为约束参数,此时,约束参数测量值作为输入值,简单地叠加到 MPC 功能块上。使用 MPC 功能块设计并实现超驰控制策略,与使用两个 PID 功能块和控制选择器功能块实现超驰控制相比,要简单得多。

如第 11 章和第 12 章所述,使用 MPC 应用测试过程并产生阶跃响应模型,可自动识别约束参数对过程输入变化的阶跃响应。由于可使用过程阶跃响应产生 MPC 控制器,所以当检测限制约束时,为最小化相对于设定值的波动,过程中约束参数及被控参数的响应将会被自动加以考虑。

3.3.6　质量参数——实验室测量

在线测量物理属性、液体或蒸汽成分的在线分析仪,可能在市场上无法购买到,其他条件也可能会限制在线分析仪的安装。此时,只能通过实验室对过程随机取样进行分析来得到测量数据。采集过程随机取样,然后进行实验室分析,这样一来,得到分析数据要经过很长的时间。工厂操作人员或控制系统需要参考过程测量分析结果,通过调整工厂操作运行条件,维持与质量相关的关键运行操纵参数,使产品属性达到标准要求。采样处理的时间延迟将影响测量数据的可用性。

为了得到与产品质量相关参数的即时变化信息,通常可以使用上游测量数据(例如,流速、温度、进料组成等)计算出质量参数的一个预估值。例如,利用大多数分式控制系统都含有的计算工具,可生成一个动态线性估计器,如第 9 章和第 10 章所述。此外,某些控制系统支持基于神经网络技术的非线性估计器功能块,如第 7 章所述。当在线控制系统中有线性或非线性估计器可用时,可将收集到的实验室分析结果与上游测量的历史数据库结合起来创建一个估计器。一旦估计器被创建了,实验室分析结果将被用来验证估计器的准确性,并对过程中影响估计值的未测量变化进行修正,以补偿其影响。

3.4　应　用　实　例

控制系统制造商和第三方公司已经引入了能够监控过程控制和仪表的工具。除提供控制利用率的在线信息外,一般也会提供其他各类信息来帮助用户确定控制利用率低的原因和解决方案。本节讨论了过程检测性能,即嵌入在商业分布式控制系统中的标准性能。在控制系统内的任何操作员和工程师站点均可访问该性能检测能力。

与许多其他控制应用程序类似,用户界面允许在树状结构中轻松地找到过程测量和控

制回路,其中树状结构是以如下方式组成的:

- 概况界面和摘要界面,显示在与工厂相关的模块中,或与选定的过程区域、单元或单元相关的模块中检测到的异常情况。
- 模块视图,显示有一处或多处活跃异常状态的模块。
- 详细块视图,提供有关影响测量、执行器和控制性能的条件的更多信息。

当首次打开性能监视应用程序时,将显示工厂的概况。根据界面左侧的资源管理器视图,用户可以选择一个他想要审查的独立过程域、单元或房间。被选过程域的概况如图 3-17 所示。

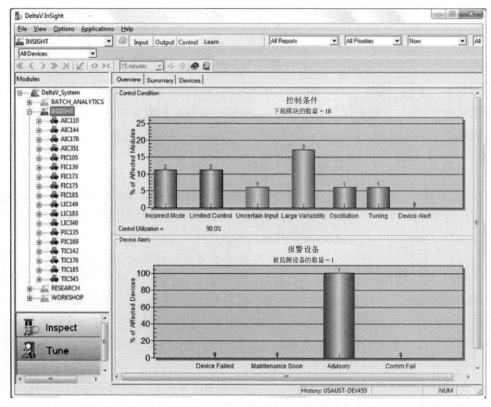

图 3-17　过程区域的概括图的实例

如本例所示,使用图形显示和数字数据的组合,可以显示模块违反关键性能指标的次数。

以下类型的异常状态在模块中被自动检测,且被显示在概况界面中:

- 实际功能块模式不是正常(计划)运作模式;
- 控制作用受制于下边界条件;
- 输入状态表明数值受到限制或具有不佳或不确定状态;
- 在测量或控制模块作用中检测到大幅变化;
- 控制模块的输出不稳定;
- 通过在模块中重新整定控制块,可提高控制性能;
- 现场设备检测出硬件或软件运行失败。

通过单击摘要选项卡,可以看到被选域、单元或房间的特定模块。如图 3-18 所示,在摘要视图中,一个图标被用来表明模块中检测到了异常状态。

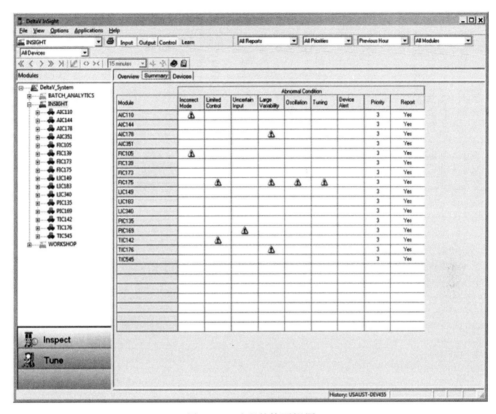

图 3-18　过程的摘要视图

在摘要视图中,状态异常的单个模块被列在界面的右侧窗格中。当在摘要列表中选择一个模块时,该模块中的单个 I/O 和控制功能块将被列在模块视图的右侧窗格内,如图 3-19 所示。

在模块视图选中 I/O 或控制功能块时,模块内存在异常情况的时间百分比被显示在模块详细信息视图中,如图 3-20 所示。若百分比时间超过该条件的配置时间上限,则在模块详细信息视图中使用颜色变化来标记此状态,同时异常状态被标记并显示在概述视图和摘要视图中。

通过选择界面菜单栏的过滤器,用户可浏览前一个小时和当前一小时、一个班次或一天的信息。除此之外,用户可以选择要显示的模块类型,并通过设置过滤器来显示所有模块或仅显示有部分异常状态的模块。

在许多工厂里,设备在一批生产结束时关闭或停止服务进行日常维护是很常见的。在停机期间,该设备的测量值可能会显示状态不良。为了避免将此信息纳入到性能检测视图中,用户可以选择一个区域并指定相关的设备为脱机状态。设备视图中应突出显示此区域,并将其从监测中移除。

通过单击界面的详情选项卡,用户可以找到有关异常状态的更多信息。同时,也可撰写一系列的性能报告来概述控制利用率、控制仪器和报告期内检测到的控制问题。

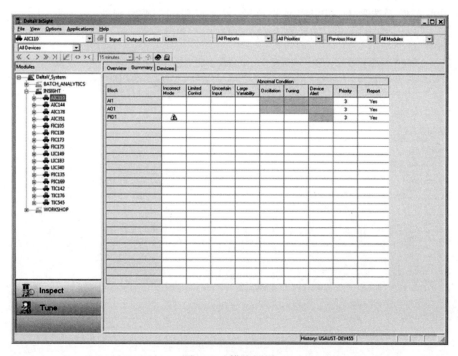

图 3-19　模块视图

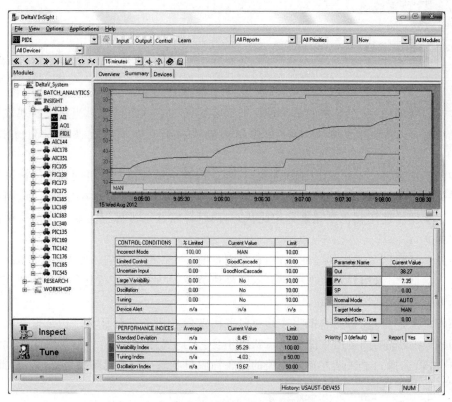

图 3-20　模块性能的具体视图

3.5 专题练习——介绍

本章及后续章节中提供的专题练习,用于帮助读者理解先进控制工具的具体应用。专题练习演示中使用的动态过程仿真,提供了极其类似于实际运行工厂的操作条件。

在数字化控制系统中,系统提供的测量、计算和控制功能,通常由一系列标准功能块定义。在系统配置过程中,工程师选择最合适的功能块组合,实现工厂需要的测量、计算和控制功能。功能块之间传递的信息,由功能块输入与输出之间的配置连接实现。例如,为创建简单控制回路(见图 3-21),选择模拟输入功能块(AI)、控制功能块(PID)和模拟输出功能块(AO),访问变送器测量值,实现 PID 控制计算功能,并将计算后的结果传输到阀门。为这些功能块定义的标准显示组件将被包含在操作员接口中,以允许操作员访问该控制回路。

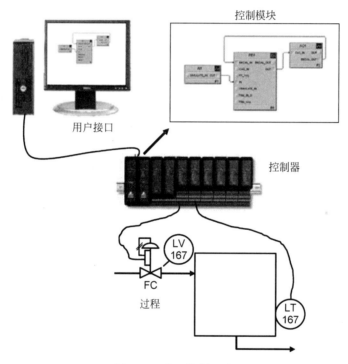

图 3-21 典型控制回路

为了支持本专题练习,创建了与通常用于访问现场设备的功能块相链接的动态过程仿真,如图 3-22 所示。在过程仿真的精度范围内,运行功能块和操作员界面所需的参数值和功能块间交互,与实现运行的工厂是相同的。

使用 Web 浏览器,可以浏览每个章节定义的专题练习解决方案。本书的附录提供了访问和使用此 Web 接口的指南。

后续的过程性能监控专题练习模拟了分配给工厂一个过程区域的测量和控制模块。本专题练习的目的是:展示如何使用性能监控工具来识别在过程中引入可变性或阻止控制系

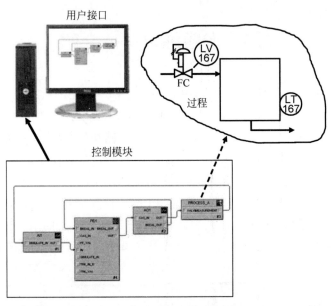

图 3-22　专题练习仿真过程

统在自动模式下运行的操作问题。前文应用中提及的过程性能监控工具,被应用于本专题练习,以甄别控制或测量问题。

3.6　专题练习——评估控制系统性能

本专题练习被用于描述性能监控工业产品的某些典型特性。过程选项卡显示了所涉及的区域。访问本书网址 http://www. advancedcontrolfoundation. com,选择解决方案选项卡来得到用于模拟的专题练习信息。

步骤 1,从性能监控工具总览选项卡中,查看选定过程区域内多个模块中有一个或多个功能块没有按设计操作模式运行(见图 3-23)。

步骤 2,访问摘要选项卡,查找模块中包含一个或多个功能块未按照其设计模式运行。

步骤 3,根据区域摘要中信息,甄别包含一个或多个较差测量值的模块。

步骤 4,选择含有较差测量值的模块,然后标记含有较差测量值的功能块。

步骤 5,详细检查功能块,计算测量值较差时间段在总测量时间段中占有的百分比。

步骤 6,借助过程区域摘要,查找具有高可变性并且可变性不是由 PID 整定引起的模块。

步骤 7,详细检查 PID,确定控制参数与设定值之间的偏差。

步骤 8,在过程区域摘要中,查找由 PID 整定引起可变性的模块。检查 PID 功能块的整定指数,确定当前整定是否过于激进,或是过于缓慢。

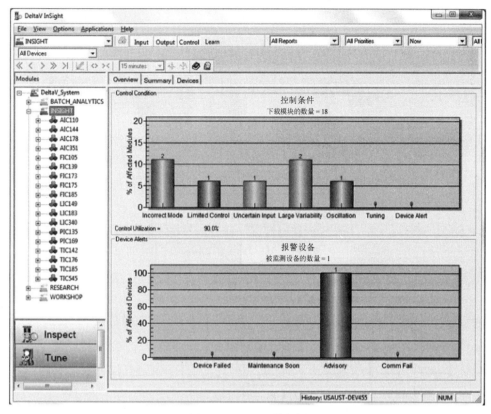

图 3-23 过程区域实例

3.7 技术基础

前面章节讨论了控制系统性能的主要方面,以及将性能通知操作人员的实用标志。其中许多标志都是直接定义的,也很容易理解。其他指示(如可变性指示、整定指示)则需要有更多的说明并涉及数学的定义。不想仅仅停留在满足日常操作需求,而渴望扩展本主题相关知识和了解更多有关系统操作细节的读者,本章节提供了一些重要信息。为了更精确地理解本主题,给出了一些主要算法和相应的(但最少量的)数学描述定义,以实现 3.1 节~3.5 节中讨论的控制性能评估功能。

后续章节的结构将以类似的方式出现,即首先讨论操作和功能以及参考的专题练习,算法和相关信息将在章节的最后进行讨论。通过这种方式,本书将针对高级用户的可选材料(技术基础)与针对所有用户的基本材料分开。

3.7.1 控制性能监测构架

用于控制性能监测的信息流结构的一个实例如图 3-24 所示。该结构由一个服务器和多个客户端组成。服务器是控制器获取信息的中心收集点。服务器计算异常情况出现在一个小时/班次/日的时间百分比,并将这些计算结果与用户设置的异常时间比的门限值进行比较,或者与性能不佳的回路进行比较,最后根据要求将该信息提供给用户。客户端只能通过服务器访问这些信息。

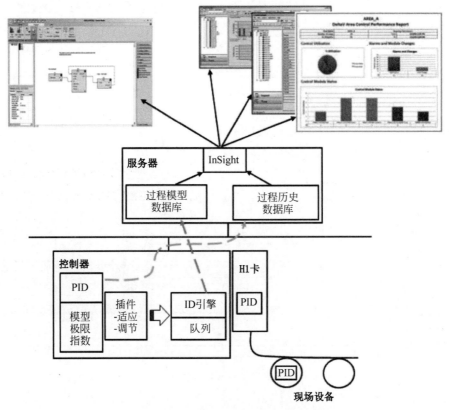

图 3-24　用于控制性能监控的信息流结构

(注：InSight 代表性能监视/自适应调优应用程序)

　　根据测量状态、反算输入状态、标准差、整定指标、方式等功能块参数,确定控制器内是否存在异常情况。这些被监测的参数如果出现异常,则会自动报告给服务器。

　　功能块通过状态和实际模式参数来确定异常模式、受限制控制、较差测量、受限制测量或不确定测量状态。功能块使用其他参数计算标准偏差、整定参数和变化指数,并判断这些值是否超过功能块的设置范围。只有当被监测的条件发生变化时,这些条件才以单个参数形式发送给服务器。因此,用于传输这些参数的通信负载通常非常小。当服务器初始上线时,控制器将当前监测到的状态信息上传至服务器。自此,只有当监测的条件发生状态变化时,控制器才会发送上述参数报告。

3.7.2　控制性能评估算法

　　学术研究和实际应用都高度重视控制性能评估,尤其在 20 世纪 90 年代以后。人们的主要工作集中在以最小方差控制器作为参考,评估控制回路性能。该方法由哈里斯(Harris)于 1989 年提出,并且于 1992 年、1993 年分别由德斯伯勒(Desborough)和哈里斯(Harris)作了进一步发展。莱因哈特(Rhinehard)于 1992 年探索出了一些简单方法,计算不同测量间的偏差,并对数据过滤以得到标准偏差。哈里斯、博德鲁(Boudreau)和麦格雷戈(Macgregor)、黄(Huang)、萨哈(Shah)以及克沃克(Kwok)分别于 1996 年和 1997 年提出了多变量控制器性能评估指南。俊多(Shunta)于 1995 年提出了用于性能评估的极其实用的总结。

本章详细介绍了评估控制性能的细节。可变性指数(Variability Index，VI)和整定指数(Tuning Index，TI)是最为有用的两项控制性能指标。可变性指数为控制质量的测量；而整定指数表示根据确定的过程模型和选择的或默认的整定规则更新控制器整定，从而改进系统控制性能的潜力。

通过可变性指数和整定指数的计算，可以更好地判断工厂的控制性能。图 3-24 所示的性能监控应用程序标识了一个控制功能块，该功能块的可变性指数和总体标准偏差超过了所配置的范围。大多数输入/输出功能块都同时计算了总体标准偏差及能力标准偏差。这两个参数是变异性指数计算所需要的。功能块中确定的状态被报告给服务器。该服务器计算出性能(被定义为控制可变性保持在限制范围内的时间百分比)和利用率(被定义为控制块在正常(设计)模式下运行的时间百分比)。

1. 主要性能指数

标准偏差为过程可变性评估的主要指数。此外，标准偏差是计算其他更加复杂指数的基础。在每个控制块和测量块中，标准偏差都是使用一个通用式(3-1)来计算的，尽管在某些实现中为了避免耗时的平方根计算而使用式(3-3)来代替。

$$\sigma_{\text{tot}} = \sqrt{\dfrac{\sum\limits_{i=1}^{n}\left(x(i) - \bar{x}\right)^2}{n-1}} \tag{3-1}$$

其中 $\bar{x}$ 是 $x(i)$ 的平均值：

$$\bar{x} = \frac{1}{n}\sum_{i=1}^{n} x(i) \tag{3-2}$$

对大约 100 个样本的移动窗口，连续地计算标准偏差。在控制功能块中，根据功能块的模式，选择使用工作设定值或者测量值用作 $\bar{x}$。

标准偏差的一个简化的替代公式，它不使用平方根计算，对在线应用程序很有用。

$$\sigma_{\text{tot}} = 1.25\,|\bar{\varepsilon}| \tag{3-3}$$

其中 $|\bar{\varepsilon}|$ 是平均绝对误差：

$$|\bar{\varepsilon}| = \frac{1}{n}\sum_{i=1}^{n} |x_i - \bar{x}| \tag{3-4}$$

对每个功能块的执行都进行中间计算。然后，功能块每执行 n 次，就更新一次参数值。对于某个典型的实现，功能块每执行 100 次后，就对参数进行更新。I/O 功能块使用测量值计算 $\bar{x}$。在控制功能块中，根据功能块的模式，选择使用工作设定值或者测量值。

式(3-3)表明标准偏差和平均绝对误差之间的关系，可通过计算正态高斯分布的平均绝对误差 $p(x)$ 来验证：

$$p(x) = \frac{1}{\sqrt{2\pi}}\int_{-\infty}^{\infty} e^{\frac{x^2}{2}} \tag{3-5}$$

$$\mid \overline{x} \mid = \frac{1}{\sqrt{2\pi}} \int_{-\infty}^{\infty} \mid x \mid e^{-\frac{x^2}{2}} = \frac{1}{\sqrt{2\pi}} \left(-\int_{-\infty}^{0} x e^{-\frac{x^2}{2}} + \int_{0}^{\infty} x e^{-\frac{x^2}{2}} \right)$$

$$= \frac{1}{\sqrt{2\pi}} \left(e^{-\frac{x^2}{2}} \Big|_{-\infty}^{0} - e^{-\frac{x^2}{2}} \Big|_{0}^{\infty} \right) = \sqrt{\frac{2}{\pi}} = 0.797\dot{8}845$$

正态高斯分布的标准差 $\sigma = 1$，

$$\mid \overline{x} \mid = 0.7978845\sigma \quad \text{或} \quad \sigma = 1.2533141 \mid \overline{x} \mid \tag{3-6}$$

能力标准偏差 σ_{cap} 可通过如下公式计算得到

$$\sigma_{cap} = \frac{\overline{x}_{\Delta}}{1.128} \tag{3-7}$$

其中，$\overline{x}_{\Delta}$ 是过程参数 x 的平均移动范围，该范围带有一个估计的时滞等于扫描 d：

$$\overline{x}_{\Delta} = \frac{1}{n-1-d} \sum_{i=2+d}^{n} \mid x(i) - x(i-1-d) \mid \tag{3-8}$$

对于每次执行，只有与 $\overline{x}$ 和 $\overline{x}_{\Delta}$ 相关的求和组件被运行。作为 σ_{tot} 参数计算的一部分，求得的和除以 n 或 $n-1-d$，执行 n 次后（默认情况下 $n = 120$），会计算一次 σ_{cap} 值。计算能力标准方差，要求采样速率足够快。对采样速率的要求与对控制回路扫描速率的要求类似。控制回路选择的扫描速率期望值为每个过程时间常数内，采样五次或更多。

为了稳定的数据采集，被计算参数的新值使用系数变量 f 进行过滤，通常 f 的取值范围为 $0 < f \leqslant 1$，如计算平均值的式（3-9）所示：

$$\overline{x}' = \overline{x} + f \left(\frac{1}{n} \sum_{i=1}^{n} x_i - \overline{x} \right) \tag{3-9}$$

2. 可变性指数

在完成 σ_{cap} 和 σ_{tot} 的计算后，可变性指数（VI）可根据式（3-10）和式（3-1）计算得到

$$VI = 1 - \frac{\sigma_{lq} + s}{\sigma_{tot} + s} \tag{3-10}$$

其中 s 为敏感度系数，用于平稳计算值，尤其是针对取值较小的 σ_{tot}；默认情况下，s 的取值为可变范围的 0.1%。对于取值较高的 σ_{tot} 变量，s 不会对计算结果造成影响。

σ_{lq} 为最小标准偏差，可通过反馈控制实现，计算方式如下：

$$\sigma_{lq} = \sigma_{cap} \sqrt{2 - \left[\frac{\sigma_{cap}}{\sigma_{tot}} \right]^2} \tag{3-11}$$

可变性指数能够反映控制性能与最小方差控制之间的接近程度。在实际应用中，可变性指数采用百分比的方式表示。

现在有多种改进的计算可变性指数的方法。基于模型的计算方法，假定控制回路和噪声模型，根据模型的可变性（Qin，1998），计算得到最小方差控制。另一种方法是预估 PID 最小可实现可变性，而不是最小可变性控制器（Ko，Edgar，1998）。估计的最小 PID 控制可变性可以用于计算可变性指数。

3. 整定指数

带有内模控制（Internal Model Control，IMC）整定的 PID 控制器被应用于一阶时滞过程，等价于 IMC 控制器（Qin，1998；Ko 和 Edgar，1998），因此，PID 能够实现的最小方差可用如下方式表示：

$$\sigma_{\text{PID}}^2 = \sigma_{\text{lq}}^2 + \sigma_{\Delta\text{PID}}^2 \tag{3-12}$$

最小 PID 方差大于 $\sigma_{\Delta\text{PID}}^2$ 中的最小方差控制 σ_{lq}^2。

$$\sigma_{\Delta\text{PID}}^2 = \frac{(\widetilde{c}_1 - c_1)^2}{1 - \widetilde{c}_1^{\;2}} \sigma_{\text{w}}^2 \tag{3-13}$$

其中,

$\widetilde{c}_1 = e^{-\frac{s}{\lambda}} = $ 方差整定项;

$s = $ 采样周期;

$\lambda = $ 所需的闭环时间常数;

$c_1 = $ 假设噪声模型 $G_{\text{w}} = \dfrac{1 - c_1 z^{-1}}{1 - z^{-1}}$ 的参数;

$c_1 = e^{-\frac{s}{\lambda_{\text{noise}}}}$,其中 λ_{noise} 是一个白噪声过滤时间常数并且 $\lambda_{\text{noise}} < \lambda$。

对其做粗略估计,假设其取值为 $\lambda_{\text{noise}} \approx \min\{0.2\lambda, 0.1\tau, s\}$。

σ_{w}^2 为噪声标准差。

τ 为过程时间常数。

式(3-7)、式(3-8)中假设时滞为零的能力标准差 σ_{cap},可以作为 σ_{w} 的实际估计。

借助式(3-12),可以方便地计算可获得的实际最小方差。该公式由两项组成:第一部分为理论最小方差 σ_{lq}^2,该项可基于式(3-7)定义的能力标准差,使用式(3-11)计算得到;第二项是由带 IMC 整定的实际 PID 控制器引起的方差增量。该项的计算要求三个参数($\widetilde{c}_1$,c_1,λ_{noise})的预估。

总体方差 σ_{tot}^2 包含随机性方差和确定性方差。随机性方差来自于测量噪声。确定性方差来自于回路的振荡操作,可能是由过程扰动、过程非线性或较差的回路整定(见 3.3 节)引起。剩余方差 σ_{res}^2 可以作为当前总方差与为假设整定而设置的 PID 最小方差(非补偿的)之间的差值:

$$\sigma_{\text{tot}}^2 = \sigma_{\text{res}}^2 + \sigma_{\text{PID}}^2 \tag{3-14}$$

计算 σ_{PID}^2 方差,要首先假定特定闭环回路的时间常数 λ。如果实际 PID 中控制器参数的假设与方差 σ_{PID}^2 的计算相同,σ_{res}^2 的值应当接近 0。

如果 $\sigma_{\text{res}}^2 > 0$,即 $\sigma_{\text{tot}} > \sigma_{\text{PID}}$,那么可能是下列某种原因造成的:

(1)控制器未调节到最佳状态。很可能是因为用于控制器整定的实际 λ 大于公式中输入的 λ,导致整定过于缓慢,或者是由于增益不够、复位或者速率等问题,导致控制器不稳定。

(2)σ_{PID} 计算中的噪声估计功能关闭。可能是由于能够通过 PID 补偿的噪声大于估计值。

(3)过程模型可能不准确。σ_{PID} 估计值与实际过程不相符。

(4)假定的一阶时滞过程模型不能完整地描述高阶系统模型、过程非线性阀门运行条件等。

在实际应用中,方差之间的关系 $0 < \sigma_{\text{res}}^2 < \sigma_{\text{resMAX}}^2$ 在大多数情况下是吻合的。

从可变性角度而言,当整定更好时,非补偿方差 σ_{PID}^2 更小,进而总体方差 σ_{tot}^2 也就更小。

　　整定指数表明，改进后的整定能有效地降低随机扰动的变异性。因为该估计中只包含有非补偿 PID 可变性，所以可以假设式（3-15）所示的 $\Delta\sigma^2_{\text{res}}$，由于 PID1 和 PID2 的不同整定，对可能的可变性变化的估计偏低。

$$\Delta\sigma^2_{\text{res}} = \sigma^2_{\text{PID1}} - \sigma^2_{\text{PID2}} = \sigma^2_{\text{MVC}} + \frac{(\widetilde{c}_{\text{PID1}} - c_1)^2}{1 - \widetilde{c}^2_{\text{PID1}}}\sigma^2_{\text{w}} - \sigma^2_{\text{MVC}} - \frac{(\widetilde{c}_{\text{PID2}} - c_1)^2}{1 - \widetilde{c}^2_{\text{PID2}}}\sigma^2_{\text{w}}$$

$$= \left(\frac{(\widetilde{c}_{\text{PID1}} - c_1)^2}{1 - \widetilde{c}^2_{\text{PID1}}} - \frac{(\widetilde{c}_{\text{PID2}} - c_1)^2}{1 - \widetilde{c}^2_{\text{PID2}}}\right)\sigma^2_{\text{w}} \tag{3-15}$$

　　整定指数定义为：潜在的非补偿 PID 可变性减少与实际 PID 非补偿可变性之间的比例，即

$$\text{TI} = \frac{\Delta\sigma^2_{\text{res}}}{\sigma^2_{\text{PID1}}} = \frac{\left(\dfrac{(\widetilde{c}_{\text{PID1}} - c_1)^2}{1 - \widetilde{c}^2_{\text{PID1}}} - \dfrac{(\widetilde{c}_{\text{PID2}} - c_1)^2}{1 - \widetilde{c}^2_{\text{PID2}}}\right)\sigma^2_{\text{w}}}{\dfrac{(\widetilde{c}_{\text{PID1}} - c_1)^2}{1 - \widetilde{c}^2_{\text{PID1}}}\sigma^2_{\text{w}}} = 1 - \frac{\dfrac{(\widetilde{c}_{\text{PID2}} - c_1)^2}{1 - \widetilde{c}^2_{\text{PID2}}}}{\dfrac{(\widetilde{c}_{\text{PID1}} - c_1)^2}{1 - \widetilde{c}^2_{\text{PID1}}}} \tag{3-16}$$

　　使用最大函数归一化整定指数，其取值范围为 $-1 \leqslant \text{TI} \leqslant 1$。

$$\text{TI} = \max\left\{\left[1 - \frac{\dfrac{(\widetilde{c}_{\text{PID2}} - c_1)^2}{1 - \widetilde{c}^2_{\text{PID2}}}}{\dfrac{(\widetilde{c}_{\text{PID1}} - c_1)^2}{1 - \widetilde{c}^2_{\text{PID1}}}}\right], -1\right\} \tag{3-17}$$

　　在该公式的实现中，通常使用百分比表示。为了与可变性指数保持一致，有必要使用标准差比例取代方差比例。

$$\text{TI} = \max\left\{\left(1 - \frac{(\widetilde{c}_{\text{PID2}} - c_1)\sqrt{1 - \widetilde{c}^2_{\text{PID1}}}}{(\widetilde{c}_{\text{PID1}} - c_1)\sqrt{1 - \widetilde{c}^2_{\text{PID2}}}}\right), -1\right\} \times 100\% \tag{3-18}$$

　　整定指数估计了通过应用整 PID2 定（被用于计算方差 σ^2_{PID2} 的整定），可以减少多少非补偿 PID 可变性。负的整定指数表明当前 PID1 整定能够提供更小的可变性。在这种情况下，用户可能会考虑针对除可变性目标之外的其他目标（例如，回路稳定性和鲁棒性或所需的闭环时间常数）进行整定修改。

　　以下章节提供了关于各种先进控制工具和程序的详细信息，这些工具和程序用于识别过程可变性的来源并改进控制性能。

参 考 文 献

1. Desborough, L., Harris, T. J. "Performance Assessment Measures for Univariate Feedback Control" *Can. J. Chem. Eng.*, 70:1186, 1992.

2. Desborough, L., Harris, T. J. "Performance Assessment Measures for Univariate Feedforward/Feedback Control" *Can. J. Chem. Eng.*, 71:605, 1993.

3. Eriksson, P. G., Isaksson, A. J. "Some Aspects of Control Loop Performance Monitoring,"

Conference on Decision and Control (CDC) IEEE, Lake Buena Vista, FL., 1994.

4. Harris, T. "Assessment of Control Loop Performance" *Can. J. Chem. Eng.*, 67(10):856-861, 1989.

5. Harris, T., Boudreau, F., MacGregor, J. F. "Performance Assessment of Multivariable Feedback Controllers" *Automatica*, 32(11): 1505-1518, 1996.

6. Huang, B., Shah, S. L, Kwok, K. Y. "Good, Bad or Optimal? Performance Assessment of MIMO Processes" *Automatica*, 33(6): 1175-1183, 1997.

7. Isaksson, A. J. "PID Controller Performance Assessment" Control Systems Conference, Halifax, Canada, 1996, Conference Proceedings, pp. 163-169.

8. Ko, B. S. and Edgar, T. F. "Assessment of Achievable PI Control Performance for Linear Processes with Dead Time," In proceedings of American Control Conference (ACC), Philadelphia, PA, June, 1998, pp. 1548-52.

9. Qin, S. J. "Control Performance Monitoring—A Review and Assessment" *Computers and Chemical Engineering*, 23: 173-186, 1998.

10. Rhinehart, R. R. "A Cusum Type On-line Filter" *Process Control and Quality*, 2: 169-179, 1992.

11. Shunta, J. *Achieving World Class Manufacturing Through Process Control*, Prentice Hall PTR, Upper Saddle River, NJ, (ISBN 0-13-309030-2), 1995.

第4章 按需整定

在调试基于 PID 算法的反馈控制中,需要将 PID 整定参数(即比例、积分与微分增益)设定为特定数值,以便当设定值和扰动输入发生变化时,控制器能够做出最好的响应。为了在提供稳定运行的同时最小化过程变化,以及最小化过程对设定值变化和扰动输入变化的响应时间,PID 整定应当基于每个控制回路的观测的过程增益和动态响应。参与工厂调试的仪表工程师可能没有正确设置回路整定参数,或者过程操作运行条件发生了变化,都有可能导致工厂操作无法达到最高效率。幸运的是,当前销售的大多数 DCS 系统,都支持按需整定,可用于自动建立正确的回路整定。

4.1 过程识别

在大多数情况下,DCS 的按需整定功能(也称为自动整定功能)是基于过程模型的识别,该过程模型与针对操纵输入中的阶跃变化所观察到的过程响应相匹配。为了识别过程响应,有必要通过在过程输入中引入变化来测试该过程。DCS 制造商使用的按需识别技术不同,确定过程响应的方式也各异。引入过程输入的变化要足够大,以便方便地区分出由输入变化引起的响应和由过程中可能存在的噪声引起的响应。对于自调节系统,过程响应通常近似为一阶时滞系统,即响应的特征是增益、时间常数和时滞,如图 4-1 所示。

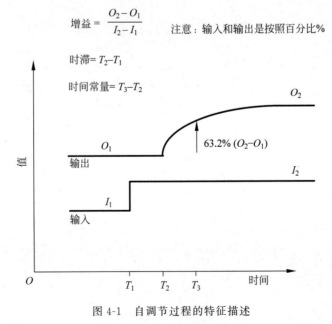

图 4-1　自调节过程的特征描述

积分过程的响应可以通过积分增益和时滞来表征,如图 4-2 所示。

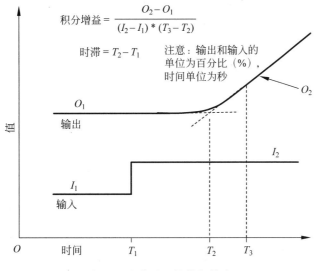

图 4-2　积分过程的特征描述

基于识别的响应,使用整定规则来确定推荐的 PID 整定。

当按需整定应用程序隶属于 DCS 工作站时,控制器与工作站之间的通信会向观测的过程响应中引入可变的时间延迟和抖动。为了准确地表征该过程,按需整定功能可以分散地被安装于工作站和控制器/现场设备之间,如图 4-3 所示。

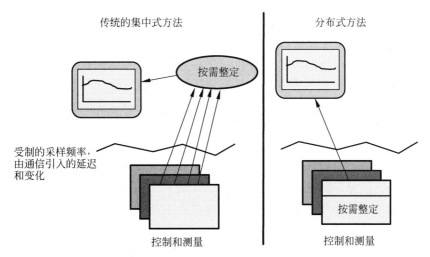

图 4-3　自整定组件的实现与交互

在现场(现场控制器或设备)捕获过程动态响应,而不是使用传输到工作站的测试数据,这样能够消除自动整定过程中的总线通信,并且能够提供更好的过程识别,特别是对于最快的回路。当以这种方式实现自动整定时,整定规则计算可能驻留在工作站上。现场设备的过程识别只需要简单的数学运算。由于识别算法并不比控制算法消耗更多的 CPU,因此切换到识别算法并不会导致现场设备的总体负载增加。

大多数按需整定应用可以在过程测试中为其提供反馈指示。此外,安全特性也很常见,可以对控制参数与设定值偏差过大等过程条件做出快速响应,这可能预示着运行条件异常、受限制操作条件或不稳定过程变量。这些异常条件可能会导致过程识别终止,并重启正常控制。

控制响应的选取

在完成过程特征的识别后,将使用这些信息来计算出推荐的回路整定。从过程特征中推导出控制器参数的整定规则,可用于满足特定的过程和期望的响应速度。控制器对设定值或扰动变化的响应,由控制器整定参数确定,可归类如下:

- 过阻尼响应——被控参数逐渐达到设定值,但不会超过设定值。大多数情况下,当有影响过程增益和响应时间的变化操作条件时,过阻尼响应为最好的响应。
- 临界阻尼响应——被控参数不超过设定值,在最短的时间内达到设定值。在减少响应时间的同时,如果有影响过程增益或响应时间的操作条件发生变化,能够观察到控制的不稳定。
- 欠阻尼响应——被控参数会超过设定值,但是最终将稳定在设定值附近。能够减少被控值返回设定值的时间,但是以牺牲系统稳定性、被控值超过设定值和负载扰动为代价。

如果 PID 的复位增益是根据可识别过程动态性能而设定的,那么就有可能通过调节 PID 比例增益,将过阻尼响应改变为临界阻尼响应或欠阻尼响应。某些按需整定应用程序可以通过改变比例增益,来实现某个特定的响应速度,例如,快响应、正常响应或慢响应。

通常在整定控制回路时,会遇到如下问题:"对于某个特定回路,何为最优整定?控制回路的性能应根据观察到的设定值变化或负载扰动变化的过程响应进行测量吗?评价控制回路性能时,应当考虑哪些因素?"

这些问题的答案取决于回路的设计目标。如果设定值经常变化,那么回路对设定值变化的响应将成为评价回路性能的重要因素。然而,如果回路设定值维持固定值不变,回路对于扰动输入的响应则显得更为重要。如果设定值变化和扰动输入引起的过程响应同样重要,则必须设置整定以实现控制响应中的平衡。在许多过程中,过阻尼响应是理想的响应。为得到这类响应,PID 控制中使用的比例增益通常比欠阻尼或不稳定响应所需的比例增益小得多。

在评估按需整定应用程序自动提供的整定时,应当考虑到过程增益会随着操作运行条件的变化而变化。例如,阀门的安装特性可能会对阀门工作范围内的阀门位置提供非线性响应。PID 增益应该基于提供最大过程增益的操作条件。过程增益的变化与 PID 增益的变化,对控制回路响应的影响相同。

在控制回路整定中,通常会犯的错误是:仅仅在一个操作点上检查回路的控制性能。例如,当阀门工作在打开约 50% 的状态下,通过调节整定,能够得到欠阻尼响应。当因设定值的变化而导致阀门工作在打开 30% 的状态下时,由于过程增益的变化,将观察到完全不同的响应。上文中已经强调过,选择相对保守的 PID 增益设置是明智的做法,即使过程增益随设定值变化而发生改变,回路也能够提供稳定的控制。总之,"最好的"PID 增益,对于设定值和负载扰动变化的响应通常更为缓慢。保守整定可确保稳定操作,即使过程增益随着操作设定值的变化而变化。大多数按需工具确定整定参数,是根据过程特征和用户选择的响应速度而确定的。

在控制回路的整个操作范围之内,为保证操作的稳定,正常的实际操作方式是:当过程运行在增益最大的操作范围时,确定整定参数。如果回路操作点回到低增益区域,那么可能发生的最坏情况是:设定值变化引起的响应迟缓却稳定。如果低速响应无法满足过程需求,那么需要使用表征器来提供线性安装特性。

当过程增益随操作条件发生变化时,如果比例增益能够随着每个操作点的过程增益的变化而变化,那么在整个操作范围内就能得到最好的控制性能。一些控制系统提供了比例增益调度,可以根据阀门位置或与过程增益相关的其他测量或计算参数来改变 PID 增益。设置增益调度是很耗费时间的,因为过程增益必须建立在整个控制操作范围内。然而,如第 5 章所述,自适应控制允许自动更改整定,以补偿过程增益和动态性能方面的变化。

应用举例

过程工业中使用的许多较新的控制系统都包含了自动整定,即具有自动建立 PID 功能块整定的能力。自动整定的实现,是基于在线被控参数对可操作过程输入变化响应的自动分析。控制系统制造商采用了不同的技术来实现自动整定。因为这些工具被设计用于在嘈杂的过程测量环境中工作,所以整定结果通常优于手动整定技术得到的结果。本章将以其中一家生产商的自动整定工具作为例子,进行详细解析。其他工具在测试过程的需求方面可能有些不同,识别过程增益和动态性能的方法,以及提供推荐整定参数的方法也有差异。

自动整定可自动确定比例、积分和微分的增益,因此能够节省控制回路的调试时间。该功能将用在许多过程应用中,因此,对其设计要满足多种过程需求,例如,自调节过程、纯积分过程、快速或慢速响应过程。一些保护措施通常被使用,以补偿测量过程中的噪声和未测量负载扰动的影响。此外,尽量减少整定回路的时间,才能在工厂初始化过程中发挥回路的作用。自动整定的用户界面将由工厂中的各种人员使用,因此必须设计得直观和易于使用。

制造商采取多种渠道来启动自动整定功能。例如,可通过单击启动按钮(功能块视图中的一个选项),或者使用操作员显示提供的 PID 面板,来启动整定工具。此外,当在性能监测应用中选择一个 PID 功能块时,可通过选择整定界面底部角落中的整定按钮来访问自动整定。当从 PID 功能块菜单中启动整定时,如图 4-4 所示的自动整定界面也随即启动。

如图 4-4 中的右侧部分所示,不同颜色的曲线被用来表示被控参数 PV 的在线值(图顶部的曲线随 SP 值变化)、设定值(顶端直线)以及 PID 功能块的控制输出(图形中底部曲线)。此外,这些参数的变化趋势将使用相同的颜色自动显示。当前 PID 整定参数同样显示在屏幕右侧,具体包括比例增益、复位(积分增益)和速率(微分增益)。单击测试按钮,启动 PID 整定过程。一旦整定开始,PID 的输出以默认阶跃大小,从初始值自动变化,变化情况立即显示在测试按钮之上的界面。对于大多数过程,默认的步长大小为 3% 是合适的。然而,如果被控参数的测量中包含巨大的过程噪声,可以选择更大的阶跃。通过增加阶跃大小,被控参数的变化将更容易被检测和精确测量。如果过程增益相当大,较小的阶跃变化可以避免过程紊乱,因为过程紊乱通常与被控参数较大的变化相关。

在选择测试按钮并指定操纵参数中的阶跃变化之后,就不再需要用户更多的输入了。一旦自动整定应用程序检测到响应,并且该响应的大小达到预先定义的数值,此时,操纵参数将向着初始值相反的方向变化。在操纵参数发生第二次变化之后,被控参数对操纵参数的响应不超过测试开始时的记录值,则不会采取任何措施。每当控制参数通过测试的初始化设定值之后,操纵参数自动向着最后改变的相反方向,以阶跃大小改变,如图 4-4 所示。

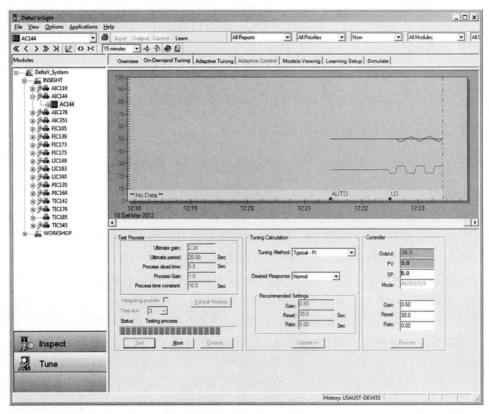

图 4-4　过程的自动测试

这种确定用于回路整定参数的方法称为继电器振荡技术（Åström 和 Hägglund，1995）。由控制输出开关建立的振荡周期定义了终极周期。

- 终极周期——当比例增益设置为终极增益，积分和微分增益设置为零，此时得到持续振荡的终极周期。根据阶跃大小和被控参数变化幅度的大小，自动整定应用可以计算出终极增益。

- 终极增益——积分和微分增益设置为零，实现被控参数和操纵参数持续振荡所需要的 PID 比例控制器增益。

根据控制参数变化的步长和幅度，使得自动整定应用程序计算最终增益成为可能。

根据终极增益，终极周期和观察到可操作输入阶跃变化初始响应所需要的时间，自动整定应用程序可计算出过程增益、时间常数和时滞（Wojsznis 和 Blevins，1993）。这些参数以及终极增益和终极周期，显示在自动整定用户交互界面的左侧面板上。

最终增益和最终周期可以通过以下步骤进行手动确定：将积分增益和微分增益设置为零，然后将 PID 设置为自动模式，逐步增大阶跃中的比例增益，改变设定值并观察对设定值变化的响应。重复上述步骤，直到观测到持续振荡（Ziegler 和 Nichols，1962）。然而，对于响应缓慢的过程，这种手动方式是非常耗时的。采用继电器振荡技术，可通过自动测试的方式，快速确定过程增益和动态性能。此外，过程输入的变化为已知量，因此可以根据特定过程的需要进行选择，以最小化测试对过程更改的影响。

基于自动测试确定的过程增益及其动态性能，自动整定应用程序可以计算出 PID 比例增益、积分增益和微分增益的推荐设定值。要使用应用程序确定的整定,用户只需要简单地单击升级按钮,整定参数值就会被自动写到 PID 功能块中。

总之,当自动整定可用时,要整定过程工业中的大多数控制回路,用户只需要单击测试按钮,等待测试完成,然后单击升级按钮。因此,只需单击两次,就可完成控制回路的整定。

在确定控制回路响应过程中,为了增加某些选择的灵活性,用户可以选择整定规则,用于计算识别过程响应的推荐整定参数。用户交互界面中的整定计算区域,提供了"过程类型"和"期望响应"选项。基于这个选择和识别的过程响应,提供了一个推荐的整定设置,如图 4-5 所示。

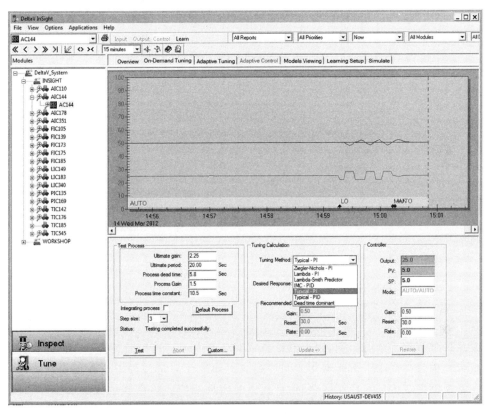

图 4-5　基于整定方法的整定推荐

借助"整定方法选择",用户可选择典型 PI 或 PID 控制,或选择压力回路、温度回路或流量回路。基于选择的回路类型、识别的过程增益和动态性能,可计算出推荐整定。例如,对压力回路的整定可能不同于对温度回路的整定,即使两者的过程增益和动态性能类似。以这种方式对回路整定,整定后的参数能够匹配过程类型。如果过程类型属于默认类型(典型 PI),那么计算出的整定可提供典型响应,能够满足大多数过程。类似地,用户可通过"期望响应"选项,选择对设定值变化和负载扰动响应的速度快慢。

4.1.1　回路响应的仿真

如前所述,自动整定应用程序所提供的最有用的特色之一是:在将建议的整定传输给控制回路之前,能够检测期望的闭环响应。要查看该期望的闭环响应,应该在测试完成后选择仿真选项卡。作为响应,屏幕下半部分的曲线即为针对设定值变化的响应曲线,如图 4-6 所示。

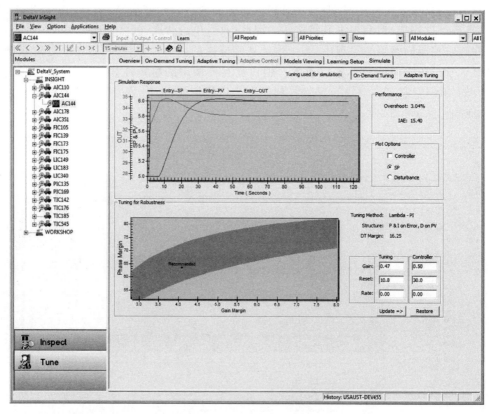

图 4-6　回路响应的仿真

　　默认情况下,将显示由设定值变化而引起的闭环回路响应。图 4-6 显示了操纵参数的变化以及其对被控参数的影响,用于推荐整定的计算。通过选择曲线选项中的"扰动",即可显示出未测量过程扰动中阶跃变化的闭环响应。如果在测试过程中正确地识别了该过程,那么在将推荐整定传递到控制回路时,计算出的闭环响应应该准确地反映出实际的闭环响应。此功能可用于检查推荐整定对闭环响应的影响。

　　该仿真页面上方的曲线显示了在推荐整定下闭环控制回路的鲁棒性。

- 控制鲁棒性——在实际的过程增益和动态响应与设定的过程增益和动态响应出现偏差时,保持控制不变的能力。

　　鲁棒性曲线显示了推荐整定下的增益裕度和相位裕度。此外,顶部图的深色区域显示了系统的可接受操作区域。

- 增益裕度——闭环系统进入非稳态前的增益变化。
- 相位裕度——闭环系统进入非稳态前可增加的相角偏移量。

　　稳健性曲线可以用来获得进一步了解当过程增益或动态变化时,控制回路如何执行建议的整定。增益裕度直接指示在控制回路变得不稳定之前,过程增益可以改变多少。例如,如果建议的整定被显示为具有 3 的增益裕度,当应用该整定时,即使过程增益变化 3 倍,也会观察到稳定的控制。如果要求增益裕度为 5,也就是说,过程增益可以改变 5 倍,并且回路仍然具有稳定的控制,则控制工程师可以在暗带上单击增益曲线 5 的增益裕度,并看到提供增益裕度的整定以及响应的曲线图。增益裕度对控制响应的影响如图 4-7 所示。

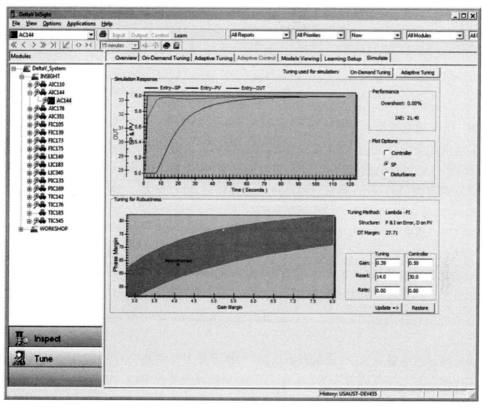

图 4-7　增益裕度选择对控制响应的影响

　　在鲁棒性图的左边部分选择一个操作点提供了更高的比例增益,因为增益裕度较小。在鲁棒性图的下部选择操作点提供具有较低相位裕度的整定。这意味着,如果该过程增加的增益大于增益裕度,则可能会观察到不稳定的响应。选择与更大的增益裕度或相位裕度相关联的点,使得控制回路的性能不易受到过程增益或动态变化的影响。

　　在鲁棒性曲线上所做选择产生的影响,反映在设定值响应变化曲线上。因此,通过在鲁棒性曲线上做不同的选择,可选出整定参数,得到理想的响应,包括确定的增益裕度和相位裕度。以这种方式确定的整定参数,通过选择屏幕上方的选项,将其传输给推荐的整定。鲁棒性曲线在评估和改进推荐的整定,以便更好地满足特定应用需求方面,一个非常有效的工具。

4.2　专 题 练 习

　　本节介绍的专题练习,以加热器过程(见图 4-8)为例,阐述按需整定产品可能具有的某些特性。读者可以访问本书网址 http://www. advancedcontrolfoundation.com,选择解决方案选项卡,查看本专题的执行情况。

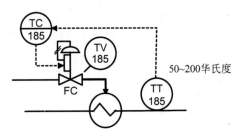

图 4-8　PID 整定工作区中的蒸汽加热器过程

第一步：通过性能监控应用程序，选择按需整定用户界面。将 PID 模式改变为手动，将 PID 输出增加 10%。通过 PID 控制参数，设定值和输出值的变化趋势，观察过程响应。

第二步：过程达到新稳定状态后，单击测试按钮，观察 PID 模式的变化，以及 PID 输出的变化。随着测试的进行，观察过程终极增益和周期，过程增益、时间常数，以及由响应确定的时滞。

第三步：将过程类型改变为 PI，观察推荐整定参数。

第四步：选择用户交互界面上方的仿真选项，观察推荐整定作用下产生的预测设定值响应。选择扰动曲线选项，观察过程扰动引起的响应。

第五步：在鲁棒性图形绿色区域内移动光标，并在该区域内单击，选择鲁棒性曲线上的点。观察其对过程响应的影响。一旦期望的设定值响应显示出来，选择"进入"整定，作为推荐整定。

第六步：选择整定选项，借助升级选项，将推荐整定传输到 PID。

第七步：将 PID 模式改变为"自动"，以 10 华氏度改变设定值。观测到的过程响应是否与第五步中提到的预测响应匹配。

4.3　技　术　基　础

自动整定器能够提供连续性的自动方法，用于为过程控制系统找到最好的整定设置。该自动化执行过程包含以下三个步骤：

（1）测试该过程；

（2）根据测试数据，评价该过程的特性；

（3）计算控制器的参数。

上述过程仿真了典型的手动整定过程。下面分析一个使用 Ziegler-Nichols（ZN）方法的手动过程实例，第一个工业整定技术是在 1942 年提出的。借助这项技术，用户需要逐渐增加比例控制器的增益，以达到限幅的持续振荡，测量该周期和振荡幅度，最后使用 ZN 计算方法确定控制器参数。虽然一些控制文献仍然逐字逐句地引用这种方法，但是工业中实际使用时作了一个重大修改来使回路远离其稳定性的限制。在实际应用中，更常使用阻尼振荡而非等幅振荡。甚至会用到半波衰减的方法（McMillan，2000），其周期与衰减振荡的终极周期相比更长，但是更加保守地估计积分时间。

另一种常用的整定技术是 Lambda 整定，其要求将控制器设定为手动，并对控制器输出做一个阶跃变化,然后等待系统的完全响应,最后使用 Lambda 整定规则(Bialkowski,1999)计算出控制器的整定参数。

评价各种自动整定技术时,应当考虑以下要素:

- 自动整定应用的过程类型(快速/慢速,自调节/积分/逆响应);
- 对噪声和扰动的阻抗;
- 过程测试需要的过程扰动大小;
- 整定过程中过程操作的安全性;
- 整定时间;
- 可实现的控制器性能。

上述两种手动整定技术原则上都可被用于自动整定。然而,在实际应用中,通常难以满足过程扰动大小及安全性的要求。增加控制器增益,启动修正的 ZN 闭环回路方法模拟振荡,这种方法需要持续的人工干预。使用开环回路测试 Lambda 整定,在回路达到稳定状态的过程中,过程本身可能会发生偏移。此外,负载扰动可能会使测试及测量人员感到混乱。

Åström 和 Hägglund 于 1986 年提出使用继电方式产生过程振荡。该构想有极大的优势,并且已经应用在大量工业产品中。采用继电器动作进行整定,将过程限定在开关控制中,而开关控制本身就是稳定的。此项技术鲁棒性好,几乎不需要设置。可以通过继电阶跃大小和继电滞后作用来调节振荡幅度。

通过改进 ZN 整定公式,并从整定数据计算出一个简化的带时滞一阶过程模型,最后识别出一个准确的过程模型,从而实现了对该技术的进一步发展。

4.3.1 继电振荡整定基础

过程测试

在过程测试中,使用一个双状态继电器取代 PID/PI 控制器,如图 4-9 所示。在测试过程中,继电器将回路纳入双状态控制中。双状态被控回路中的振荡幅度受限制。回路振荡频率为临界频率,因此振荡周期为终极周期。根据振荡大小和继电阶跃的大小,可计算终极增益。终极增益为使系统进入稳定极限的比例控制器增益。上述参数定义完成后,用于计算控制器的参数。

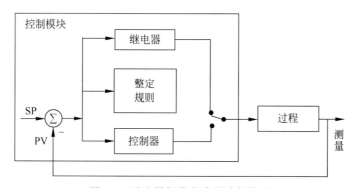

图 4-9 继电器振荡方式的功能块图

实现继电振荡自动整定的正确方法,应遵循以下规则:

(1) 回路处于稳定状态下开始整定;

（2）在整定过程中，收集数据并计算各种参数，并随着整定的进行更新计算结果；

（3）监督回路安全性能，回路安全受到威胁时，中断整定过程；

（4）使用平均值，而非瞬时值，计算振荡幅度；

（5）应用继电保护技术，具体包括继电滞后、滤波器和噪声保护算法；

（6）整定中断时，部分结果可用；

（7）选用不同的技术，用于计算控制器参数。

图 4-10 显示了在整定过程中，继电输出和过程变量（PV）的典型时间曲线。应当注意到，在完成初始化之后，当过程变量超过设定值时，继电器就会被触发。继电器的振幅 d 的取值，通常为控制器输出范围的 3%～10%。在初始化过程中，即第一个半正弦波周期内，过程变量（PV）的变化率 a 最大。通常，过程变量（PV）的变化范围为其量程范围的 1%～3%。

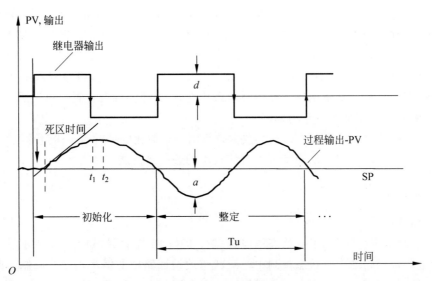

图 4-10   继电器振荡整定曲线

在初始化完成后，振荡应当至少持续一个周期。如果整定过程占用更多周期，则使用振荡周期和振幅的平均值确定终极增益和终极周期。一般而言，两个周期足以作为平均值来确定振荡幅度和周期。

评价过程特征

在整定过程中，频域被用于回路分析。继电器的作用可通过函数 $N(a,\varepsilon,d)$ 表示。对于第一谐波傅里叶变换，该描述函数可近似为一个带线性转移函数的非线性因子，并可用式（4-1）来计算临界频率。

$$N(a,\varepsilon,d) = \frac{4d}{\pi\sqrt{a^2 - \varepsilon^2} + i\pi\varepsilon} \tag{4-1}$$

其中，

$N(a,\varepsilon,d)$——截止频率时继电器描述方程；

ε——继电器的滞后因子；

d——继电器的振幅；

a——过程变量的振幅；

i——虚数单位。

该振荡回路的条件如图 4-11 所示。

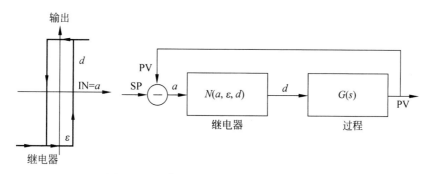

图 4-11 带滞后因子的继电器和整定示意图

$$G(w_c) N(a, \varepsilon, d) = -1 \quad 或 \quad G(w_c) = \frac{-1}{N(a, \varepsilon, d)} \tag{4-2}$$

$G(w_c)$——截止频率条件下过程增益。

图 4-12 中的奈奎斯特曲线显示了在 $\varepsilon = 0$ 和 $\varepsilon > 0$ 条件下，过程转移函数 $G(w)$ 和继电器描述函数的逆反函数。这两个函数的交叉部分定义了回路振荡的参数，如式(4-2)所示。

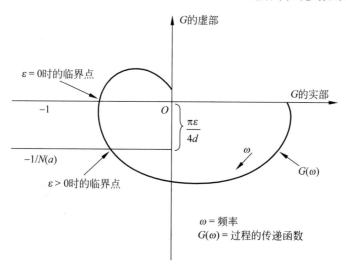

图 4-12 奈奎斯特图上的继电器振荡整定

式(4-1)中 $N(a, \varepsilon, d)$ 的振幅，为终极增益的近似。当 $\varepsilon = 0$ 时，$N(a, \varepsilon, d)$ 正是终极增益，如式(4-3)所示。

$$K_u = \frac{4d}{\pi a} \tag{4-3}$$

然而，如果滞后因子 $\varepsilon > 0$，振荡频率和增益将偏离最初的终极增益和终极周期。如图 4-12 所示，确定奈奎斯特曲线临界点时，用于噪声保护的滞后因子引入误差。为避免引入过量误差，应当采用互补噪声保护技术。过程变量滤波时间常量等于正确选择的回路扫描周期，不会降低回路的性能，并且有利于过程测试。在每半个周期开始时，噪声保护算法使继电器开关在最初定义的时滞的一半时间内无法工作,如图 4-10 所示。经过验证,噪声保护算法是高效算法,不会对终极增益和周期的确定造成副作用。

继电器振荡整定取得了一个重大的进展:通过从线性回归到寻找过程阶跃响应曲线的切线来在估计过程的时滞方面(见图 4-10 中整定的开始部分)。将切线外推以在整定开始处截断设定值或处理输出值。从继电器的初始阶跃到该截断发生之间的时间为显性时滞。当继电器输出方向变化时,另一种计算时滞的方法,是指将其估计为 PV 反应的延时(如图 4-10 中时间间隔 t_1 到 t_2)。最后,取这两个结果的平均值作为显性时滞。

计算 PID 控制器参数

确定终极增益 K_u 和终极周期 T_u 后,遵循表 4-1 中的 ZN 规则,可确定 PID 控制器的设定值。

表 4-1　使用 ZN 计算 PID 控制器参数

控制器\参数	K	T_i	T_d
P	$0.5K_u$		
PI	$0.4K_u$	$0.8T_u$	
PID	$0.6K_u$	$0.5T_u$	$0.1T_u$

Åström 提出的计算规则更加灵活,并且指明了相位和增益的裕度,如下所示:

$$T_i = \frac{T_u}{4\pi\alpha}(\tan\phi + \sqrt{4\alpha + \tan^2\phi}) \tag{4-4}$$

$$T_d = \alpha T_i$$

$$K = K_u G_m \cos\phi$$

其中,

ϕ——期望的相位裕度;

α——期望的比例选择 $T_d : T_i$;

G_m——期望的增益余量的倒数(默认值为 0.5);

K, T_i, T_d——控制增益,积分时间和微分时间。

对于时滞与时间常数之比偏低的过程,式(4-4)给出的整定结果优于原始 ZN 规则的计算结果。如果在过程测试的时滞期间内定义了 τ_d,那么通过使用 Wojsznis、Blevins 和 Thiele 于 1999 年提出的非线性整定规则估计器,可以在广泛的过程动态范围内获得更好的结果。非线性估计旨在纠正 ZN 整定的以下主要缺陷:

- 对于时滞与时间常数之比偏低的过程,积分时间太短;
- 对于时滞与时间常数之比偏高的过程,积分时间过长;
- 对于时滞与时间常数之比偏低的过程,控制器增益过大。

非线性整定计算器一般形式如下:

$$T_i = f_i(T_u, \tau_d)T_u; \quad K = f_2(T_u, \tau_d)K_u; \quad T_d = \alpha T_i \tag{4-5}$$

S 型函数用于创建 $f_1(T_u, \tau_d)$ 和 $f_2(T_u, \tau_d)$,类似的函数用于对神经网络建模(见第 7 章)。

对于非线性估计器,Wojsznis、Blevins 和 Thiele(1999 年)提出并测试了如下公式(式(4-6)和式(4-7)):

$$f_1(T_u, \tau_d) = a_1 + \frac{b_1}{1 + \exp - \left(\dfrac{T_u}{\tau_d} - c_1\right)} \tag{4-6}$$

$$f_2(T_u, \tau_d) = a_2 + \frac{(b_2 - f1(T_u, \tau_d))}{c_2} \tag{4-7}$$

$a_1, a_2, b_1, b_2, c_1, c_2$ 为启发式系数。

$0.25 \leqslant a_1 \leqslant 0.4$ $0.25 \leqslant a_2 \leqslant 0.4$ $b_1 \sim 0.6$， $b_2 \sim 1.0$， $c_1 \sim 7.0$， $c_2 \sim 6.0$

式(4-6)给出了用于计算 T_i 的系数值，如图 4-13 所示，值在最小值 a_1 与最大值 $a_1 + b_1$ 之间变化。如图 4-13 所示，在区间 $[a_2 + (b_2 - a_1)/c, a_2 + (b_2 - a_1 - b_1)/c]$ 内，式(4-7)可用于计算系数 K。

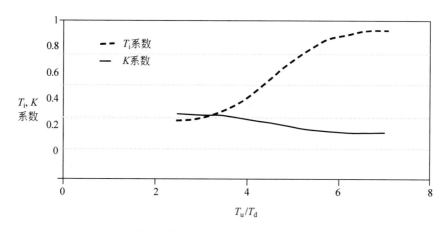

图 4-13   用于计算控制器积分时间和增益的非线性函数

仔细研究曲线，观察整定的依赖关系。当 T_u/τ_d 接近 2 时，过程是时滞占主导地位的。T_u/τ_d 的增加预示着 τ_u/τ 比例的减少，即延迟占主导的过程。

图 4-13 显示了时滞占主导的过程 $T_i \sim 0.35 T_u$，以及带有较小时滞 $T_i \sim T_u$ 的过程。对于时滞占主导的过程，控制器增益为 $K \sim 0.4 K_u$，而对于较小时滞的过程，其值为 $K \sim 0.27 K_u$，如图 4-13 所示。

非线性整定计算器的实现，能够带来更平滑、更健壮的回路响应，接近于 IMC 或 Lambda 整定，而不是 ZN 四分之一振幅衰减。某些典型回路整定阶跃响应和二阶回路阶跃响应过程如图 4-14 所示，其中二阶过程的参数为 $K_p = 1, \tau_1 = 10s, \tau_2 = 3s, \tau_d = 2s$。

自动整定器对控制器的设置如下：$K = 1.25, T_i = 12.36s, T_d = 1.97s$，而 IMC 计算结果为 $\tau_{\text{filter}} = 13s, K \sim 0.87, T_i = 13s, T_d = 2.3s$。

最后，应当注意，可以通过修改非线性计算器的系数实现更好的整定效果。这样，整定能够满足最佳设定值响应，满足最佳扰动补偿，或者在某种程度上达到两者的平衡。

建立过程模型

定义过程时滞 τ_d，终极增益 K_u 和终极周期 T_u 之后，可以计算基于模型整定的过程时间常数 τ 和过程静态增益 K_p。

继电器振荡整定的一项优势是：能够同时适用于自调节过程和积分过程。当确定显性时滞时，将积分过程模型的增益确定为初始化过程输出的最大斜率。Wojsznis 和 Blevins

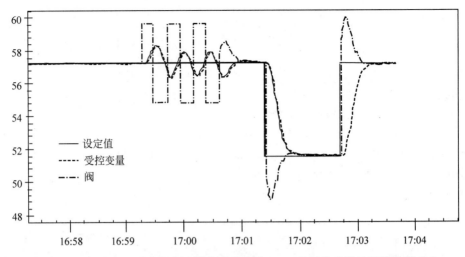

图 4-14　过程(τ_d/τ 约为 0.2，回路扫描速率为 0.1s)的整定曲线及回路阶跃响应

于 1993 年详细阐述了带时滞一阶过程模型的计算方法。将一阶过程模型转化为频域，会得到以下方程：

$$\tau = \frac{T_u}{2\pi}\tan\alpha \quad \alpha = \pi - \frac{2\pi\tau_d}{T_u} < \frac{\pi}{2} \tag{4-8}$$

$$K_p = \frac{1}{K_u}\sqrt{1 + \frac{4\pi^2\tau^2}{T_u^2}}$$

其中，

　　　τ——过程时间常数；

　　　T_u——终极周期；

　　　τ_d——过程显性时滞；

　　　K_p——过程静态增益；

　　　K_u——终极增益。

　　式(4-8)中的过程时间常数以一个正切函数表示，当与时间常数(正切幅角，例如幅角 α 小于 $\pi/6$)相关的时滞相对较大时，该正切函数能够更好地接近该值。对于时滞不显著的进程，时间常数的计算会带来大误差，即使对于时滞上的小误差也是如此。在这种情况下，正切幅角接近于 $\pi/2$，幅角的细微误差都会极大地改变正切值。

　　通过进行闭环阶跃测试，可以确认过程的静态增益，进而改进自调节过程模型识别的精确度。接下来进行继电器振荡测试，对控制器在自动模式下进行一个小的设定值变化。静态增益是由设定值变化百分比与控制器输出稳态变化百分比之比来计算。

$$K_s = \frac{\Delta\,SP}{\Delta u} \tag{4-9}$$

其中，

　　　ΔSP——设定值的变化(%)；

　　　Δu——控制器输出从一个稳定状态变化到另一个稳定状态(%)。

　　为了检测阀门的滞后现象，应该在相反的方向上改变设定值，并重复该测试。已知过程的静态增益、终极增益、终极周期,通过下列公式可计算出过程的时滞和时间常数。

$$\tau = \frac{T_u}{2\pi}\sqrt{(K_pK_u)^2-1} \qquad \tau_d = \frac{T_u}{2\pi}\left(\pi - \arctan\frac{2\pi\tau}{T_u}\right) \qquad (4\text{-}10)$$

表 4-2 展示了使用这些公式计算后的结果。借助于继电器振荡,可确定多个带时滞的一阶过程模型的终极增益和终极周期。参照式(4-10)及实际静态增益,可计算出时间常数和时滞。实际的时间常数和时滞与计算出的时间常数与时滞之间的差异平均不到 5%。

表 4-2　从静态增益、终极增益和终极周期比较实际的与计算出的过程模型

K_p 实际模型	τ 实际模型	τ_d 实际模型	K_u	T_u	τ 计算模型	τ_d 计算模型
1.0	100.0	12.0	13.7	68.0	106.2	12.5
1.0	25.0	3.0	13.7	12.0	26.0	3.1
1.0	50.0	12.0	7.5	66.0	52.1	11.0
1.0	12.5	3.0	7.4	11.2	13.0	3.0
1.0	66.7	12.0	9.5	66.0	69.2	12.3
1.0	16.7	3.0	9.8	11.2	17.3	3.0
1.0	200.0	12.0	26.0	50.0	207.0	12.8
1.0	50.0	3.0	27.1	12.0	51.7	3.1
1.0	15.0	2.0	12.3	8.0	15.7	2.1
2.0	15.0	2.0	6.2	8.0	15.6	2.1
0.5	15.0	2.0	26.7	8.0	15.7	2.1

使用最优化计算或者最小二乘识别器处理过程测试数据,能够获得更高的模型精度。将这些技术应用到继电器振荡中,与工厂中使用的原始回路扫描相比,过程测试需要更快的数据收集。上述技术将在第 11 章和 12 章中详细讨论。

4.3.2　基于模型的整定

基于模型的整定技术已经取得了显著进步,特别是 Lambda 整定方法(Chien 和 Fruehauf,1990)和内部模型控制整定(IMC)方法(Bialkowski,1991)。这两种方法都可实现一阶闭环系统对设定值变化的响应。与响应速度相关的整定参数用于权衡性能和鲁棒性。这两种方法通过调节 PID 控制器复位(或者是复位与速率)来消除过程极点,并通过调节控制器增益来实现期望的闭环回路响应。当回路之间存在轻度到中度的交互时,使用 Lambda 整定选择适当的闭环时间常数,可以最小化这些交互的影响。

用于自调节过程的 IMC 整定规则,对于带时滞的一阶系统建模使用了三个模型参数,并使用用户定义的过滤时间常数 τ_{filter} 来确定 PID 控制器的设置。过滤时间常数应当被设置为期望的闭环时间常数。过滤器时间常数的值越大,整定阻尼越大。Lambda 整定规则使用参数 λ,该参数也可被用于为自调节过程设定期望闭环时间常数。闭环时间常数通常大于开环时间常数,可能是其的三倍或四倍。这是为了在模型识别不准确和过程条件发生变化的情况下保证鲁棒性。过程分析工具被用于协助选择闭环时间常数,以实现最小化变化控制(Bialkowski,1991)。适合的闭环时间常数可以在不增加噪声的情况下减少扰动。接下来将介绍 IMC 和 Lambda 方法涉及的公式。

自调节过程

<u>IMC 整定规则</u>

PI 控制：

$$K = \frac{\tau}{K_p(\tau_f + \tau_d)} \qquad T_i = \tau \qquad (4\text{-}11)$$

τ_f 为过滤器时间常数，等于必需的闭环时间常数。

PID 控制（ISA 标准形式）：

$$K = \frac{\tau + \tau_d/2}{K_p(\tau_f + \tau_d/2)} \quad T_i = \tau + \tau_d/2 \quad T_d = \frac{\tau\tau_d}{2\tau + \tau_d} \qquad (4\text{-}12)$$

<u>Lambda 整定规则</u>

PI 控制：

$$T_i = \tau \quad K = \frac{T_i}{K_p(\lambda + \tau_d)} \qquad (4\text{-}13)$$

λ 定义了所需的闭环时间常数。

PID 控制：

对于使用带时滞的一阶过程模型的 PID 控制器，没有直接的 Lambda 整定形式。

积分过程

基于模型的积分过程控制，能够实现平均控制。在液位控制中，平均控制使用缓冲槽，而非通过剧烈变化可操作变量维持紧密控制的方式，吸收扰动。液位在限制范围内波动，出口处流量变化随之减小，进而减少下游过程的扰动。下面给出的 IMC 规则适用于带大时滞的积分过程。当过程中没有时滞时，IMC 和 Lambda 作用的结果是相关相同的。对于积分过程，整定参数 τ_f 和 λ，是扰动作用停止的期望时间，例如，在扰动作用下，过程输出开始恢复所需要的时间。增大变量 τ_f 和 λ，能够放宽对控制的要求。

<u>IMC 整定规则</u>

PI 控制：

$$K = \frac{2\tau_f + \tau_d}{K_i(\tau_f + \tau_d/2)^2} \qquad T_i = 2\tau_f + \tau_d \qquad (4\text{-}14)$$

其中，

$K_i = \dfrac{\Delta y}{\Delta u \Delta t}$——积分过程增益；

Δy——过程输出变化百分比；

Δu——过程输入阶跃变化百分比；

Δt——计算 Δy 的时间间隔。

<u>Lambda 整定规则</u>

PI 控制：

$$T_i = 2\lambda + \tau_d \quad K = \frac{T_i}{K_i(\lambda + \tau_d)^2} \qquad (4\text{-}15)$$

IMC 或 Lambda 规则用于基于模型的整定，与其他整定规则相比，具有某些优势。控制器对噪声敏感度低，阀门寿命更长，过程变化更小。然而，当过程时间常数较大时，零极点对销方法将带来较差的负载扰动性能。为解决上述问题,建议使用积分过程模型取代自调节模型。应当注意,继电器振荡自整定技术能够识别自调节过程的全部两个模型。将 IMC 规则应用于积分过程中,能够改善具有较大时间常数自调节过程的控制性能。

基于模型的整定可扩展应用于史密斯预测器时滞补偿 PID 控制器。PI 控制器是基于 IMC 或 Lambda 规则确定设定值的,应用增益和过程模型的时间常数,含有极小或不含时滞。

继电器振荡整定方法也可用于自整定模糊逻辑 PID 控制器。需要整定的过程参数包括终极周期、终极增益、表现时滞和表现时间常数。详细内容请参见本书第 6 章。

经过讨论验证的公式为符合 ISA 标准格式的控制器提供整定。如果应用级联 PID 控制器,其参数应当做恰当的转换。

$$K^S = \frac{K^n}{2}\left[1+\sqrt{1-\frac{4T_d^n}{T_i^n}}\right]; \quad T_i^S = \frac{T_i^n}{2}\left[1+\sqrt{1-\frac{4T_d^n}{T_i^n}}\right]; \quad T_d^S = \frac{T_i^n}{2}\left[1-\sqrt{1-\frac{4T_d^n}{T_i^n}}\right]$$

$$(4-16)$$

注意:上标 S 用在级联控制器参数中,上标 n 用在标准 ISA 控制器参数中。

如果 $T_d = 0$(PI 控制器),所有控制器的参数是相同的。将级联模式转换为并联模式的公式为

$$K^n = K^S\frac{T_i^S+T_d^S}{T_i^S}; \quad T_i^n = T_i^S+T_d^S; \quad T_d^n = \frac{T_i^S T_d^S}{T_i^S+T_d^S}$$

$$(4-17)$$

4.3.3　基于鲁棒性的整定

接受计算结果的同时,应当清楚回路变为不稳定之前,可承受的过程增益和时滞改变量。从图 4-15 所示的鲁棒性能示意图中,可得出答案。鲁棒性能示意图采用对数标度(Shinskey,1990)。该图显示了回路的稳定区域,以及达到名义上时滞和增益比率的点。比例点附近区域是过程时滞和增益的可能变化区域。区域界限是为时滞和增益的变化而设定的,随着它们的增加,控制会向稳定极限偏移,而当控制迟缓时,时滞和增益会减小。通常假设增益和时滞呈两倍的增大和减小。对于整定恰当的回路(回路 2),假设过程参数变化区域应当在回路稳定区域内;否则,对于回路 1,应当调节控制器整定参数,使其超出稳定区域。

Gudaz 和 Zhang 于 2001 年借助鲁棒性曲线,提出了可实现的图形化交互式整定方法。正如图 4-15 所示,鲁棒性曲线使用增益裕度和相位裕度坐标,取代过程增益比和时滞比。

下面将定义增益裕度、相位裕度,并阐明其在波特图(见图 4-16)中的定义。

增益裕度,为在相位交点频率处,回路增益 K 的倒数,例如,当回路相移为 180 度时。它表示在交点频率处,回路要达到稳定极限,增益要增加的倍数。由于在交点频率处,稳定极限增益等于 1,可得出:

$$K \times GM = 1; \quad GM = 1/K$$

$$(4-18)$$

相位裕度,为在增益交点频率处,为达到相移 180 度,需要增益的回路相移。增益交点频率为回路增益等于 1 时的频率。

图 4-17 为鲁棒性曲线样图。鲁棒性曲线中列举出用户可选的合理整定参数范围。整

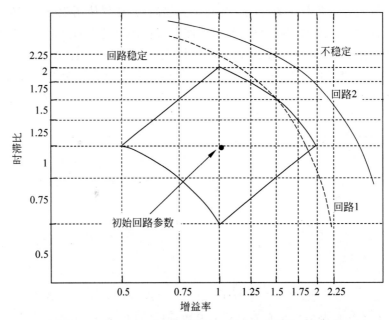

图 4-15　鲁棒性曲线——回路稳定区域和控制器操作区域

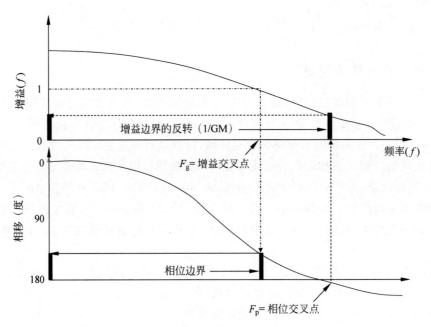

图 4-16　波特图中的增益裕度和相位裕度

定目标限定整定参数的范围。图 4-17 中限定范围定义如下：

（1）设定值阶跃变化无超调附近区域的整定（IMC 整定）。

（2）阶跃扰动临界最小积分绝对误差（IAE）。

鲁棒性坐标以增益裕度和相位裕度的方式表示。多种可用整定参数处于叙述的整定区域中。用户可通过单击的方式，简单地查看整定参数集合和响应。增益裕度为 3 和 6 时，设定值性能范围如图 4-17 所示,鲁棒性曲线中垂直方向的数字序列将相位裕度与响应曲线联系起来。图 4-18 中设定值超调的巨大变化,对应于图 4-17 中鲁棒性曲线上的不同整定点,不仅表明性能与鲁棒性之间平衡点的需要权衡,而且也表明了达到设定值与超调速度的性能考量。

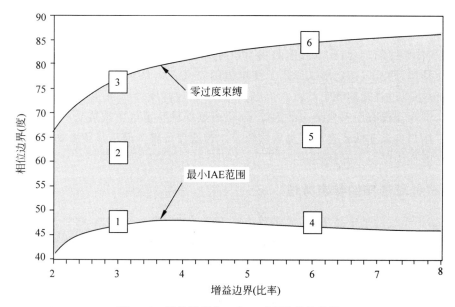

图 4-17   增益裕度为 3 和 6 时的鲁棒性曲线

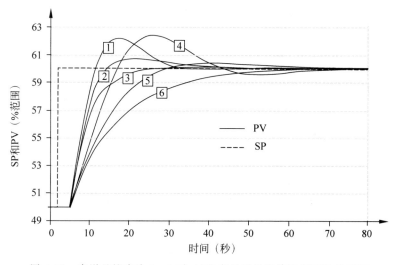

图 4-18   当增益裕度为 1~6 时,过程变量对设定值阶跃变化的响应

选择响应目标并没有特定的规则。使用大家熟知的整定规则(例如,Lambda 和 IMC)建立设定值响应范围,在已得到考证的文献中,被证明是现成合理的解决方法和规则。根据偏好,提出两种以上响应目标,显示在图中的目标是用户可选的。

鲁棒性曲线的形状取决于过程类型、用户指定的整定偏好以及控制器结构(PD、I 和 PID 等),而与特定整定目标无关。某些组合,例如纯比例、纯积分,形成的鲁棒性曲线为简单的一条线。

鲁棒性曲线可用于定义整定参数范围，但是并不意味着要为此范围定义严格的界限。实际的鲁棒性曲线创建整定范围，从中可提取出好的整定参数。

对于某些类型的过程，性能测量而非 IAE 或超调量，与回路的功能关系更为紧密。例如，对于积分过程，波动百分比和截止时间是基本性能指标。这样一来，增加对这些参数的测量，能够从根本上提升过程的利用率。

性能和鲁棒性的结合，要求性能曲线图和对特征值的测量。响应曲线与数字化曲线相比，要更加具体，并且以特定形式给出了测量值的定义。仿真显示设定值响应和扰动响应。扰动响应应当以过程扰动确定的方式给出，并且可以包含噪声。鲁棒性曲线提供"单击"的整定方式，但是在没有图形化响应的前提下，很难判断该整定可否被接受。以快速仿真和绘图的方式，用户可以在数秒之内浏览大量响应。这就使得整个演示显得更加适宜，更具交互性，并且更能作为整定工具使用。

4.3.4　一些可选择的整定方法

前几章讨论过的整定技术中，大多数均可用于工业实践。特别地，尽管扰动抑制性能欠佳，但由于基于模型的整定规则易于理解和解释，因此仍然格外受欢迎。近些年来提出了一些模型整定版本。接下来将列举两种看上去最有效的方法——直接合成整定和简单分析规则。

直接合成整定的基础是设定值变化或扰动抑制的期望传递函数规范。直接合成开发出的设定值变化之整定规则与 IMC 整定一致。Chen 与 Seborg（2002）将直接合成和扰动抑制整定规则用于提供与齐格勒-尼柯尔斯整定相似的抑制响应。设定值响应是可调节的，且可能出现过冲，抑或不会出现过冲。用于一阶时滞过程和 PI 控制器的直接合成整定规则为

$$K = \frac{\tau^2 + \tau\tau_d - (\tau_f - \tau)^2}{K_p(\tau_f + \tau_d)^2} \qquad T_i = \frac{\tau^2 + \tau\tau_d - (\tau_f - \tau)^2}{\tau_f + \tau_d} \qquad (4\text{-}19)$$

读者可在参考书目（Seborg，Edgar，Mellichamp，2004）中找到有关直接合成整定规则的更多信息。

依据式（4-19），很容易发现直接合成规则比 IMC 规则更为复杂，且并不是那么直观。这可能也是为什么这些规则没能大量用于实践的原因吧。

简单分析规则源自 Skogestad（2003），即使用直接合成，再运用启发式评估获取如何改进提高扰动抑制相应的方式，目的是同时开发出易于记忆的规则。事实上，一阶过程、整合过程和 PI 控制器得出的公式仅比 IMC 规则复杂一点：

$$K = \frac{\tau}{K_p(\tau_f + \tau_d)} \qquad T_i = \min\{\tau, 4(\tau_f + \tau_d)\} \qquad (4\text{-}20)$$

$$K = \frac{1}{K_i(\tau_f + \tau_d)} \qquad T_i = 4(\tau_f + \tau_d) \qquad (4\text{-}21)$$

与二阶时滞过程一同使用的 PID 系列控制器应将导数项 $T_d^S = \tau_2$，τ_2 用作过程的二次滞后。PID 系列控制器增益和积分项与 PI 控制器相同。更多分析整定规则信息详见参考文献。

特定过程的整定应用为规则提供了调整机会，有时也可称为需求。此方法的一个良好

范例便是通过将这些过程整定为积分器来改进慢速自动调整过程的控制性能。此整定模型的另一个优势则是仅需要两个参数模型便可完成整定,例如仅需要时滞和阶跃响应斜率。与三参数模型相比,此类模型更容易识别自动调整过程。

参 考 文 献

1. Åström, K. J., Hägglund T. *PID Controllers: Theory, Design, and Tuning*, Research Triangle Park: ISA, 1995.

2. Åström, K. J., Hägglund, T. *Automatic Tuning of PID Controllers*, Research Triangle Park: ISA, 1988.

3. Åström, K. J., Hägglund, T. "Automatic Tuning of Simple Regulators with Specifications on Phase and Amplitude Margins"*Automatica*, 20, pp 665-651,1986.

4. Åström, K. J., Hägglund, T. *Advanced PID Control* Research Triangle Park: ISA, 2006.

5. Åström, K. J., Hägglund, T. "A Frequency Domain Method for Automatic Tuning of Simple Feedback Loops" *Proceedings* of the 23rd IEEE Conference on Decision and Control, Las Vegas, Dec. 1984.

6. Bialkowski, W. L., Haggman, B. "Quarter Amplitude Damping Method is No Longer the Industry Standard"*American Papermaker*, vol. 55, no. 3, pp 56-58, March 1992.

7. Bialkowski, W. L. "Plant Analysis, Design, and Tuning for Uniform Manufacturing" *Process/Industrial Instruments and Control Handbook*, McMillan, G. K., editor, McGraw-Hill, New York, 1999.

8. Chen, D., Seborg, D., "PI/PID Controller Design Based on Direct Synthesis and Disturbance Rejection"*Ind. Eng. Chem. Res.* 2002, 41, pp 4807-4822.

9. Chien, I-L., Fruehauf, P. S. "Consider IMC Tuning to Improve Controller Performance"*Chemical Engineering Progress*, vol. 86, no. 10, pp 33-41, October 1990.

10. *Emerson Process Management Auto Tuning*—www. easydeltav. com.

11. Gudaz, J., and Zhang, Y. "Robustness Based Loop Tuning"*Proceeding of* ISA Conference, Houston, September 2001.

12. Kiong, T. K., Quing-Guo, W., Chieh, H. C., Hägglund, T. *Advances in PID Control*, Springer, London—New York, 1999.

13. McMillan, G. K. *Pocket Guide to Good Tuning*, Research Triangle Park: ISA, 2000.

14. McMillan, G. K. *Tuning and Control Loop Performance — A Practitioner's Guide*, 3rd Edition Research Triangle Park: ISA, 1994.

15. McMillan, G. K., Wojsznis, W. K., Meyer, K. "Easy Tuner for DCS" *Proceedings of* ISA Conference, Chicago,1993.

16. Ott, M., Wojsznis, W. "Auto-Tuning: From Ziegler-Nichols to Model Based Rules"*Proceedings* Instrumentation and Control: ISA/95 Conference, New Orleans, 1995.

17. Seborg, D., Edgar, T. F., Mellichamp, D. A. *Process Dynamics and Control* John Wiley & Sons, Hoboken, N. J., 2004.

18. Shinskey, F. G. "Putting Controllers to the Test"*Chemical Engineering*, v. 97, pp. 96-106, December, 1990.

19. Skogestad, S. "Simple Analytic Rules for Model Reduction and PID Controller Tuning"*Journal of Process Control*,13, 2003, pp. 291-309.

20. Wojsznis, W. K., Blevins, T. L. "System and Method for Automatically Tuning a Process

Controller" U. S. patent No. 5,453,925, 1995.

21. Wojsznis, W. K., Blevins, T. L., Thiele, D. "Neural Network Assisted Control Loop Tuner" *Proceedings* of IEEE Conference on Control Applications, Hawaii, July 1999.

22. Yu, C. C. *Autotuning of PID Controllers*, Springer, London New York, 1999.

23. Ziegler, J. G., Nichols, N. B. "Optimum Settings for Automatic Controllers" *Transactions of the ASME*, Vol. 115, June 1993, pp. 220-222.

24. Ziegler, J. G., Nichols, N. B. "Optimum Settings for Automatic Controllers" *Transactions of the ASME*, Vol. 66, Nov. 1962, pp. 759-768.

第 5 章　自适应整定

如第 4 章所述,按需整定的引入,对控制回路的运行方式产生了重大影响。对于需要快响应的工业过程(例如,液体流量和液体压强),按需整定的使用可以实现快速整定;然而,对于慢响应的工业过程,按需整定所需的整定时间通常会很久。此外,容器内的温度、水平以及成分的响应速度,在许多情况下取决于过程的流速和容器的容量。这样,如果过程操作条件在按需测试中发生了变化,那么可能有必要再次实验,以保证过程增益与动态特性在改变后的过程条件下能被准确地识别。

在某些情况下,只在一个操作点整定可能无法为整个操作范围提供最佳的控制。例如,流速的变化会影响传输延迟以及工业过程中加热和混合操作所需的时间。此外,非线性安装阀门的特性将会引起过程增益。例如,通过 PID 所能看到的随着阀门位置变化而引起的过程增益。当通过 PID 的分程输出对多个阀门进行调整时,在调整某个阀门的同时,阀门的过程增益与动态特性会发生变化。为了解决这些问题,自适应整定可被用于自动识别过程的增益和动态特性,以及基于操作回路设定值变化或输出变化的回路整定。

自适应控制可通过以下方式改善回路整定:

- 在过程输入中对控制器输出变换响应缓慢的过程,不经过测试即可建立初始的回路整定;
- 自动识别由于过程操作条件变化而引起的过程增益或动态特性的变化;
- 自动改变回路整定以补偿工厂操作条件的变化。

一些工业过程案例,将被用来说明在哪些情况下自适应整定可被用于对输入变化响应迟缓的工业过程进行整定。此外,一些实例被用来描述一些控制应用,这些控制应用的过程增益或动态特性与工厂的操作条件或控制回路的变化有关。

5.1　自适应控制——实例

5.1.1　连续反应器控制

由于反应器中液体的体积、连续反应器中温度对冷却液流速的变化反应缓慢。例如,通过控制冷却液的流动,反应器的温度回路 TC305(见图 5-1)对回路 TC306 中再循环流的温度变化响应缓慢。

温度控制回路 TC305 的初始调试,可采用自动整定的方式确定。然而,当过程条件发生很大变化时,在某个操作点上建立的整定可能不适合进行最佳控制。例如,如果在正常操作条件下,反应器的进料速率或者冷却液的温度变化剧烈,将需要使用自适应控制来补偿过

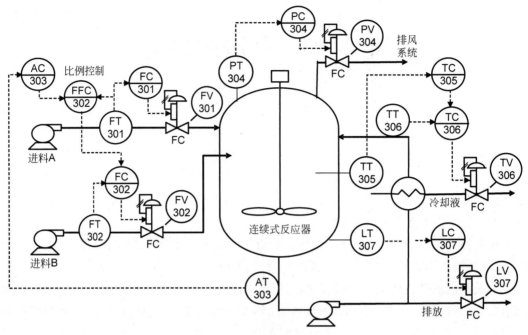

图 5-1　连续反应器

程增益和动态性能的变化。当生产率剧烈下降时，过程增益及吞吐量的变化，是控制利用率下降的一个原因。

5.1.2　批量反应器

在过程工业中，批量反应器被用于生产多种产品。通过调节排气孔的大小来维持反应器中的压力，排气孔被设计成用来移除物料反应中生成的挥发性物质，如图 5-2 所示。

如果在批量的整个过程中都有进料被添加到反应器中，则反应器顶部空间的空气将减少。这样，在整个批量过程中，随着反应器液位的变化，与反应器压力相关的过程增益将增加，如图 5-3 所示。

通过使用自适应控制能够自动修改压力回路的整定，该压力回路的整定作为反应器液位的一个函数。以此方式处理过程增益，可批量实现响应压力控制和稳定压力控制。

5.1.3　氨生产中的氢氮比

一个关键过程流的组成，通常是上游单元反应和混合的结果。为了将此组成维持在其设定值，上游过程中的变化可能不会快速地反映到在线分析仪上，因为上游过程中可能存在巨大的传输延迟和滞后。图 5-4 所示的氨厂就是一个实例。

工厂前端空气与燃气比例的变化，无法快速反映到在线氢/氮分析仪的测量中，该在线氢/氮分析仪被用于氢/氮配比控制（AC333）和氢/氮合成控制（AC334）。因此，以确定这些控制回路的过程增益和动态性能而进行的测试过程，是非常具有挑战性而且非常耗时的。例如，改变空气/燃气比例的过程时间常数通常会耗费数个小时。通过自适应整

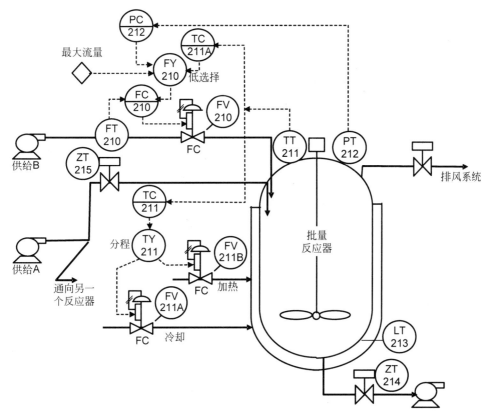

图 5-2　批量反应器

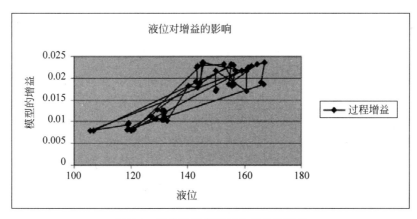

图 5-3　液位对反应器压力增益的影响

定,并根据工厂正常操作过程中操作员做出的判断,能够自动建立过程动态性能和控制
器整定。

5.1.4　中和器

在过程工业的废水处理及其他中和应用中,通过调节试剂流量来控制 pH 的做法很常
见。与中和器相关的 pH 控制应用实例如图 5-5 所示。

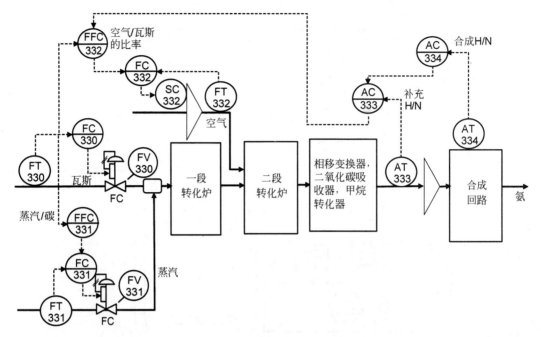

图 5-4　合成氨工厂

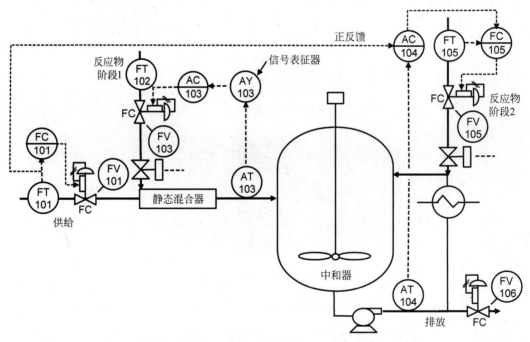

图 5-5　中和器

添加试剂时,pH 测量值的非线性变化增加了实现 pH 控制的难度。添加酸或碱性试剂引起的 pH 变化,通过实验分析得出的滴定曲线描述,或者通过观察在线变化来确定。进料成分的变化会影响滴定曲线的形状,如图 5-6 所示。

使用自适应控制,可自动确定 pH 和添加试剂之间的关系。此外,借助于自适应控制,

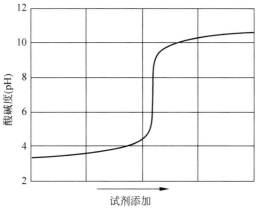

图 5-6　滴定曲线实例

能够自动调节 PID 整定参数,补偿非线性关系。

5.1.5　工厂主控制

与回路相关的过程增益,受可作为 PID 输出的过程单元数目影响。例如,在发电厂主控制器中,在线转向燃烧炉的数目将影响与主压头控制相关的过程增益,工厂主控制实现主压头控制,如图 5-7 所示。

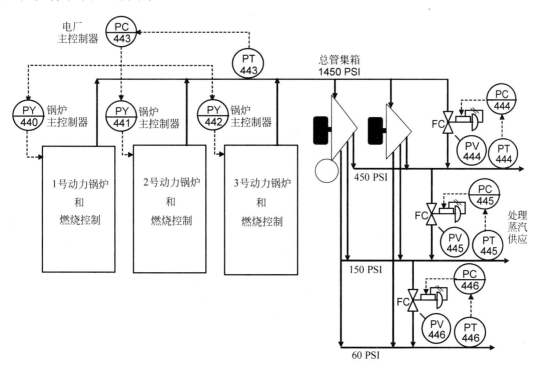

图 5-7　发电厂的主控制器

使用自适应控制,修改工厂主整定,能够自动补偿在线燃烧炉的数目。

5.2　应用实例

在过去的六十多年内，自适应控制是许多研究控制的机构和专家关注的焦点。为调节控制器参数，以补偿过程变化，许多复杂精巧的技术逐渐发展起来。然而，实际过程的发展却不尽如人意，因为对于实际应用，其安全性、可靠性和鲁棒性需求通常无法得到很好的处理。基于多模型转换的改进控制技术是一项相关新技术，在 DeltaV 中央控制系统 DCS 中，是自适应控制的基础。其基本原理是对多模型进行评估，然后选择最能匹配过程输入改变响应的模型。通过使用参数插值和序列参数修正的方法，可完善此项基本技术。以下自适应控制的实现可作为一个好的示例，能很好地说明如何使用自适应控制快速识别过程模型，以及如何使用识别结果设定回路整定参数，或者对回路参数做连续调整，以补偿过程条件的变化。

5.2.1　启动模型识别

自适应控制的基础是根据回路操作中操作的变化，对过程阶跃响应的识别。例如，当控制回路处于自动操作模式时，设定值的变化将触发过程模式识别。如果回路模式转换为手动，操作方改变回路输出，将触发过程模式识别。当触发模型识别过程后，控制器将会自动捕捉并分析内部的控制器参数值、设定值和控制输出，以确定过程特征。自调节过程具备过程增益、时滞和时间常数的特性。借助人机交互界面选择积分过程的相应选项后，可通过积分增益和时滞来确定过程响应。

新过程模型确定后，会显示到在线自适应控制交互界面上。已经标识的过程模型的一致性由界面中的图标以图形化的形式方式表示，绿色表示模型具有高确定性，红色用来表示确定模型的不连续性。新模型确定后，根据模型产生推荐整定参数，用户可选择整定规则，如图 5-8 所示。

如果交互界面显示模型具有精确性，那么用户可以通过选择"升级"，简单方便地将推荐整定参数传送给控制器。因此，如果控制系统中可使用自适应整定，控制回路的整定过程将大大简化。

在大多数应用中，控制回路的设定值极少改变，在正常操作条件下，控制回路通常处于自动模式。提供一个选项，用于应对此类应用，PID 输出变化能够自动以周期为基础校准。输出变化的幅值应该足够小，确保不会对过程造成影响，但同时也要足够大，以便过程能够识别该噪声。因此，输出变化频率和幅度的设定，应当基于过程动态响应变化速率以及测量得到的噪声级别。此外，设定值和输出变化的触发点，可以从如图 5-9 所示的选项中观察得到。

扰动或设定值变化引起的控制回路响应，可能会随着操作条件的变化而变化，例如，生产速率或者阀门非线性安装特性等影响过程增益的条件。通过对控制参数、操纵参数和阀门位置变化趋势的实时观测，可得到上述变化。阀门的非线性安装特性的性能变化实例如图 5-10 所示。

检验自适应控制确认的过程模型，验证控制性能中所测得的变量。自适应控制应用保存了至少 200 个可被识别的过程模型，因此能够观测到操作条件对过程增益和动态性能的影响。选择模型视图后，已被识别的模型按照设定值或输出值变化时间的先后顺序罗列出

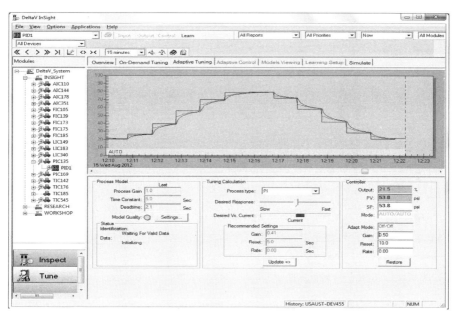

图 5-8　基于确定的过程模型进行整定

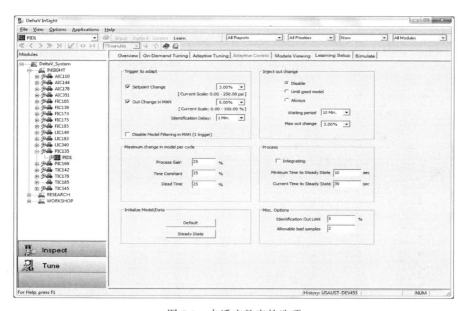

图 5-9　自适应整定的选项

来,正是这些变化触发了模型的识别过程。此外,过程源发生变化时,即状态参数改变时,可以选择绘制一个或多个识别出模型的曲线。例如,在许多情况下,变化的原因与阀门位置有关,如图 5-11 所示为一种标准的绘制方式。

选择"其他"选项后,任何测量或计算得到的条件都可选作状态参数。对于本章前面提到的批量反应器实例,当观测与反应器压力控制相关的模型时,反应器中的液位可选作状态参数。类似地,当查看为发电厂主压力控制确定的模型时,正在运行的转向燃烧炉数量是过程变化产生的主要来源,因此会被当作状态参数。

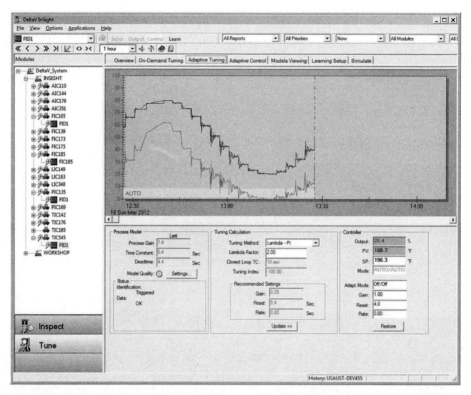

图 5-10　阀门非线性安装特性的回路响应举例

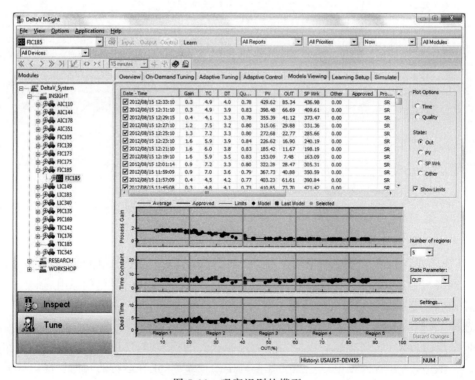

图 5-11　观察识别的模型

当过程增益发生变化时，为了能够给上述控制回路提供稳定控制，可选择最大过程模型增益。然而，当运行条件导致过程增益降低时，会观察到缓慢变化的控制性能。为了在任何操作运行条件下都能得到最佳的系统性能，有必要将控制器整定为状态参数的函数。选择自适应控制后，模型将自动具有回路整定的能力。

5.2.2　将模型应用于回路整定

启用自适应控制选项后，状态参数将被划分为五个区域，对于每个区域，用户可选择某个模型或者取区域内多个模型的平均作为该区域的认证模型。此外，对于任一区域内的每个模型参数，可指定其上下限。可通过自适应控制视图，查看并认证每个区域内的模型和模型界限，以及状态参数的当前值。此外，借助该视图可选择自适应控制的使用方式。选项如下：

关——PID 功能块的整定设置经常被用到。

部分——控制中用到的整定，基于针对状态参数的当前值和选定的整定规则所确立的认证模型。

全部——状态参数从一个区域转移到另一个区域，根据新状态和整定规则确定新的认证模型，并据此设定新整定参数。依据最新状态确定的控制模型，将决定模型参数范围，在该区域操作时，用于确定该整定参数的模型将改变以适应新状态。

控制中对模型的调整将自动限定在每个操作区域指定的模型范围之内。因此，当启用自适应控制后，用户可以选择最大可变值。通过使用部分或全部自适应控制，在所有操作条件下都能得到最好的控制性能，如图 5-12 所示。该结果表明，使用模型自适应前的响应存在振荡，而使用模型自适应后的响应明显改善了。

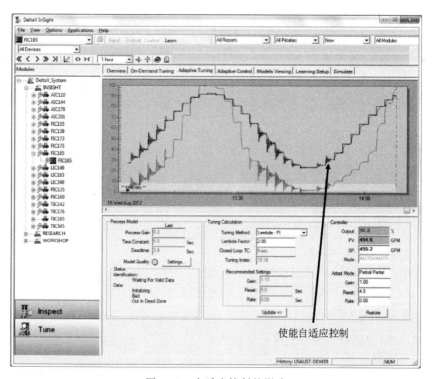

图 5-12　自适应控制的影响

自适应控制设定为"关"，则 PID 整定控制将被复位。

5.3　自适应整定的专题练习

本专题练习提供了几个实践，用于进一步探索自适应控制的使用。一个非线性安装阀门特性的流量过程（见图 5-13）被用于本专题练习。登录本书网站 http://www.advancedcontrolfoundation.com，单击"解决方案"选项卡查看此专题练习。

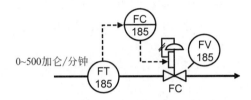

图 5-13　用于本专题练习的流量过程

第一步：选择"整定应用"，单击"自适应整定"选项卡，查看不同流动设定值的控制操作趋势。请注意，流动回路运行范围最低端处的控制响应振荡剧烈，表明此操作区域具有更高的过程增益。

第二步：单击"模块浏览"选项卡，查看过程增益是如何作为流量需求和阀门操作相关区域的功能而变化的。请注意，模型浏览界面下边的状态参数是如何被分割成五个操作区域的。

第三步：单击"自适应控制"选项卡，观察有自适应控制的控制性能是如何转向局部的。

第四步：关闭自适应控制，观察这一动作对控制性能的影响。一旦启用自适应控制，控制性能会得到显著改善。

5.4　技术基础

随着时间的推移，完美整定的 PID 控制器可能会性能下降，或者出现性能振荡。造成这种变化的主要原因有两个：

（1）被控过程是非线性的，过程操作进入某个区域，在此区域中，过程参数与用于确定整定参数的过程参数差别巨大。

（2）启用自动整定后，过程参数发生了变化。

增益调度器是以操作点为函数调节 PID 控制器的增益。增益调度器的使用通常足以应对上面提到的第一个原因。在一些要求更高的应用中，即这些应用中的过程增益、滞后和时滞都依赖于操作点，PID 控制器能够在多个范围内自整定。根据任何给定时刻的操作点，关联的过程模型被使用来设置 PID 增益、是否复位和速率。在确定过程模型的操作范围之间，PID 整定被设置为使用加权平均值，并综合考虑邻近区域的参数值以及与该区域间的距离远近因素（Wojsznis，Borders 和 McMillan，1994）。

为了在第二种情况下达到预期的性能,整定应该周期性地重复,或者在控制器性能发生变化时重复,这反映在控制变异性的增加上。如果该过程能够自动触发并施加控制,则该操作称为自适应整定。自适应整定也适用于第一种情况。

如图 5-14 所示,可以对应用于 PID 控制器的简单、可靠的自适应控制进行归类。

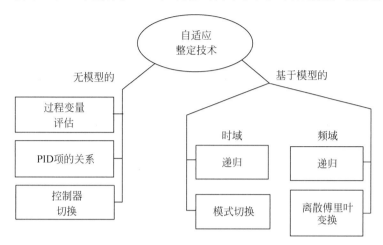

图 5-14　用于 PID 控制器的自适应整定技术

多年以来,研究者们投入了大量精力研究自适应整定的实现。下一章节将简要介绍几种具有广阔应用前景的自适应技术。本章节将重点介绍"带模型转换与参数插值的自适应技术",该技术已经实现并成为工业产品,在"专题练习"章节中演示了该产品的使用。因此,本章节将比其他基于模型的技术或无模型整定更详细地讨论此技术。

5.4.1　无模型的自适应整定

无模型整定能评估控制器的性能,并调整 PID 控制器参数以达到预期控制性能。该计算中不使用过程模型。无模型整定吸引了许多 PID 自整定的开发者,因为这种类型的整定比基于模型的整定提供了更少的计算和更小的过程激励。而这些正是开发第一代 PID 自整定产品(即无模型自适应整定器)的首要考虑因素。

无模型整定的一个经典例子是 PID 自适应控制器 Exact(Åström 和 Hägglund,1988)、(Åström 和 Hägglund,1995),它能够根据过程变量行为来调整控制器的参数。当识别出实际阻尼和误差信号超调量,并且测得振荡周期后,该控制器根据回路对设定值变化或者负载扰动的响应而自动调整。如果误差信号无振荡,则增加比例控制增益并减少微分和积分时间。如果误差信号中存在振荡,则测量振荡的阻尼和超调量,并据此调整控制器的参数。

自适应控制原理简单,然而它同时也存在一些缺陷:

(1) 只有当控制响应是振荡时,自适应控制才起作用。

(2) 当控制响应在平稳的操作期间不振荡时,控制器参数的变化太过剧烈。

(3) 自适应整定需要一个以上的设定值变化来整定过阻尼控制器。

(4) 控制器以一个具有较小安全余量的振荡响应进行调试。

还有其他已知的 PID 自适应控制器的实现,它们利用振荡控制误差响应,并因此具有类似的特征(Åström 和 Hägglund,1995)。一个实例是 UDC 6000。

　　一种更为复杂的无模型自适应控制方法，即基于控制器参数关系的自适应控制，避免了上面提到的一些缺陷。该方法检查控制器的比例、积分和导数项之间的关系，并调整控制器参数以实现期望的关系(Maršik 和 Strejc，1989)。一个利用 PID 参数关系和 PV 行为的自适应系统(Wojsznis，Gudaz 和 Blevins，2001)，如图 5-15 所示。

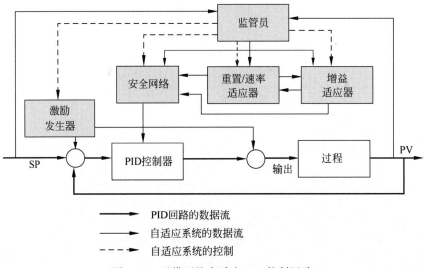

图 5-15　无模型的自适应 PID 控制回路

　　自适应整定器由五个功能模块组成：监督器、励磁发生器、增益自适应、复位/速率自适应控制和安全网络。

　　监督器模块协调所有整定器组件的操作，并测试启动增益适配周期的条件：

$$|e(k)| > E_{\min} \quad 或 \quad |\Delta e(k)| > \Delta E_{\min} \tag{5-1}$$

$$e(k) = SP(k) - PV(k)$$

$$\Delta e(k) = e(k) - e(k-1)$$

对于复位自适应控制，应当满足以下附加条件：

$$e(k) \times \Delta e(k) < 0 \tag{5-2}$$

　　控制器输入(PV)和输出(OUT)应当在其操作范围之内，并且无振荡。如果监督器模块检测到振荡，将激活安全网络组件，每当 PV 值超过 SP 线时，安全网络将减少控制器的增益 K_C。

　　如果 $e(k) \times e(k-1) < 0$，那么 $K_C(k+1) = \eta K_C(k)$　　$\eta \approx 0.95$ 　　(5-3)

　　一些自然产生的或由励磁发生器或负载扰动添加的设定值变动，将会引起自适应控制。当满足增益自适应控制的条件时，将遵循以下公式调节增益：

$$\Delta K_c(k) = \chi K_c(k)(W(k) + W_{\mathrm{ref}}) \quad \chi = 0.02 \div 0.05 \tag{5-4}$$

χ 为启发式系数，定义了增益自适应速度。

$$W(k) = \mathrm{sign}e(k)\,\mathrm{sign}[\Delta^2 e(k)] \tag{5-5}$$

$$\Delta^2 e(k) = e(k) - 2e(k-1) + e(k-2)$$

$$\mathrm{sign}e(k) = \begin{cases} -1 & e(k) < 0 \\ 0 & e(k) = 0 \\ 1 & e(k) > 0 \end{cases} \tag{5-6}$$

W_{ref} 的取值在区间 -1 与 1 内,实际上,当它取值 -0.3 时,得到的自适应增益与基于模型的调制十分接近。

$W(k)$ 为振荡指数,对于振荡性 PV 取负值,而对于正常阻尼和过阻尼 PV 取正值。在自适应校准期间,通过表达式 $\text{sign}e(k)\text{sign}[\Delta^2 e(k)]$ 计算平均值作为 $W(k)$ 的值,通常十分接近回路稳定时间。从式(5-4)可看出,$W(k)+W_{\text{ref}}>0$ 将导致增益的增加。

通过设置 PID 控制器的属性,复位自适应控制,增长比例与积分项之间的固定关系为

$$\Delta P = \sum_k \Delta P_k; \quad \text{和} \quad \Delta I = \sum_k \Delta I_k; \quad \beta = \frac{\Delta P}{\Delta I \alpha} \tag{5-7}$$

在一个自适应周期或整个自适应周期内,当自适应条件(见式(5-1)和式(5-2))得到满足时,计算其总和。

在式(5-7)中,通过设置 α 得到期望的控制器性能,改变控制器积分时间,通过调节 $T_i(k)$ 直到 $\beta=1$,使控制器达到期望性能,公式如下:

$$\Delta T_i(k) = \gamma T_i(k)\left(\frac{1}{\beta}-1\right) \tag{5-8}$$

γ 约等于 0.05,定义了复位自适应的速度。

无模型自适应的另一个简单概念是控制器切换自适应技术,它使用一组预先定义的参数来评估多种控制器的性能,然后从中选出性能最优的控制器(Morse,Pait 和 Weller,1994)。此技术的最初设计思路是顺序评估控制器。虽然这种概念简单明了,但是对序列中控制器评估需要大量的时间,这是此项技术的显著缺陷。

Safonov 和 Tsao (1997),Jun 和 Safonov(1999),Brozenec、Tsao 和 Safonov(2001)引入了 PID 控制器虚拟设定值的概念,即假设在回路中的实际控制器和假设控制器中的所有其他控制器同时进行评估。该候选控制器的集合在适配期间被拟合到过程输入和输出的测量数据。为了使相同数据集适用于不同的控制器,应计算与真实设置值不同的设置值。理想 PID 控制器的虚拟设定值是通过倒置 PID 控制器(见式(5-9))计算出来的,如图 5-16 所示。

$$\text{输出} = \left(k_p + \frac{k_i}{s}\right)(\text{SP} - \text{PV}) - \frac{sk_d}{s\tau_f + 1}\text{PV} \tag{5-9}$$

其中 τ_f 是导数项的滤波器时间常数。

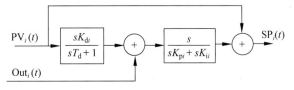

图 5-16　虚拟设定值计算简图

在图 5-16 中,实际控制器(见式(5-9))与带有比例、积分和微分收益 K_{pi},K_{ii},K_{di} $i=1$,$2,\cdots,n$ 的 n 个潜在最优候选控制器集合相比较。

在生成虚拟设定值之后,性能指标计算为相对于虚拟设定值的平方控制误差。性能指标既考虑了控制器的输出动作,又考虑了真实设定值和虚拟设定值之间的差异。

选择具有最低性能指标的控制器作为下一次扫描的主动控制器。该性能指标被集成于适应期内,该适应期定义为检测到过程变量合理变化的时间。

5.4.2　基于模型的递归整定

基于模型的递归整定通过调整过程模型来适应过程本身的变化，并基于模型对控制器参数予以更新(Chien 和 Fruehauf,1990)。该过程模型被建立并适用于时域或频域。时域或频域的最常见的经典方法是如图 5-17 所示的递归适应方法，即在每次扫描时调整模型参数。

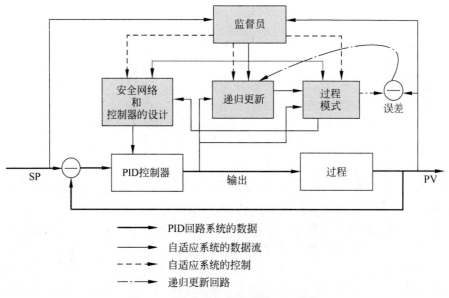

图 5-17　具有递归自适应的 PID 回路

自适应 PID 回路包括监督器和安全网络，这两个典型的功能块适用于任何自适应设计。一旦一些适应条件(主要由控制误差定义)存在，监督器模块就可激活递归模型更新机制。该递归机制首先更新校正项，然后对过程模型参数进行递归更新：

$$\boldsymbol{\theta}_k = \boldsymbol{\theta}_{k-1} + \boldsymbol{P}_k \boldsymbol{x}_{k-1} e_k \tag{5-10}$$

其中，

$\boldsymbol{\theta}_k$——过程模型参数向量；

$\boldsymbol{P}_k$——校正项(矩阵)；

$\boldsymbol{x}_{k-1}$——过程输出和输入变量的回归向量；

e_k——与模型输出相关的模型输出误差。

然后，基于更新的模型对控制器参数进行重新计算。递归识别器的一些典型问题有初始参数的选择、激励不足、滤波、参数饱和以及参数跟踪速度慢等。

5.4.3　离散傅里叶变换的自适应技术

离散傅里叶变换(DFT)是许多信号处理应用中的一种基本运算。离散傅里叶变换的实用价值已在许多技术领域得到认可。由 Lamaire、Valavani、Athans 和 Stein(1991)提出的控制系统识别的 DFT,其实际实现已经引起了人们的极大兴趣。

一些工业控制器有几个应用频域整定的自整定系统，虽然它们不使用 DFT。Hägglund

和 Åström 于 1991 年设计了一种控制器,该控制器从设定值变化和自然扰动处进行整定。通过在过程输入和输出上使用带通滤波器来选择特定的整定频率。该滤波器的频率由一个按需整定器设定,该整定器定义了使用继电器振荡技术的最终周期。整定器通过使用简化的递归最小二乘估计对整定频率的过程增益予以定义。整定器可从设定值变化或自然扰动处执行操作,并且可以包括在控制器输出或设定值处植入的外部激励。通过使用离散傅里叶变换估计器代替递归最小二乘估计(Wojsznis,1996)来实现这种设计的简化。一个 DFT 整定器的设计如图 5-18 所示。

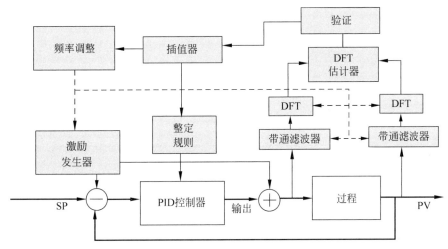

图 5-18　一种带有多频率估计器和内插器的 DFT 整定器

在输入和输出上应用 DFT 计算,并对每个滤波频率的后续传输函数估计进行定义。检定装置检测了随频率增加单调过程增益和相位的减少量。内插器对相移为-π 点位处的频率和过程增益进行了确定。根据这两个参数可直接计算最终周期和最终增益,并用于 PID 控制器整定和为下一个周期建立整定频率。所需的激励水平取决于临界频率附近的过程增益和阀门性能。与性能较好的同等回路相比,拥有显著电子管滞后性和黏性的回路需要 2~3 倍的激发能级。虽然从设定值变化处进行整定是可行的,但大多数情况下从注入激励处进行整定可提供一致的结果,并被认为是整定器操作的基本模式。

5.4.4　带模型切换和参数插值的自适应整定

基于逻辑的切换策略已经被许多研究者提出作为实现自适应控制的方法[见(Gendron,1990)、(Morse,Pait 和 Weller,1994)]。这种方法使用了基于识别器的参数化控制器,该参数化控制器由两个参数相关的子系统组成,其中一个子系统是识别器,其主要功能是生成输出估计误差;另外一个子系统是内部控制器。反馈给该过程的控制信号基于过程模型的当前估计。一般而言,这种估计是从指定的可容性模型组内选出的。

总的策略是基于"循环切换"的概念,在有或没有过程激励的情况下采用循环切换。Narendra 和 Balakrishnan(1997)提出了一种具有 N 个识别模型且并联运行的架构。与每个模型相一致的是参数化控制器。在每一时刻,通过切换规则选择其中一个模型,并使用相应的控制输入来控制该过程,其中模型可以是固定的或自适应的。使用固定模型的基本原理是确保至少有一个模型具有足够接近未知过程的参数。这种方法虽无须达到自适应的理想速度，但需要使用大量模型。如果不是切换模型，而是通过模型参数插值进行自适应，那么所需使用的模型数量将会急剧减少。图 5-19 显示了具有模型切换和参数插值的 PID 自适应控制器[见（Wojsznis，Blevins 和 Wojsznis，2003）、（Wojsznis 和 Blevins，2006）]。

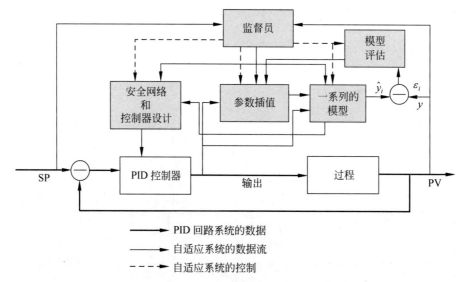

图 5-19　具有模型切换和参数插值的自适应 PID 控制器

此设计的核心是一组模型，而过程识别的基础是多模型评估。每个模型均包含三个参数（$p=1,2,3$，即增益、时滞和滞后）。为每个参数设定 N 个值，那么模型组有 $M=N^3$ 个模型。用 $v_p(n)$ 表示参数 p 的第 n 个数值。

$$p=1,2,\cdots,P,\quad n=1,2,\cdots,N$$

一阶时滞模型的设定值为 $P=3,N=3$，并为每个参数假定三个数值。

自适应模型识别是用以下方式进行执行的：

监督器检测过程输出[即已控变量（$y=\mathrm{PV}$）]、设定值 SP 或操纵过程输入（$u=\mathrm{OUT}$）中的变化。

如果存在任何超出最低限度的变化，那么模型评价就会启动。这包括：

- 所有模型初始化以及基于当前过程输出的模型输入调整；
- 所有基于操纵过程输入变化的模型增量更新；
- 为每次扫描 k 计算每个模型 i 的均方差 $e_i^2(k)=(y(k)-\hat{y}_i(k))^2$，其中，

　　$y(k)$——k 时点的过程输出；

　　$\hat{y}_i(k)$——k 时点的第 i 个模型输出。

如果参数值被评价模型所使用，方差对应于模型 i 的每个参数值。任何不属于评价模型部分的参数值的赋值均为零。接下来对模型 $i+1$ 进行评估，然后再次将均方差分配到每个参数值，并与之前已分配的均方差一同分配到相应的参数值。持续对模型进行评价，直到完成所有模型的评价为止。根据评价结果，每个参数值都被分配了来自已经使用了该特定参数值的所有模型的均方差的总和。因此，对于一次扫描 k，每个参数类型在 n-th 的值，即 $v_p(n)$，均被分配了均方差 $\mathrm{SE}_p^n(k)$。

$$\mathrm{SE}_p^n(k) = \sum_{i=1}^M \gamma_p^n e_i^2(k) \tag{5-11}$$

其中，M——模型的数目。

如果拥有数值 $v_p(n)$ 的参数 p 被用于模型内，那么 $\gamma_p^n = 1$；否则，$\gamma_p^n = 0$。

在扫描 $k+1$ 重复进行模型评价，并且将每个参数值的均方差之和加到先前扫描中累积的适当参数值之和。继续进行自适应循环，直到完成既定的扫描数量（$1 \sim K$）或直到输入上已有足够激励为止。作为该过程的结果，拥有数值 $v_p(n)$ 的每个 p 型参数均在评价期间具有指定的均方差和 SSE_p^n。

$$\mathrm{SSE}_p^n = \sum_{k=1}^K \mathrm{SE}_p^n(k) \tag{5-12}$$

在自适应周期内，SSE_p^n 的逆运算为

$$F_p^n = 1/\mathrm{SSE}_p^n \quad p = 1,2,3; \quad n = 1,2,3 \tag{5-13}$$

将参数 p 的自适应参数值 a_p 作为用于评估的参数 $v_p(n)$　$n=1,2,3$ 所有数值加权平均数进行运算。

$$a_p = v_p(1)f_p^1 + v_p(2)f_p^2 + v_p(3)f_p^3 \tag{5-14}$$

其中 f_p^n 是 0-1 值域内的归一化 F_p^n 值：

$$f_p^n = F_p^n \left(\sum_1^N F_p^n \right) \tag{5-15}$$

被用来计算参数 p 的加权平均值的系数 f_p^n，与分配给该参数的值 n 的均方差之和成反比。因此，一方面，如果一个参数值与建模的较大误差相关，那么该参数对自适应参数值的贡献较小；另一方面，如果一个参数值与建模中的小误差相关，那么此参数对自适应参数值的贡献较大。计算出的适应参数定义了一个新模型组，该模型组的中心参数值为 a_p，该模型组的适应周期的参数接受变化范围为 $a_p \pm \Delta a_p, p = 1, 2, \cdots, P$。在此范围内，应在下一个适应周期内确定最低限度上的两个参数。通常使用三个参数：$a_p - \Delta a_p, a_p, a_p + \Delta a_p$。

一阶时滞过程模型以离散形式表示为

$$\Delta y(k) = a \Delta y(k-1) + b \Delta u(k-1-d) \tag{5-16}$$

$$a = e^{-\frac{h}{\tau}}, \quad b = k(1 - e^{-\frac{h}{\tau}}) = k(1-a) \tag{5-17}$$

其中，

Δu——适应开始后的过程输入递增改变；

Δy——模型输出增量变化；

τ——模型时间常数；

h——回路扫描阶段；

d——回路扫描阶段的过程滞后。

模型内每个参数有三个数值，那么评估的模型数量为 $3^3 = 27$。

可通过修改以下基本算法增加收敛和减少模型数量：

（1）依次执行参数适应，每次一个参数。用这种方法可以将一阶时滞模型的模型组合模型数量减少到 $3 \times 3 = 9$，如图 5-20 所示。

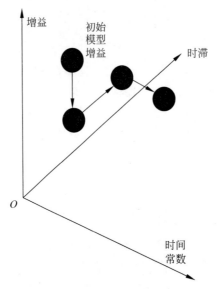

图 5-20　参数适应和插值的顺序

（2）通过多次运行算法，反复使用原始数据集和执行适应，如图 5-21 所示。

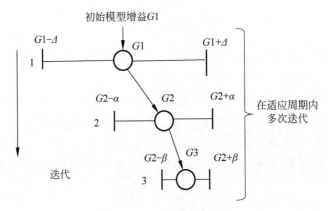

图 5-21　迭代参数适应

对于一个顺序适应过程，其某个参数在一个计算周期中被更新，该更新是按以下顺序执行的：先是过程增益，然后是时滞，最后是模型适应周期的时间常数，如图 5-20 所示。

图 5-21 解释了参数适应，显示了如何使用相同的测试数据集迭代地改进参数适应值。每次迭代后，参数自适应范围变小，提高了参数辨识的精度。

图 5-22 描绘了模型适应，展示了过程输出是如何与三个模型的模型输出相匹配的。

在模型适应完成后，控制器便利用一阶时滞过程模型开始进行重新设计。任何基于整定规则的模型均适用，尤其是 Lambda 或 IMC。如果操纵输入中有不频繁的变化，那么外部激励将自动地以自动模式被输入到操纵输入中。振幅为 3%～7% 的 PID 输出脉冲和几个扫描持续时间，对于过程模型识别来说通常是足够的。这种类型的短激励不会对过程输出造成显著干扰。

同样的适应技术可以被应用于反馈通路和前馈通路，其建模结构如图 5-23 所示。

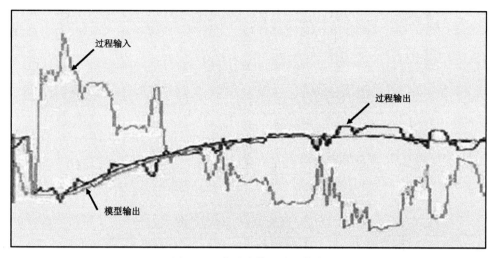

图 5-22　自适应模型验证策略

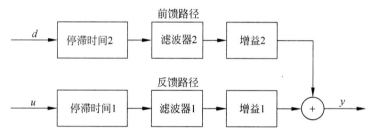

图 5-23　用于适应性反馈/前馈 PID 控制器的模型结构

如果前馈通路模型已知,那么可以应用动态前馈控制器设计式(5-18)(Seborg,Edgar 和 Mellichamp,2004)

$$G_f = -\frac{K_f}{K}\frac{1+s\tau}{1+s\tau_f} \tag{5-18}$$

其中,

G_f——前馈控制器传递函数;

K_f,τ_f——前馈模型的静态增益和时间常数;

K,τ——反馈模型的静态增益和时间常数。

应用自适应技术允许安全网络的几个级别如下:

- 为模型参数设置限定值;
- 在一个适应周期内模型参数适应的设定范围;
- 验证模型;
- 检测和防止振荡。

在初始化时,对所有模型参数的上限值和下限值进行自动设定。除非操作员做出更改,否则自始至终应满足这些限定值。

在特定的适应周期内,参数变化的最大范围是预先定义的,并且是受到限制的(通常是参数可接受范围的±25%)。

　　模型验证和预防是该技术的一个独有特点。可将适应性模型的质量作为过程输出计算值和过程输出实际值之间的均方差来进行计算。计算三个模型的剩余误差，一个是有额定参数 a_p 的模型，另外两个是有 $a_p - \Delta a_p$ 和 $a_p + \Delta a_p$ 的模型。这使得可同时对特定模型和比较模型进行验证评价。

　　在比较模型验证中涉及几条准则的运用：

- 最大残留误差与最小残留误差之间的比率。如果该比率接近于 1，则意味着噪声水平较高或离模型实际值的距离较为明显。如果该比率较高，则意味着模型参数的噪声水平较低和/或收敛速度较快。
- 测试有参数中间值的模型是否具有最小误差。满足此标准表明模型实际值介于参数下限范围和上限范围之间，且内插参数值应接近于实际值。
- 当前模型质量可被用于调整一些滤波器，该滤波器只适用于过滤自适应模型更新的当前适应模型的一部分。

　　最后，在适应性方面占有一定数量的统计模型评价，可以提供下一级和明显更为可靠的模型验证。在定义统计模型质量时应考虑的因素如下：

- 适应数量。
- 平均模型质量。
- 当前和先前适应的模型质量。
- 最后一次适应的模型参数标准偏差。

　　从经验来看(http://www.easydeltav.com)，被各个行业接受的适应性整定器产品要求一个健壮的整定技术、多级安全网、用户友好的界面以及控制性能报告软件(见第 3 章)。

参 考 文 献

1. Åström，K.，Hägglund，T. *Automatic Tuning of PID Controllers*，Research Triangle Park：ISA，1988.

2. Åström，K.，Hägglund，T. *PID Controllers：Theory，Design，and Tuning* Research Triangle Park：ISA，1995.

3. Åström，K. J.，Hägglund，T. *Advanced PID Control*，Research Triangle Park：ISA，2006.

4. Brozenec，T. F.，Tsao，T. C. and Safonov，M. G. "Controller Validation" *International Journal of Adaptive Control and Signal Processing*，Vol. 15，2001，pp. 431-444.

5. Chien，I-L.，Fruehauf，P. S. "Consider IMC Tuning to Improve Controller Performance" *Chemical Engineering Progress*，vol. 86(10)，pp. 33-41，October 1990.

6. Gendron，S. "Improving the Robustness of Dead-time Compensators for Plants with Unknown or Varying Delay" *Preprints of the Control Systems 90 Conference*，Helsinki，1990.

7. http://www.easydeltav.com/

8. Jun，M.，Safonov，M. G. "Automatic PID Tuning：An Application of Unfalsified Control" *Proceedings of the 1999 IEEE International Symposium on Computer Aided Control System Design*，Hawaii，USA，August 1999.

9. Lamaire，R. O.，Valavani，L.，Athans，M.，Stein，G. "A Frequency-domain Estimator for Use in

Adaptive Control Systems"*Automatica*, Vol. 27, No. 1, 1991, pp. 23-38.

10. Maršik, J., Strejc, V. "Application of Identification-free Algorithms for Adaptive Control" *Automatica*, Vol. 25, No. 2, 1989, pp. 273-277.

11. Morse A. S., Pait, F. M., Weller, S. R. "Logic-Based Switching Strategies for Self-Adjusting Control" *Presented at* 33rd IEEE Conference on Decision and Control, Workshop Number 5. Lake Buena Vista, Florida, USA, December 1994.

12. Narendra, K. S., Balakrishnan, J. "Adaptive Control Using Multiple Models" *IEEE Transactions on Automatic Control*, Vol. 42, No. 2, February 1997, pp. 177-187.

13. Safonov, M. G., Tsao, T. C. "The Unfalsified Control Concept and Learning" *IEEE Transactions on Automatic Control*, Vol. 42, No. 6., Jun. 1997, pp. 843-847.

14. Seborg, D., Edgar, T. F., Mellichamp, D. A. *Process Dynamics and Control*, John Wiley & Sons, Hoboken, N. J., 2004.

15. Wojsznis, W. K., Blevins, T. L. "State Based Adaptive Feedback Feedforward PID Controller" U. S. Patent 7,113,834, 2006.

16. Wojsznis, W. K., Blevins, T. L., Wojsznis, P. W. "Adaptive Feedback/Feedforward PID Controller" *Proceedings of* ISA Technical Conference, Houston, 2003.

17. Wojsznis, W. K. "Discrete Fourier Transform Based Self-Tuning" *Advances in Instrumentation and Control*, *Proceedings of* ISA/96 Technical Conference, Chicago, October, 1996.

18. Wojsznis, W. K., Borders, G. T. Jr., McMillan, G. K. "Flexible Gain Scheduler" *ISA Transactions* 33(1), May, 1994, pp. 35-41, Elsevier, New York.

19. Wojsznis, W. K., Gudaz, J., Blevins, T. L. "Adaptive Model Free PID Controller" *Paper presented at* Fifth SIAM Conference on Control Applications, San Diego, CA, July 2001.

第6章　模糊逻辑控制

模糊逻辑是一种相对较新的控制技术。20世纪70年代中期,Mamdani(1974)开始将模糊逻辑作为 PID 控制器(Kratowicz,2006)的替代品进行研究,并在过程控制产业中进行了模糊逻辑的第一次实际应用(Shaw,1998)。Kratowicz(2006)基于 PI 控制器的类似规则设计了模糊逻辑控制器,其结果是这些规则通过评估误差和误差中的变化生成了输出。隶属函数是专为误差、误差中的变化和输出中的变化而创建的,且其形状、尺寸和重叠被定义为可调参数。类似于 PID 的比例、积分和微分的增益调整,模糊逻辑控制可通过调整隶属函数给定过程的缩放比例,或多或少地实现模糊逻辑控制。Mamdani 提出的模糊逻辑控制已被简化(Zhang,1994),且基于调整隶属函数在识别过程中的增益和动态缩放比例对其方法进行了改进。基于上述进展,如今许多单回路数字控制器和一些分布式控制系统,均提供了具有自动整定功能的模糊逻辑控制版本。使用模糊规则和隶属函数可以获得的功能与PID 控制相类似。

对于一些特定的过程应用,与 PID 控制相比,模糊逻辑控制可以用更少的超调,更快地恢复设定值和负载变化。模糊逻辑最适合于以较大时间常数、少量时滞或无时滞为特征的控制过程,同时控制目标需在没有超调的情况下用最短时间达到设定值。

如图 6-1 所示的图表比较了两个串级回路的绝对误差积分(IAE):一个采用传统的PID 控制,而另一个采用模糊逻辑控制。模糊逻辑控制呈现出较少的负载扰动和设定值变化。二者在控制响应方面的差别如图 6-2 所示。

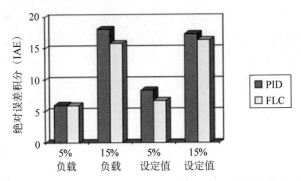

图 6-1　基于模糊逻辑的控制性能和基于 PID 的控制性能相比较

为了尽量缩短应用模糊逻辑控制所需的时间,大多数制造商提供了具有预定义规则和隶属函数的模糊逻辑控制版本。另外,通过这种方法限制模糊逻辑能力,使得制造商可以提供自动整定支持。因此,模糊逻辑控制可以替代 PID 控制。模糊逻辑功能块被设计来替代PID 控制的一个例子如图 6-3 所示。

这种类型的单回路模糊逻辑已成功应用于各种应用中。大部分此类应用涉及温度过程,其特征是显著的过程滞后带少量时滞或无时滞。

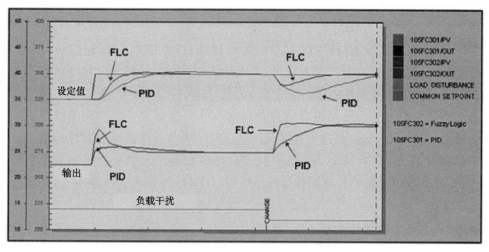

图 6-2　基于模糊逻辑的控制响应和基于 PID 的控制响应相比较

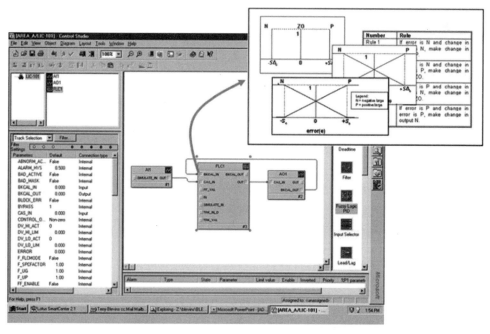

图 6-3　预定义的模糊逻辑理论

例子 1——制冷温度控制

在许多化学过程中,冷水机通常用于温度控制。温度控制的能力,能够纠正过程干扰和设置值的变化,而不超过设置值对于过程操作是重要的。使用模糊逻辑控制来提供这种控制响应的一个例子是位于纽约罗切斯特的柯达公园制冷和水务部门。柯达公园制冷与水务部门操作多种制冷系统,每个系统中均有几个蒸汽驱动的制冷机组(Wildman,1996)。最大系统的目标是将水温保持在 0 华氏度(＋/－1 华氏度)以上。该制冷机组经常启动或关闭,以满足冷却水的需求以及平衡在热电厂的蒸汽负荷。在制冷机组启动期间,PID 控制器的现有反馈通常会导致温度在设定值周围超调和振荡。这些超调经常导致自动关闭以防止由低蒸发压力造成的损坏。避免关闭和重新启动是制冷与水务部门的一个主要目标。

据该厂报道，用模糊逻辑控制代替 PID 控制器之后，可以观察到在设备启动期间，冷却水温度变化幅度有所减小且温度超调设定值也被消除。通过减少制冷机组在线自动投入所需的时间来实现节约成本。虽然操作员能够手动启动装置，但即使是最好的经营者也承认他们的手动开启效果没有模糊逻辑的自动启动效果好。模糊逻辑控制不仅节省了操作员的时间，还会精确地产生受控水温，其本身就会降低生产操作的成本。引述一名工程师的话，"我们看到了一种以前从未见过的控制。水温冷却速率基本上与之前相同，但其设定值周围没有超调和振荡现象"。温度正好降至规定的范围内，且误差不超过正负十分之一度。

例子 2——冷却器温度控制

威特科（Witco Corp.）公司报告说，他们努力将新制造的中间产品维持在恒定的 $160°F$，期间该中间产品会被从生产线转移到临时储水罐。上游蒸馏装置的液位控制不断地改变进入热交换器的表面活性剂的流速，而热交换器的冷却水根据季节的不同，在 $60°F \sim 90°F$ 变化。在一年多的时间里，威特科公司采用了具有前馈功能和自适应整定技术的传统 PID 回路，使该系统的温度偏差降低到 $\pm5°F \sim \pm6°F$。然而，威特科公司仍然需要对生产该织物柔软剂和其他产品的中间生产线进行更严格的温度控制。超过目标温度 $6°F$，使得液体能过温运输，并让其能停留在临时储罐中的时间从不到一天延长到几天。同时，温度过低会造成一些问题。假设中间产品冻结在 $150°F$，当温度仅低于目标温度（$160°F$）几度时，液体开始凝固了。一旦液体开始凝固，换热器就会失去效率，直到换热器及其相关的线路最后被固体中间物堵塞。

在安装温度控制的模糊逻辑后，结果立即有了好转。线路的温度变化迅速下降至期望的 $\pm3°F$ 温度段内，并停留至此。模糊逻辑控制将温度保持在正负 2 度（Keuer, 1997）。

例子 3——干燥器温度控制

制造地毯需要将湿地毯从大约含有 40％ 的水分干燥至大约含有 4％ 的水分（Kratowicz, 2006）。地毯是通过七区段干燥炉拉出来的。每个区段均有两个燃气燃烧器和两个架空鼓风机。过度干燥和欠干燥都会损坏产品，从而导致浪费或再加工。干燥炉持续运行，不同批次的地毯首尾相连缝制而进行干燥，以避免停机操作。每个级别产品的温度目标和速度目标均是唯一的。

某一批地毯可以有与下一批量明显不同的重量和含水量。各个级别之间的转换呈现出一个难以解决的控制问题。操作员知道在哪里设定干燥炉的温度以实现合适的干燥。难点在于让温度控制器在没有超调的情况下做出足够快的响应。干燥炉温度可以在 $80°F \sim 340°F$ 变化，其设定值变化最大高达 $100°F$。有时将废弃地毯与需干燥的地毯缝合在一起以起到缓冲之用，同时使温度控制保持稳定。这种额外工作减少了生产量。

PID 控制无法满足为地毯制造商在没有超调的条件下用最短的时间对设定值变化做出响应，因此用模糊逻辑控制器代替 PID 控制控制器。模糊逻辑控制减少了恢复时间，并消除了转换中的超调现象。该模糊逻辑系统仅在第一区段部署，而第一区段的燃烧器都较大且负责完成大部分的干燥工作,因此该模糊逻辑系统对整个干燥系统有着巨大的影响。自动控制所提供的自动整定功能,会自动确定比例因子。这种改进的控制仅被用于第一区段,而过程中其他区段中的 PID 回路未被触动。

通过采用模糊逻辑控制,该工厂获得了以下好处:

- 消除产品损坏问题;
- 灵活地做出快速变化;
- 节约能源;
- 操作方便。

该工厂在产能或吞吐量方面增加了大约 20%,并且彻底地消除了返工现象。实际的投资回报用了不到四个月便实现了,该投资回报的计算还不包括可观察到但未量化的节能。因此,预期达到了,并且还超过了预期。

6.1　应用举例

这个案例说明了使用嵌入在工业控制系统中的模糊逻辑控制将会涉及以下几个方面:

- 模糊逻辑的组态;
- 自动整定;
- 闭环响应的例子。

为了允许控制应用的一致实现,模糊逻辑控制被实现为一个功能块。除了隶属函数中误差、误差变化和输出变化的缩放比例之外,模糊规则和隶属函数均是预先被定义的。模糊逻辑控制块被用作 PID 块的替代品,如图 6-4 所示。

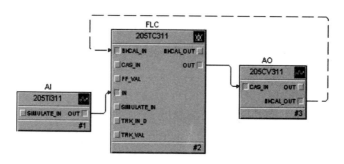

图 6-4　用于控制应用的模糊逻辑功能块

在这种情况下,整定能力被用于自动整定模糊逻辑控制块的缩放比例。除关乎隶属函数的整定参数外,模糊逻辑控制的整定界面与 PID 控制一样,如图 6-5 所示。

类似于 PID 控制的自动整定,在按下测试按钮时,过程动态被自动建立。在测试期间,过程处于双态控制之下。操纵参数从初始值开始以指定的步长改变。基于过程动态,推荐的隶属函数的缩放比例会被自动计算出。

用户在过程中使用整定之前,可以选择“仿真”按钮来查看此整定将提供的性能。对设定值变化和负载扰动的闭环响应也可以被显示出来。当用户更改推荐的缩放比例因子的值时,一个新的响应将被显示出来,如图 6-6 所示。

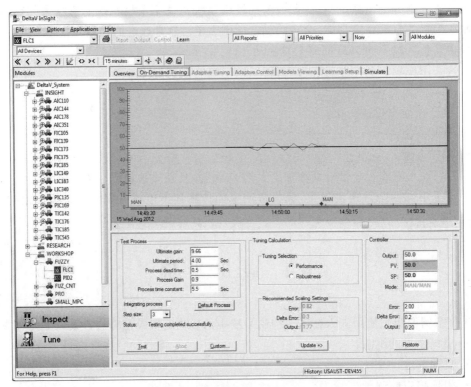

图 6-5　模糊逻辑控制的整定界面

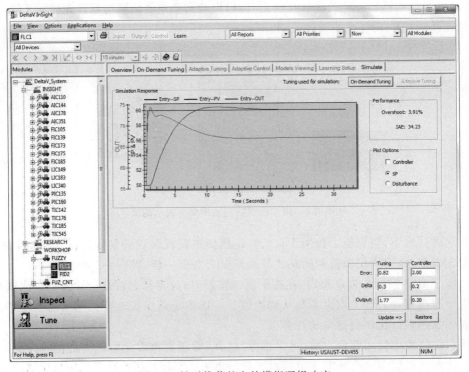

图 6-6　针对推荐整定的模糊逻辑响应

通过选择"更新"选项,将推荐的整定转移到模糊逻辑块。

由于模糊逻辑控制为非线性,所以通过相位和增益裕度来测量控制的鲁棒性,则不能应用于第 4 章所述的 PID 按需整定。

6.2　专 题 练 习

在本专题练习中,当控制目标在最短时间内达到设定值且无超调时,模糊控制的控制性能将与 PID 控制的控制性能相比较。采用 PID 控制和模糊逻辑控制对两个相同的过程加热器(见图 6-7)进行仿真。访问本书的网站 http://www.advancedcontrolfoundation.com,并选择"解决方案"选项卡以查看正在执行的专题练习。

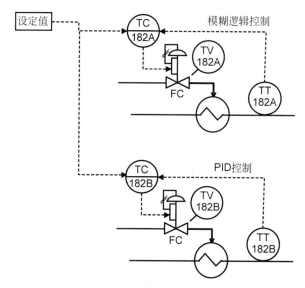

图 6-7　模糊逻辑过程专题练习

第一步:启动本专题练习的模块和 IAE 计算。

第二步:通过改变 SP 参数值来提高 PID 和模糊块的温度设定值。需要注意的是,一旦两个回路都达到设定值,就可记录计算出的 IAE,并使用曲线图观察哪个控制更快地到达设定值。

第三步:重复第二步,但这次将 SP 参数值降低 10 个单位。与温度升高相同,请注意有何变化。

第四步:重新设定 IAE 计算,然后通过改变"扰动"参数(0~15),从而将一个未测量过程扰动引入到两个加热器中。一旦两个回路达到设定值,请注意 IAE 值,并通过曲线图来观察哪个控制最先达到设定值。

第五步:重复第三步,但这次将"扰动"参数值降低至 0。与第三步相同,请注意有何变化。

6.3 技 术 基 础

6.3.1 模糊逻辑控制简介

模糊逻辑控制（Fuzzy Logic Control，FLC）可实现与传统线性控制相同的功能：简单控制反馈回路、交互回路或多变量过程。在许多情况下，模糊逻辑控制均可以提供更好的性能、更小的过程变化或更好的鲁棒性。这种差异来源于基于模糊逻辑的计算。通过应用模糊逻辑计算，有可能设计一个非线性控制器，而不需要对操作值非线性的详细知识，这是经典控制设计所需要的。

模糊逻辑起源于经典的"真"与"假"二值逻辑。添加"模糊性"可以更好地解决现实生活中的问题。为了说明这种联系和类比，让我们回顾一下经典逻辑的一些基础知识。

经典逻辑在清晰的集合上运行。该集合的两个简单例子（它们实际上不用于工业过程控制）说明了这个概念：

（1）高于 33℃ 的一组温度值属于"热"集合，低于或等于 33℃ 的一组温度值属于"冷"集合。

（2）一个身高 6 英尺（1 英尺＝0.3048 米）的人属于"高"集合，但一个身高 5 英尺 11.99英寸（1 英寸＝2.54 厘米）的人则属于"矮"集合。

将一个身高 5 英尺 11.99 英寸的人归为"矮"集合是合理的吗？将 32.99℃ 的温度称为"冷"是否合理？从常识角度考虑，这显然是不合理的。此类疑虑对寻求这类情况更灵活的表达方式起到了刺激作用，并促进了模糊集合和多值逻辑的发展。

在模糊集合中，用更灵活的方式界定其界限。以"热"集合为例，其界定不仅是高于33℃，还包括低于 33℃ 但在某种程度上属于"热"并直到完全达到或高于 33℃ 的任何值。例如，27℃ 的"热度"肯定要比 26℃ 要高。模糊逻辑采用隶属函数来定义"热度"，而隶属函数定义了模糊集的隶属度。以上讨论被总结在表 6-1 和图 6-8 中。

表 6-1 经典逻辑 VS 模糊逻辑

	集 合	隶 属	逻 辑 价 值	操 作
经典逻辑	传统集合	无歧义	"真""假"或 1、0	二值逻辑
模糊逻辑	模糊集合	由隶属函数界定的不同隶属度	在 0～1 取值范围内的任何值均由隶属函数界定	多值逻辑

综上所述，可以说在模糊逻辑中任何陈述的真理在本质上均是指程度。我们也可以观察到经典逻辑是具有阶跃隶属函数的模糊逻辑的一种特例。换言之，对于一个清晰的集合，集合的元素肯定属于该集合；而在一个模糊集合中，集合中的元素具有一定程度的隶属度。

在定义模糊逻辑值后，下一步是定义模糊逻辑运算。模糊逻辑对多个值进行运算，且模糊逻辑运算是基于多值逻辑原则完成的。再次与经典逻辑的比较，我们引入多值逻辑运算的基础，如表 6-2 所示。多值逻辑使用与经典逻辑相同的运算符，唯一的区别在于运算的取值范围为 0～1 的实数，而不仅是 0 或 1。

模糊逻辑运算可以用一个简单的例子来说明，这个例子使用了已经讨论过的关于高度

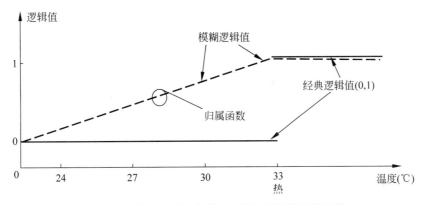

图 6-8　经典逻辑中逻辑值 VS 模糊逻辑的逻辑价值

和温度的隶属函数。假设约翰身高 6 英尺 1 英寸以及今天的温度为 30℃。我们将 30℃ 赋值为隶属函数值为 0.8。对于"约翰真的很高,今天很热吗?"这个问题,经典逻辑会回答"假",而模糊逻辑则会回答"80％是真的"。

表 6-2 概述了模糊逻辑的操作。

表 6-2　二值逻辑运算 VS 多值逻辑运算

操　　作	A 和 B	A 或 B	非 A
二值逻辑	$\min(A,B)$ $\min(0,0)=0$ $\min(0,1)=0$ $\min(1,0)=0$ $\min(1,1)=1$	$\max(A,B)$ $\max(0,0)=0$ $\max(0,1)=1$ $\max(1,0)=1$ $\max(1,1)=1$	Complement to 1 NOT$(0)=1-0=1$ NOT$(1)=1-1=0$
多值逻辑	$\min(A,B)$ 在 0～1 取值范围内 A,B 二值的最小值	$\max(A,B)$ 在 0～1 取值范围内 A,B 二值的最大值	Complement to 1 非$(A)=1-A$ $A\leqslant 1$

接下来的几个小节将通过开发多个模糊逻辑控制器来了解更多关于模糊逻辑控制的知识。在总结模糊逻辑的基本结论时,应向在 20 世纪 60 年代初发展了模糊逻辑的扎德(1965)和在 20 世纪 30 年代首创多值逻辑的卢卡西维茨(1963)致敬。

6.3.2　建立模糊逻辑控制器

一个典型的模糊逻辑控制器执行三个基本操作[见图 6-9,更多信息参见文献(Sugeno,1985)]。

- 将输入信号转换为模糊逻辑值或将其模糊化。
- 用多值逻辑推理规则(模糊规则)来改进控制动作。
- 将模糊逻辑值转换为连续信号或将其去模糊化。

模糊化

如上所述,模糊集和隶属函数被用于将控制器的输入值转换成模糊值(Pedrycz,1993),(Chen 和 Trung,2001)。

首先,通过定义模糊集来决定如何对控制输入进行逻辑量化。典型的输入信号模糊集

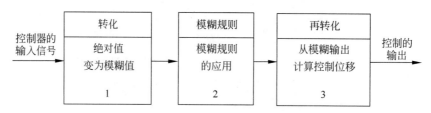

图 6-9　典型的模糊逻辑控制器示图

有负大、负中、负小、零、正小、正中、正大。模糊集合可简化为正负或高低。

下一步是为每一个模糊集合定义隶属函数以建立集合界定。隶属函数被解析界定。式(6-1)和式(6-2)列出了低模糊集合和高模糊集合的简单隶属函数的例子，并在图 6-10 中用图形表示。水平被用作控制输入。在进行模糊化之前，控制输入的正常取值范围为 0～1。

$$M(高)=1.0×水平 \qquad 0≤水平≤1 \tag{6-1}$$

$$M(低)=1.0-1.0×水平 \qquad 0≤水平≤1 \tag{6-2}$$

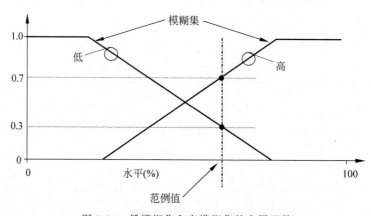

图 6-10　低模糊集和高模糊集的隶属函数

式(6-1)定义了模糊集高的隶属函数，式(6-2)定义了模糊集低的隶属函数。就等同于 70% 或 0.7 的水平而言，高隶属函数的隶属值为 0.7，低隶属函数的隶属值为 0.3。这可以表示为 $M(低)=0.3$；$M(高)=0.7$。

因考虑到容器液位，模糊逻辑无须在一个状态或另一个状态中使用整个隶属函数。例如，较高值(隶属度=0.7)与较低值(隶属度=0.3)同时出现。换言之，一个状态通常在一定范围或程度上是真的。

隶属函数有多种类型，如线性(正如上述例子所示)、抛物线、指数或正态分布。得益于其简单性，线性隶属函数在大多数应用中均是首选。

模糊逻辑推理规则

了解过程行为是发展模糊推理规则的首要问题。使用过程知识、模糊化的输入和输出以及假定推理来导出控制推理规则。最后，用模糊逻辑运算来开发控制器响应。

考虑开发一个模糊逻辑控制器的例子，该模糊逻辑控制器通过出口控制阀来控制储水箱中的液位，测量入口流量和油箱液位，如图 6-11 所示。

在本例中，该隶属函数描述了储水罐液位、输入流量和出口阀，如图 6-12 所示。

控制储水罐液位的控制规则如表 6-3 所示。

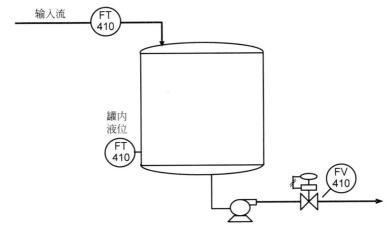

图 6-11　由模糊逻辑控制器控制的容器液位

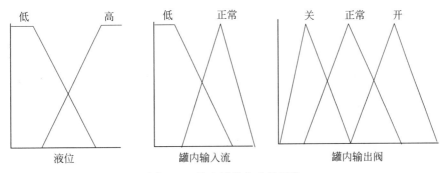

图 6-12　储水罐液位隶属函数

表 6-3　储水罐液位控制规则

编　　号	规　　则
规则 1	如果液位低且输入流量正常,则关闭出口阀
规则 2	如果液位高且输入流量正常,则开启出口阀
规则 3	如果液位高且输入流量低,则使出口阀正常运转

　　将对液位和输入流量的隶属度,应用到该储水罐出口阀的模糊规则,如图 6-13 所示,得到模糊化的输出值,即关闭、正常运行和开启的隶属函数值。本例中的正常流量不是太低。

　　从图 6-13 可以看出,当将模糊逻辑和函数应用于输入隶属度值时,输出隶属函数值是两个输入隶属函数值中的最小值,例如,阀门关闭的隶属函数值等同于低液位的隶属函数值,而此隶属函数值比液位正常时要小。这遵循了推理规则 1:

$$M(\text{ValveClosed}) = \text{MIN}(M(\text{LevelLow}), M(\text{FlowNormal})) = M(\text{LevelLow})$$

去模糊化

　　去模糊化将模糊逻辑值转换为真正的控制输出值。去模糊化的最普通方法是计算所有已激活的输出隶属函数的加权平均值。参照图 6-13,关闭、正常运转和开启状态下的隶属函数的加权平均值可被用来确定出口阀的位置。

　　通过应用模糊逻辑控制器的三步开发过程,可以构建一个更为复杂的控制器,包括多变

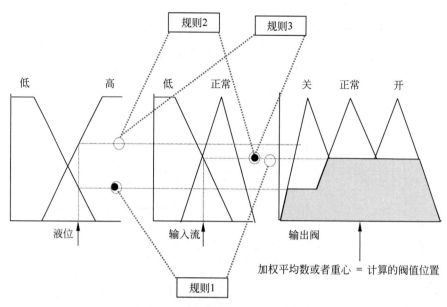

图 6-13 模糊逻辑控制器运算

量交互控制器。然而,实现最高预期的控制性能需要调节隶属函数和输入/输出缩放比例。该工作可用一些模糊逻辑工具(例如 Matlab 模糊逻辑工具箱)来简化。

对于没有模糊逻辑控制体验的控制器而言,预先建立的模糊逻辑控制器可能是开始应用模糊逻辑的最有效方法。接下来的两节将讨论在功能上与 PID 控制器相仿的模糊逻辑控制器的设计和使用。这种类型的控制器在某些分布式控制系统(DCS)中是一个现成的产品(www. easy deltav. com)。

6.3.3 模糊逻辑 PID 控制器

模糊逻辑 PID 控制(FPID)成为标准 PID 控制器的先进替代品,并提供了对设定值变化和外部负载扰动有额外益处的 PID 控制能力。通过采用模糊逻辑,模糊逻辑 PID 控制超调降至最低,并提供了良好的负载扰动抑制。其缩放比例因子是通过使用一个自动整定器自动建立起来的,针对该自动整定器的讨论参见文献[Qin(1994)]和[Qin,Ott 和 Wojsznis(1998)]。

模糊逻辑 PID 控制通过使用预定义的模糊规则、隶属函数以及被称为缩放比例因子的可调参数进行操作。模糊逻辑 PID 控制通过以下方法来将回路的绝对值转换为模糊值:首先计算缩放比例误差(e)和误差中缩放比例变化(Δe),然后再计算每个预定义隶属函数中的隶属值。在此之后应用模糊规则,最后将值再转换为控制移动。

FPID 是 DCS(如 www. easydeltav. com 所示)中的一个模糊逻辑控制(FLC)功能块。此功能块支持模式控制、信号缩放和限制、反馈控制、超控跟踪、报警限制检测以及信号状态传输。

内置在模糊逻辑控制功能块中的非线性减少了超调和稳定时间,实现了对过程回路的更严格控制。具体而言,模糊逻辑控制功能块将小控制误差与大控制误差进行区别对待,并对较大超调实施更为严厉的惩罚。它也对较大的误差变化实施严重惩罚,从而有助于减少振荡。

隶属函数

该模糊逻辑控制功能块使用三个隶属函数：两个输入信号为"误差"和误差变化，一个输出信号为控制动作的变化。此三种变量之间的关系呈现出非线性控制趋势。该非线性是由过程变量转化为模糊集（模糊化）、规则推理和模糊集再转化为连续信号（去模糊化）的结果。

两种隶属函数，即负(N)和正(P)，被用于误差、误差变化和输出变化。隶属函数的尺度(S_e 和 $S_{\Delta e}$)分别确定误差和误差变化的隶属度。首先，计算相对于设定值的百分比误差，然后缩放到范围$[-1,1]$:

$$E_s = (PV - SP)/S_e$$
$$-1 \leqslant E_s \leqslant 1 \tag{6-3}$$

误差变化的类似计算已完成：

$$\Delta E_s = [[PV(t) - SP(t)] - [PV(t-1) - SP(t-1)]]/S_{\Delta e}$$
$$-1 \leqslant \Delta E_s \leqslant 1 \tag{6-4}$$

正误差 Me(P) 和负误差 Me(N) 的隶属值是基于以下表达式并绘制在图 6-14 中：

$$Me(P) = 0.5 + 0.5E_s$$
$$Me(N) = 0.5 - 0.5E_s \tag{6-5}$$

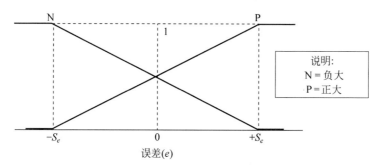

图 6-14　误差隶属函数

误差中变化的隶属函数可用相似的方式计算并绘制在图 6-15 中。

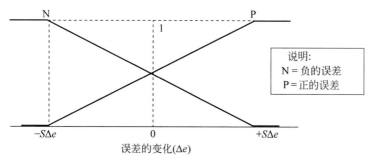

图 6-15　误差变化的隶属函数

用于误差变化的隶属函数以类似的方式计算，并在图 6-15 中绘出：

$$M\Delta e(P) = 0.5 + 0.5E_{\Delta s}$$

$$M\Delta e(N)=0.5-0.5E_{\Delta s} \tag{6-6}$$

输出隶属函数的变化被称为单点集。它们用一个单点和一个隶属函数来表示模糊集。隶属缩放比例（$S\Delta u$）确定了缩放比例误差和变化中误差绝对值的输出变化幅度，其中此绝对值用相同符号表示且等于 1，如图 6-16 所示。

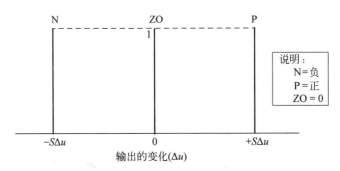

图 6-16　输出变化的单点隶属函数

模糊逻辑推理规则

模糊逻辑控制（FLC）功能块总共运用四种模糊逻辑 IF-THEN 接口规则来反作用于模糊逻辑 PI 控制器。这四种规则列于表 6-4 中，也在表 6-5 中以矩阵形式呈现，其中矩阵单元表示模糊输出的隶属函数。

表 6-4　模糊 PI 控制器的模糊逻辑规则

编　　号	规　　则
规则 1	如果误差为负且误差中变化为负，则使输出变化为正
规则 2	如果误差为负且误差中变化为正，则使输出变化为零
规则 3	如果误差为正且误差中变化为负，则使输出变化为零
规则 4	如果误差为正且误差中变化为正，则使输出变化为负

表 6-5　矩阵形式的模糊 PI 控制器的模糊逻辑规则

误差/误差中改变	负	正
负	正	零
正	零	负

通过使用表 6-4 和表 6-5 以及应用多值逻辑运算规则计算控制器输出的隶属函数：

$$M\Delta u(P)=\min(Me(N),M\Delta e(N))$$

$$M\Delta u(N)=\min(Me(P),M\Delta e(P))$$

$$M\Delta u(Z)=\max\{\min(Me(P),M\Delta e(N)),\min(Me(N),M\Delta e(P))\} \tag{6-7}$$

$M\Delta u(P)$、$M\Delta u(N)$、$M\Delta u(Z)$ 分别是输出变化负、正和零隶属函数。

去模糊化

正如前面提到的，去模糊化采用重心法来确定在输出的模糊缩放比例变化。输出变化 Δu_s 计算如下：

$$\Delta u_s=\frac{M\Delta u(P)-M\Delta u(N)}{M\Delta u(P)+M\Delta u(Z)+M\Delta u(N)} \tag{6-8}$$

该输出变化计算如下：

$$\Delta u = \Delta u_s S_{\Delta u} \tag{6-9}$$

6.3.4 模糊逻辑控制非线性的 PI 关系

每个输入变量对应的两个隶属函数和输出变量对应的一个隶属函数,使得 FLC 功能块的响应是非线性的。

绝对误差大于误差缩放比例因子或误差绝对变化大于误差缩放比例因子变化的所在区域,误差值和误差变化值在误差缩放比例因素和误差缩放比例因素处分别被缩减。图 6-17 显示了当 $e = \Delta e$ 时模糊逻辑控制的增益曲线,说明了使用 FPID 控制器时的控制器增益变化。

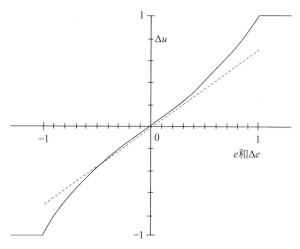

图 6-17 当 $e = \Delta e$ 时,FLC 功能块的增益依赖于 $e + \Delta e$

通过经过原点的直线显示了传统 PI 控制器的线性关系。随着误差和误差变化的增加,传统 PI 控制器的输出变化也线性增加。需要注意的是,当误差和误差变化较小时,FLC 功能块的增益与 PI 控制器的增益相似。FLC 功能块的增益随误差和误差变化的增大而逐渐增大。

FLC 功能块内嵌的非线性特性,使得当误差和误差变化增加时增益增大、当误差和误差消除时增益减小,并减少了超调和调整时间,实现了对过程回路的更严格控制。为帮助预测过程中的快速变化,在回路的反馈路径中应用微分作用,如图 6-18 所示,并创造出模糊逻辑 PID 控制器(FPID)。

如 6.3.3 节所述,FLC 功能块将小控制误差与大控制误差进行区别对待,对较大超调实施更为严厉的处罚。它也对较大的误差变化实施处罚以减少振荡。

图 6-19 显示了 FPID 是如何响应超调和振荡的。与在误差小的点 B、D 和 F 以及误差变化为负的点 B、D 和 F 后所施加的控制动作相比,在超调显著且增大的 B、D 和 F 点前,FPID 施加了更强的控制动作。类似地,在点 A、C 和 E 处,控制动作由误差和误差变化的最小值限定。

这种类型的非线性使得 FPID 能够提供比标准或非线性 PID 控制更好的控制性能。在

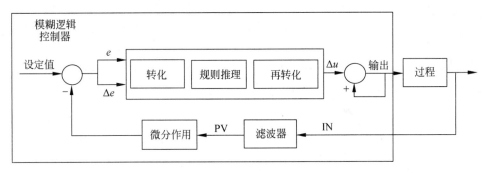

图 6-18　具有微分作用的模糊逻辑控制

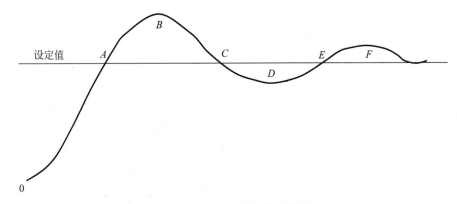

图 6-19　过程变量振荡的举例

Qin(1994)之后,我们将 FPID 与一个简单的非线性控制器以及一个由 Shinsky(1988)定义的增益为 K_{esq} 的误差平方控制器进行了比较:

$$K_{esq} = K_p(L + (1-L)\,|e|) \tag{6-10}$$

其中,L 是表示误差平方项和线性项之间加权因素的调节参数。误差平方 PID 控制器也倾向于对较大的控制误差施加更强的作用。然而,FPID 控制器和误差平方 PID 控制器之间的一些差别是显而易见的:

- 当误差较大时,误差平方 PID 控制器可施加更强的增益,而当误差和误差时变化均较大时,FPID 可施加更强的增益。
- 当控制误差较大时,误差平方 PID 控制器的增益可无限增大,而 FPID 控制器的增益具有上限。
- 误差平方 PID 控制器的某些版本在 L 中使用非常小的值或零值,这表明控制器在原点附近的增益非常小或零。然而,FPID 增益是围绕原点设计的(如式(6-3)～式(6-9)所示),以获得良好的性能。

表现 FLC 的一个好方法是控制曲面。图 6-20 显示了模糊 PI 控制器的控制曲面,该曲面是控制器输出变化的 3D 图形,该输出变化是基于误差和误差变化的。

图 6-20 清楚地表明了 FLC 控制器和非线性控制器之间的类比,因为非线性控制器的控制表面包含许多不规则的斜坡,就像图 6-20 所示的模糊逻辑控制器表面。原则上,使用 FLC 控制曲面来设计任何非线性控制器是有可能的。如果误差和误差变化是已知的,那么

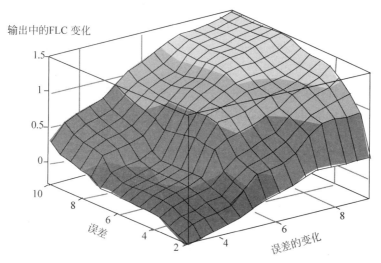

图 6-20 模糊逻辑控制器的控制曲面

控制器的输出变化可被简单地设定为读取该三维图中的值。

6.3.5 FPI 和 PI 关系

开发模糊逻辑控制器的比例因子是一项烦琐的工作。因此,自动整定器被用于建立缩放比例因子(S_e、SD_e 和 SD_u)。由于 PI 控制器的整定参数(增益、复位)与 FPI 的比例因子之间的关系,FPI 的自动调优成为可能。对于较小的控制误差和小于标称值 DSP 的设定值变化,FPI 比例因子与比例增益(K)和复位(Ti)相关,该比例因子可被用于一个 PI 控制器,用于控制与式(6-11)~式(6-13)所示的过程。

$$S \Delta e = \beta \Delta \, SP \tag{6-11}$$

$$S \Delta u = 2S \Delta eK \tag{6-12}$$

$$Se = \frac{T_i S \Delta e}{\Delta t} \tag{6-13}$$

其中,

$S \Delta e$——错误比例变化因子;

Se——错误比例因子;

$S \Delta u$——控制器输出比例因子的变化;

ΔSP——SP 相对于名义变化百分比而变化;

Δt——回路扫描周期;

β——过程时滞(τ_d)的函数和最大值 0.5 的时间常数,由式(6-14)定义:

$$\beta = 0.2 + \frac{\tau_d}{\tau} \qquad 0.2 \leqslant \beta \leqslant 0.5 \tag{6-14}$$

6.3.6 自动化模糊逻辑控制器的投用

与更为复杂的模糊逻辑控制器相比,模糊 PID 控制器的最大优点是模糊控制器的自动整定作用与 PID 控制器颇为相似。自动整定功能适用于继电器振荡技术(见第 4 章),并利用 PID 和模糊 PID 之间的关系，如 6.3.5 节所述。

模糊 PID 整定技术由 Qin(1994)提出，并经 Qin、Ott 和 Wojsznis(1998)得以改进。

模糊 PID 整定技术的一个重要特点，是考虑控制器输入的误差和误差的变化，并适当调整比例因子以避免式(6-9)中定义的输出变化饱和。公式 $S\Delta e = \beta\Delta SP$ 计算了误差中变化的缩放比例因子，并依赖于设定值的变化。当比例因子对误差的变化重新计算为 $\Delta SP = 1$ 时，该比例因子的值被使用，直到 PV 到达 SP，并且误差的比例因子和输出将根据式(6-11)和式(6-12)进行调整。

在稍作修改的方法中，继电器振荡调整过程中获得的最终增益和最终周期被直接用于计算缩放比例因子，而无需 PID 控制器参数的中间计算过程。应用以下公式：

$$Se = \frac{S\Delta e T_u}{2} \tag{6-15}$$

$$S\Delta u = 1.25 S\Delta e K_u \tag{6-16}$$

T_u 和 K_u 分别是回路的最终周期和最终增益。

当时滞和时间常数的比值在 $0.1 \sim 0.3$ 时，这些公式提供了良好的整定。当时滞和时间常数的比值处于更大范围时，通过使用如第 4 章(按需整定)讨论的非线性估计器，可能可以实现整定的改进。

参 考 文 献

1. Chen, G., Trung T., *Introduction to Fuzzy Sets, Fuzzy Logic, and Fuzzy Control Systems* CRC Press, Boca Raton, 2001.

2. Daly, R. "Fuzzy Logic: A Matter of Degrees" Published on the Internet: *Managing Automation*, Nov. 2006, web link: http://www. managingautomation. com/maonline/magazine/read/view/Fuzzy_Logic_A_Matter_of_Degrees_967.

3. Keuer, D. "Fuzzy Logic Smooths PID-Resistant Loop" *Control Engineering*, vol 44, No. 6, p. 71-72, April 1997.

4. Kratowicz, R. "Fuzzy Logic: It's a Technology That Should be Crystal Clear to Control Engineers," On-line article *PlantServices. com* March, 2006, web link: http://www. plantservices. com/articles/2006/078. html? page=print.

5. Lukasiewicz, J. *Elements of Mathematical Logic*, London, New York, Pergamon Press/Warsaw, PWN-Polish Scientific Publishers, 1963.

6. Mamdani, E. H. "Application of Fuzzy Algorithms for Control of Simple Dynamic Plant" *Proceedings of the Institution of Electrical Engineers (London)* vol 121, No. 12, Dec. 1974, pp. 1585-1588.

7. Pedrycz, W. *Fuzzy Control and Fuzzy Systems*, Second edition. John Wiley and Sons, New York, N Y, 1993.

8. Qin, S. J., Ott, M., Wojsznis, W. "Method of Adapting and Applying Control Parameters in Non-Linear Process Controllers" U. S. Patent No. 5,748,467, 1998.

9. Qin, S. J. "Auto-Tuned Fuzzy Logic Control" *Proceedings of American Control Conference*, Baltimore, 1994, vol. 3 pp. 2465-9.

10. Shaw, I. S *Fuzzy Control of Industrial Systems* Boston: Klewer Academic Publishers, 1998.

11. Shinskey, F. G., *Proces Control Systems: Application, Design and Adjustment* 3rd edition, McGraw-

Hill Books，New York 1988.

12. Sugeno，M. "An Introductory Survey of Fuzzy Control" *Information Sciences*，vol. 36，1985. pp. 59-83.

13. Wildman，K. "Fuzzy Logic Brings Kodak's Control Strategy into Focus" *Control*，vol 9，No. 11，Nov. 1996.

14. Zadeh，L. A. "Fuzzy Sets and Systems" *Information & Control*，vol. 8，1965，pp. 338-353.

第7章 神经网络

过程控制系统的关键目标之一是将产品质量参数保持在规定范围内。在线分析仪可能无法被用于对某种物理性质，或者对某种液体或气体流的组成，进行采样或连续测量，或者其他条件阻止使用在线分析仪。在这种情况下，测量结果必须通过过程抽取样品的实验室分析获得。当产品质量测量只能在实验室中进行，与处理样品以及缺乏测量连续可用性相关的延迟影响了此信息用于控制该过程的方式。在许多情况下，操作员在过程中使用这些实验室测量进行手动更正，例如，变化反映在实验室测试中的供料流量或影响参数的温度。为了获得影响质量相关参数的过程变化结果的直接指示，通常可使用诸如流率、温度和原料组合等的上游测量来计算质量参数的估计值。在过程工业中使用的许多较新的控制系统都包含了评估产品质量参数的能力。控制系统制造商采用了不同的技术来实现属性估计。为了解决产品质量参数随过程输入变化的非线性响应问题，可以采用神经网络模型对其进行估计。本章讨论了可用于非线性过程的属性估计器的发展。

正如在第3章中所讨论的，多数加工厂过程有一个或多个位于工厂中心或分散于加工区域的实验室。由于可能需要原材料（原料）和工艺产品实验室分析可能需要被用于识别可以影响过程运作或产品质量的变化，因此实验室对工厂运行至关重要。此外，一些自动过程分析仪可能无法提供与过程产品相关的值的连续在线测量，或者可能无法提供对必须被控制的反馈特性相关的连续在线测量。此类在线分析仪可能太贵，可能已被证明不可用，或可能仅因为取样系统的复杂性或分析的复杂性而不具备实用性。因此，手动采样和分析实验室通常是必要条件。

当需要实验室分析来支持工厂运行时，对相关的材料样品进行手动取样，然后运送到实验室进行分析。通常是由操作员助手或实验室技术人员对这些被称为抽取样品的样品进行采集的。操作员利用这些样品的实验室分析结果来调整过程，以满足质量要求。如果与分析相关的步骤较为明确，那么操作员助手通常可以在物理上接近该过程的测试架上进行抽取样品。在这种情况下，该分析通常被称为"近线"分析。采集抽取样品并在实验室中进行处理所需的时间，在获得分析结果时带来了很大的延迟。工厂操作员或控制系统常常需要这种测量，以便通过调整工厂的操作条件来维持与质量有关的关键参数，从而保持产品性能在规格内。在处理样品时引入的任何延迟都限制了该测量的有效性。

PIDPlus（如第8章所述）和智能PID，可以与通过实验室分析得到的已采样和非周期性的测定值一同使用。如果对过程操作的自动纠正功能是基于已被证明的实验室结果，那么通常会在控制系统中提供界面以允许操作员或实验室技术人员手动将实验室结果输入到控制系统中。或者，当实验室信息管理系统（LIMS）被使用时，实验室测试设备可直接与控制系统连接，这样一旦完成抽取样品，样品的实验室分析结果便会被自动传送到控制系统。

通过运用部分最小二乘法或多元线性回归模型提供线性估计的功能块可以被运用到控制系统中，详情请参见第9章（连续数据分析）和第10章（批量数据分析）。为了解决与某些特性相关的非线性问题，可将基于神经网络技术的非线性估计功能块用于估计性质，如图7-1所示。有关该功能块的更多细节请参见文献(Blevins,Wojsznis,Tzovla 和 Thiele,2002)。

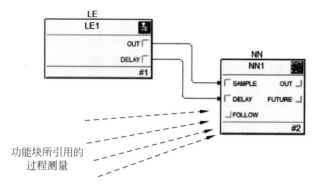

图 7-1　基于上游测量的非线性属性估计

当控制系统中有可用的属性估计器时,一系列实验室分析可结合上游测量条件的历史采集来创建估计器。一旦预估器被创建,就可以继续使用实验室分析来验证估计值的准确性。

在过去几年里,用于软传感器应用中的神经网络开发工具有了明显改善。软传感器是一种推理估计器,当硬件传感器不可用或不合适时,从过程观测中得出结论。这些工具是专门设计的,以考虑软传感器的开发过程的动态特性。传统方法与现行方法的不同之处如图 7-2 所示。

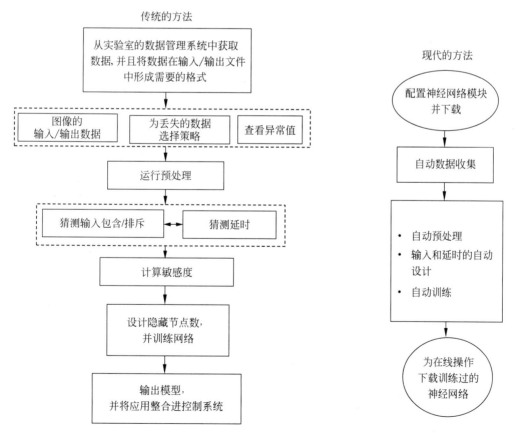

图 7-2　神经网络的开发步骤

　　该估计器可用实验室数据来进行更正，以弥补过程中影响已估计属性的未测量变化。否则，随时间推移，虚拟传感器提供的预测将慢慢远离真实测量值。

7.1　案例——纸浆造纸工业

　　在纸浆和造纸工业中，连续蒸煮器用于通过化学方法去除将纤维素纤维固定在一起的木质素，将木屑转化为纸浆。典型的连续蒸煮器如图 7-3 所示。由于木质素去除程度可通过 Kappa 值进行计算，因此神经网络可用于此热化学过程中。Kappa 值是木浆中木质素含量或漂白度的指标。Kappa 值是通过实验室分析蒸煮器下游纸浆的抽取样品确定的，因为 Kappa 值的在线测量价格昂贵，而且常常是不可靠和不准确。如果通过抽取样品的实验室分析确定了 Kappa 值，采用的分析大约有 1 小时的延迟。还应当指出的是，整个过程大约有 4 小时的延迟。在此类过程中，对未来预估的功能是非常方便的，可以立即进行纠正。

　　图 7-3 显示了连续蒸煮过程的简化管道及仪器装设系统图。一个蒸煮器可拥有 40 多个可能会影响 Kappa 分析的测量输入。通过相关性和敏感性分析，神经网络的输入数量将减至 5 个，分别用于冷吹流量、出口装置负载、主吹流量、生产量以及低排气流量。Kappa 值的估计是通过与实验室分析吻合良好的神经网络(参见 Fisher-Rosemount 智能传感器工具包用户手册，1997)实现的，如图 7-4 所示。

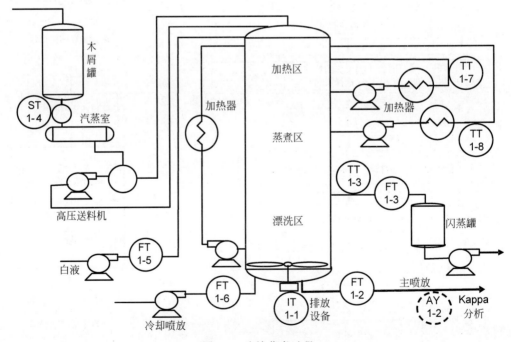

图 7-3　连续蒸煮过程

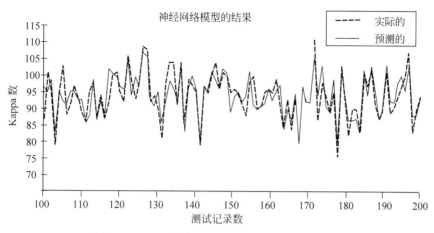

图 7-4　Kappa 实验室分析和 Kappa 虚拟传感器预计

7.2　应 用 举 例

由一个制造商提供的基于神经网络模型的属性估计功能例子在本章中得以检测。其他工具可与提供给模型开发和部署的用户界面不同。

当此功能被作为一个功能块应用到控制系统中时,开发用于属性估计的神经网络模型便会变得快捷方便。需要通过以下步骤来进行属性估计:

- 配置神经网络;
- 选择上游条件;
- 筛选数据;
- 检测输入敏感性;
- 确定输入延迟;
- 训练神经网络;
- 训练选项。

如上所述,基于神经网络技术的属性估计通常比线性估计器更受青睐(见第 9 章),其以非线性的方式处理涉及多个测量值的复杂过程。在本例中,创建涉及 Kappa 值预估的应用是通过将神经网络(NN)功能块添加至模块完成的。当神经网络被用来估计只能通过实验室分析获得的测量时,将实验室入口块连接到神经网络功能块。当估计器作为连续分析仪的备用或被用于计算采样分析仪中的值时,测量输入被提供给神经网络功能块的样本输入,如图 7-5 所示。

为了配置神经网络功能块,必须对影响属性估计的上游测量进行识别。为了完成此项操作,用户可以通过浏览控制系统来查找模块以指定所使用的测量值,如图 7-6 所示。

当包含神经网络功能块的模块被下载时,在控制系统内自动建立与输入的通信连接。此外,功能块的所有输入将被自动分配给资料员(historian)进行收集。

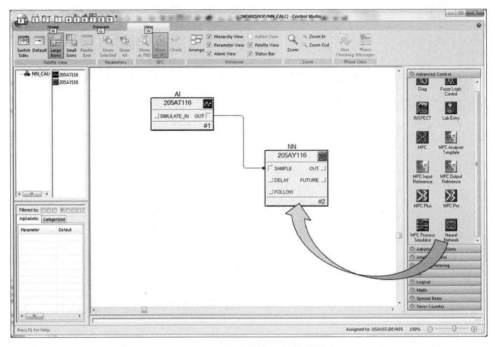

图 7-5　用于估计的神经网络功能块

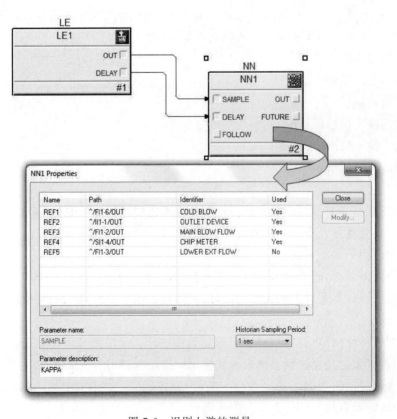

图 7-6　识别上游的测量

为了试用神经网络估计器,可以通过一个特殊的应用选择和筛选训练所需的数据。到该神经网络功能块的输入,其趋势将会显示于此界面。从这一趋势来看,用户可选择用于训练神经网络的时间帧,如图 7-7 所示。

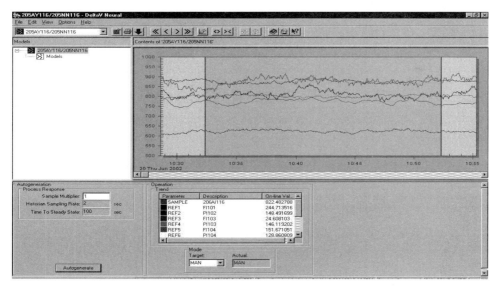

图 7-7　训练数据的选择

为了对预计测量产生影响,用户必须提供过程输入所需的预计时间。一旦此信息被提供且数据被选择,用户就可以通过单击"自动生成"按钮来自动训练神经网络。作为响应,配置输入的敏感性分析自动完成以识别对每个预计参数输入的贡献。不影响测量的输入会被从神经网络中自动消除。呈现给用户的敏感性分析结果如图 7-8 所示。

如上所述,敏感性计算和网络训练的一个重要部分是要准确计算输入变化及其对估计测量影响之间的延迟。这种延迟可通过执行每个输入和样本输入值之间的互相关进行自动计算。计算出的互相关和输入延迟将在每项输入敏感性的详细视图中显示,如图 7-9 所示。

作为训练过程的一部分,用于获得最佳结果的隐层神经元数目应被自动确定。数据中一部分被用于训练神经网络,一部分被用于测试。通过比较两组数据结果能够自动确定训练过程的停止时间,如图 7-10 所示。

专家特性允许假定的专家用户选择用于创建神经网络的输入。例如,用户可以选择在没训练神经网络的情况下计算输入的敏感性。在这种情况下,用户可改变输入延迟或手动删除自动选择的输入,如图 7-11 所示。

在生成和检验输入敏感性之后,专家用户可以基于所选择的输入敏感性来训练神经网络。

在进行网络训练之前,专家用户可以修改在训练中所使用的一些参数,如图 7-12 所示。

默认的训练参数值提供了最好的结果。然而,一些选项(例如,训练和测试数据分割)有利于满足一些与测试数据相关的特殊要求。

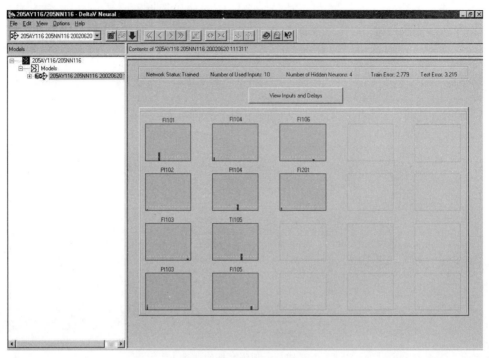

图 7-8　输入的敏感性分析

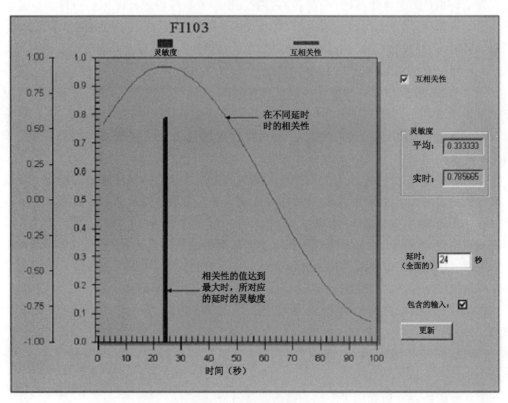

图 7-9　确定输入的延迟

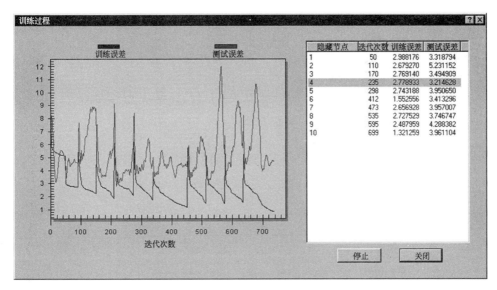

图 7-10　自动训练过程

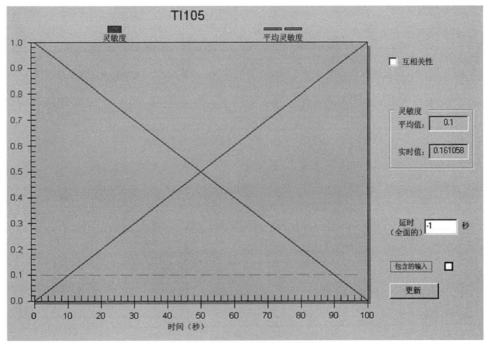

图 7-11　输入筛选的专家选项

一旦模型被开发,模型精度就可以通过将预测质量参数与从实验室或在线分析仪获得的实际值,在选定的时间段内进行比较来测试,如图 7-13 所示。

当部署完属性估计模型之后,模型验证功能可被用于确定是否需要对模型进行更新以考虑过程变化。

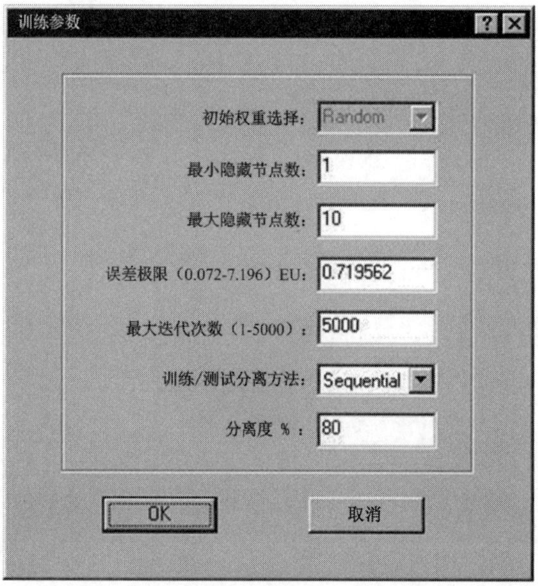

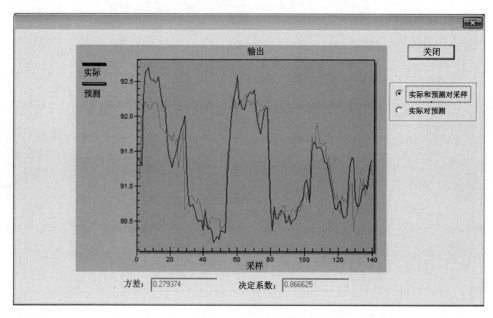

图 7-12　训练的选项

图 7-13　模型验证

7.3　专 题 练 习

本神经网络专题练习提供了几个实践，用于进一步钻研神经网络配置、模型开发和验证。本专题练习还描述了预测 Kamyr 蒸煮器过程（见图 7-14）的 Kappa 值。登录本书网站 http://www.advancedcontrolfoundation.com，单击"解决方案"选项卡查看此专题练习。

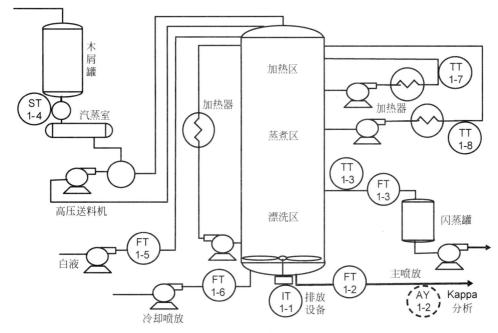

图 7-14　Kamyr 蒸煮器过程

　　第一步：检查用于本次专题练习的模块，学习神经网络区块是如何被配置用来预测 Kappa 值。

　　第二步：启动用于神经网络模式的神经网络应用。将光标移至趋势窗口上方，选择将用于神经网络模型开发的数据。

　　第三步：单击自动生成按钮，观察被选数据生成的模型。

　　第四步：选择验证选项来确定在线分析仪所提供的 Kappa 值预测匹配程度。

　　第五步：下载包含神经网络区块的模块，在线观察当前和未来的 Kappa 值预测。

7.4　技 术 基 础

　　神经网络（Neural Networks，NN）本质上是非线性函数估计器，它利用过程输入来预测过程输出。五十年前的许多神经网络研究项目和发展主要集中在模拟构成人脑的神经元网络上。1983 年，后向传播训练的前馈神经网络（Rumelhart 和 McClelland，1986 年）的发展取得了重大进展。自那时起，为在过程工业中使用此技术做出了许多努力（Mehta，Ganesamoorthi，Wojsznis，2001；Tzovla 和 Mehta，2001；Ganesamoorthi，Colclazier 和 Tzovla，2000）。神经网络技术的技术保证源自通过使用具有单一隐层的多层网络逼近器的创建，这种单一隐层可逼近任何理想精度连续函数（Qin，1995；Morrison 和 Qin，1994）。

　　利用神经网络的软传感器必须适应过程工业的特殊要求。特别是，为了补偿上游条件的变化，需要补偿过程输出中的延迟。因此，神经网络通常具有一个输出（预测变量）和任何数量的上游测量作为补偿过程延迟的输入。图 7-15 显示了一个三层前馈神经网络。

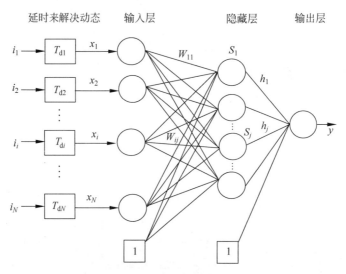

图 7-15　三层结构的前馈神经网络

在本例中，神经网络支持 n 个输入、隐藏神经元的单层、输入和隐层的偏压节点以及一个输出。每个输入有一定时间的延迟，以便与在网络中所用的值在时间上是一致的。加权 w_{ij} 将上一层的第 i 个节点与下一层的第 j 个节点相连接。在传递激活函数之前，加权值应在该节点处相加。

对于一个 S 形隐神经元，其节点输入总数 S_j 以及输出 h_j 应根据式(7-1)计算：

$$h_j = \frac{1 - \mathrm{e}^{-S}}{1 + \mathrm{e}^{-S_j}}, \quad S_j = \sum_i w_{ij} x_i \tag{7-1}$$

输出层通常有一个线性激活函数，即输出层中输入的总和(Cybenko,1989)。

神经网络软传感器的结构相对简单，并在具有很少处理器负载的实时控制器中实现。用于创建可行神经网络的工具设计和实现的真正挑战是：

- 收集过程输入和过程输出测量的历史数据，以筛选神经网络的潜在输入。另外，该数据还可被用来确定神经网络结构和神经网络中使用的参数的值。
- 识别输入及其对神经网络预测的过程输出的影响之间的延迟。
- 通过计算输入敏感性来确定哪些过程输入对过程输出有显著影响。
- 确定隐层中包含的神经元的权重因子和数量，以获得最佳结果。
- 验证网络。

7.4.1　数据收集

数据收集是迄今为止在神经网络发展中最关键的步骤之一。当收集的数据被用于训练神经网络时，输入和输出在它们的正常工作范围内变化是非常重要的。如果某个过程输出仅作为实验室分析使用，则该数据必须与输入测量的历史数据合并起来进一步分析。在数据收集过程中，应注意的一些简单规则有：

- 只有在数据收集期间发生变化的输入，影响此过程并且在训练过程中被识别。在可能的情况下，在输入的操作范围内收集均匀数量的样本值。

- 为自动排除超出此操作正常范围内的值做准备。统计技术通常有助于异常值界限的确定。界定有效数据的一个很好的经验法则是平均值 $\pm3.5\times$ 标准偏差,此方法囊括了给定区域内 99.9% 的数据。

此外,重要的是,用户能够通过标记历史数据区域来表明异常操作周期,因此对所有的输入和输出来说,这种数据不会用于网络的开发。

7.4.2　输入延迟识别

上游测量的变化可能不会立即反映在过程输出中。识别这种延迟是创建神经网络的第一步,而总体目标是确定每个过程输入需要多久延迟来实现与输出响应的最佳吻合。通过计算每个被选为神经网络输入的上游测量值和被选为神经网络输出的过程输出值之间的互相关,此过程可自动生成。过程输入和过程输出互相关的计算如图 7-16 所示。

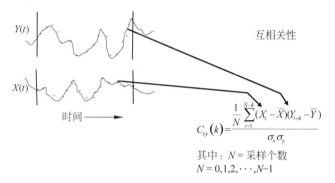

$$C_{xy}(k) = \frac{\dfrac{1}{N}\sum_{i=1}^{N-k}(X_i - \bar{X})(Y_{i+k} - \bar{Y})}{\sigma_x \sigma_y}$$

其中:$N=$ 采样个数
$N = 0,1,2,\cdots,N-1$

图 7-16　互相关计算

在输入和输出之间产生最大互相关系数的时间偏移 K 被用作输入延迟,该输入延迟应被引入神经网络的输入处理,如图 7-17 所示。

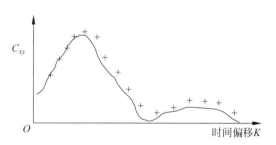

图 7-17　通过互相关确定过程延迟

该互相关的值表明输入对输出的影响程度(和迹象)。例如,对于简单的一阶过程,在近似等于(死区时间+时间常数/2)的延迟处,输入和输出之间具有最大相关性,因为最大相关值发生在该延迟处。一旦知道最显著的延迟,输入数据应根据此延迟进行偏移。

7.4.3　输入敏感性

在神经网络的初始定义中,可能无法知道软传感器会对哪种影响过程输出的上游测量进行预测。只有那些具有重大影响的测量,才应该被纳入该神经网络。输入敏感性被定义为因变量(输出)y 对自变量(输入)x 的单位变化,或数学上表示为

$$S_x^y = \frac{\Delta y / y}{\Delta x / x} \qquad (7\text{-}2)$$

在建立神经网络模型之前，可以用一个简化的线性模型计算初始敏感性估计。计算敏感性的线性模型可通过使用标准的 PLS 算法来获得，参见案例（Geladi 和 Kowalski，1986；Jellberg，Lundsted，Sjostrom 和 Wold，1987）。第 9 章概述了 PLS 的原理，更多细节参见参考文献（Masters，1993；Hornik，Stinchcombe 和 Halbert，1989）。在该模型的开发中使用了延迟输入值和过程输出。利用该模型，通过改变一个单位的输入，同时保持所有其他输入不变，并确定输出的变化来计算输入敏感性。

在多变量系统中，敏感性值越高，说明输入的变化对输出的影响越大。所有敏感性的总和归一化为 1。输入到输出的敏感性信息表明了二者之间的相对重要性。在前一步骤中确定的延迟处的敏感性值用于排除几乎不依赖或不依赖输入的输出，这样实现的一种技术是排除与平均敏感性相比拥有自身敏感性较小的输入。

7.4.4　确定输入加权

在确定神经网络中使用的输入和延迟之后，现在可以确定隐层中包含的神经元的加权因子和数量，以提供最佳结果。神经网络权重的初始值为非零且较小的随机值。随机性确保了无偏差，而较小值有更多自由来修改权重以避免饱和。对于隐藏节点中给定数量的神经元，在某一时间点计算出的软传感器输出和实际输出测量之间的均方差表示为：

$$E_p = (y_p^{\text{pred}} - y_p)^2 \qquad (7\text{-}3)$$

数据集的累积误差基于下述计算：

$$E = \sum_{p=1}^{\text{data}} E_p \qquad (7\text{-}4)$$

通过增加与输入 i 和价值 ∂W_{ij} 节点 j 相关的权重因子 W_{ij} 和观察累积误差 E 中的变化（见图 7-18），可以确定梯度 $\dfrac{\partial E}{\partial W_{ij}}$ 或近似最终差异 $\dfrac{\Delta E}{\Delta W_{ij}}$。梯度明确了加权 W_{ij} 单位变化的输出变化。反向传播算法是用来计算新权重，最大限度地减少每个在负梯度（最陡下坡）方向上经由数据集（一个时点）的累积误差：

$$W_{ij}^{\text{new}} = W_{ij}^{\text{old}} - \alpha \frac{\partial E}{\partial W_{ij}} \qquad (7\text{-}5)$$

其中，α 定义了梯度方向的变化步长，通常被称为学习速率。通过修改反向传播算法并结合布伦特（1973）所述的共轭梯度法能提高收敛速度。新方向未使用固定步长，而是基于前一个方向的组件形成的。为了避免陷入局部极小值，训练算法被设计成根据误差的大小自动开启和关闭方向记忆功能。每次全新方向均由此开始。一个完整的数据传递被称为一个时点。

在神经网络训练阶段，数据训练集的累积误差将单调性减少，并以渐近方式接近恒定值，如图 7-18 所示。但是，如果使用训练中未使用的验证数据集计算累积误差，那么误差可能在某些时点开始增加。经过此时点的训练和验证误差开始偏移，神经网络开始出现针对训练数据集的学习特点，而不是全体过程特点。训练的目标是学会根据给定的实际过程输入预测输出，而不仅仅是简单地记忆训练集。针对给定的实际过程输入预测输出，该过程被称为泛化。

当模型估计值使用的测试数据比训练数据差很多时，会存在过度拟合。为了检测过度

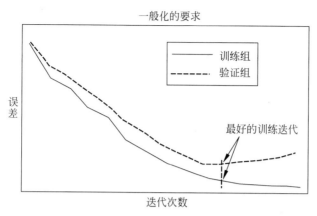

图 7-18 神经网络训练误差

拟合,在训练阶段会保留一部分数据集以进行验证,这部分数据集就是所谓的测试集。在每个时点,基于训练集上的误差来修改权重,使用测试集来检测训练集过拟合时发生的情况。在每个时点,新权重集的测试集(测试误差)被计算出来,并与最佳测试误差进行比较。为了避免测试误差较小时,随机选择的权重量会使训练停止,因此该算法在建立任何极小值之前至少要达到时点的固定数目。此外,训练误差被添加到测试误差中,以定义严格的最小总误差条件。这确保了当算法收敛时,两个数据集都具有可接受的误差,并且在训练结束时选择最佳时期的权重。关于迭代数值算法的更多内容可参见文献(Press,Flannery,Teukolsky和 Vetterling,2002; Polak,1971)。

7.4.5 隐层节点

隐层节点数目对软传感器的精度有很大影响。一般情况下,较小数目可能会导致不匹配,较大数目可能会导致训练集的过度拟合,如图 7-19 所示,过度拟合发生在第 5 个隐层节点处,在此处虽然测试误差增加了,但训练误差减少了。

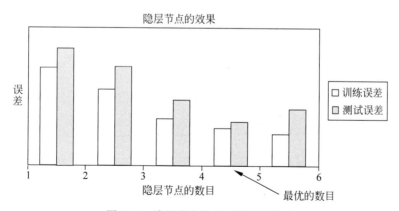

图 7-19 隐层节点数目对误差的影响

为了确定隐层节点的最佳数目,可从一个隐层节点到最大数目的隐层节点进行网络训练,而节点数目则是指神经网络中的输入数目。最小累积误差被存储在每个增量中。如果隐层节点中不同数目之间的误差在可接受的范围内,那么优先选择有较少数目隐层节点的神经网络。然后该算法自动选择训练/测试误差中所获得最佳组合的权重。在如图7-19所示的例子中,将自动选择具有四个隐层节点的神经网络。通过这种方法,在保持神经网络泛化的同时,自动选择尽可能多的隐层节点。

7.4.6　过程变化更正

利用一个神经网络和上游条件测量预计的过程输出流属性,可对由不可测扰动和测量漂移引起的任何误差进行更正。此校正因子可基于流的连续测量或采样测量计算出来,流的连续测量或采样测量由采集样品的实验室分析或在线分析仪提供。神经网络的自适应更正,是通过将自动生成的校正因子引入神经网络算法创建的——详见文献(Blevins,Tzovla,Wojsznis,Ganesamoorthi 和 Mehta,2004)。

通过两种方法进行计算时必须运用到神经网络预测的校正因子。这两种方法均以用未校正预测值和相应测量值的时间吻合差异来进行预测误差计算为基础。根据误差来源,预测值中的偏置或增益变化是适当的。为了避免过程中噪声或短期变化产生的误差,应对计算出的校正系数进行限制和重度过滤;例如,过程输入变化需要两倍的响应时间。当新的过程输出测量不可用时,应保留最后过滤的校正因子。

如果校正因子为极限值,则设置一个标志。另外,校正预测值的可配置过滤器允许对输入测量中的噪声进行滤波。其基本实施原理如图7-20所示。

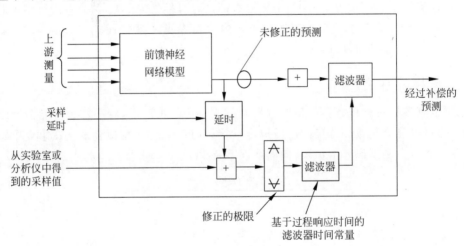

图 7-20　自适应神经网络的结构

将自适应校正作为神经网络的一部分,这简化了神经网络的实现,并且显著提高了神经网络的在线性能。

参 考 文 献

1. Blevins,T.,Tzovla,V.,Wojsznis,W.,Ganesamoorthi,S.,Mehta,A. "Adaptive Predictive Model in Process Control Systems" U. S. Patent No. 6,760,716 (2004).

2. Blevins,T.,Wojsznis,W.,Tzovla,V.,Thiele,D. "Integrated Advanced Control Blocks in Process

Control Systems" U. S. Patent No. 6,445,963,2002.

3. Brent, R. *Algorithms for Minimization without Derivatives* Englewood Cliffs: Prentice-Hall, 1973.

4. Cybenko, G. "Approximation by Superpositions of a Sigmoidal Function" *Mathematical Control, Signals, and Systems* vol. 2, 1989, pp. 303-314.

5. Fisher Rosemount Systems, *Installing and Using the Intelligent Sensor Toolkit* User Manual for the ISTK on PROVOX Instrumentation, 1997.

6. Ganseamoorthi, S. , Colclazier, J. , Tzovla, V. "Automatic Creation of Neural Nets for Use in Process Control Applications" in *Proceedings of ISA Expo/2000*, 21-24 August 2000, New Orleans, LA.

7. Geladi, P. and Kowalski, B. "Partial Least Squares Regression: A Tutorial" *Analytica Chimica Acta*, 185, 1986, pp. 1-17.

8. Hornik, K. , Stinchcombe, M. , Halbert, W. "Multilayer Feedforward Networks Are Universal Approximators" *Neural Networks*, 2:5, 1989, pp. 359-366.

9. Kosko, B. *Neural Networks and Fuzzy Systems*, Englewood Cliffs: Prentice-Hall, 1992.

10. Masters, T. *Practical Neural Network Recipes in C++ London*: Academic Press, 1993.

11. Mehta, A. , Ganesamoorthi, S. , Wojsznis, W. "Feedforward Neural Networks for Process Identification and Prediction" in *Proceedings of ISA Expo/2001*, September, 2001, Houston, TX.

12. Morrison, S. , Qin, J. "Neural Networks for Process Prediction" *Proceedings of the 50th Annual ISA Conference*, New Orleans, 1994, pp. 443-450.

13. Polak, E. *Computational Methods in Optimization* New York: Academic Press, 1971.

14. Press, W. H. , Flannery, B. , Teukolsky, B. , Vetterling, W. *Numerical Recipes in C* New York: Cambridge University Press, 2002.

15. Qin, S. J. "Neural Networks for Intelligent Sensors and Control—Practical Issues and Some Solutions" *Progress in Neural Networks: Neural Networks for Control*, edited by D. Elliott. New York: Academic Press, 1995.

16. Rumelhart, D. , McClelland, J. *Parallel Distributed Processing* Cambridge: MIT Press, 1986.

17. Tzovla, V. , Mehta, A. "Automated Approach to Development and Online Operation of Intelligent Sensors" in *Proceedings of ISA Expo/2001*, September, 2001, Houston, TX.

18. Welstead, S. *Neural Network and Fuzzy Logic Applications in C/C++* John Wiley and Sons, Inc. , 1994.

19. Wold, S. , Jellberg, S. , Lundsted, T. , Sjostrom, M. , Wold, H. "PLS Modeling with Latent Variables in Two or More Dimensions" *Proceedings, Frankfurt PLS Meeting*, September, 1987.

第8章　智能 PID

PID 仍然是过程工业中用于实现反馈控制的主导技术。大多数现代分布式控制系统（DCS）被设计为支持现场总线环境中的控制分配，这一点在现场总线基金会（Fieldbus Foundation）规范中有规定。在现场总线环境下，测量、控制和计算将被表示为功能块。一些主要的控制系统已将这些功能块运用到控制中。

然而，在某些情况下，传统的 PID 实现和针对过程分布和设定值变化的 PID 闭环响应已不能满足工厂的操作需求。在过去的十年里，PID 设计取得了一些显著的进步，从而可以改善工厂的性能。例如，在过程启动和正常运行过程中，PID 的操作受限就是一个非常普通的现象。改进后的 PID 现在可以迅速从限制状态中恢复过来。继无线设备引入现场测量之后，对 PID 也进行了改进以允许无线设备所提供的非周期性的缓慢测量值可用于闭环控制。PID 的这些改进以及之前讨论过的自适应整定、性能检测和回路诊断，并称为智能 PID。本章节介绍了智能 PID 扩展算法的特点，并解释了这些特点是怎样改善工厂运营的。

在过程工业中，PID 的标准或系列形式已被多数控制系统供应商采用。分布式控制系统的制造商已运用多种方式来启用 PID。复位组件的安装启用有两种基本方法。一种方法是通过使用 PID 误差组件积分器来完成复位组件的安装启用。然而，在许多商业产品中，复位组件的安装启用可通过使用正反馈网络来实现；Åström 和 Hägglund（2006）、Blevins 和 Nixon（2010）以及 Rhinehart 等人（2006）对此做出了详细说明。在正反馈网络中，滤波器的时间常数定义了每次重复的复位时间，该复位时间以秒为单位。PID 控制的这两种复位实现如图 8-1 所示。

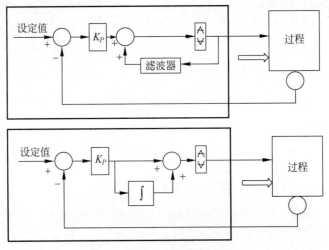

图 8-1　传统 PI 控制器的实现

对于无约束操作,PID 实现的这两种方法在数学上是等同的。然而,使用正反馈网络来创建复位组件,使得实现外部复位用于级联和覆盖应用。

此外,这种方法的另一个好处是当 PID 输出受限(即操作达到上限或下限)时,复位贡献可避免自动停止运作。然而,从过程饱和状态恢复的特征是设定值过冲。相比之下,当复位作为积分器得以实现时,逻辑将用来避免复位终止,即 PID 设计必须提供当 PID 输出达到上限或下限时复位免于终止的方法。例如,可将逻辑纳入复位误差计算中,以终止使控制输出进一步受限的误差集合。然而,当过程是以噪声测量或频繁扰动为特点时,这种方法可能被证明是无效的。

DCS 控制器中基于差分方程和 z 变换的传统 PID 设计,假定一个新的测量值适用于每个执行任务,且控制器可对此进行周期性执行。如果测量未能定期更新,那么已计算的复位动作可能会有所不符。如果仅在新测量可用时执行控制,那么可能会产生延迟控制响应,而这种延迟控制响应的对象是设定值变化和测量更新间隔中扰动变量的前馈动作。此外,随着 PID 执行周期的增加,PID 设计中复位和导数计算的基本假设可能不再有效。

智能 PID 将变化融入其设计,可以加快从过程饱和中恢复的速度,并通过将无线设备转换为缓慢的非周期测量样本值来实现闭环控制。

8.1　从过程饱和中恢复

在设备启动状态下,希望在没有过程超调的前提下以最短的时间平稳地增加过程温度、压力和流量以达到正常操作条件。在启动过程中,由于过程测量的范围有限,过程输入中的这些调整必须由工厂操作员进行。当过程测量在其设计的工作范围内时,工厂操作员依赖于 PID 来建立和维护正常的工厂运行条件。

在工厂运行的某个时刻,一个或多个条件可以限制工厂运行一段时间(即过程饱和情况)。当允许 PID 恢复正常操作的操作条件发生改变时,PID 恢复时间(即 PID 到达设定值的时间)可能不满足工厂的处理要求。例如,在较高的工厂生产率下,即使蒸汽阀完全打开,加热器(为较低的生产速率设计的)也不可能保持温度的设定值。当过程因设备限制或操作状态不正常而饱和时,相关的 PID 控制可能会在限制状态下再持续一段时间。在这种情况下,正反馈网络中用于实现复位元件的滤波器,将保持在极限状态。如果操作条件可使操作免受限制条件变化的影响,则 PID 控制便在且仅在误差信号变更标志出现时开始起作用(即在任何控制起作用之前,控制参数必须通过设定值完成转换)。结果是,当过程从饱和工艺条件恢复时,控制参数可以超调设定值。

为了在控制参数转换之前通过设定值完成控制动作,增加速率动作是有必要的。但是,如果控制测量有噪声,则可能无法使用速率动作。因此,如 Shinskey(2006)所述,一些制造商允许用户指定的"预加载值",当输出变得有限时,该值自动替换 PID 计算中的正反馈项,如图 8-2 所示。

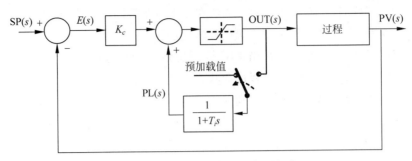

图 8-2　PID 输出受限时添加预加载

对于这样的实现,当从过程饱和恢复时,控制器输出开始采取行动的点是由控制误差以及预加载值确定的。当控制输出开始摆脱限制时,控制器输出将自动用于正反馈网络中,以允许正常复位动作恢复。

这种方法可在过程从饱和中恢复时用来避免超调设定值。然而,就造成限制条件的过程扰动中的低变化速率而言,预加载值可能过大,并会导致过早的控制作用。因此,选择一个预加载值来满足运行工厂中的不同条件,这并不总能实现。

在理想情况下,控制误差变化的幅度和速率应确定何时采取控制措施以恢复过程饱和。采取控制动作的点应该自动确定,从而导致控制参数到达设定值而无过冲。可以修改 PID 以提供这样的行为(Blevins,2012)。当 PID 控制器输出被限制在一段较长的时间内时,称为变量功,如图 8-3 所示。这种方法可通过修改 PID 来实现,且此修改使得 PID 在施加作用的同时避免了超调。控制参数从饱和状态恢复到设定值的速率,决定了 PID 何时开始以及采取多少控制动作。一旦 PID 输出不再受限,就恢复到正常的 PID 功能。

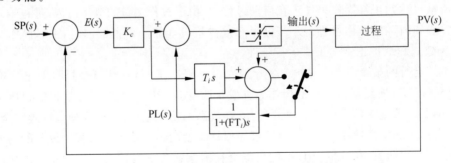

图 8-3　具有可变预加载功能的 PI 控制

一个证明可变预加载效益的过程应用是锅炉出口蒸汽温度控制。如果蒸汽生成量超过恒温器容量,则在喷水阀完全打开的情况下,锅炉出口蒸汽温度将超过出口设定值。当锅炉燃烧速率(以及由此产生的蒸汽)降低时,喷射值也应随温度的下降而缩减。当在 PID 中增加可变预加载功能时,对蒸汽量下降 50% 的改进后响应如图 8-4 所示。

如本例所示,当此计算值代替在饱和状态下使用的用户规定预加载值时,可以实现对重大干扰的更好响应。

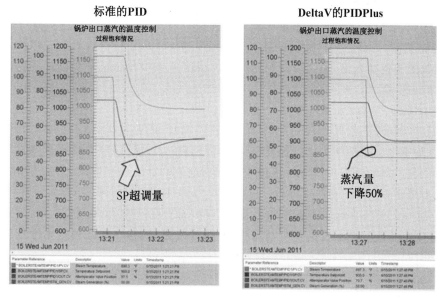

图 8-4 蒸汽量下降 50%时的响应

8.2 使用无线传输器的控制

利用无线通信来提供闭环控制中使用的测量,这带来了很多技术挑战,如 Han 等人
(2011)所述。为了降低无线发射器的功率耗损,最好将测量值的通信量降至最低。然而,为
了避免测量值与控制值同步的限制,大多数多回路控制器被设计成以 2～10 倍对样本进行
过采样。此外,为了将控制变化降至最低,典型的经验法则是反馈控制速度应比过程响应速
度(即过程时间常数加上过程延迟)快 4～10 倍。因此,为了满足这些要求,测量值的采样速
度通常比过程响应速度快得多,如图 8-5 所示。

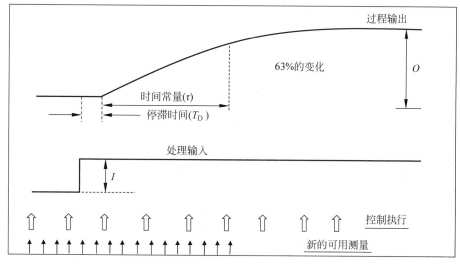

图 8-5 测量和控制数据的采样速率

　　通过同步测量和控制执行,如在基础现场总线(Foundation Fieldbus)中的现场总线设备所做的那样,可以消除过采样测量的需要。然而,如果用传统方法调度快于过程响应4～10倍的控制速度,与测量传输相关的能耗可能会过量,但这是执行过程的最慢方式。当过程伴有频繁的未扰动变量,通过降低控制执行的速度来减少与传输相关能耗的做法可能会增加控制的可变性。

　　在理想情况下,仅在需要时发送测量值,以允许控制动作校正未测量的干扰或操作点的变化,从而将功耗降至最低。在 HART 7 规范中定义了由 WielsHART 设备支持的标准通信技术,该规范已被采纳作为国际标准 IEC62591ED.1。WielsHART 设备可被配置成使用五种定义的突发消息触发模式之一来传送新的测量值。对于控制应用,最适合控制应用的两种传输方式是:

- 连续——设备在配置更新期间启动,然后检测测量,再传输测量值。
- 窗口——设备在配置更新期间启动,然后检测测量,并在超出规定触发值时传输测量值。

　　窗口通信是控制应用的首选方法,因为在更新周期相同的情况下,窗口传输总是比连续传输需要的功率更少。

　　当选择窗口传输时,仅在以下情况下可输出新测量值:

- 新测量值和上一个传输测量值之间的差值大于规定触发值。
- 从上次传输到现在的时间超过了最大更新周期。

　　因此,测量仅在需要时进行通信,以允许控制动作纠正未测量的干扰或对设定值变化的响应。对于窗口通信模式,用户必须指定更新周期、最大更新周期和触发值。更新周期和最大更新周期是单独配置的值。为了在过程干扰的情况下获得最佳的控制性能,配置用于窗口通信的更新周期应该是过程响应时间的四分之一。如果干扰响应不重要,则可以使用较长的更新周期。

　　为了提供最好的控制,必须修改 PID 算法以使用比过程响应速度提高的测量更新。此外,在窗口触发模式被配置时,该 PID 算法必须能够与所提供的非周期测量更新一起运行(Blevins,2006;McMillan,2010)。实现此功能的产品是 Deltav 系统的 PIDPlus,此产品专为使用无线测量的控制而设计的。PIDPlus 实现图如图 8-6 所示。

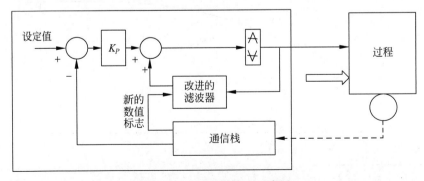

图 8-6　PIDPlus 的实现示意图

　　当接收到的新测量可直接反映过程动态响应时,对正反馈网络中使用的滤波器输出进行计算。例如,当使用 Lambda PID 整定规则时,将复位(滤波器时间常数)值设定为过程时间常数加上过程时滞的总和。

　　控制执行的速度被设置成比测量更新快得多。这允许面板中的设定值变化和更新可以立即起作用。PIDPlus 整定是基于过程动态(例如,复位＝过程时间常数加时滞)的,并且PIDPlus 复位将自动补偿测量更新速率的变化。对于不同的更新率,不需要改变 PID 整定。

　　为了进一步增强对设置值的连续变化的响应,可以修改 PIDPlus 算法的实现,如图 8-7所示。

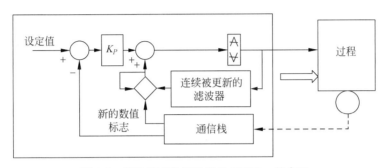

图 8-7　带连续更新滤波器的 PIDPlus 的实现

　　此 PIDPlus 的实现允许进行复位计算,以自动补偿设定值的变化以及自动补偿控制中使用的新测量值的慢的或可变的通信值。当使用 PIDPlus 时,不需要随采样速率的变化对整定做出调整,即复位是严格基于过程响应动态的。

　　鉴于新测量值不是在每个 PID 算法的执行中均可用,因此也需要对 PIDPlus 的导数分量进行修改。导数计算的变化如图 8-8 所示。

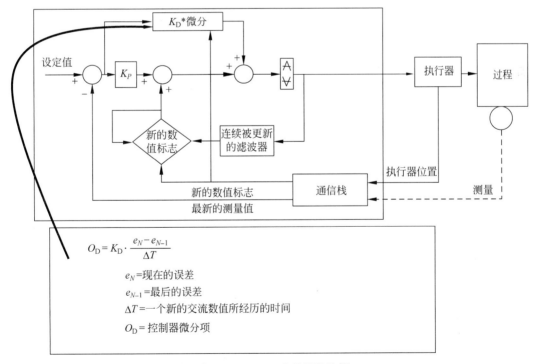

图 8-8　PIDPlus 中的导数计算

仅当新测量可用时对导数部分进行更新。此外，该计算是基于新测量值被传输后所经历的时间的。

PI 控制器的闭环响应对设定值和负载扰动的无线通信均做出了修改，如图 8-9 所示。在这个例子中，无线传输器遵循传输新测量值的规则。同时，图 8-9 还显示了一个标准 PI 控制器，其中测量值的通信频率与 PI 控制算法的执行频率相同。

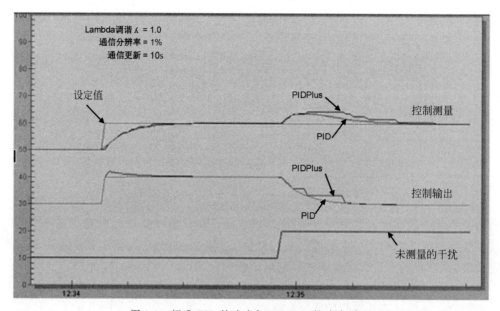

图 8-9　标准 PID 的响应与 PIDPlus 的响应对比

在这个例子中，当过程时间常数比过程时滞大得多，且遵循上述无线通信规则时，测试持续期间的传输次数减少了 96% 以上。通过使用针对无线通信的改进后的 PI 算法，可以将非周期性测量对控制性能的影响降至最低。基于周期性测量更新和非周期性测量更新的绝对误差积分（IAE）的比较，控制性能的差异如表 8-1 所示。

表 8-1　**PIDPlus 和 PID 的对比**

传输/控制	传输次数	绝对误差积分
定期传输/标准 PID 控制器	692	123
使用无线传输的更新/PIDPlus	25	159

当窗口通信和 PIDPlus 算法与无线传输一起使用时，发射机为传输数据所需的功率将会显著降低。功率要求的降低增加了可以使用无线发射器的控制应用数量（Chen，Nixon，Aneweer，Mok，Shepard 和 Blevins，2005；Nixon，Chen，Blevins 和 Mok，2008）。

WirelessHART 设备通信的可靠性已经得到了很好的验证（Seibert，2011）。即便如此，如果传输失败，预期的控制动作也会受到影响。可创建一个模拟环境，来允许将发生无线通信丢失时的 PIDPlus 响应与具有有线传输但测量值被冻结一段时间的 PID 响应进行比较。当测量值在设定值变化期间丢失时，观察到的响应如图 8-10 所示。

当一个过程扰动后发生测量丢失时，观测到的响应如图 8-11 所示。

正如这些测试所表明的，PIDPlus 在这些测量值丢失的情况下提供了更为优越的动态响应。PID 响应明显较差，可能不能被许多应用接受。

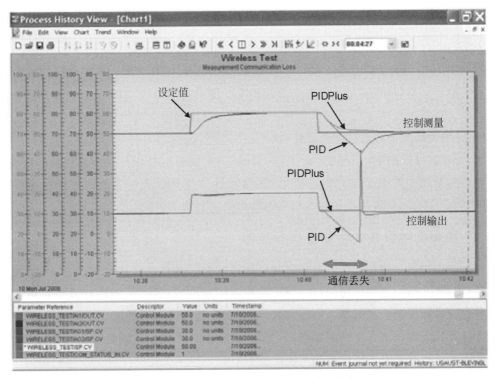

图 8-10　设定值变化期间的测量丢失响应

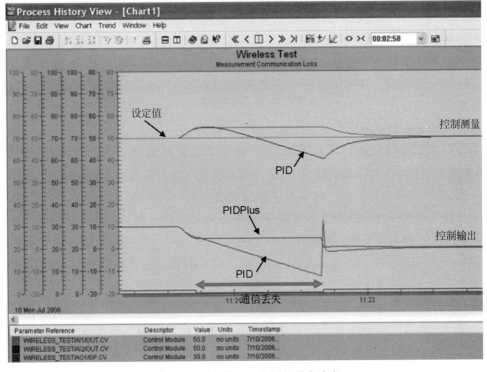

图 8-11　过程扰动后的测量丢失响应

8.3　应 用 举 例

智能 PID 应用的推广基于无线设备的慢速和可变通信的能力，它可在广泛的工业应用中实现控制。同样，提供从过程饱和中更快恢复功能的改进，可被用来改善间断过程和连续过程操作。这些好处可通过生命科学和特种化学工业中的样本应用体现出来。

- 使用无线设备的生物反应器控制；
- 压缩机喘振控制。

在这些应用中采用智能 PID 的好处，是与通过具备 PID 先进功能实现控制过程一致的，并可通过无线测量进行控制和从过程饱和中提供更快的恢复。

8.3.1　使用无线设备的生物反应器控制

通过使用与数字现场总线技术相连并受其控制的可移动便携式过程设备，可以创建一个灵活的制造环境。在生物过程（生命科学）行业的某些应用中，一次性容器和分离技术增强了过程设计和操作的灵活性。然而，以传统方式安装的固定布线限制了便携式环境的许多潜在好处。无线技术为生产制造带来了监测和控制应用上的灵活性。而且，无线技术的一个主要好处是能够在不影响控制系统配置的前提下移动设备。

生产单一产品的专用制造场所在生命科学产业中相当普遍。为了达到质量目标，这种固定设备通常高度自动化，以保持可重复的操作条件和所需的生产率。然而，由于对此设备需要进行位灭菌（SIP）和在位清洗（CIP），所以用于生产的很大一部分时间被耗损了。与 SIP 和 CIP 相关的现场设备和控制系统逻辑的数量经常超过正常生产所需的数量，而且该控制系统逻辑更加复杂。因此，选择消除或最小化 SIP 和 CIP 需求的一次性撬装过程设计，具有显著经济效益。这样的设计符合更灵活的设计趋势，而更灵活的设计趋势可支持多种产品的生产制造。此设计的优点是制造成本可分摊到多种产品上。此外，此设计使得更容易在这样的灵活制造环境中对小批量产品进行调整。

生命科学工业中的主要制造商在上游（例如细胞培养物）和下游（例如切向流过滤、TFF）工艺过程中均安装了撬装的、一次性使用的设备。在大多数情况下，撬装的、一次性技术的应用，在产品开发阶段或早期临床试验阶段受到限制（Hartman，2009）。然而，随着基于此设计且有较大标度单位的经验增多，初始成本降低和设计的灵活性将推动这一技术应用于大规模生产中。

撬装的、一次性生物反应器（SUB）培养袋，已经被用于替代用于生物反应器的不锈钢容器。现代分布式控制系统的灵活性使得可以构建模块化、可交换的组件，这样可以容纳多个大小不同的生物反应器（SUB）培养袋以及各种类型传感器。

生物反应器运行状态的快速转换是一次性生物反应器培养袋系统引人注目的特点之一。一个新的一次性生物反应器培养袋可以在一个小时或两个小时内被安装好，这取决于其尺寸大小。或者，用更短的时间将准备好的新容器支架放置在控制系统上部，并钩住电缆和冷却液管线。撬装控制系统的设计，允许用户连接到 $50\sim500$ 升的袋子。无菌传感器可以通过嵌入培养袋壁面的 Kleenpak 连接器插入培养袋中。在一些培养袋设计中，一些光学传感器被嵌入培养袋。这些特性和其他特性使得工厂能够在产品开发（PD）期间使用一次性生物反应器，并越来越多地转变到在生产中使用一次性生物反应器。

Broadley James 公司验证了针对一次性生物反应器使用 WirelessHART 传输的好处。Broadley James 公司是用于产品开发和生产的生物反应器的主要制造商。一些 WirelessHART pH 值变送器、温度变送器和压力变送器，被安装在了一个 100 升的一次性生物反应器上。此一次性生物反应器及其连接装置控制系统如图 8-12 所示。

图 8-12　有无线仪器的一次性生物反应器（SUB）

通过 WirelessHART 测量，在一系列批处理中控制生物反应器的 pH 值和温度。无线压力变送器被安装在生物反应器内部以监测其内部压力。pH 测量值以 1 秒异常报告为基础进行传输，而温度测量值以 2 秒为基础进行报告。哺乳动物细胞培养用于每个批量处理过程中。为了达到对比效果，有线 pH 测量值和温度测量值也用于每个批量处理过程中。如图 8-13 所示的屏幕截图显示了基于 WirelessHART 输入的设定值响应。

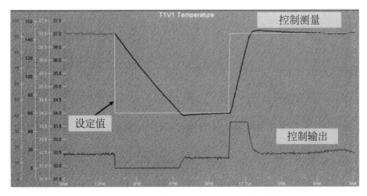

图 8-13　SUB 单元的无线温度控制响应

同样，使用 WirelessHART 输入的 pH 值控制表现出了良好的性能。对 pH 设定变化值为 0.05 的响应如图 8-14 所示。

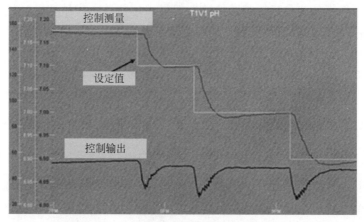

图 8-14　SUB 单元的 pH 控制响应

通过无线测量观测到的 pH 值和温度控制性能，与通过有线测量所观测到的 pH 值和温度控制性能相匹配。总之，虽然一次性生物反应器系统带来了需要审核和管理的新问题和新风险，此类系统仍被广泛使用，并以明显的成本节约特点和优点改变着该行业。

8.3.2　压缩机喘振控制

在一个喘振控制应用中，已经测试并证明了提供一个可变的预加载来确定在饱和条件下采取控制动作的有效性。这些测试采用 DeltaV 控制系统，而这种性能则是该系统的一个标准特征。此性能的测试是通过使用用于化学和炼油行业的"典型"压缩机模拟完成的。

为了检测 PID 改进对从限制状态中恢复的效果，专为压缩机及相关下游标头设计开发了动态高保真度模拟。然后进行了一系列的测试，以评估在过程需求下降 60% 的情况下此新性能在预防喘振极限障碍方面的有效性。在本例中，通过调整压缩机进口导流叶片（IGV）来调节压缩机内气体的气流。在控制系统的一个模块中，对"典型"压缩机和下游集箱进行了动态仿真。这些测试中所述的过程和压力防喘振控制如图 8-15 所示。

创建过程仿真模块，以便对头部需求进行调整，从而引入头部压力中的扰动。此外，在模拟中还提供了参数，可以用来调整阀头容积和排气阀特性。涡轮机模拟是基于压缩机性能曲线的，其中进口导流叶片值（IGV）分别取值为 20%、30%、40%、50%、60%、70%、80% 和 90%，如图 8-16 所示。

在压缩机模拟中，通过插值确定在这些曲线之间下降的 IGV 值，以提供所有操作条件的值。

排气阀的性能数据被用来确定排气阀的特性和流量的值。实验数据（见表 8-2）的最佳拟合是通过快开阀门特性实现的。因为流量数据是通过孔板的压力测量值（而不是实际的流量值），其单位是 dP（毫米水柱），所以仿真用到的流量数据是按百分比计算的，100% 的流量对应的是 600 毫米水柱。

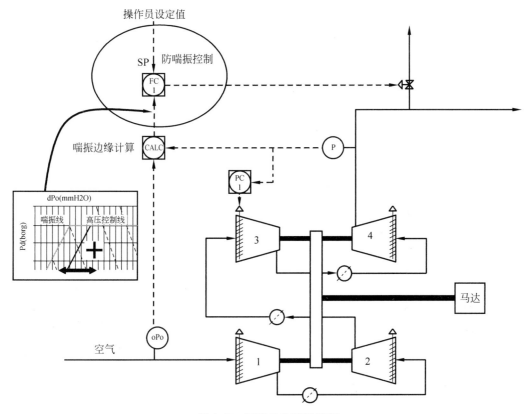

图 8-15　压缩机的喘振控制

表 8-2　排气阀的性能——负载测试数据与计算出的流量相比较

恒定进口导流叶片值(%)和排气阀(%)的压缩机数据						计算出的出口阀流量(%)
进口导流叶片值(%)	出口(%)	压差(巴)	压缩机流量			
			dP(毫米水柱)	流量(%)		
20	20	12.5	148	49.66		46.67
20	30	10.9	165	52.44		53.38
30	20	14.2	194	56.86		49.75
30	30	12.7	221	60.69		57.6
30	40	11.3	239	63.11		62.76

　　这些实验中使用的压缩机仿真模块的一个副本如图 8-17 所示。

　　与仿真一起使用的压缩机控制是压缩机防喘振控制的"典型例子"。压缩机控制在一个控制模块中实现,该模块的执行速率为每秒钟 10 次(即 100 毫秒 1 次)。压缩机仿真模块的控制输出可使用外部参照。同时,在仿真模块中计算的过程输出以 SIMULATE_IN 参数写入,此参数存于使用外部参照的控制模块的相关 AI 和 DI 模块中。

　　在控制模块中添加了三个参数来支持用于过程仿真中的控制测试:

　　• MOTOR_STATUS——压缩机电机的开启/关闭状态(1=开启,0=关闭);

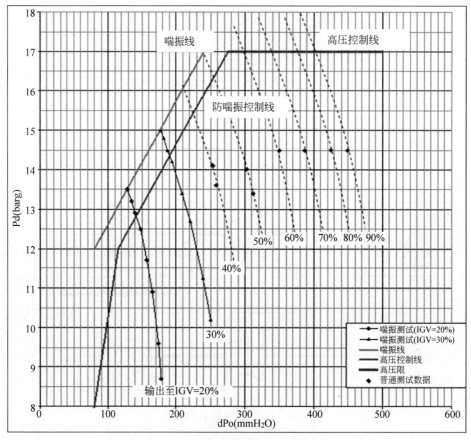

图 8-16   典型的压缩机性能曲线

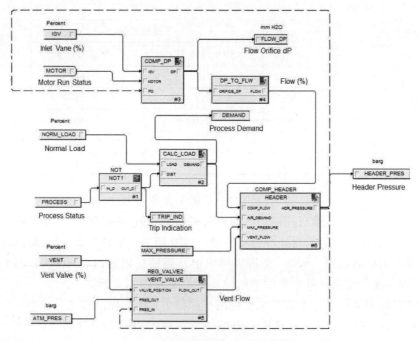

图 8-17   用于测试的压缩机仿真模块

- PROCESS_STATUS——正常运转(1),下游过程停机(0);
- NORM_LOAD——下游过程的正常需求以％计,如 80％。

压缩机控制模块如图 8-18 所示。

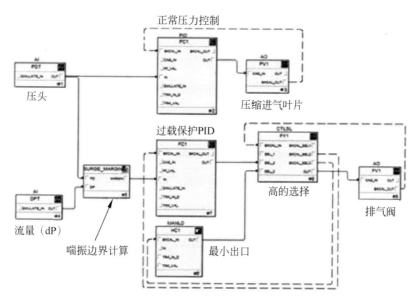

图 8-18　用于停机响应测试的压缩机控制模块

图 8-19 显示了在过程饱和期间,没有预加载荷的喘振控制响应。如图 8-19 所示,当不使用预加载荷时,压缩机低于喘振线。只有当喘振裕度(以 dP 表示)低于喘振控制设定值指定的目标值时,才会采取控制措施。

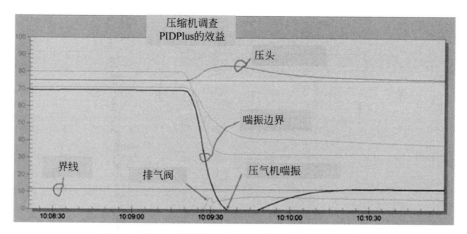

图 8-19　当未采用预加载时负载降低 60％的控制响应

当 PID 中启用了饱和条件下自动添加可变预加载荷,并重复实验时,将会观察到改进的响应。如图 8-20 所示,压缩机喘振裕度的设定值(35dP)没有被违反。

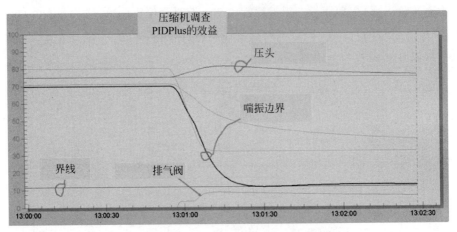

图 8-20　采用预加载时负载降低 60％的控制响应

8.4　专题练习

　　本专题练习提供了几个实践练习,可被用于进一步研究使用慢测量和非周期方式更新的无线测量来探索控制。本次专题练习将使用一个模块,该模块包括两个相同的仿真过程且具有共同的干扰源(见图 8-21)。登录本书网站 http://www.advancedcontrolfoundation.com,单击"解决方案选项卡"查看此专题练习。

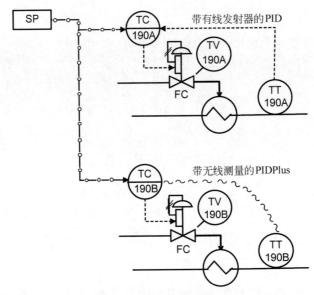

图 8-21　智能 PID 测试设置

　　第一步：启动将用于本次专题练习的模块,观察控制和仿真过程。

　　第二步：为性能指标(IAE)设定初始值,将两个控制回路的 SP 参数各变化 10％,观察使用设定值、控制测量和输出图标的控制响应。

第三步：注意观察 IAE 以及无线控制与有线控制的通信次数。应该可以看到相应设定值变化所需的无线控制与有线控制通信次数的显著差异。

第四步：设定性能指标（IAE）初始值，在 0～10 变化扰动输入，观察 PID 和 PIDPlus 对未测量过程扰动的响应。

第五步：注意观察 IAE 以及无线控制与有线控制的通信次数。应该可以看到相应设定值变化所需的无线控制与有线控制通信次数的显著差异。

8.5 技 术 基 础

8.5.1 无线控制

按照惯例，可以通过使用正反馈网络来实现 PI 控制器，以确定复位贡献。从数学角度可以看出，该实现的传递函数等价于无约束控制的标准公式，即输出不受限制。

$$\frac{O(s)}{E(s)} = K_p \left(1 + \frac{1}{sT_{\text{Reset}}}\right) \tag{8-1}$$

其中，

K_p——比例增益；

T_{Reset}——复位，秒数。

正反馈网络的一个重要优势是：当控制器输出到达上限或下限时，复位贡献可自动免于停止运转。当在过程控制应用中使用无线发射器时，可以修改正反馈网络以适应非周期性的测量更新。具体来说，可以修改此网络中使用的滤波器，以保持上次计算的滤波器输出，直到新的测量值被传输。

当接收到一个新的测量值时，新的滤波器输出将根据上次控制器输出值和传输一个新测量值后经过的时间进行计算（见图 8-6）。

为了解释该过程响应，当接收到一个新测量值时，滤波器输出可通过以下方式计算（见图 8-7）：

为了考虑过程响应，当接收到新的测量值时，可以计算滤波器输出（见图 8-7）。

$$F_N = F_{N-1} + (O_{N-1} - F_{N-1}) \times \left(1 - e^{\frac{-\Delta T}{T_{\text{Reset}}}}\right) \tag{8-2}$$

其中，

F_N——新滤波输出；

F_{N-1}——上一次操作后的滤波输出＝新测量后的滤波输出；

O_{N-1}——上一次操作后的控制器输出；

ΔT——自传达新数值以来所经过的时间。

同样的结果可以通过允许过滤器连续执行，但在最后一次更新时保持过滤值，直到收到新的测量值来实现。然而，连续运行过滤器的优点是：测量更新之间的设定值变化的影响可以计入过滤器值中。

对于 PID 无线控制，用于无线通信的 PI 改进同样可以被使用。此外，只有在收到新的测量值时，才应重新计算和更新 PID 输出的速率贡献。导数计算应使用自上次新测量以来的经过时间。

8.5.2 从过程饱和中恢复

就无约束 PID 运算而言，P、D 和 I 模块以协调的方式工作以提供一个位置 PID 算法。如果考虑一下这种情况：正反馈网络被用于实现复位，速率增益为零，在误差 $E(s)$ 基础上执行比例动作，则 PID 传递函数如式（8-1）或式（8-4）所示。

$$\text{OUT}(s) = E(s) K_c \left(1 + \frac{1}{T_i s}\right) \tag{8-3}$$

$$\frac{\text{OUT}(s)}{E(s)} = K_c \left(1 + \frac{1}{T_i s}\right) \tag{8-4}$$

这样，在无约束条件下就实现了标准 PI 运算。然而，当 PID 在较长一段时间维持其输出极限值且复位滤波器输出不变时，添加到极限值的比例贡献将决定输出什么时候可以脱离极限值。在此限定条件下，输出和误差是动态相关的，如式（8-5）所示。

$$\text{OUT}(s) = E(s) \times K_c \tag{8-5}$$

因此，对于控制被约束的情况，在误差变化信号（即过程测量超过设定值）出现之前，控制器的输出不会脱离极限值。然而，为了避免从过程饱和中恢复的设定值出现超调现象，在测量达到设定值之前采取控制动作是有必要的。当 PID 输出不受限制时，对于一阶过程，控制测量和控制器输出将以下列方式相关：

$$\text{PV}(s) = \frac{K_p \text{OUT}(s)}{1 + T_p s} \tag{8-6}$$

其中，

K_p——过程增益；

T_p——过程时间常数。

当 PID 输出受限且未施加限制的情况下，可以根据控制测量对输出进行计算：

$$\text{OUT}(s) = \text{PV}(s) \left(\frac{1 + T_p s}{K_p}\right) \tag{8-7}$$

如果假设控制器增益被设置成 Lambda 因子为 1 和纯滞后过程，即 $K_c = \frac{1}{K_p}$ 和 $T_i = T_p$，则非限制操作的控制器输出为

$$\text{OUT}(s) = E(s) \times K_c \times (1 + T_i s) \tag{8-8}$$

然而，当 PID 输出受限时，则比例贡献和预加载值将决定 PID 计算输出：

$$\text{OUT}(s) = E(s) \times K_c + \text{PL}(s) \tag{8-9}$$

通过式（8-8）和式（8-9）的对比，可变项 $E(s) K_c T_i s$ 加上极限值，应被用来提供 PID 输出不受限时的相同控制响应，而不是使用固定的预加载值。当 PID 在较长一段时间维持其输出极限值且未在正反馈网络中采用滤波器时，此可变项可用如图 8-2 所示的常数预加载值来替代。

从实用角度出发，当 PID 在较长一段时间维持其输出极限值时，复位反馈路径提供的滤波可能因用户指定因子 F 而被自动降低，如图 8-3 所示。

当新增项 $E(s) \times K_c \times T_i s$ 完全删除比例贡献 $E(s) \times K_c$ 时，PID 将开始脱离其极限值。理想情况下，限制条件下的正反馈网络中无限制操作的滤波应被设置为 $0 \sim 1$。然而，如果控制测量中的噪声度较大，那么可变项 $E(s) \times K_c \times T_i s$ 的一些滤波可能需要在受限时避免颤动（即当 PID 在较长一段时间内受限时将设定值设置为大于 0）。

当采用此可变预加载值且 PID 在较长一段时间内受限时，即使控制参数没有达到设定值，控制参数的快速变化依然会导致 PID 输出开始脱离限制状态。对于控制测量中的缓慢变化，在控制参数到达设定值之前，几乎不采取任何控制动作。

8.5.3　包括速率在内的延期

当一个过程被表征为具有两个不同的动态（二阶过程）时，且该过程测量的噪声较小时，那么在 PID 中使用速率可以提高性能。当速率应用于比例动作和复位动作时，PID 的输出为

$$\mathrm{OUT}(s) = E(s)K_c \left(1 + \frac{1}{T_i s} + \frac{T_d s}{\alpha T_d s + 1}\right) \tag{8-10}$$

然而，当 PID 输出受限时，假设 α 值较小，且当可变预加载值用于正反馈网络时 PID 输出和控制误差之间的动态关系近似如下：

$$\mathrm{OUT}(s) = E(s)K_c(1 + T_d s) + \mathrm{PL}(s) \tag{8-11}$$

当 PID 输出不受限时，假设有一个二阶过程，控制参数 $\mathrm{PV}(s)$ 和 PID 输出以下方式相关联：

$$\mathrm{PV}(s) = \frac{K_p \mathrm{OUT}(s)}{(1 + T_{p1})(1 + T_{p2})} \tag{8-12}$$

其中，

K_p——过程增益；

T_{p1}——主要过程时间常数；

T_{p2}——次要（更快）过程时间常数。

因此，当 PID 输出受限时且未施加限制的情况下，会基于控制测量对输出进行计算：

$$\mathrm{OUT}(s) = \mathrm{PV}(s) \frac{(1 + T_{p1})(1 + T_{p2})}{K_p} \tag{8-13}$$

如果假定控制器增益 Lambda 因子被设置为 $1\left(K_c = \dfrac{1}{K_p}\right)$，控制器通过整定将复位设置成与主时间常数即（$T_i = T_{p1}$）等同的设定值，速率值与 Corripio 和 Smith（1970）建议的第二时间常数（即 $T_d = T_{p2}$）等同，则控制器输出和控制测量将通过式(8-14)相互关联：

$$\begin{aligned}
\mathrm{OUT}(s) &= E(s) \times K_c \times (1 + T_i s)(1 + T_d s) \\
&= E(s) \times K_c \times (1 + (T_i + T_d)s + T_i T_d s^2) \\
&= E(s) \times K_c \times (1 + T_d s) + E(s)K \times (T_i s + T_i T_d s^2)
\end{aligned} \tag{8-14}$$

通过式(8-11)和式(8-13)的对比可以看出，应使用可变项 $E(s)K_c \times (T_i s + T_i T_d s^2)$ 加上恒定极限值，而不是固定的预加载值。这种方法应该提供与输出不受限时所提供的响应相同的控制响应。当比例项和速率项被可变预加载和极限值完全删除时，PID 将开始脱离其极限值。在理想情况下，执行预加载动作时正反馈网络中的滤波应被移除。然而，如果控

制测量中的噪声度较大，可变项的一些滤波可能需要在受限时避免噪声（即当 PID 在较长一段时间内受限时将设定值设置为大于 0）。如果测量中的噪声度较大，则此选择对于 PID 控制将尤其有用。

参 考 文 献

1. Åström，K. J.，Hägglund，T. *Advanced PID Control* Research Triangle Park：ISA，2006.

2. Blevins，T.，Nixon，M. *Control Loop Foundation—Batch and Continuous Processes* Research Triangle Park：ISA，2010.

3. Blevins，T. "Improving PID Control with Unreliable Communications" *Proceedings of* ISA EXPO Technical Conference，Houston，2006.

4. Blevins，T. "PID Advances in Industrial Control" *Proceedings of IFAC Conference on Advances in PID Control PID'12*，Brescia，Italy，28-30 March，2012.

5. Caro，Dick，*Wireless Networks for Industrial Automation*，ISA，2008.

6. Corripio，A. B.，Smith，C. L. "Mode Selection and Tuning of Analog Controllers"，*Presented at 3rd ISA Biannual Instrument Maintenance Clinic*，Baton Rouge，Louisiana，May 2nd，1970.

7. "DeltaV v. 11 PID Enhancements for Wireless" *DeltaV Whitepaper*，Emerson，August 2010.

8. Han，S.，Zhu，X.，Mok，A. K.，Chen. D.，Nixon，M.，"Reliable and Real-time Communication in Industrial Wireless Mesh Networks," *In Proceedings，IEEE Real-Time Technology and Applications Symposium*，2011，pp. 3-12.

9. Hartman，B. "Is Plastic the New Steel?" *Presented at the Emerson Exchange-Life Science Industry Forum*，Orlando，Florida，2009.

10. Blevins，T.，"Incorporating Wireless Devices into Single-Use Disposable Bioreactor Design" *Poster presented at 2009 Dhirubhai Ambani Life Sciences Symposium.*

11. Nixon，M，Chen，D.，Blevins，T.，Mok，A. K. "Meeting Control Performance over a Wireless Mesh Network," *Proceedings of the 4th Annual IEEE Conference on Automation Science and Engineering (CASE 2008)*，August 23-26，2008，Washington DC，USA.

12. Nixon，M.，"PIDPlus：An Enhanced PID Control Algorithm for Wireless Automation" *Presented at AS-74. 3199 Wireless Automation*，Aalto University，Finland，2012.

13. Rhinehart，R. R.，Shinskey，F. G.，Wade，H. L. "Control Modes—PID Variations" *Instrument Engineers' Handbook*，*Process Control and Optimization* CRC Press，Boca Raton，London，New York，2006.

14. Shinskey，F. G. "The Power of External Reset Feedback" *Control*，pp. 53-63，May 2006.

15. Chen，D.，Nixon，M.，Aneweer，T.，Mok，A. K.，Shepard，R.，Blevins，T. "Similarity-based Traffic Reduction to Increase Battery Life in a Wireless Process Control Network" *Proceedings of ISA Technical Conference*，Houston，TX，2005.

16. McMillan，G. "Wireless—Overcoming Challenges of PID Control & Analyzer Applications" *InTech*，vol. 57，no. 4，pp. 16-21，ISA，Research Triangle Park，July/August，2010.

17. Seibert，F. "WirelessHART Successfully Handles Control" *Chemical Processing* vol. 74，no. 1，pp. 39-42，January，2011.

第9章 连续数据分析

过程控制系统的关键目标之一是在产品规格内维护产品质量参数。本章将讨论如何针对连续过程使用数据分析来实现这一目标。在许多情况下,测量要求可能会超出基本物理属性(如压力、温度、流量、水平)的范畴。密度或黏度等材料属性可能对过程操作和产品的成功生产至关重要,因此必须对其进行测量。如第3章所述,为了达到质量目标,工厂操作人员或控制系统通常需要进行这些测量。为控制系统自动提供材料属性测量的在线分析仪可能过于昂贵,或已被证明不可靠,或仅因采样系统或分析的复杂性而不可用。因此,大多数过程工厂包括一个或多个实验室,它们位于工厂的中心位置或分布在整个过程中,对必须控制的材料性能提供分析。实验室也可对用作设备原料的原材料进行分析,以识别可能影响过程操作的变化。

然而,采集取样进行分析的时间和工厂操作员获得实验室结果的时间之间常常存在差距。在实验室中处理样品的延迟会影响对原料(在使用前未测试原料)或工艺操作条件的变化进行修正的速度,从而限制测量的有效性。通过使用线性或非线性估计器,就可以弥补这个缺陷,从而改善工厂的运行情况,如图9-1所示。非线性估计器在第7章进行了讨论。线性估计器是一种基于数据分析技术的估计方法,可用于过程故障检测。

图 9-1 填补实验室分析和控制之间的差距

为了获得影响质量相关参数的工艺或材料变化的即时指示,通常可以将数据分析应用于上游测量,如流速、温度和原料组成,以计算质量参数的估计值。然而,即使这样做了,实验室分析仍然需要验证估计值的准确性;它还允许在计算中进行修正,以补偿影响正在评估的属性的过程中未测量的更改。

操作人员通过使用在线数据分析和在线决策支持能够提供:

- 产品质量预测——当有时间进行在线纠正时,对质量问题做出预测。
- 早期过程故障检测——在对生产产生影响之前对异常过程操作和/或设备问题进行检测。为直接操作人员和维修人员提供根本原因分析,以快速纠正造成问题的原因 (Mason 和 Young,2002)。

可以使用各种技术来预测与连续过程和批量过程相关的质量参数。

- 神经网络(NN)模型——用于高度非线性过程的质量参数预测,详见第7章。应用仅限于模型开发中使用的数据范围。
- 多元线性回归(MLR)模型——可在较广操作范围内与线性过程操作一同使用,也可用来推断用于模型开发但超出数据范围的数据。

- 偏最小二乘法（PLS）模型——线性技术可与共线数据一同使用，也可用来推断用于模型开发但超出数据范围的数据。

使用主成分分析（PCA）可能会导致过程互相关，从而对参数预测和故障检测产生潜在影响。这项多变量技术使得过程中的根本潜在变化可以被识别出来。此类多变量技术的好处在于为故障检测提供了单变量技术，可通过同时考虑两个共线过程参数来阐明，如图 9-2 所示。

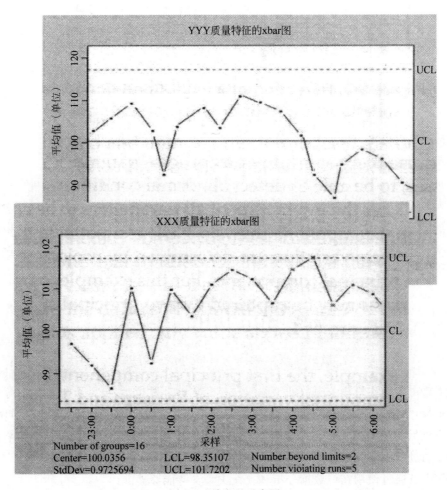

图 9-2　单变量示意图

因为这两个变量都在其控制范围内，所以单变量分析显示出在其控制范围内的每个参数值均无错误。然而，当为时间重合点绘制两个参数时，很明显这些图中的点 A 和 B 不遵循图 9-3 所示的正常过程变化。

鉴于工业过程中的过程参数数量较多，为了能够检测到异常情况，需要一种能够表征所有参数交互作用的技术。利用主成分分析，通过将过程变化投影到主成分上来确定捕获正常过程变化的基本成分。在此例中，过程中的大部分变化可通过如图 9-4 所示的两种主成分来捕获。

在本例中，第一个分量标记为 $t1$，解释了过程中压力和温度随时间变化的最大值；第二

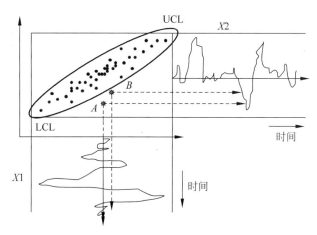

图 9-3　多变量系统的故障状态检测

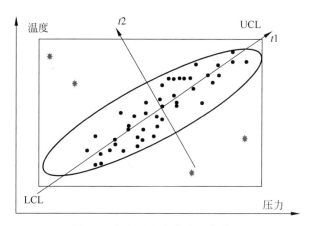

图 9-4　解释过程变化的基本分量

个分量标记为 $t2$，解释了过程操作中压力和温度随时间变化的下一个最大值。

通过使用 PCA 可以开发一个模型，该模型允许用一些主要分量来表示与过程相关的变量，从而减少数据集维度和消除变量之间的互相关关系。通过在简化的数据集中使用霍特林的 $t2$ 统计值和 Q 统计值，使得对测量/非测量/非建模干扰引起的异常操作进行检测成为可能（Chiang，Russell 和 Braatz，2001）。

- 测量干扰：可通过使用霍特林的 $t2$ 统计值对其进行量化。
- 测量/非测量/非建模干扰：可使用 Q 统计值，也称为平方预期误差（SPE）。

通过将这些计算的统计数据与上限进行比较来确定故障；如果该值超过限值，则显示为异常情况。在本例中，$t2$ 统计值处在数据上清楚地显示出故障状态，如图 9-5 所示。当采用规范化限度时，任何高于 1 的值均表示状态异常。

从数学上讲，可以分析任意数量的变量，以开发一个 PCA 模型，该模型允许过程变化以少量主要分量表示。例如，当考虑三个变量时，可以采用相同的技术，允许用如图 9-6 所示的两个主要分量表示这些变化。

在三维空间，与如图 9-4 所示的二维空间类似，第一个主要分量解释了 Y_1、Y_2 和 Y_3 随着时间的最大变化量。第二个主要分量揭示了 Y_1、Y_2 和 Y_3 随时间变化的第二高变化量，

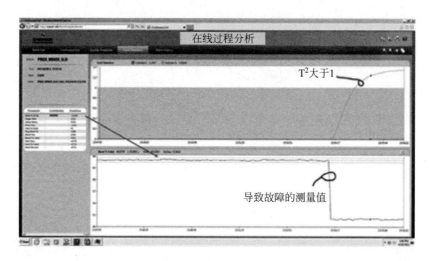

图 9-5　多变量 SPC 图

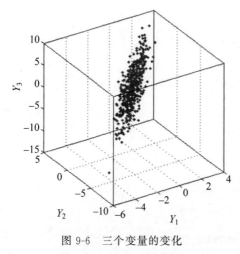

图 9-6　三个变量的变化

虽然明显小于第一主要分量。该观测结果可以被投射到一个平面上。

如果主要分量的数量增加，那么将有更大比例的变量被解释（或被建模）。然而，由此产生的模型可能并不总是能够很好地处理模型开发中没有使用的数据。因此，当将模型应用于测试数据（即模型生成中未使用的数据）时，应该确定模型生成中使用的主要分量的数量，以使误差最小。例如，通过 30 个测量变量对过程进行最佳特性描述的 PCA 模型，可能有 5 个或 6 个分量。

通过使用 PCA 分析可以开发一个过程模型，为操作人员提供以下信息：

- 可能会影响预测准确性的过程故障状态指示。
- 造成故障最大因素，即输入的显示。
- 预期值和正常偏差范围以及用于预测的当前测量值的指示。

PLS 应用于质量预测，与 PCA 相似，减少了数据集的维数，消除了变量间相互作用的影响。一旦部署了质量参数预测，用于模型开发的质量参数的实验室样品或在线分析仪测量就可以继续在线使用模型。质量参数的这种测量将被用于：

- 自动纠正由未测量干扰或操作条件变化引起的预测偏差。
- 确定什么时候质量参数预测模型需要更新。

用于连续过程的 PCA 和 PLS 算法是以用于数据集的参数平均值偏离为基础的。

在少数情况下，连续过程以恒定的吞吐量运行，并且仅使一个产品等级的过程测量平均值接近恒定，并且可以应用诸如 NN、PLS、MLR 和 PCA 的传统技术。然而，在许多情况下，必须经常改变连续流程的吞吐量，以维持下游流程设置的库存水平或满足市场需求。因此，应用这些线性分析技术的一个主要限制是：基础技术是基于过程测量值与其平均值的偏差。由于工厂生产率的变化或产品等级的变化会导致平均值的变化,所以用于模型构建的连续数据分析应用程序和在线应用程序必须考虑测量平均值的变化。它可以通过过程状态概念来实现,该概念将特定状态分配给预先定义的过程操作条件,即工厂生产率、产品等级、所选参数值的范围等。过程状态可用于自动修改平均值,以适应生产率或产品级别的变化;此外,过程状态还补偿了从不同吞吐量和产品等级过渡所需时间的偏差值。

　　工厂发电车间的摇回转炉是一个必须不断响应电厂主设备设定的吞吐量需求变化的过程的例子。为了满足这一要求,必须协调改变空气和燃料输入以及引风机的速度,以保持锅炉中的氧气(即过剩空气水平)和通风处于恒定水平。这些参数的变化即是蒸汽需求量的阶跃变化,如图 9-7 所示。

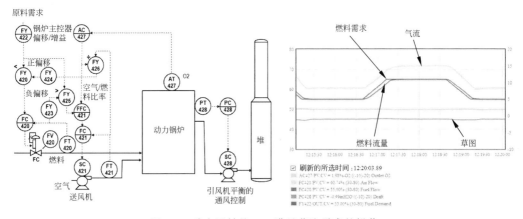

图 9-7　动力回转炉——满足蒸汽需求的操作

　　工艺操作点也可能随着生产产品等级的变化而变化。这方面的一个例子就是在连续式反应器中输出组合目标被换成允许生产不同的产品等级。为了改变输出组合,通常需要改变一个或多个过程输入的操作点。为了响应过程输入的这些变化,其他参数(如冷却水流量、搅拌器功率和卸压流量)也必须改变,以保持批处理温度、恒定搅拌和顶置压力在规范限值内。当出口固体浓度目标从 40% 变为 35% 和从 35% 变为 40% 时,连续反应器运行的变化如图 9-8 所示。

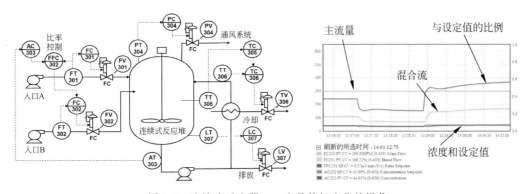

图 9-8　连续式反应器——产品等级变化的操作

为了尽量减少质量参数预测的偏差以及防止虚假的错误指示,应更改分析中使用的平均值,以匹配给定吞吐量或等级的预期值。此外,如图 9-7 和图 9-8 所示,在吞吐量或等级改变后,从一个操作点到另一个操作点的转换可能需要一段时间。为了解释响应时间的变化,应该进行一些过滤。为了解释参数平均值的变化,一些连续数据分析产品允许用户配置一个状态参数,该参数反映了对过程操作的主要干扰的变化。在某些情况下,这将是一个连续参数,如生产率,但在其他情况下,它可能是一个离散参数,如产品等级。通常,用户需要选择一个测量或计算参数作为状态参数,并指示它是连续参数还是离散参数,以及将在数据分析中使用的状态数。

连续分析产品 DeltaV(www.easydeltav),在默认情况下,使用连续参数作为状态参数,假设有五个状态。当一组数据被选择用于生成模型时,状态参数的变化范围将被计算出。在默认情况下,操作范围被均匀分段,其分段代表分析过程状态。对于过程在某个状态(如状态参数值所示)下运行的一个或多个时间段,将为每个测量计算状态参数的平均值,并将其保存为模型的一部分。例如,如图 9-7 所示,在模型构建的数据集中,如果锅炉蒸汽需求被配置了状态参数并在 25%～75% 范围内变化,那么在模型中收集到的五个输入值可能如表 9-1 所示。

表 9-1　带状态的锅炉参数平均值的变化

状态-蒸汽需求	1	2	3	4	5
状态范围	25～35	35～45	45～55	55～65	65～75
区间内样本数	210	340	150	85	30
蒸汽需求-平均值	30	40	50	60	70
燃料流-平均值	30	40	50	60	70
气流-平均值	35	45	55	65	75
氧气-平均值	2.5	2.5	2.5	2.5	2.5
风-平均值	−1	−1	−1	−1	−1
吸风扇速度-平均值	20	28	38	50	65

在线运行时,利用状态参数的瞬时值和模型中保存的平均参数值,来确定在故障检测和参数质量预测中与平均值的偏差。例如,如果状态参数的瞬时值等于某个范围的平均状态参数值,则在计算参数与平均值的偏差时,将使用每个参数的平均值作为平均值。在大多数情况下,状态参数值将介于两个状态的平均状态参数值之间。在这种情况下,用这两个范围的状态参数平均值与这些区域的参数平均值来计算参数平均值。在用于建模或在线操作之前,对每个参数值在某个时间点计算的平均值的偏差进行过滤。带时间常数的一阶滤波器通常会被采用,该时间常数是基于配置的转换时间(以秒为单位)。

当状态参数为产品等级(实例 1-5 中具有枚举值的离散参数)时,则在模型开发中,为与处于该状态的状态参数一致的数据样本计算每个状态的参数平均值。在线运行时,模型中保存的当前状态的平均值被用于计算预测和故障检测中使用的偏差值。例如,为连续反应器建立的平均值可能如表 9-2 所示。

表 9-2　带状态的连续式反应器参数平均值的变化

状态	1	2	3	4	5
等级描述	ADX201	ADX210	ADX215	ADX230	ADX240
状态中的采样	210	340	150	85	30
主流-平均值	70	90	60	80	75
辅助流-平均值	25	35	30	45	50
产品状况-平均值	35	40	30	45	42
反应器温度-平均值	210	215	205	211	200
冷却器输出温度-平均值	180	185	174	200	190
反应器压力-平均值	10	10	10	10	10

如果状态参数值为 3(ADX215),那么主流量的平均值为 60。如果状态参数值变成 1(ADX201),那么主流量的平均值为 70。任何状态的变化都不会立即反映在过程参数中。为了说明状态改变响应这一过程所需的时间,应根据配置的迁移时间筛选出与平均值的偏差。

计算出的与选定数据集平均值的偏差被直接用于生成 PCA 模型。此外,在 PCA 模型的故障检测中,采用电流偏差值进行在线检测。然而,在开发用于质量参数预测的 PLS 模型时,必须及时调整偏差值,以考虑输入变化影响质量参数所需的时间。同样,在处理用于在线质量参数预测的偏差值时,也应考虑这些延迟。

确定过程输入变化与当其对质量参数产生影响之间的延迟,首选方法就是找到过程输入和质量参数之间的互相关关系。然后,已确定的延迟将被用于创建时间转移数据并应用于 PLS 模型(状态不在考虑范围内)。

下面的例子说明了如何向用户展示该相互关系和延迟。其中,与 Kamyr 蒸煮器输出有关的 Kappa 值是根据过程输入进行预测的。该过程及其相关的输入和输出如图 9-9 所示。

在本例中,芯片加速度计(见图 9-9 和图 9-10)是状态参数,因为它设置了过程吞吐量。产品输出的 Kappa 值可以使用采样分析仪或通过实验室分析获取的样本进行测量。与每个输入有关的延迟是体现在 Kappa 值上,并且是通过过程输入和包含在一个选定的数据集中的卡值之间的互相关关系自动确定的。其结果如图 9-10 所示。

在本例中,在概览显示中通过选择一个过程输入,用户可以看到过程输入和 Kappa 值之间的相互关系。图 9-11 显示了芯片加速度计和 Kappa 分析之间的相互关系。

如图 9-11 所示,与过程输入相关的延迟是基于能提供最大相关性的时移建立的。在这个 Kamyr 蒸煮器仿真中,芯片加速计与反映 Kappa 值变化之间的延迟是 175 秒。在实际过程中,延迟可能要长得多。

连续数据分析可以应用于各种各样的过程故障检测和质量参数预测。另一个可以应用连续数据分析的例子是两级闪蒸过程,两级闪蒸过程被用于从动力锅炉排放的烟气中回收二氧化碳,如图 9-12 所示。

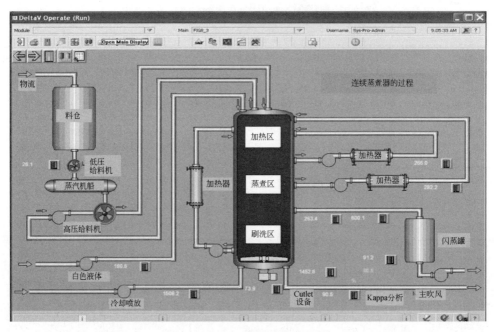

图 9-9　Kamyr 蒸煮器流程示例

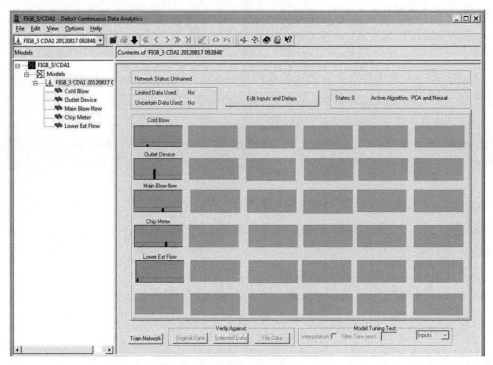

图 9-10　由互相关关系确定的延迟

对于这个过程,状态参数是指制动装置的供料流量。随着进料量的变化,泵的压力、每个闪蒸罐的排气流量、维持温度所需的进入加热器的蒸汽、通过闪蒸罐的流量和换热器的流量也都将随之变化。该滑块的主要质量参数为第一闪蒸罐后的二氧化碳负荷量,二氧化碳

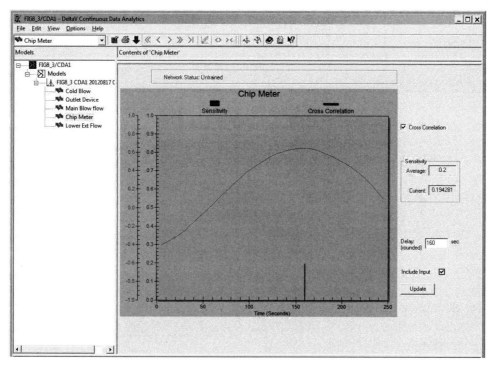

图 9-11　芯片加速计和 Kappa 值的互相关关系

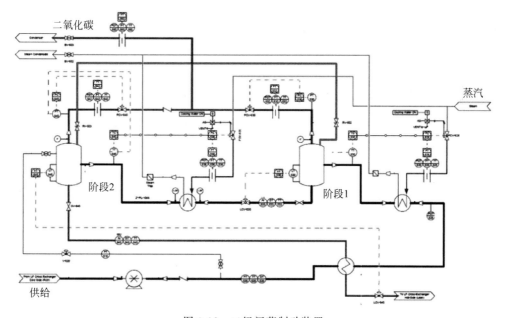

图 9-12　二级闪蒸制动装置

负荷量的可测量通过采集样品的实验室分析获得。

　　在模型生成的过程中,预计达到稳定状态需 600 秒,状态参数变化的过渡时间最初设定为 60 秒。通过使用滑动过程的仿真可取得上述结果。

在这种情况下，敏感性分析可将某些输入从模型中自动排除，如图 9-13 所示。

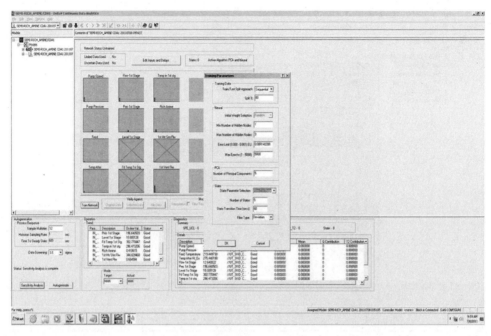

图 9-13　为模型生成选择的参数

模型验证表明，该模型准确反映了实验室测试确定的二氧化碳负荷量，CO_2 负荷量的趋势实际值和预测值对比样本数如图 9-14 所示。

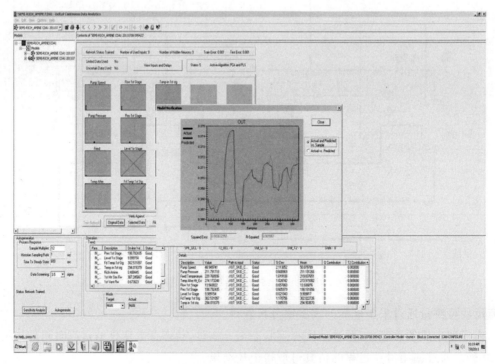

图 9-14　CO_2 负荷模型检验

9.1　应 用 实 例

市场上有几种可推论质量参数预测的商用产品。一些最新产品包括过程故障检测的 PCA 建模技术、对过程进行远程监控的能力、支持分布式控制系统控制器的在线执行以及使此功能很容易被纳入现有控制系统的特性。通过对混合器过程的动态过程仿真,演示了开发和部署用于质量参数预测和过程故障检测的 PCA 和 PLS 模型所涉及的步骤。对于本例中使用的混合器过程,流量需求即为状态参数。这个混合器过程的管道和仪表图如图 9-15 所示。

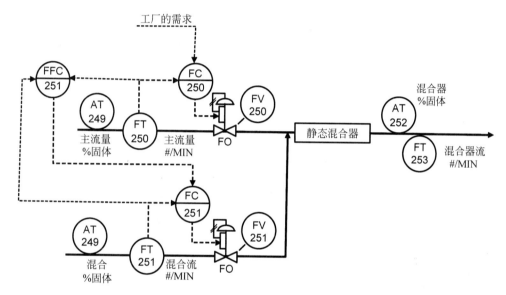

图 9-15　混合器过程

工厂环境下的流量需求是由操作员设定的。然而,仿真允许流量需求和未测量干扰进行自动更改,并允许收集包括正常过程变化在内的运行数据来用于模型开发。

在本例中,质量参数是使用混合器后的固体测定值。为了将质量参数维持在设定值,混合吹气与进入混合器的主气流成比例。因此,随着工厂需求的变化,主流程和混合流程也会发生变化,以保持该比例。为了在使用混合器之后达到目标固体浓度百分比,该比例目标会自动调整,以校正主流和混合流中固体浓度的变化。本仿真的目的是为了允许引入各种各样的过程故障,从而使分析故障检测易于测试和验证结果。

当收集数据以训练数据分析模型时,过程仿真会自动引入正常的过程变化。一旦建立了数据分析模型,该过程就可以在正常工作条件下运行,或者引入特定扰动来演示该故障如何影响操作员界面中显示的质量参数。

9.1.1　定义模型输入

表 9-3 总结了一些与混合过程相关的参数,这些参数可用于开发故障检测的 PCA 模型和质量参数预测的 PLS 模型。假设 DEMAND.CV 参数被选作状态参数,且属性预测将被

用作在线质量参数 AT252 测量的备用。

表 9-3　用于建模的混合器参数

参　数	注　释
DEMAND. CV	状态参数
AT248	主气流 % 固体,%
FC250	主气流,♯/MIN
	主气流阀,%
AT252	混合器 % 固体
	目标百分比
FFC251	实际百分比
	目标混合流
FT253	混合流 ♯/MIN
AT249/OUT. CV	混合流 % 固体
FC251/PV. CV	混合流,♯/MIN
FC251/OUT. CV	混合流阀,%

　　为了将数据分析应用于混合器应用中,必须创建一个数据分析(DA)功能块,如图 9-16 所示。

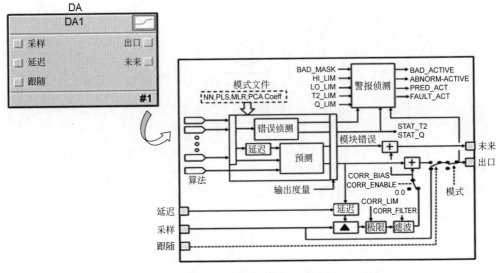

图 9-16　数据分析功能块

　　通过右击数据分析块并选择"属性"命令,可以配置数据分析块使用的输入数。数据分析块最多可以使用 36 个输入。作为响应,提供了如图 9-17 所示的对话框来配置测量输入。

　　作为输入配置的一部分,可以为测量输入和质量参数定义用户友好名称,并在数据分析应用程序中使用。一旦对包含数据分析块的模块进行了配置和保存,与数据分析块相关的输入和一些计算参数将被自动分配给控制系统的历史记录。

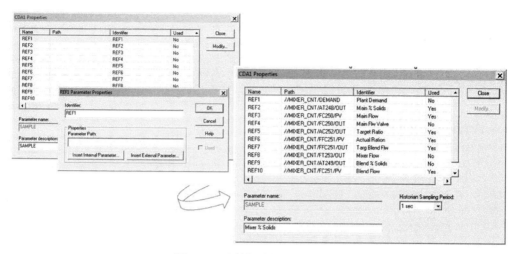

图 9-17　为数据分析配置输入

9.1.2　模型建立

在收集了足够的历史数据之后,可以使用数据分析应用程序创建 PCA 和 PLS 模型,用于故障检测和故障诊断。在启动数据分析应用程序时,初始显示会显示一个趋势,可用于绘制选定的块参数。一旦将参数分配给该趋势,用户便可以查看这些值并选择在模型开发中将会使用到的数据,如图 9-18 所示。

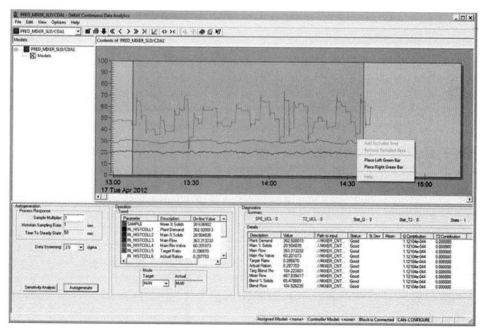

图 9-18　为模型创建进行数据选择

当选择敏感性分析(见图 9-19)时,在未生成模型的情况下,对与各个输入相关的贡献和延迟进行计算。在此模型中,没有选择显示为红色 X 的输入是因为它们对质量参数鲜有或者没有影响。每个输入的相对影响和延迟,对质量参数的影响由窗口中的条的高度和位置表示。要获得此信息的更详细视图,用户可以通过双击输入并查看用于确定输入延迟的交叉相关的详细视图。此外,在输入详细信息视图中(见图9-19),用户可以选择在图表中查看相互关系、调整基于互相关分析而自动确定的延迟,并选择输入是否包含在生成模型中。

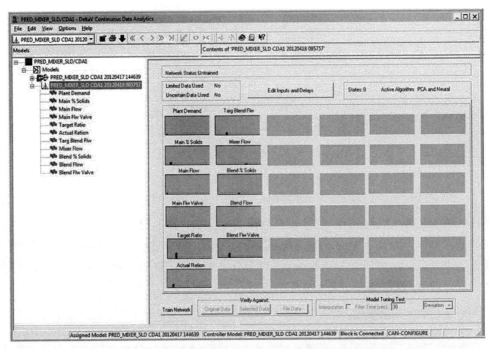

图9-19　输入敏感性分析和选择

在完成敏感性分析后,用户可选择接受敏感性分析结果后对模型进行培训。作为响应,将显示一个对话框,允许用户更改模型生成中使用的默认参数并选择状态参数,如图9-20所示。

在模型生成之后,其生成结果会显示在对话框中,如图9-21所示。

突出显示在质量参数预测中提供最小测试误差的建模技术,并将其自动选作在线预测数据分析块中的算法。状态范围的自动选择是根据在数据中用于生成模型的状态参数变化完成的,并且会显示状态范围的起始点和属于此状态的数据样本数量。每个状态的平均值和标准偏差由每个用于模型开发的参数自动计算得出。

在生成模型后,应用程序数据库中的模型文件包含PLS所需的系数。每个参数的平均值和标准偏差都被保存在每个状态的模型中。

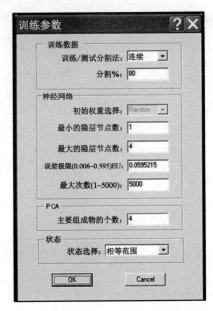

图9-20　修改模型生成缺省值

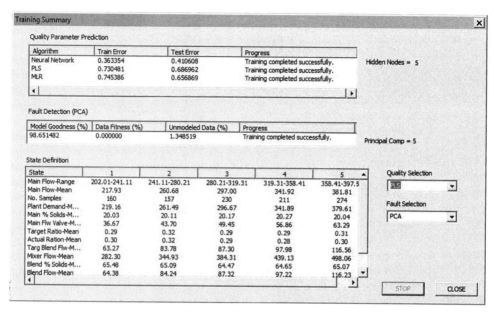

图 9-21   模型生成对话框

如果模型已经生成,那么用户可以选择检验预测模型与使用原始数据(用来创建模型的数据)、图表综述中被绿色栏选择的数据以及文件中数据的样本输入。当选择这些选项中的某个选项时,将向用户显示一个对话框,该对话框提供一个可通过使用数据分析块支持的算法来对预测准确性进行比较衡量,如图 9-22 所示。

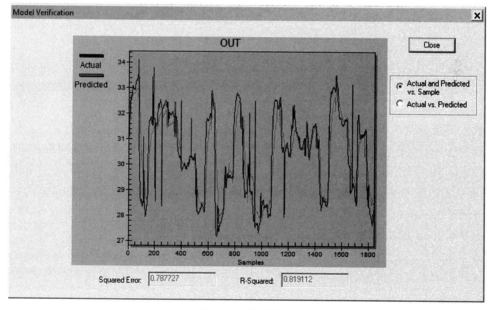

图 9-22   模型检验

基于此验证,用户可以选择部署模型以使其能够在线使用。

9.2　在线观察数据分析

生成模型后,用户可下载包含相关分析区块的模块来查看在线预测。当某个模块包含有生成模型的数据分析块时,应用程序的左窗格中将显示一个图标。一个数据分析区块可能会生成多个模型,这些模型包含在该区块的模型文件夹中。选择模型文件夹后,将显示为块创建的模型摘要,如图9-23所示。

图9-23　查看数据分析模型

任何浏览器和可连接至数据分析应用服务器的工作站,均可实现连续数据分析的在线查看。

数据分析的网页界面旨在提供所有下载至控制系统的数据分析功能块信息。顶层数据分析视图总结了所有数据分析功能块的预测和故障检测。一旦出现故障或预测警示,在主界面选择此区块就可改变查看视图,从而显示该区块的T2和Q统计趋势。此外,在趋势图的选定时间内,对故障影响最大的参数显示在显示屏的右下角。选定一个参数后,该参数的走势及其在模型开发过程中的平均值和标准正态偏离将一同显示出来。单击"质量参数"选项卡,将会显示预测值、未来值、样本输入值和预测警示限值的曲线。此网页界面如图9-24所示。

为了审查已检测到的所有数据分析警示,可以选择"警报历史记录"选项卡来查看当前和以往警报的记录。通过选择导致故障的参数之一,该参数在故障发生时的历史信息如图9-25所示。

与传统的警报摘要界面相比,这种轻松查看过去发生的所有警报以及在警报发生时轻松访问关联的历史信息的功能具有许多优势;传统的警报摘要界面不提供警报摘要,也不支持在警报发生时显示相关的历史信息。

分析概述

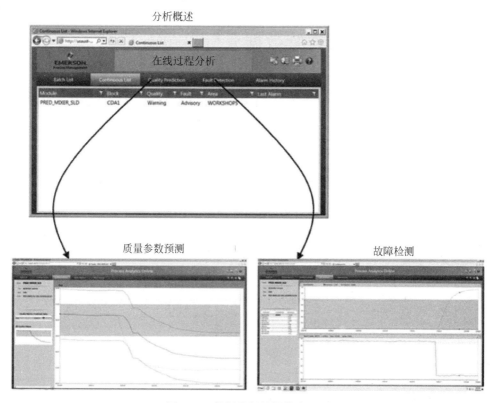

图 9-24　数据分析的操作者界面

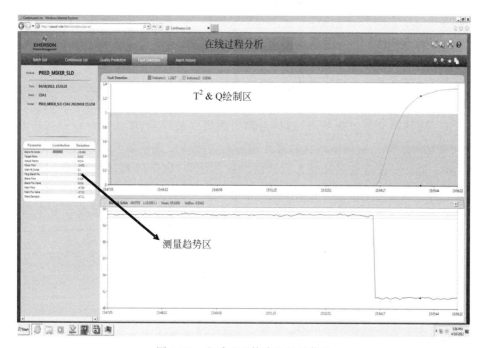

图 9-25　查看过程故障的相关信息

9.3　连续数据分析专题练习

本专题练习提供了几个练习，可用于进一步探索在线使用数据分析技术进行故障检测和质量参数预测。该专题练习运用了一个混合器的仿真过程（见图 9-26）。访问本书的网址 http://www.advancedcontrolfoundation.com，并单击"解决方案"选项卡来浏览本专题练习的内容。

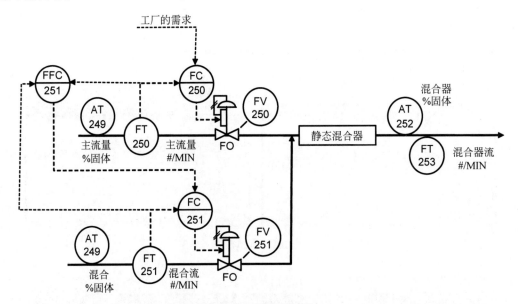

图 9-26　混合器过程

第一步：打开数据分析在线界面，观察当前状态。选择"报警历史"可以看到已经检测出的近期出现的故障。

第二步：访问浏览历史选项卡，选择近期出现最多的故障，单击统计值超过 1 且在 T^2 和 Q 之间变化的数据。检测参数贡献度并选择对故障条件贡献最大的参数。

第三步：基于对故障条件有最大贡献的参数的趋势，确定所列过程干扰中故障条件的原因。选择质量选项卡，确定故障对质量参数和产品固定百分比含量是否有影响。

第四步：重复第三步和第四步，确定最后四个故障条件。确定引起故障条件的过程干扰的原因。

9.4　技术基础

第 7 章提出的神经网络（Neural Network，NN）技术已应用在属性推理预测领域多年。虽然神经网络在非线性建模方面有很多优势，但是也存在一些缺点。其中最重要的一个缺点是其模型适用的数据范围仅限于训练数据。对于训练数据范围之外的数据是无法进行预测的。对神经网络预测方法的分析和从过程参数中得到预测特性的明确依赖性是困难的。这些依赖关系对于在线属性校正很重要。基于 PLS 的线性预测对高度非线性过程的预测效果可能不太好,但对中等非线性过程的预测效果与神经网络相同或更好。与神经网络相比,基于 PLS 的线性预测更容易开发,更容易理解和解释相关性,因此得到用户的青睐。

PLS 和 PCA 技术可以联合应用于质量预测、过程运行监控和故障检测,而这些功能是神经网络无法实现的。本节将在以下主题中对连续分析背后的简明理论进行研究和讨论:

- 预测模型发展的数据转化。
- 过程检测和预测算法评估。
- PCA 和 PLS 模型发展算法细节。
- 在线错误检测和质量预测算法。

9.4.1 预测模型发展的数据转化

预测模型是典型地由数据结构发展而来的,如图 9-27 所示,J 过程参数对 L 产品属性产生影响。对于发展模型而言,过程数据的收集超过扫描数字 K(X 矩阵)。在几个原始参数读数上创建矩阵 X 平均值是一个很好的实践。

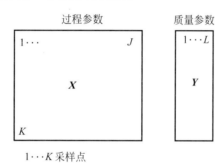

图 9-27 用于预测模型的数据矩阵

Y 矩阵由产品质量和属性数据组成。这些数据的读取频率通常低于过程参数的扫描频率,而且不一定会定期进行。为了开发预测模型,可用的产品属性必须与图 9-28 所示的合适的过程数据相匹配,而不是使用所有的数据矩阵 X 来开发预测模型。

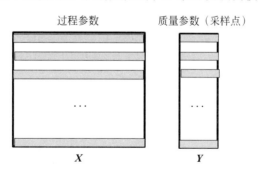

图 9-28 Y 矩阵中的产品属性读数和 X 矩阵中相关过程数据

数据格式化的另一个重要步骤是调整过程参数的时间延迟,从而在最大程度上影响属性读数。对于大多数参数,选择的时间延迟不同,因此数据矩阵 X 的形成如图 9-29 所示。

正如我们所看到的，估计过程参数的时间延迟的一种方法是定义不同时间延迟的产品属性和过程参数之间的相互关系，并使用实现最大相互关系的时间延迟进行建模。

注意：为了显示的一个属性读取，对齐 X 数据

图 9-29　导致 X 矩阵建模数据的 Y 属性推迟时间

9.4.2　过程监控和预测算法评估

主成分分析(PCA)用来监控过程和检测故障。偏最小二乘法(PLS)是一种主要用于预测的算法。为了从多角度分析，以下几个小节对如下四个预测算法进行了评估：

- 多元线性回归(MLR)。
- 主成分回归(PCR)。
- 偏最小二乘(PLS)。
- 偏最小二乘-判别分析(PLS-DA)。

主成分分析

主成分分析从过程数据中提取过程数据矩阵 X、主成分矩阵 T 和剩余矩阵 E，并通过这种方法使矩阵 T 能够捕获原始数据矩阵 X 中包含的最大相关变量。从矩阵 X 提出的残差、不相关变量(也称为未建模变量)被存放在矩阵 E 中(见图 9-30)。矩阵 T 包含有建模变量，并通过将模型矩阵 P 应用于数据矩阵 X 而创建获得。由于主成分向量是正交的(独立的)，且每个成分的可变性可以简单地相加，因此通过分解可以计算出多变量和交互过程的总可变性。

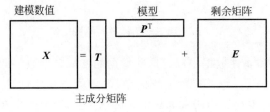

图 9-30　PCA 建模矩阵

P 矩阵实质上是一个 PCA 模型。它可以是 X 矩阵数据中 T 矩阵的主成分的总和，也可以在过程监控中进行基本运算。

$$T = XP \Rightarrow \hat{X} = TP^{\mathrm{T}} \Rightarrow E = X - \hat{X} \tag{9-1}$$

T 矩阵和 E 矩阵用来计算 T^2 和 Q 指标，以下部分有详细介绍。

多元线性回归

多元线性回归(MLR)将产品属性 $\hat{y}$ 作为过程变量 x_i 和模型偏误 b_0 的加权和：

$$\hat{y} = b_0 + b_1 x_1 + b_2 x_2 + \cdots + b_J x_J + \varepsilon \tag{9-2}$$

系数 ε 表示由于过程干扰和动态操作产生的偏误，它可以通过在线操作反馈情况做调整。

MLR 的主要缺点是在处理相关过程参数时的难度。

为了开发如式(9-2)所示的 MLR 预测模型，最小二乘法被用于过程数据 X 和产品属性

数据 y。对于所有的预报器,包括 MLR,假设为每个属性建立一个分离式模型,以达到最好的预测效果。

$$\boldsymbol{b} = (\boldsymbol{X}^{\mathrm{T}}\boldsymbol{X})^{-1}\boldsymbol{X}^{\mathrm{T}}y \tag{9-3}$$

$$\boldsymbol{b} = [b_1, b_2, \cdots, b_J] \tag{9-4}$$

其中,J——过程变量的数目。

主成分回归

当数据 $\boldsymbol{X}$ 在同一线上时,主成分回归(PCR)的性能比 MLR 好很多。PCR 使用 PCA 首先是为了转换 $\boldsymbol{X}$ 矩阵数据为和所有不相关的比分列和比矩阵 $\boldsymbol{X}$ 明显少很多列的主成分比分正交直线矩阵 $\boldsymbol{T}$(通常情况下,$\boldsymbol{X}$ 列任何数字 $\boldsymbol{T}$ 都有 5~7 列),然后形成矩阵 $\boldsymbol{Y}$ 和矩阵 $\boldsymbol{T}$ 的线性回归(见式(9-5)):

$$\hat{y} = b_0 + b_1 t_1 + b_2 t_2 + \cdots + b_a t_a + \varepsilon \qquad a << J \tag{9-5}$$

其中,J——模型中过程参数的数目。

a——PCA 模型中主成分的数目。

t_i——主成分。

图 9-31 显示了 PCR 模型的建立。

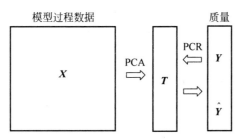

图 9-31　PCR 二阶模型建立和预测

PCR 对在同一直线上的数据的处理效率很高。另外,和 PCR 一起运用的相同的 PCA 模型可以用于一些过程操作监视和故障检测情况。

偏最小二乘算法

PLS 和 PCA 一样使用主成分算法。PLS 的主成分($\boldsymbol{T}$ 矩阵)是和 PCA 相似的正交直线,且用这种方法和过程数据 $\boldsymbol{X}$ 及产品属性 $\boldsymbol{Y}$ 一起创建了最大协方差(见图 9-32)。

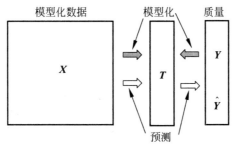

图 9-32　PLS 建模和预测

当主成分运用的数字很小时(不大于 4),PLS 预测比 PCR 预测准确。当主成分运用的数字较大时,两者的预测结果大致相同。PLS 通常是首选的预测算法(Geladi P. 和 Kowalski,1986)。

偏最小二乘法-判别分析（PLS-DA）

产品属性预测本质上是随机的。PLS 定义了一个可能的属性范围（置信区间）和最可能的属性值（预测属性值）。

从另一方面讲，一些产品属性本质上是离散的（比如产品等级），或者为了实际使用而离散化（例如，低于下限、可接受下限、良好、可接受上限、高于上限）。PLS-DA 在识别此类产品变化方面是一个很好的建模技术。该技术应用了所谓的监督培训，用于准备建模数据，如图 9-33 所示。PLS-DA 建模与原始 PLS 一样被应用。

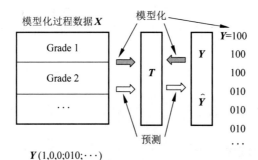

$Y(1,0,0;010;\cdots)$
$\hat{Y}((0.5\sim1.2),(-0.3\sim0.4),(-0.3\sim0.4);(-0.3\sim0.4),(0.5\sim1.2)(-0.3\sim0.4);\cdots)$

图 9-33　PLS-DA 模型建立和预测数据结构

表示属性（等级）1 的建模数据 X 位于矩阵的顶部，Y 矩阵的第 1 列中有对应的属性值 1。属性 2 的数据跟随着属性 1 的数据，Y 矩阵第 2 列中的值为 1，以此类推。

在开发模型时，它预测所有列中的特定值，但在某一列中，该值最接近指示特定属性等级的值（见图 9-33）。

通常情况下，一个级别预测器在真值时传递 0.5~1.2 的值，假值时传递 -0.3~0.4 的值。

9.4.3　数据预处理和换算

在许多不同的预处理方法中，数据矩阵 X 和 Y 被换算为大多数过程监控应用中每列的零均值和单位方差，如图 9-34 所示。

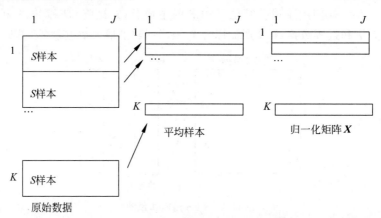

图 9-34　创建用于模型开发的正规化数据

一般过程包括以下几个步骤：

（1）读取 J 过程变量 x_k^i 中由数据收集扫描率定义的向量（i——统计扫描中的扫描数

量,k——统计扫描指数)、累积 s 次变量向量、创建累积的过程变量向量 $\boldsymbol{x}_k^{\Sigma} = \sum\limits_{i=1}^{s} \boldsymbol{x}_k^i$ 以及计

算由模型扫描周期 k：$\boldsymbol{x}_k = \dfrac{\boldsymbol{x}_k^{\Sigma}}{s}$，$k = 1, 2, \cdots, K$ 所定义的平均过程变量向量值。

（2）计算 K 统计扫描 $\boldsymbol{x}_{k\_mean} = \dfrac{\sum\limits_{1}^{K} \boldsymbol{x}_k}{K}$ 的平均值向量。

（3）计算每个参数 $j = 1, 2, \cdots, J$ 的标准偏差预计值：

$$\hat{\sigma}(j) = \sqrt{\dfrac{\sum\limits_{1}^{K} (\boldsymbol{x}_k(j) - \boldsymbol{x}_{k\_mean}(j))^2}{K-1}}$$

（4）通过标准偏差 $\boldsymbol{x}_k(j) = \dfrac{\boldsymbol{x}_k(j) - \boldsymbol{x}_{k\_mean}(j)}{\hat{\sigma}(j)}$ 对每个扫描值 k 的每个参数 $j = 1, 2, \cdots,$

J 进行换算/归一化。

9.4.4　PCA 建模和在线故障检测

非线性迭代偏最小二乘法（NIPALS）算法被用于通过创建分数矩阵 $\boldsymbol{T}(K \times a)$ 和负载矩阵 $\boldsymbol{P}(J \times a)$，并从数据矩阵 $\boldsymbol{X}(K \times J)$ 中开发出一个 PCA 模型，其中：

J——用于模型中的过程参数数量。

K——建模数据中的数据扫描数量。

a——主成分的数量。

从计算角度考虑，可通过如下迭代和通缩进行 NIPALS 算法：

（1）从矩阵 $\boldsymbol{X}$ 中选择任何列向量 $\boldsymbol{x}_i$ 作为 $\boldsymbol{t}_i$ 的起点。

（2）通过如下公式计算出 $\boldsymbol{p}_i$

$$\boldsymbol{p}_i = \boldsymbol{X}^{\mathrm{T}} \boldsymbol{t}_i (\boldsymbol{t}_i^{\mathrm{T}} \boldsymbol{t}_i)^{-1}$$

（3）通过如下公式归一化 $\boldsymbol{p}_i$

$$\boldsymbol{p}_i^{\mathrm{T}} = \dfrac{\boldsymbol{p}_i^{\mathrm{T}}}{\parallel \boldsymbol{p}_i^{\mathrm{T}} \parallel}$$

（4）通过如下公式计算 $\boldsymbol{t}_i$

$$\boldsymbol{t}_i = \boldsymbol{X} \boldsymbol{p}_i$$

（5）将用于第（2）步的 $\boldsymbol{t}_i$ 与第（4）步计算出的 $\boldsymbol{t}_i$ 相比较。如果二者差异小于收敛因子，则进行第（6）步，否则返回至第（2）步。

（6）通过 $\boldsymbol{X} = \boldsymbol{X} - \boldsymbol{t}_i \boldsymbol{p}_i$ 缩小 $\boldsymbol{X}$，设置 $i = i + 1$ 并执行第（1）步。

PCA 在线处理包括以下几个步骤：

（1）换算过程参数向量

$$\boldsymbol{x}_k = \dfrac{\boldsymbol{x}_k - \boldsymbol{x}_{k\_mean}}{\sqrt{\boldsymbol{x}_{k\_variance}}} = \dfrac{\boldsymbol{x}_k - \boldsymbol{x}_{k\_mean}}{\boldsymbol{\sigma}_k}$$

（2）计算得分向量

$$\boldsymbol{t}_k^{\mathrm{T}} = \boldsymbol{x}_k^{\mathrm{T}} \boldsymbol{P}$$

（3）通过 $\boldsymbol{T}_k^2 = \boldsymbol{t}_k^{\mathrm{T}} \boldsymbol{S}_k^{-1} \boldsymbol{t}_k$ 计算每个扫描 k 的 T^2 统计。

（4）计算建模误差向量值和 SPE/Q 统计值

$$\boldsymbol{e}_k = (\boldsymbol{I} - \boldsymbol{PP}^{\mathrm{T}})\,\boldsymbol{x}_k, \quad \mathbf{SPE}_k = \boldsymbol{e}_k^{\mathrm{T}} \boldsymbol{e}_k$$

（5）若 $\boldsymbol{T}_k^2 < \boldsymbol{T}_{\mathrm{UCL}}^2$ 且 $\mathrm{SPE}_k^2 < \mathrm{SPE}_{\mathrm{UCL}}^2$，则进行验证。

（6）求出变量 $1, \cdots, j, \cdots, J$ 的 $\boldsymbol{T}_k^2$ 贡献值

$$\boldsymbol{c}_j(\boldsymbol{T}_k^2) = \boldsymbol{t}_k^{\mathrm{T}} \boldsymbol{S}_k^{-1} \left[\boldsymbol{x}_{kj}\, \boldsymbol{p}_j^{\mathrm{T}} \right]^{\mathrm{T}}$$

其中，当在扫描周期 k 时 $\boldsymbol{x}_{kj}$ 与变量 j 的值相等。

（7）求出变量 $1, \cdots, j, \cdots, J$ 的 $\mathbf{SPE}_k$ 贡献值

$$\boldsymbol{c}_j(\mathbf{SPE}_k) = \boldsymbol{e}_{kj}$$

其中 $\boldsymbol{e}_{kj}$ 是向量 $\boldsymbol{e}_k$ 的分量 j。

9.4.5　PLS 建模和在线预测

PLS 模型开发算法使用标准化数据矩阵 $\boldsymbol{X}$ 和 $\boldsymbol{Y}$。PLS 建模最常用的算法是非线性迭代偏最小二乘（Non-linear Iterative Partial Least Squares，NIPALS），这是用于 PCA 建模的 NIPALS 算法的一个扩展版本。

可以在（Geladi Kowalski，1986）处找到合理的算法描述。本节介绍了算法的基本步骤，且随后进行了图解说明（见图 9-35）。

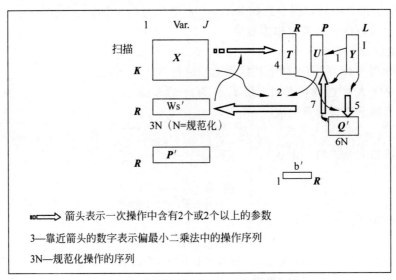

图 9-35　PLS NIPALS 算法的图解说明

（1）在数据功能块 $\boldsymbol{Y}$ 中选择初始主成分分数 $\boldsymbol{u}$，取 $\boldsymbol{u}_{\mathrm{start}} = \boldsymbol{y}_j$，$j$ 是 $\boldsymbol{Y}$ 列中的任何一个值，较大的同列变化可能会加快收敛速度。

$\boldsymbol{X}$ 功能块处理：

（2）计算载入向量 $\boldsymbol{w}' = \boldsymbol{u}' \boldsymbol{X} / \boldsymbol{u}' \boldsymbol{u}$

（3）正规化载入向量 $\boldsymbol{w}' = \boldsymbol{w}' / \| \boldsymbol{w}' \|$

（4）计算得分向量 $\boldsymbol{t} = \boldsymbol{X} \boldsymbol{w} / \boldsymbol{w}' \boldsymbol{w}$

$\boldsymbol{Y}$ 功能块处理：

（5）计算载入向量 $q' = t'Y/t't$

（6）正规化 $q' = q'/\|q'\|$

（7）计算得分向量 $u = Yq/q'q$

注意：如果 Y 有一个变量，可通过取 $q = 1$ 省略第（5）～（8）步，并且也不再需要迭代。

（8）检查收敛

如果 $\|t_{\text{last}} - t_{\text{previous}}\| < \varepsilon$，则进行第（9）步，否则进行第（2）步。

计算 X 载入值，并重新调节分数和质量。

（9）$p' = t'X/t't$

（10）$p'_{\text{new}} = p'_{\text{old}}/\|p'_{\text{old}}\|$

（11）$t_{\text{new}} = t_{\text{old}}/\|p'_{\text{old}}\|$

（12）$w'_{\text{new}} = w'_{\text{old}}/\|p'_{\text{old}}\|$

载入值 p'、q'、w' 是为预测而服务的，而分数 t、u 则用于判断和分类。

（13）为内关系 $b = u't/t't$ 找到相应的回归系数。

（14）（为分量 h）计算功能块 X 的剩余误差

$$E_h = E_{h-1} - t_h p'_h \quad X = E_0$$

（15）计算功能块 Y 的剩余误差

$$F_h = F_{h-1} - b_h t_h q'_h \quad Y = F_0$$

（16）用矩阵 X 和 Y 的剩余误差代替矩阵 X 和 Y，并执行第（1）步，然后计算下一组分量（矩阵 Y 的 w、t、p，以及矩阵 X 的 q，u）。

创建产品属性 Y 的在线 PLS 预测，首先需要计算实际的分数矩阵 T。该矩阵可通过使用模型矩阵 W 和 P，依据式(9-6)和式(9-7)，对 p 主成分 t_i 进行连续计算可得

$$t_i = X_{i-1}w_i/(w_i^{\text{T}}w_i) \text{——主成分得分计算} \tag{9-6}$$

$$X_i = X_{i-1} - t_i P^{\text{T}} \text{——矩阵 } X \text{ 通缩} \tag{9-7}$$

所有主成分均需重复式(9-6)与式(9-7)。

$$T = [t_1 \cdots t_i \cdots t_p] \qquad W = [w_1 \cdots w_i \cdots w_p] \tag{9-8}$$

其中，t_i 和 w_i——矩阵 T 和 W 的列向量。

然后通过矩阵 T 和 Q 计算质量：

$$\hat{Y} = TQ^{\text{T}} \text{——属性预测} \tag{9-9}$$

$\hat{Y}$ 为预测的属性（一个或多个参数）。

在一个在线应用中，数据矩阵 X 是一行 J 列向量，其是按所讨论的时间延迟对齐的。

参 考 文 献

1. Chiang，L. H.，Russell，E. L.，Braatz，R. D. *Fault Detection and Diagnosis in Industrial Systems* London，Berlin，Heidelberg：Springer-Verlag，2001.

2. Geladi，P.，Kowalski，B. R. "Partial Least Squares Regression：a Tutorial" *Analitica Chemica Acta* 185，1986，pp. 1-17.

3. Mason，R. L.，Young，J. C. *Multivariate Statistical Process Control with Industrial Applications*，Philadelphia，PA：SIAM-ASA，2002.

第10章 批量数据分析

过程工厂设计往往趋向于使用连续过程操作,因为这通常会将实现高生产率所需的费用支出降至最低。然而,许多行业会在制造过程中使用一个或多个批量操作。当生产小批量的材料时,或者当产品是通过需要时间才能完成的化学或生物反应生产时,通常需要进行批量加工。例如,特种化学和生命科学行业,严重依赖于以批量处理来生产低批量、高价值的产品。

由于可能使用同一个设备生产多个产品,因此用于批量处理的控制逻辑往往是较为复杂的。从测量和控制的角度来看,过程中影响动态行为的大范围操作条件和变化过程往往是一项难以攻克的课题。此外,为了实现彻底的数据分析,对必要的数据进行组装、清理和排序还面临着额外的挑战。由于这些原因,在线分析技术在故障检测和质量参数终点值的实时预测方面的应用一直没有得到彻底解决,但对于使用批量处理的公司来说,它仍然是一个优先事项。

当一个批量过程中存在多个输入时,批量操作的变化可能会影响与该设备一起使用的部分或全部测量。这一过程的互动性,加上许多批量过程特有的缓慢集成响应,使得操作员很难识别批量处理中的异常情况并评估其对最终产品质量的影响。事实上,由于质量参数通常不能作为在线测量而得到,这使得操作员在评估过程操作时的工作更加复杂。

在过去的十年中,在成功地将在线统计分析应用于批量过程所需的技术和理解已经取得了显著进展。将这些工具集成到过程控制系统中可以带来很多好处。随着人们在选择在线分析工具方面取得的进步,了解将数据分析应用于批量过程的许多挑战以及实现成功的技术变化是很有帮助的(Zhang 和 Edgar,2007)。

10.1 批量生产挑战

不论哪个行业,许多工厂都将批量过程、连续过程和半连续过程结合起来使用,如图 10-1 所示。

根据将要生产的产品,与批处理单元相关的处理可以分为一个或多个操作。在批量操作的初始部分,在整个操作过程中可以使用离散添加和/或连续进料,或者离散添加和连续进料的某些组合对装置进行充电。批处理单元的一些输入可能是共享资源,如储罐,而其他输入可能专用于设备。进料速度和操作目标由目标产品和批量操作决定。

在某些情况下,多个设备可用于处理同一批产品。虽然这些设备在外形上可能相差无几,但经验表明,鉴于换热器面积、容量、阀门特性或测量位置等物理差异,用于批量处理的可交换单元性能往往会不同。

在每个批量中,加入装置的材料保留在装置内,并通过化学反应和/或机械手段(如加热、冷却和搅拌)进行处理。一旦与某个批量相关的所有材料加工完毕,产品可被排放到另

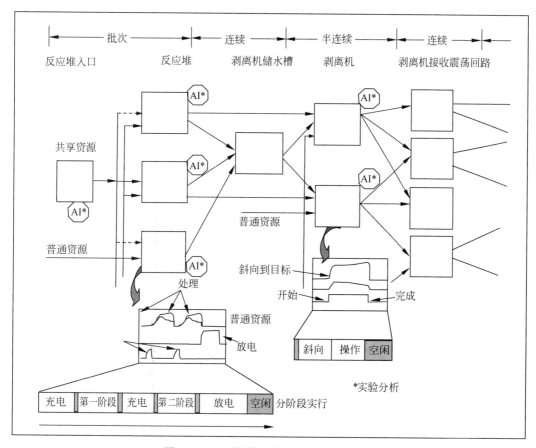

图 10-1　工厂操作的批量过程和连续过程

一个装置进行进一步加工或存储到一个罐中。一些输入进料流的实验室分析可能是可用的,并且可能会影响一个装置的充电率和总充电量。与产品相关的质量参数可以在批处理结束时或批处理操作结束后获得。操作员或控制系统可以使用这些数据来纠正批量操作下一阶段使用的充电或操作条件。

　　一个批量操作和一个连续过程操作之间存在显著的差异。从统计分析的角度来看,一个有趣的事实是:所有连续过程都有批处理方面,所有批量过程都有连续方面。在许多情况下,为连续过程分析设计的分析工具没有有效地满足批处理需求的必要特性。尤其是,要成功地将数据分析应用到批处理流程中,必须解决的一些关键问题如下:

- 过程停滞。操作员和事件启动的处理中止并重新启动。有时候,这些暂停和重新启动是批处理设计的一部分,例如添加一个特殊成分;而其他时候,由于需要等待通用设备可用而施加的限制,批处理的进展可能会被延迟。无论原因是什么,完成批量操作的时间可能会有所不同,这会影响分析模型开发和分析在线应用过程中必须处理数据的方式。

- 实验室数据的访问。鉴于通过批量生产的产品性质、质量参数的在线测量可能在技术上不适用或是不符合经济效益要求,因此,抽取批量产品不同时点的样本进行实验室分析的现象很常见。在如今的许多工厂里,与抽取样本处理相关的实验室数据可能只存在于实验室系统中。实验室结果可以通过电话或不与控制系统相连的实验室终端传达给操作员。为了实现在线分析，有必要将实验室结果提供给在线分析工具集。

- 给料变化。一个批量的装料可能来自通过上游过程或外部供应商的卡车或铁路运输定期重新装料的储罐。进料特性的变化可能直接影响批量操作和质量参数。尽管供应商可以提供与每批材料装运相关的属性，但这些数据通常仅限于采购使用。如果此信息不能用于在线分析工具，那么由分析提供的预测的准确性可能会受到影响。

- 不同的操作条件。一个批量可能分为多个操作。加工条件可能因每个批量操作和装置生产的产品而显著不同。因此，应用于批量的分析模型应考虑生产的产品和处理单元上的活动操作。

10.1.1　面对批量生产挑战时分析所发挥的作用

随着过去十年里先进技术的不断发展，实现不同操作条件和过程停滞的自动补偿成为可能。通过调整工艺操作目标，可以对原料特性信息和质量参数的实验室数据进行补偿。然而，这种技术在商业分析工具中并不统一。在几乎所有情况中，关于卡车或轨道车运输材料属性的实验数据和供应商信息的集成均是针对每个安装进行定制的，因此分析工具无法解决这一问题。其中一个原因是：目前所有可用的业务系统、实验室系统和DCS控制系统都是为满足其预期用途而精心设计的，而不是出于数据整合和分析目的。

随着数据集成和分析水平的提高，在一些公司或组织中，批量的状态是通过所谓的"黄金"或理想批量的标准来进行判断的。黄金批量是指为满足产品质量目标的特定批量而记录的基于时间的测量值配置文件。当采用本标准时，通过调整过程输入来判断批量是否能保持黄金批量的状态。

这种方法最大的缺点之一是：每次测量所指示的条件可能以不同的方式影响产品质量。举例来说，在不影响产品质量时其他测量值可能显著不同，因此严格控制一些参数是很重要的。通过使用多变量统计技术，某个批量内的变化可用来检测不合规则的批量事件和预测批量结束的质量特点。

主成分分析（见第9章）是一种重要的多元统计方法，该方法可作为一种分析技术用于连续过程中的故障检测。

主成分分析（PCA）作为一种工具，能够识别和评估对产品质量和性能至关重要的产品和过程变量。同样重要的是，在DCS工作站中实现的该工具，可能被用于理解过程输入、测量以及最终产品的在线分析之间的交互关系。当使用在线分析时，PCA可被用来识别潜在的失效模式和机制，并量化其对产品质量的影响。

PCA技术应用于批量的核心是一个概念，即可以使用各种批量来建立测量值基于时间的曲线，这些批量生产出质量良好的产品，并且没有异常的加工问题。设计用于批量分析的分析工具使从多个批量中提取、分析和使用数据成为可能。对于这些批量，根据PCA模型对测量值与该曲线的正常变化进行量化。因此，该模型可用于更好地理解多变量参数之间的关系，以及所有这些因素如何影响生产产品的批量成本（如能源、浪费、时间等）。

该模型结构自动考虑到许多用于批量操作的测量彼此关联且对过程输入变化的响应相

同,如它们均处于同一直线上。因此,可以将批量操作的多变量环境简化为几个简单的统计信息,操作员可以使用这些统计信息来评估批量处理的进度。这些统计数据考虑到了在预测断层时,某个部件偏离其既定剖面的重要性。

通过使用主成分分析,可以检测由于建模和未建模的变化而导致的异常操作,具体如下:

模型化变化——PCA 模型捕捉每个过程测量对普通模型化过程操作的贡献,且可通过应用霍特林 T^2 统计量来量化过程操作中的偏差。给定一个指定的显著性水平,阈值可用来确定异常状态的检测。T^2 统计量是休哈特图的多变量普遍化。

非模型化变化——PCA 模型捕捉的过程偏离,部分反映了非扰动变量或未建模过程的行为变化。Q 统计量又称为平方预测误差(SPE),是过程操作偏差的一种度量。

通过使用这两种统计量方法,可能可以更快地确定在批量中的故障条件,从而允许进行纠正以应对故障的影响。

还有另外两种重要的分析技术应用于批量过程:潜在结构投射和判别分析。

潜在结构投射(PLS)——有时亦称为偏最小二乘法,可被用来分析加工条件对最终产品质量参数的影响,这些参数通常通过最终产品的在线分析进行测量。将 PLS 应用于在线系统时,可以为操作员提供一个连续的批量质量参数是有可能的。PLS 也可以有效地与PCA 一起使用,以便在 PCA 中只识别重要的过程变化,以最小化可能存在但没有意义的变化引起的错误警报。

当目标是将操作结果分为重要类别(如故障类别、好的批量、坏的批量等)时,则判别分析将被与 PCA 和 PLS 一同使用。

判别分析(Discriminant Analysis,DA)与主成分分析(PCA)以及其他统计分析方法(如方差分析)相关。它经常与 PLS 结合使用,作为一种强大的分类技术。与持续的输出测量截然相反,判别分析的作用是将过程变化与分类或分类标准联系起来。类属分类有时像判定批量"符合规格"或"不符合规格"一样简单。换一种说法,在质量、经济参数或其他质量分类中,可能有许多不同的类别代表异常情况。

通过应用数据分析,操作员可以通过查看 PCA 统计图(用于故障检测)和质量参数的PLS 预测终值来监控批量操作,如图 10-2 所示。

如前所述,导致过程偏差的主要测量值可以在屏幕上显示为贡献图。贡献图显示了每个过程变量对偏差的贡献程度,这有助于快速确定测量或未测量干扰的来源。因此,当当前批量正在演变时,若某要素偏离了来自过去批量分析的可接受变化关系,则操作人员可以通过观察最有贡献的参数趋势,深入研究过程变量并找出原因。

10.1.2　批量分析综述

诸如 PCA 和 PLS 等多元统计技术的成功应用,在一定程度上取决于所选择的工具集。用于 PCA 和 PLS 模型开发的多种技术亦可在商业产品中使用。在某些情况下,某个产品可能被设计成支持连续过程的分析。如遇此类情况,在数据分析和模型开发中通常会假设一个过程只维持在一个操作条件下。

为了满足批量过程的要求,重要的是用于模型开发的多元工具被设计来满足较大操作

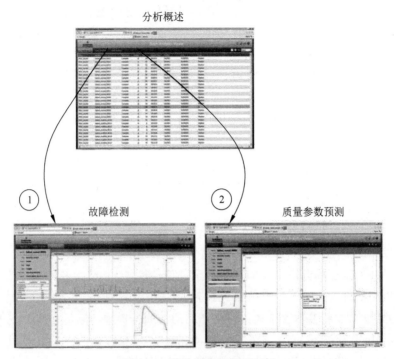

图 10-2   简洁操作员界面实例

范围内的不同过程条件。多通道 PCA 和 PLS 算法通常作为多变量工具来处理批量应用的需求。

多路 PCA(Multiway PCA,MPCA)是 PCA 的一种扩展,为从批量数据建立分析模型提供了一种有效的手段。原始批量数据可能与不同的批量持续时间相关,并且必须在应用 MPCA 之前进行对齐(Nomikos 和 Mac-Gregor,1994)。通过使用 MPCA,工程师可以运用数据密集型技术并提取非常准确的信息,以便监控条件,并将这些条件与批量过程中的故障联系起来。

支持这些算法的工具被设计成允许为每个过程输入和测量自动建立正常的批量轨迹。这种工具集在许多情况下仅支持后期生产的离线数据分析。在线分析的应用可能有更大的价值,因此可以在批量中进行更改,以纠正检测到的故障或关键质量参数预测值的偏差。选择用于实施在线分析的工具应提供有效的解决方案,以解决不同的操作条件和解决过程停滞问题。

用于批量处理的 PCA 和 PLS 技术应考虑到可替换的批量单元、正在生产的产品以及与批量过程相关的操作之间的物理差异。为了具备此能力,PCA/PLS 模型应该由过程单元存储和组织。对于每个单元,模型可以按产品和阶段组织,如图 10-3 所示。

当某个批量通过其操作生产某个产品时,与该产品和操作相关联的模型应自动用于在线系统中。为了便于将分析应用到批量过程中,用于模型开发的工具应允许产品和操作在模型开发过程中对批量操作历史数据进行访问和筛选。

在某些情况下,以某个给定分析工具来收集过程数据,是 PCA 和 PLS 模型开发中面临的最大挑战之一。然而,当这些工具被集成到控制系统中时,制造商就有可能自动为每个批

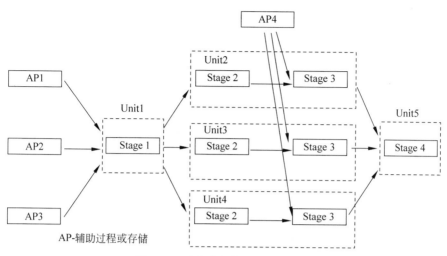

图 10-3　过程分析模型结构的实例

量提供模型开发所需的数据。

在模型开发之前,必须根据统计分析的要求对数据进行适当的排列(展开)。传统上可通过三种技术展开批量数据以用于模型开发:时间展开、变量展开和批量展开。混合展开是 PCA 数据展开的新方法,带来了显著的技术优点(Lee,Yoo 和 Lee,2004)。

由于过程延迟或处理条件的变化,完成与批量相关的一个或多个操作所需的时间可能会有所不同。然而,就用于模型开发的批量数据而言,其持续时间必须相同。有许多方法可以达到持续时间相同的目的。例如,为了实现统一的批量长度,可以简单地以某种方式切断、压缩或扩展批中超过某个时间的数据,以实现相同的时间增量。然而,更有效的方法是使用一项较新的技术(Kassidas,MacGregor 和 Taylor,1998),即动态时间规整(Dynamic Time Warping,DTW)。

动态时间规整(DTW)算法有效地测量了两个序列之间的相似性,这些相似性可能随时间和/或速度而变化。然后,该方法根据这些差异进行调整,以便将多个批量的数据组合成一组用于分析的数据(见图 10-4)。

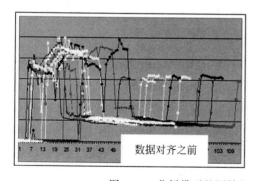
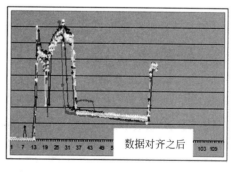

图 10-4　分析模型的原始批量趋势和调整后的批量趋势

动态时间规整可以通过使用参考轨迹的关键特征对批量数据进行自动同步,从而解决此类差异问题。

　　一旦通过使用正常批量数据开发出 PCA 和 PLS 模型,就可以通过重放从异常批量收集的数据来测试它们在检测故障和预测批量末质量参数变化方面的性能。大多数商业建模程序通过这种方式为测试模型带来了便利。更重要的是,它们在检测故障和预测生产批量中的最终质量参数变化方面的性能正在实时发展。

10.1.3　批量分析应用

　　在线批量分析已应用于法国路博润公司的鲁昂特殊化学品工厂,用于故障检测和质量参数预测(Wojewodka 和 Blevins,2008)。在专业化学工业中,该应用在很多方面都代表了整个化学工业中使用的分析应用。该分析项目的成功,如同任何工程努力一样,在很大程度上取决于应用分析技术所采取的步骤。为了解决此应用问题,一个多学科的团队成立了,包括工具集提供商以及路博润工厂的运营专家、统计专家、MIS/IT 专家和工程人员。鲁昂工厂成功使用的这一方法将进一步改进,并在未来用于其他应用。

　　图 10-5 为该应用项目在工厂中应用数据分析的建议准备步骤。

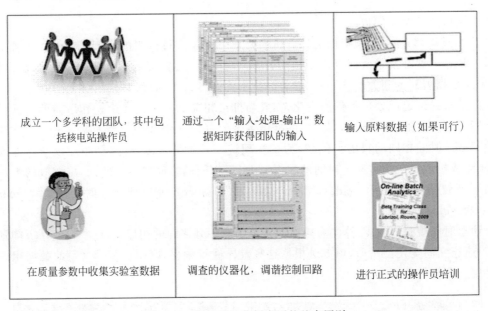

图 10-5　设置批量分析应用的基本原则

　　过程信息的收集:就每次安装而言,为各类产品生产定义的批量操作的测量和方式都是唯一的。要将数据分析应用于批量过程,团队必须充分理解过程、生产的产品和批量控制的组织。在项目的早期,关于过程和批量控制的现有文档被分发给项目团队进行研究。在工厂召开了一次项目会议,允许操作部门提供输入,使团队更加熟悉该过程。

　　基于这些信息,创建了原材料运输的过程测量、实验室分析数据和卡车数据清单。这些数据构成了路博润所称的"输入-处理-输出"数据矩阵的基础。这个矩阵定义了 PCA 和 PLS 模型开发中所需要考虑的数据。

　　仪表和控制调查:分析学应用于批量过程的一个基本假设是过程操作是可重复的。任何与过程测量控制整定和设置相关的问题,都应该在收集数据进行模型开发之前解决。因此,在召开最初项目会议的同时,对项目规定的两个批量过程领域进行了仪表和控制测量,并纠正了测量中发现的任何仪表问题。此外，还对回路整定进行了一些更改，以提供最佳的过程性能。例如，与三个反应器相关的温度和压力回路被重新整定，以提供改进的和可重复的性能(Blevins 和 Beall，2007)。

实验室数据的整合：通过随机采集样品的实验室分析，获得了与鲁昂工厂的批量过程相关的关键质量参数。然后将实验室分析数据随后输入到其 ERP 系统(在路博润案例中 ERP 系统为 SAP)，并用于质量报告、分析证书的生成以及过程改进研究。卡车运输的性能分析同样被输入至服务接入点(SAP)。为了让这些数据用于在线分析，在服务接入点系统和过程控制系统之间创建了一个界面。

在鲁昂工厂，与卡车运输相关的材料性能被用于计算从存储中提取材料的性能——用于 PCA 和 PLS 分析的输入。与大多数过程一样，对于这个项目来说，重要的是要同时描述来料的质量特征和最终产品的质量特征。

历史库收集：当过程控制系统最初被安装在鲁昂工厂时，所有与批量控制相关的过程测量和关键操纵参数均被设置为使用数据压缩来完成每隔一分钟收集一次历史数据的工作。但是，为了分析模型开发的目的，最好以非压缩格式保存数据。因此，为了测量、实验室数据和批量操作数据，定义了额外的历史数据收集。这些数据是使用 10 秒的样本进行收集的，以便更准确地捕捉测量变化，并以未压缩的格式保存。这样做可以使数据分析以更精细的时间分辨率进行，也可以为将来的实现定义更合适的解决方案。然后，对数据的持续分析将确定分辨率是否需要保持在一个更好的分辨率，或者是否需要降低分辨率。

模型开发：在鲁昂工厂，用于模型开发的工具被设计成允许用户从历史库中方便地选取并组织与参数相关的数据子集，这些参数将用于特定操作和产品的模型开发。该工具提供了将所有数据组织和排序成预先确定的数据文件结构的能力，从而允许进行数据分析。一旦模型被开发出来，就可能通过回放未包括在模型开发中的数据对其进行测试。由于批量时间通常是以天为测量周期的，所以这种回放可能比实时回放更快。这使得该模型可以针对多个批量进行快速评估。

培训：由在线分析提供的统计将主要供工厂操作员使用。因此，对操作员进行培训是利用这一性能的重要部分。此外，还将为工厂工程和维护提供有关分析工具使用的单独培训课程。

评估：在前三个月的在线分析中，操作员反馈和收集的关于过程操作改进的数据被用来评估分析应用带来的效益。它还用于获得有价值的输入，以改进用户界面、显示和显示中使用的术语。这使得项目团队可以进一步改进分析模块，以使操作员和工程师能够最大限度地使用和理解。

正如上面概述的项目步骤所示，应用在线分析所需的大部分时间都与收集过程信息、执行仪器和控制调查、集成实验室数据、建立数据收集历史库以及培训相关。

鲁昂路博润公司对质量参数的在线预测进行了报告，并与最终批量实验室分析结果密切匹配(Wojewodka 和 Blevins，2009)。50 个批量的实验室分析和在线预测的对比如图 10-6 所示。

在使用在线数据分析的最初三个月的操作中，检测到多个过程故障。例如：

- 一个单元间隔日后，同一批量两个阶段中的反应器泵的强度要比标准值高出 2 倍。对泵进行了严密检查，一旦发生故障即可进行维修。

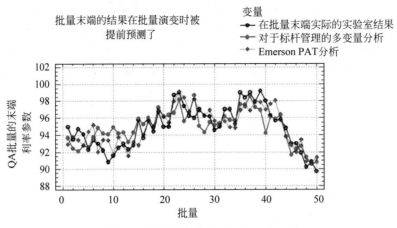

图 10-6　最终批量预测 VS 实验室分析

- 反应器加热控制回路有一个定期重复的问题。这导致了需要对关键过程控制参数进行回路整定的操作。

在其他一些情况下，故障在影响生产之前就被检测出来了。例如，工厂报告指出，上游锅炉出现了一个问题，对运行产生了负面影响。操作人员解释说："提前发现了一个设备故障，为每个批量避免了五个小时的损失。"

10.2　应用实例——建模和在线操作

许多用于批量处理的数据分析产品，使用了多路 PCA 和 PLS 进行故障检测和质量参数预测。然而，这些产品在处理与批量相关的各种挑战方面存在显著差异。

例如，完成一个批量所需的总时间的变化，可能会对离线模型开发和在线操作的结果产生重大影响。在离线模型开发中，一些产品在一段时间后会简单地删除数据，以达到等长批量。其他产品在整个批量中均匀压缩数据，以达到等长批量。在 PCA 模型和 PLS 模型的在线应用中，由于资源争用或批量持有而引起的批量时间变化往往会被忽略。同样，操作条件和反映这些条件的测量值的变化，在离线模型开发和在线模型使用中可能没有被考虑。

最近引入的动态时间规整和批量阶段模型的开发（在 10.5.3 节中有定义），常常会改善数据分析应用于批量过程所取得的结果。本节描述的产品使用了动态时间规整和数据分析模型，该模型是按阶段进行开发和评估的。

使用一个由两个混合器和两个搅拌器组成的"盐水"批量过程的动态过程仿真，可以显示出开发和部署多路 PCA 和 PLS 模型所涉及的步骤。与该批量过程有关的设备可能被用来生产两种不同的产品：盐化产品 1 和盐化产品 2。图 10-7 描述了与每个混合器相关的设备、在线测量和执行机构。

依据在该设备中生产的盐化产品的相关配方，在混合器中对盐和水的初始进料进行加工，然后移动到任一可用搅拌器中进行进一步加工。与搅拌器有关的设备和测量如图 10-8 所示。

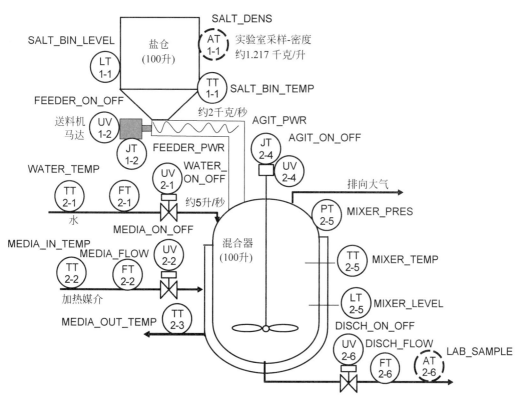

图 10-7　盐化过程——混合器

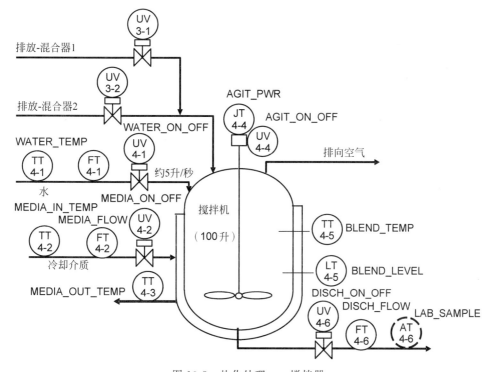

图 10-8　盐化处理——搅拌器

图 10-9 显示了该过程的备用路径以及该批量被分解用于盐化产品生产的阶段步骤。

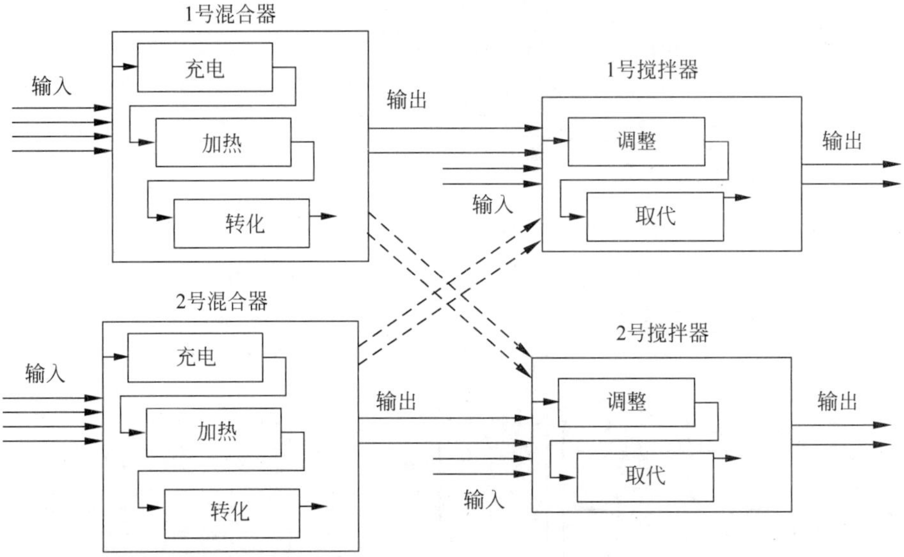

图 10-9　盐化生产的设备和阶段

如图 10-9 所示，该批量被细分为五个工段。前三个工段中，使用混合器对批量原料进行处理；后两个工段中，使用搅拌器对批量原料进行处理。批量逻辑可自动选择第一个混合器，第一个混合器则可用，然后根据产品配方进行批量生产。盐化产品 1 和盐化产品 2 的配方，决定了要向混合器中加入水和盐的量、要向搅拌器中加入水的量以及搅拌器中最终产品的浓度目标值。

为了测试故障检测，盐化模拟被设计用来引入过程故障。当收集数据以训练数据分析模型时，正常过程变化被自动引进到过程仿真中。一旦建立了分析模型，该过程就可以在正常工作条件下运行，或者引入特定的扰动来演示该故障如何影响质量参数。

10.2.1　定义模型输入

一个数据矩阵总结了混合器和搅拌器的过程参数，这些参数被用于开发 PCA 模型进行故障检测以及开发 PLS 模型进行质量参数预测。表 10-1 显示了一个数据矩阵的示例，该矩阵用于识别盐水批量各个阶段中使用的测量值。

盐化过程的质量参数是搅拌器处理后固体测量的百分数。产品配方规定了盐和水的比例。实验室将实验结果录入控制系统。

数据分析配置的出发点是确定产品和用于生产盐水的相关装置。例如，可能会创建一个项目来用混合器 1 和搅拌器 1 来处理盐化产品 1 的生产。因此，只能从工厂设备中选择这两个设备，如图 10-10 所示。

在识别用于制造感兴趣产品的单元之后，与这些单元相关的输入将自动从控制系统中的批量控制应用程序中提取。根据为该项目定义的数据矩阵，可以快速选择感兴趣的输入，如图 10-11 所示。

表 10-1　盐水过程参数矩阵

过程单元	参 数	阶 段				
		添加	加热	转移	调整	排出
混合器 1 和 混合器 2	BATCH_ID.CV	×	×	×		
	PRODUCT.CV	×	×	×		
	UNIT.CV	×	×	×		
	OPERATION.CV	×	×	×		
	STATE.CV	×	×	×		
	AGIT_ON_OFF.CV		×			
	AGIT_PWR.CV		×			
	DISC_ON_OFF.CV			×		
	DISCH_FLOW.CV			×		
	FEEDER_ON_OFF.CV	×				
	FEEDER_PWR.CV	×				
	LAB_PROD_CONC.CV		×	×		
	LAB_SALT_DENS.CV	×	×	×		
	MEDIA_FLOW.CV		×			
	MEDIA_IN_TEMP.CV		×			
	MEDIA_ON_OFF.CV		×			
	MEDIA_OUT_TEMP.CV		×			
	MIXER_LEVEL.CV	×	×	×		
	MIXER_PRES.CV		×	×		
	MIXER_TEMP.CV	×	×	×		
	SALT_BIN_LEVEL.CV	×				
	SALT_BIN_TEMP.CV	×				
	WATER_FLOW.CV	×				
	WATER_ON_OFF.CV	×				
	WATER_TEMP.CV	×				
搅拌器 1 和 搅拌器 2	BATCH_ID.CV				×	×
	PRODUCT.CV				×	×
	UNIT.CV				×	×
	OPERATION.CV				×	×
	STATE.CV				×	×
	AGIT_ON_OFF.CV				×	
	AGIT_PWR.CV				×	
	BLENDER_LEVEL.CV				×	×
	BLENDER_TEMP.CV				×	×
	CHILLER_FLOW.CV				×	
	CHILLER_ON_OFF.CV				×	
	DISC_ON_OFF.CV					×
	DISCH_FLOW.CV					×
	LAB_PROD_CONC.CV				×	×
	MEDIA_IN_TEMP.CV				×	
	MEDIA_OUT_TEMP.CV				×	
	WATER_FLOW.CV				×	
	WATER_ON_OFF.CV				×	
	WATER_TEMP.CV				×	

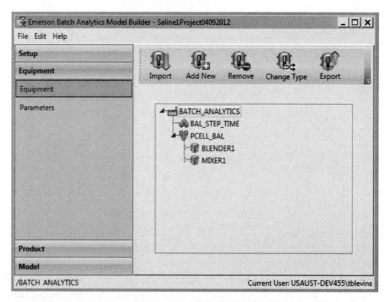

图 10-10　设备选择

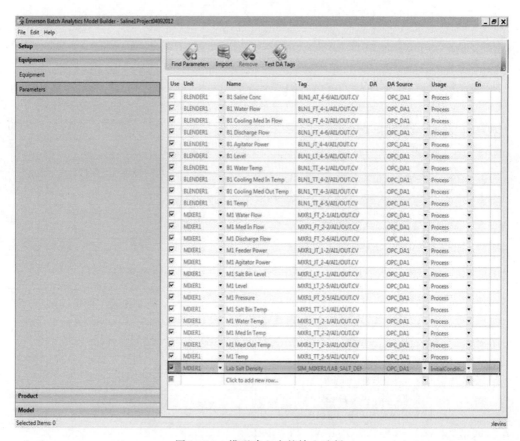

图 10-11　模型建立中的输入选择

　　作为输入选择的一部分,在模型建立中所需的其他信息也可被定义为输入用途,即测量或初始条件,以及参数的友好用户名称。

　　使用所选设备创建感兴趣产品批量的数据,将自动被从批量历史数据中提取,且可以被选出来进行模型构建。与批量参数相关的信息,可以被展示并被用于确定哪些批量应该被选取,如图 10-12 所示。

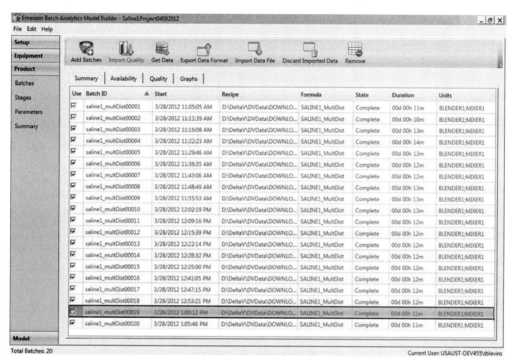

图 10-12　模型开发的批量选择

　　根据所选批量,可以配置每个批量的相关实验室数据以及其他信息,如工程单位范围。

　　批处理步骤(如启动和停止阶段或单元操作)是从批量历史中被自动提取出来,并可用来界定批量阶段和各个阶段的起止步骤,如图 10-13 所示。

　　根据过程输入选择和为一批所定义的阶段,用户可识别将在每个阶段监控和使用的输入,如图 10-14 所示。

　　使用用户先前选择的批量,可自动为项目的各个阶段和相关设备创建 PCA 和 PLS 模型。

　　在初始化模型生成之前,用户可以选择用于训练模型的批量和将用于测试已创建模型的批量。默认情况下,一部分批量是自动随机选择的。用于故障检测和质量参数预测的模型优度信息如图 10-15 所示。

　　一旦模型生成,就可以使用图 10-15 所示的部署项目选择进行在线使用。

10.2.2　查看在线数据分析

　　对模型部署后,用户可通过任何有权访问数据分析服务器的计算机启动网络浏览器,进

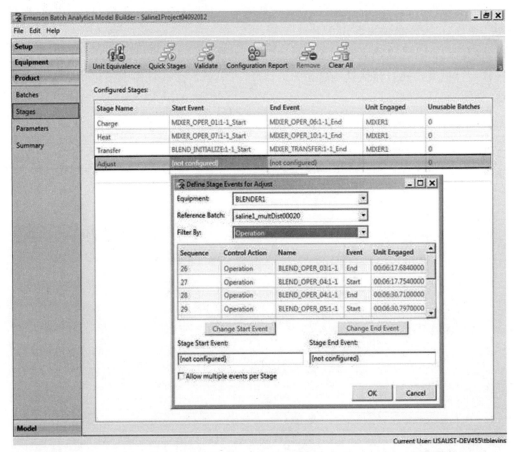

图 10-13　界定批量阶段

入批量数据分析的在线查看系统。在任何给定的时间，多种产品的模型均可被部署。在在线查看界面中，列出了当前和过去部署模型生产产品的批量。

顶端的数据分析界面总结了所有数据分析功能模块的预测及故障检测，如图 10-16 所示。

如果一个批量中显示出故障或预测警报，则从总览界面中选择此批量，然后选择"质量参数（Quality Parameter）"选项卡，即可显示该批量的 T^2 和 Q 统计趋势。此外，在趋势图的选定时间内，对故障影响最大的参数将显示在显示屏的左下角。通过选择一个贡献参数，可以显示该参数的趋势视图，同时还显示出其正常轨迹以及该轨迹的正常标准偏差——就如模型开发中所确定的那样，如图 10-17 所示。

在"质量参数"选项卡中可以显示出预测的未来值以及该产品所配置的规格限制，如图 10-18 所示。

当检测到故障时，可以查看当前和完成的批量，并可方便地访问相关的历史信息。这种能力可用于分析和确定批次故障的来源。

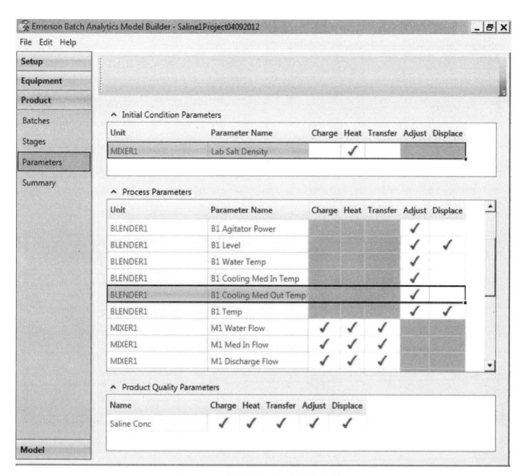

图 10-14　界定用于各个阶段的输入

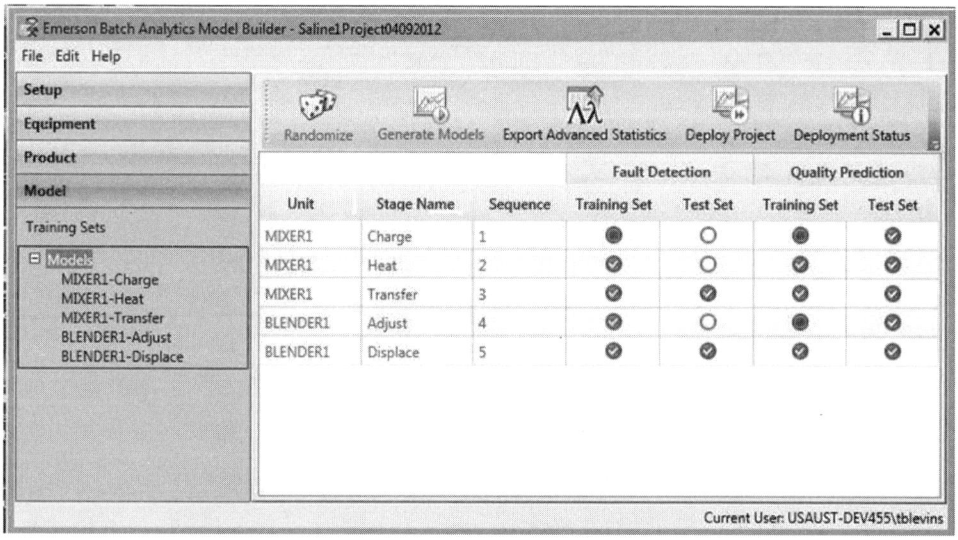

图 10-15　生成模型的优度

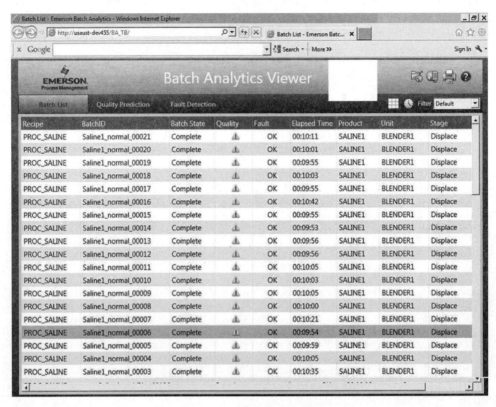

图 10-16　查看批量数据分析模型

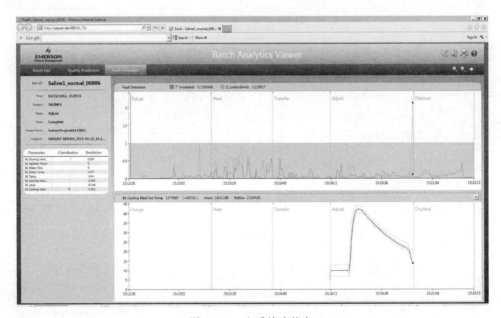

图 10-17　查看故障状态

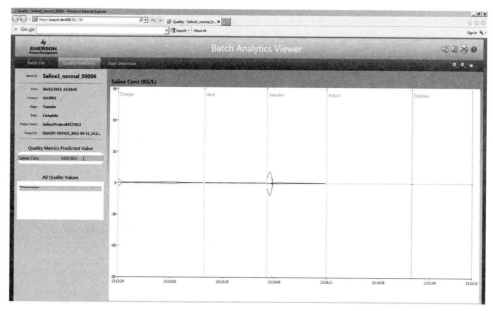

图 10-18　查看质量预测

10.3　批量数据分析专题练习

此次专题练习提供了一些实践,这些实践可用于进一步探索进行故障检测以及质量参数预测的批量数据分析在线使用。通过查看数据分析,可以观察到混合器和搅拌器盐化过程的操作(见图 10-19)。进入本书网址 http://www.advancedcontrolfoundation.com,并选择"解决方案(Solution)"选项卡来查看正在进行中的专题练习。

第一步,打开"批量数据分析"网页,并选择"总览"选项卡,查看该过程的当前状态。

第二步,选择一个显示出处于故障状态的批量,然后进入"故障检测"选项卡。单击趋势线上显示 T^2 或 Q 统计中的最大变化点。

第三步,检查导致故障状态的主要参数。基于该参数的趋势,确定过程干扰,即故障状态的来源。

第四步,选择"质量"选项卡,确定该故障是否对质量参数产生影响,以及产品中固体的百分比含量。

第五步,对于总览界面所示的最后四个故障状况,重复第二、三、四步。识别导致故障条件的过程干扰。

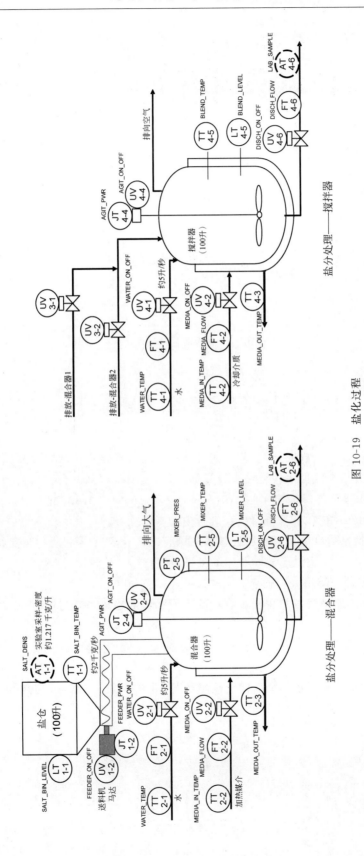

图 10-19　盐化过程

10.4　技 术 基 础

由美国食品和药物管理局(Food and Drug Administration,FDA)发起和监督的过程分析技术(Process Analytical Technology,PAT),促进了分析技术的研究和应用。值得注意的是,PAT 中的术语"分析",被视为囊括了化学、物理、微生物、数学和以综合的方式进行风险分析在内的广泛领域。PAT 的目标是理解和控制生产过程,这与目前 FDA 的质量体系方法是一致的:质量不能用产品来检验,而应该是内置的或被设计出来的(美国 FDA,http://www.fda.gov/Cder/OPS/PAT.htm)。

多变量统计是基于针对故障检测的主成分分析(PCA)的以及针对批量末端质量参数预测的潜在结构投射(PLS)的,我们进行了一个多变量统计(Mason 和 Young,2002)。这些技术对改进过程操作至关重要。在批量数据展开和建模、原料属性建模方面,如果没有通过使用动态时间规整(DTW)将数据对齐以进行离线建模和在线操作等方面的最新研究进展,很难想象会有此在线分析应用程序。为了向读者提供分析技术的全面概述,后续小节概述了以下技术:

- 给料属性建模;
- 数据预处理和验证;
- 多阶段批量建模;
- 有在线过程操作的批量数据对齐和模型对齐;
- 批量数据整理——展开;
- PCA 过程建模和在线操作;
- PLS 过程建模和在线质量预测。

10.4.1　给料属性建模

了解在线原料特性对于过程监控和质量预测系统是非常重要的,因为批量产品的质量在很大程度上取决于罐所装载的原材料。

确定储水箱的泵出原料属性是较为复杂的,这是由于原料泵进入储水箱的方式各异。如图 10-20 所示,原料可从储水箱的顶部泵入,或者通过内部管线直接到达储水箱的中部或底部。

在很多情况下,储水箱没有配备搅拌器,而且储水箱泵通常不运行在"再循环模式"。因此,由于物质从罐底流出,可以认为罐内物质的运动可以模拟为柱塞流动,而随着时间的推移,由浓度的差异和添加新物质而引起的湍流会产生轻微的混合。

通过将储水箱中的一层材料投射到模型的一个区域(见图 10-21),以一种启发式的方式构建了储水箱材料属性模型。这样就形成了一个多隔间"堆栈"类型的模型。每个区域代表一辆卡车、一辆汽车或一批货物。通过区域的使用,可以模拟与堵塞流或短路流模式相关的更复杂的行为,并进行一定程度的混合。当装载新材料时,新货物的属性和数量将被压入到一个堆栈中,如图 10-21 所示。

进栈操作是按这样的顺序执行的:堆栈区域向下移动,从加载第 1 区域开始,然后加载

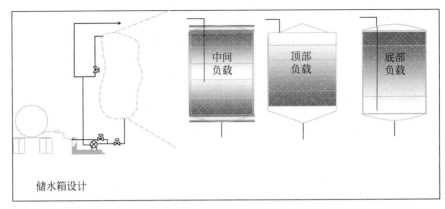

图 10-20　根据装入过程的储水箱类型

时间	平均1	平均2	……	总质量
新的装载 4	属性1	属性2	……	质量
上次的 负载　3	p_1^3	p_2^3	……	Q^3
2			……	
原始负载 1	p_1^1	p_2^1	……	Q^1

图 10-21　储水箱区域混合模型格式

第 2 区域,最后新装载第 4 区域成为最后一个加载区域。图 10-21 中的第一行包括模型中属性的平均值和材料的总数量。一个完整的模型操作过程可以总结如下:

- 通过将当前区域属性转移到下一个区域,并从最新装运中建立第一个区域的属性,从而对储水箱装载进行建模;
- 根据储水箱液位测量建立当前泵出区域;
- 计算储水箱平均属性;
- 通过当前泵出区域属性和平均槽属性,计算出口属性。

每个功能组件的运算均可单独执行。这一特性使得该算法健壮且灵活,便于通过跟踪代表区域的数组进行实时模型监控。

在默认模型中,一个混合系数可适用于所有属性。如果将各种不同的属性混合在一起,应用模型允许一个单独的混合系数应用于每个属性。

该模型的最重要功能是计算出口属性。从为每个属性 P_i 定义加权平均值 $\overline{P_i}$ 开始,假设完全混合:

$$\bar{P}_i = \sum_{k=1}^{n} \frac{p_i^k w^k}{W} \tag{10-1}$$

其中,

p_i^k——区域 k 属性 P_i 值;

w^k——区域 K 中的原料质量(权重);

W——负载区域 n 内储水箱的总材料重量。

$$W = \sum_{k=1}^{n} w^k \tag{10-2}$$

储水箱出口属性 p_i^{outlet} 被定义为

$$p_i^{\text{outlet}} = (1-m)p_i^k + m\bar{P}_i \tag{10-3}$$

最低负载为 $k=1$,最高负载为 $k=n$,其中 $1 \leqslant k \leqslant n$。

m——混合因子 $0 \leqslant m \leqslant 1$。

当 $m=1$ 时会发生完全混合,即 $p_i^{\text{outlet}} = \bar{P}_i$;当 $m=0$ 时,无混合,$p_i^{\text{outlet}} = p_i^k$,即当前泵出区域中的出口材料属性与初始属性是相同的。

当各区域的物料数量基本相同时,式(10-1)可被简化为

$$\bar{P}_i = \sum_{k=1}^{n} \frac{p_i^k}{n} \tag{10-4}$$

式(10-3)定义的储水箱出口属性 p_i^{outlet},可直接作为过程输入或初始条件参数用于批量建模。

10.4.2 数据预处理和验证

在将数据分析应用到实际的工厂中时,必须认识到真正的工厂数据是不完整的。简单地删除某些不完整数据的批量或变量,会导致数据集的减少,从而导致无法满足分析目标。因此,在删除数据之前,有必要处理缺失的数据,直至临界值。

可以建立一个标准来使用变量的最后一个已知良好值,同时追踪每个批量每个变量的坏值数量和最大坏值数量。如果某个特定变量超过了坏值的百分比或连续坏值的最大数量,那么该变量会被标记为重建。每个变量和每个批量都会被标记为一个变量。如果一个批量有太多标记的变量,那么它会被丢弃。如果一个变量标记了太多批量,那么它也会被丢弃。如果结果是一个有很少批量的数据集,那么模型生成会停止。

在标记的变量被识别之后,数据就对齐了。例如,可以通过动态时间规整(DTW)程序来实现,其中每个标记变量的权值为 0。这意味着这些标记变量在 DTW 算法中被忽略了。

一旦批量被时间规整了,每个批量就会具有统一的长度。这允许对所有批次中的每个观察结果进行统计。统计数据是每个变量的平均值和标准差。然后,这个平均值会被替换为标记的变量值。在实现中,替换是在标准化之后进行的,这样标记的变量值就被简单地分配为零。其结果是一个完整的数据集。数据验证标准的具体例子如下:

- 如果一个变量值的状态是坏的,则赋予它最近状态好的那个值。
- 如果有连续 30 个不良数值,则应对该批量内的变量值作出标记。
- 如果一个变量中有多于 20% 的不良数值,则应对该批量内的变量值作出标记。

- 如果一个变量中有多于 50％ 的不良数值，则此批量被丢弃。
- 如果一个变量中有多于 50％ 的不良数值标记，则此批量被丢弃。
- 特定批量中的标记变量在 DTW 中被"忽略"，然后对该变量进行重构（归一化后设置为 0）。

标记变量的重构是在整个批量时间内完成的。对于多阶段批量而言，执行如上所述的数据验证，并对每个阶段分别应用标准。

10.4.3 多阶段批量建模

在线使用诸如 PCA 和 PLS 技术等分析工具进行故障检测和质量参数预测，在许多情况下局限于生产单一产品的连续应用。在这种情况下，这一过程常被视为具有固定测量和实验室分析集的单个单元。对于这些类型的应用，可以开发一个单一的 PCA 和 PLS 模型并在在线环境中应用。然而，由于产品有其各自的仪器集和质量参数，在采用一种或多种设备生产多种产品时，为了满足连续式过程或批量式过程处理的要求，必须采用更为通用的方法来开发线下模型和应用线上分析。

将在线分析工具应用到连续过程和批量过程中所面临的一些挑战可以总结如下：

- 在批量操作环境中，产品制造使用许多设备，这些设备可以串联、并联或者是串联与并联的组合。用于过程操作条件或与之相关的设备取决于生产的产品。不同的实验室或者现场测量可用于过程的不同点。
- 连续操作环境可能涉及以不同配置排列的多个主要设备。在某些情况下，与每个加工设备相关的处理以及相关测量和控制，可能因加工条件、吞吐量或加工中产品的变化而变化。

因此，设计用于支持在线分析的工具应该考虑可能用于产品制造的产品、设备布置、不同操作条件以及相关现场和实验室测量。为了满足这些需求，一个批量生产过程或连续生产过程的分析模型可能被分解为生产特定产品所需的不同生产阶段。在这种情况下，过程阶段的特征有：

- 处理所需的设备类型；
- 过程检测或控制所需的现场和实验室测量；
- 必须维持的过程操作条件；
- 不同操作条件对产品的影响。

阶段的概念可被运用到连续过程和批量过程的在线分析应用和开发中。一旦产品相关的不同阶段被确定下来，就可以通过阶段来构建分析模型。

批处理过程的阶段可以根据产品配方和主动操作来确定。例如，当一个批量开始生产一个产品时，该批量通常被分配一个唯一的批量标识符(ID)。在生产过程中，随着批量从一件设备进展到另一件设备，此批量 ID 将随产品一起移动。如果批量控制是通过使用 SP88 命名法及结构构建而成的，那么代表每台设备的单元都会包含批量标识、产品及实际操作的参数。

ISA88：一种批量标准，使用面向对象的概念来定义批量控制过程的术语和模型。

通常，一个或多个操作与单个阶段相关联。因此，在线分析应用程序可以使用这些信息来确定处理阶段，并在产品在设备之间移动时跟踪产品。批量的进展及其与分析阶段的关联如图 10-22 所示。

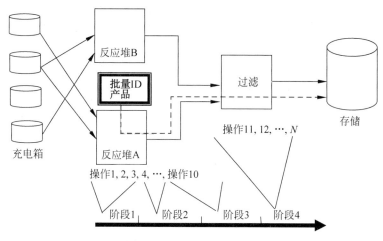

图 10-22　批量过程的阶段

在分析建模中使用阶段还有两个额外的理由：

- 连续批量的生产时间明显不同。用于模型开发的所有批量的过程数据必须根据时间进行调整。引入阶段有助于以更高效的方式完成数据同步。
- 用于在线过程监测的分析模型必须在时间上与过程操作同步。与模型开发一样，将一个过程划分为多个阶段会使该任务在在线上更高效。

工业生产过程具有非线性和非平稳的特点。而分析模型通常假设过程为线性的和平稳的。将一个持续过程和批量过程分解为多个阶段，开发多块模型，使其更接近实际过程的建模假设。多阶段的使用，使得可根据预定的操作、可接受的操作条件和可预测的事件来很好地定义分解。

与单块过程建模相比，多块过程建模提供了许多优势，例如为后续的过程建模和测试（特别是）提供了建模的灵活性，以及更容易的在线部署和更早的模型重新配置。同时，多块建模创建了额外的任务，以便在处理过程中将建模结果传递给连续的块（Westerhuis，Kourti 和 MacGregor，1998）。批量末端或阶段末端的质量预测，可被用于从前面的块传输预测。它可以是批量末端的质量预测，或者是阶段末端的质量预测。此外，如果它们可用，可以使用阶段末端的质量分析结果，而不是阶段末端的质量预测。

10.4.4　批量数据和在线模型的对齐

如前所述，为批量过程开发数据分析工具的一个重大障碍，是批量和批量阶段之间的不同持续时间（见图 10-23）。

用于将批量数据对齐的传统技术是一个代表批量进度的指示变量。该指示变量应当平稳、连续、单调，并且应跨越批量数据集内所有其他过程变量的范围（Cinar，Parulekar，Undey 和 Birol，2003）。为了检测新批量，从所有过程变量中收集数据，然后根据指示变量调整数据。图 10-24 给出了两个变量的对齐概念。

更好的数据对齐是通过动态时间规整（DTW）来实现的，动态时间规整是从语音识别中借鉴的一项技术（Kassidas，MacGregor 和 Taylor，1998）。如之前章节所讨论的，动态时间规整使得不同批量内各自过程轨迹之间的距离变得最小。在这种情况下，DTW 将分析中

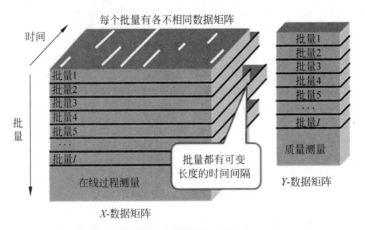

图 10-23   批量数据的本质

的所有变量考虑在内，是一种批量数据对齐的有效方法。DTW 可以使用上述的一个可选指示变量，或者可以创建一个附加变量，并将其定义为批量（或阶段）完成时间的一部分。该指示变量被添加到原始过程变量集，以提高 DTW 计算的鲁棒性，并避免局部极小点汇聚时间过长的问题。

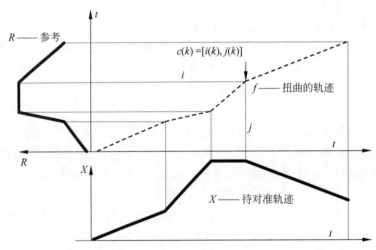

图 10-24   参考轨迹 R 和原轨迹 X 以及最优对齐路径 $c(k)$ 的图示

在可变持续时间轨迹上对两套批量数据对齐的 DTW 算法，其基本知识如图 10-24 所示。

首先，选择一个批量作为参考轨迹 R。通常情况下，当考虑到批量数据训练集时，平均持续时间的批量被用作初始参考轨迹。参考轨迹和在点 k 处的剩下轨迹 X 之间的距离 d 可以定义为

$$d(i(k),j(k)) = \{R[i(k)] - X[j(k)]\} \cdot W \cdot \{R[i(k)] - X[j(k)]\}^{\mathrm{T}} \quad (10-5)$$

W 是反映每个测量变化值的正权重矩阵；k 是路径上的格点 $(k=1,2,\cdots,K)$。X 和 R 的长度分别为 t 和 r。

两个轨迹集之间的总长度 $D(t,r)$ 为

$$D(t,r) = \sum_{k=1}^{K} d(i(k),j(k)) \tag{10-6}$$

使得 $D(t,r)$ 最小的最优路径为

$$D^{\text{opt}}(t,r) = \min \left\{ \sum_{k=1}^{K} d(i(k),j(k)) \right\} \tag{10-7}$$

该路径可表示为

$$f = \{c(1),c(2),\cdots,c(K)\} \tag{10-8}$$

当 $c(k) = [i(k),j(k)]$ 表示连接 i 和 j 的格点时,最佳路径开发的简单示意图如图 10-25 所示。

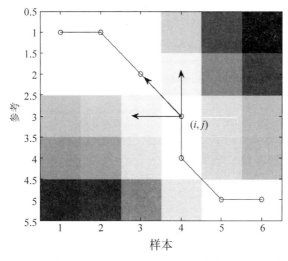

图 10-25 五点参考轨迹和六点样本数据轨迹最优路径 $c(k)$ (Boudreau 和 McMillan,2007)

通常情况下,最小化(见式(10-7))通常受全局约束(见式(10-9))和局部约束(见式(10-10))的制约,这些约束对初始轨迹点、终点轨迹点、极限、点 (i,j) 之前的任一点,进行强制匹配。

$$c(1) = [1,1] \quad c(K) = [t,r] \tag{10-9}$$
$$c(k-1) = (i-1,j),(i-1,j-1) \text{ 或 } (i,j-1) \tag{10-10}$$

用于构建对齐轨迹的最优轨迹路径如图 10-26 所示。将原始轨迹(上层趋势)上的图点 5 和图点 6 与对齐轨迹(中层趋势)上的一点结合,来匹配参考轨迹(较低趋势)上的图点 5;图点 8 在多个点上展开,以最佳匹配参考轨迹上的点 7、8、9、10 和 11。

作为动态时间调整的结果,所有批量(或者一个阶段,如果此模型是根据阶段开发而成)数据集的长度相同,并且为创建可应用于模型生成的数据结构做好了准备。

在在线操作中,每一次建模扫描都会根据当前批量的进度调整 PCA 或 PLS 模型位置。在读取 J 参数并且更新当前扫描向量后,在使用 DTW 之前,该参数向量的大小应与离线数据相同。

图 10-27 显示了在线 DTW 的特性。DTW 在线解决方案是专为特定的建模扫描设计而成的。该算法求出了 k' 扫描点处的当前批量扫描轨迹,以及上次轨迹扫描的模型扫描和几个提前扫描点($k,k+1,k+2,\cdots$)之间的距离值,并对与当前轨迹扫描最小距离的模型扫描进行了选择。选择标准可能还包括自上次扫描以来模型轨迹与当前过程轨迹之间距离的变化。

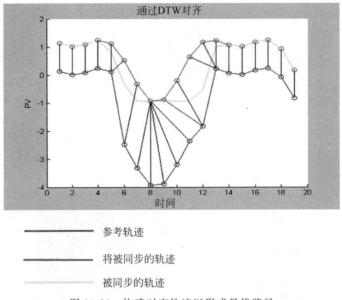

参考轨迹

将被同步的轨迹

被同步的轨迹

图 10-26　构建对齐轨迹以形成最优路径

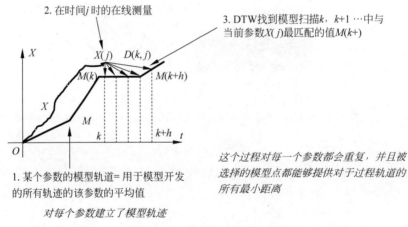

对每个参数建立了模型轨迹

图 10-27　在线对齐批量轨迹

10.4.5　数据安排——展开

创建用于建模的批量数据结构被称为数据展开。就用于模型开发(训练数据集)的多个批量而言,对其历史数据的批量展开如图 10-28 所示。将三维数据 $X(I \times J \times K)$ 转换为二维空间 $X(I \times (J \times K))$,其中 J 是用于模型的过程参数数量,I 是批量数量,K 是模型扫描的数量。

对数据切片 $X(I \times J)$ 的每个参数平均值和标准偏差进行计算。这些平均值将形成用于模型开发和在线操作的模型参考轨迹。批量质量数据在矩阵 $Y(I \times L)$ 中进行分组,其中 L 是用于建模中质量参数的数量。

批量展开主要被用于 PLS 建模,而 PCA 建模则使用变量展开或混合展开。混合展开将批量展开和变量展开的特点结合起来,是 PCA 建模的最优选择。

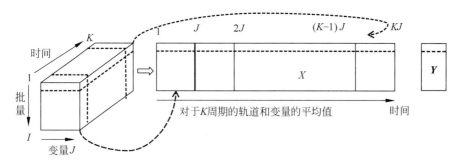

图 10-28　批量数据展开

10.4.6　PCA 建模和在线故障检测

图 10-29 显示了批量 PCA 离线建模的数据流。在图表中,假设 K 为 DTW 数据对齐的扫描数量。执行以下基本步骤来在线部署模型开发。

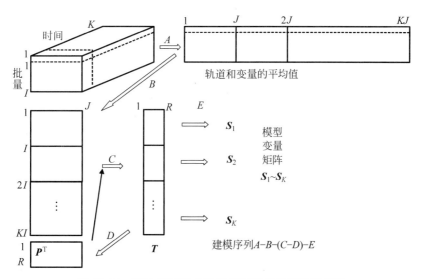

图 10-29　PCA 离线混合数据展开和模型开发流程图

- 将三维数据集 $X(I \times K \times J)$ 通过批量开展形成二维数据集 $X((I \times K) \times J)$。计算平均值轨迹,对混合展开矩阵的数据进行重新安排(左侧底部矩阵)。
- PCA 算法。NIPALS(非线性迭代偏最小二乘)传送数据矩阵 $X(J \times R)$ 的分数矩阵 $T((I \times K) \times R)$ 和加载矩阵 $P(J \times R)$。分数矩阵 $T((I \times K) \times R)$ 不得在线使用,在线使用的额外矩阵是每个模型扫描的协方差反阵——$S_K(R \times R)$ 的倒置。
- 对 T^2 统计的轨迹控制上限进行定义。
- 对 Q 统计的轨迹控制上限进行定义。
- 计算模型质量指数。

NIPALS 是分析学的核心算法,其算法草图如下:步骤(1)～步骤(6)。读者可以在(Geladi 和 Kowalski,1986)中找到更多的细节。从计算上看,该算法是通过迭代和压缩的方法来实现的。

（1）在 $\boldsymbol{X}$ 矩阵中选择一个列向量 $\boldsymbol{x}_j$ 作为起点 $\boldsymbol{t}_i$。

（2）通过如下公式计算 $\boldsymbol{p}_i$：

$$\boldsymbol{p}_i = \boldsymbol{X}^{\mathrm{T}} \boldsymbol{t}_i (\boldsymbol{t}_i^{\mathrm{T}} \boldsymbol{t}_i)^{-1}$$

（3）通过如下公式归一化 $\boldsymbol{p}_i$：

$$\boldsymbol{p}_i^{\mathrm{T}} = \frac{\boldsymbol{p}_i^{\mathrm{T}}}{\| \boldsymbol{p}_i^{\mathrm{T}} \|}$$

（4）计算出 $\boldsymbol{t}_i$：

$$\boldsymbol{t}_i = \boldsymbol{X} \boldsymbol{p}_i$$

（5）比较用于第（2）步的 $\boldsymbol{t}_i$ 和第（4）步计算出的 $\boldsymbol{t}_i$，如果差异小于预定义的收敛极限，则执行第（6）步，否则就返回至执行第（2）步。

（6）通过 $\boldsymbol{X} = \boldsymbol{X} - \boldsymbol{t}_i \boldsymbol{p}_i$ 缩小 $\boldsymbol{X}$，设置 $i = i+1$，并执行第（1）步。

数据的预处理对主成分分析（PCA）至关重要，不同的预处理准则会导致不同的结果。对于大多数过程监视应用，许多预处理方法会将 $\boldsymbol{X}$ 缩小为每一列的零均值和单位方差。由于 NIPALS 的迭代性质，当协方差矩阵中存在非常相似的特征值时可能会出现收敛问题。幸运的是，在实际应用中，对过程检测较为重要的特征值总是不同的（通常其量级不同）。

T^2 上限是通过 F-统计（F-分布）来估计的。F-分布是通过以下两个参数的自由度予以定义的：处理数据的批量数量 I 和选定主成分的数量 R（见式（10-11））：

$$T_\alpha^2 = \frac{R(I^2 - I)}{I(I - R)} F_\alpha(R, I - R) \tag{10-11}$$

α 定义了预警的统计阈值。在一般情况下，前 5％ 的分布被认为是报警阈值。PCA 模型中的限定值一般为 T^2。

Q 统计的限定值是通过应用于加权 χ^2 分布的每个模型扫描计算得出的：

$$Q_k = \frac{v_k}{2m_k} \chi^2 (2m_k^2, v_k) = \frac{v_k}{2m_k} \chi^2 \left(\frac{2m_k^2}{v_k} \right) \tag{10-12}$$

其中 m_k 和 v_k 是 Q 统计在 k 时段的平均值和变量值。

卡方分布（χ^2）是最广泛用于推论统计的概率分布之一。如果 X_i 与 n 无关，则 X_i 通常分布于平均值为 0、变量值为 1 的随机变量处，然后随机变量 $Q = \sum_{i=1}^{n} X_i^2$ 将根据卡方分布进行分布。

模型优度指数 R_x^2 是模型评估的一个基本工具。该指数表明模型所解释的数据方差程度。

$$0 < R_x^2 < 1 \tag{10-13}$$

PCA 建模和操作综述如图 10-30 所示。数据块 $\boldsymbol{X}$ 分解为已建模部分 $\boldsymbol{TP}^{\mathrm{T}}$ 和未建模部分 $\boldsymbol{E}$。

$$\boldsymbol{X} = \boldsymbol{TP}^{\mathrm{T}} + \boldsymbol{E} \tag{10-14}$$

每个建模扫描的在线 PCA 执行以下的操作顺序：

- 读取和重新调节模型输入参数；
- 计算得分向量 $\boldsymbol{t}$；

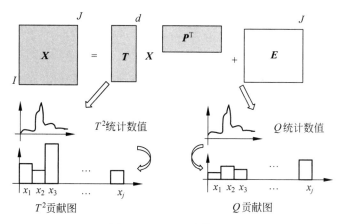

图 10-30 PCA 建模综述

- 为批量扫描 k 计算 T^2 统计；
- 计算面膜误差和 Q 统计；
- 为 T^2 统计和 Q 统计创建贡献图。

10.4.7 PLS 建模和在线质量预测

PLS 离线模型开发步骤总结如下：
- PLS 算法（NIPALS）提供分数矩阵 $Ts(I \times R)$ 和加载矩阵 $Qs(L \times R)$、$Ws(JK \times R)$ 和 $Ps(JK \times R)$。以下额外矩阵和参数是为在线计算而创建的，如图 10-31 所示。
- $\mathrm{Inv}(Ts(k)'Ts(k))$ 是用来计算置信区间的。即当 $k = 1, 2, \cdots, K$ 时每个值的数据范围。
- $\mathrm{MSE}(k)$ 用于模型开发的每个批量扫描值 k 的平均均方差、实际质量和批量质量的最终预估值。

图 10-31 描述了 PLS 建模结构的示意图。

从在线操作中获取 PLS 质量预测值 $\hat{Y}$ 的关键是计算隐藏的结构分数矩阵 T。这是通过使用模型矩阵 W、P 和 Q，并连续计算具有 p 主成分的潜在变量矩阵 T 来实现的，如下所示：

$$t_i = X_{i-1} w_i / (w_i^{\mathrm{T}} w_i) \tag{10-15}$$

$$X_i = X_{i-1} - t_i P^{\mathrm{T}} \tag{10-16}$$

$$T = [t_1 \cdots t_i \cdots t_p] \quad W = [w_1 \cdots w_i \cdots w_p] \tag{10-17}$$

其中，t_i，w_i 分别是矩阵 T，W 的列向量。

$$\hat{Y} = TQ^{\mathrm{T}} \tag{10-18}$$

$\hat{Y}$ 是一个预测质量参数向量的向量，该向量与用于 PLS 模型开发的质量平均值发生相对的变化。

在在线应用中，数据矩阵 X 是一个行矩阵。每个 PLS 运算扫描的 X 的行数由 J 增加至该阶段结束时的 KJ。数据矩阵 X 将变量从批量、开始一直携带到当前时间。

PLS 预测应与表明预测精度的在线置信区间同时进行。

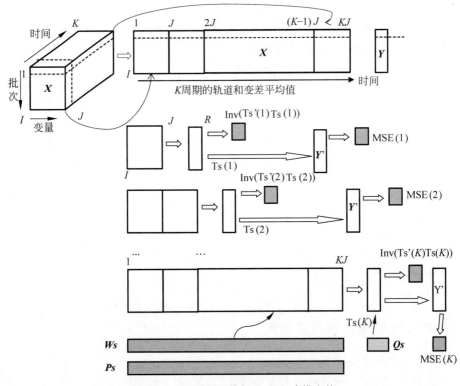

图 10-31　批量展开数据和 PLS 建模变换

$$\hat{Y} \pm t_{1-R,\alpha/2} \sqrt{\mathrm{MSE}(k)(1 + t_k(T'(k)T(k))^{-1}t_k')} \qquad (10\text{-}19)$$

t_k 在每次扫描中都是被在线定义的。除了 t_k，所有的公式参数均在该模型中有定义。

参 考 文 献

1. Blevins，T. and Beall，J. "Monitoring and Control Tools for Implementing PAT" *Pharmaceutical Technology*，March 2007.

2. Boudreau，M. A. and McMillan，G. K. *New Directions in Bioprocess Modeling and Control* Research Triangle Park：ISA，2007.

3. Cinar，A.，Parulekar，S. J.，Undey，C. and Birol，G. "*Batch Fermentation—Modeling*，*Monitoring*，*and Control*" Marcel Dekker，New York，NY，2003.

4. Geladi，P. and Kowalski，B. R. "Partial Least Squares Regression：a Tutorial" *Analitica Chemica Acta* 185，1986，pp. 1-17.

5. Kassidas，J. F.，MacGregor，J. and Taylor，P. A. "Synchronization of Batch Trajectories Using Dynamic Time Warping" *AIChE Journal*，vol. 44，pp. 864-875，1998.

6. Lee，J. M.，Yoo，C. K. and Lee，I. B. "Enhanced Process Monitoring of Fed-batch Penicillin Cultivation Using Time-varying and Multivariate Statistical Analysis" *Journal of Biotechnology* 110，pp. 119-136，2004.

7. Mason，R. L. and Young，J. C. *Multivariate Statistical Process Control with Industrial Applications*，ASA-SIAM，Philadelphia，2002.

8. Nomikos, P. and MacGregor, J. F. "Monitoring Batch Processes Using Multiway Principal Component Analysis" *AIChE J.*, 40, p. 1361, 1994.

9. Pravdova, V., Walczak, B. and Massart, D. L. "A Comparison of Two Algorithms for Warping of Analytical Signals" *Analytica Chimica Acta*, vol. 456, pp. 77-92, 2002.

10. Ramaker, H. J., v. Sprang, E., Westerhuis, J. and Smilde, A. K. "Dynamic Time Warping of Spectroscopic Batch Data" *Analytica Chimica Acta*, vol. 498, pp. 133-153, 2003.

11. Reiss, R., Wojsznis, W. and Wojewodka, R. "Partial Least Squares Confidence Interval Calculation for Industrial End-of-batch Quality Prediction" *Chemometrics and Intelligent Laboratory Systems*, 100, pp. 75-82, 2010.

12. U. S. Food and Drug Administration, Office of Pharmaceutical Science site: http://www. fda. gov/ Cder/OPS/PAT. htm.

13. Westerhuis, J. A., Kourti, T. and MacGregor, J. F. "Analysis of Multiblock and Hierarchical PCA and PLS Models" *Journal of Chemometrics*, 12, pp. 301-321, 1998.

14. Wojewodka, R., and Blevins, T., "Data Analytics in Batch Operations," *Control*, p. 53, May 2008, www. controlglobal. com/articles/2008/164. html.

15. Wojewodka, R., and Blevins, T., "Benefits Achieved Using On-line Data Analytics," *Presented at Emerson Exchange Conference*, Orland, FL, 2009.

16. Zhang, Y. and Edgar, T. F. "Multivariate Statistical Process Control" *New Directions in Bioprocess Modeling and Control* (Boudreau, M. and McMillan, G., ed.) Research Triangle Park: ISA, 2007.

第 11 章　简单模型预测控制

1980 年,当卡特勒(Cutler)和拉马克(Ramaker)首次发表并提出一种称为动态矩阵控制的新控制技术时,它在过程控制界引起了相当大的轰动(Cutler 和 Ramaker,1980)。美国壳牌石油公司对此项技术进行了开发和推广,将其用于诸如炼油厂蒸馏塔的大型交互式多输入多输出(MIMO)过程控制。美国壳牌石油公司所做的这项工作,是今天通常被称为模型预测控制(MPC)的第一次实用版本。

自美国壳牌石油公司完首次安装模型预测控制系统以来,已有成千上万家工厂安装了模型预测控制系统。该控制技术的主要应用集中于石化、炼油、化工、造纸等行业的大中型机构(Froisy,1994)。尽管已证明与多回路 PID 控制相比,模型预测控制在多种小型应用中具备许多优势因素,但其在小型设施中仍未得到普及,总结如下:

单回路或多回路控制的特点是长时间延迟或逆过程响应。由于模型预测控制(MPC)模块所采取的控制动作是以过程响应模型为基础的,因此与 PID 反馈控制或诸如史密斯预估补偿器等时滞补偿技术相比,MPC 可以实现更好的控制(Shinskey,1988)。实现了 MPC 的产品,能够在调试期间自动确定该响应模型。

两个或两个以上控制回路之间的交互作用会对过程操作产生影响,即一个控制回路的输出变化会对其他一个或多个控制回路的控制参数产生显著影响。当 MPC 块采取控制动作时,这种交互作用会自动生成。因此,由于采取任何改正措施来调整某个控制参数均会产生平衡效益,使其他参数的影响度降到最低,从而改善控制。

对被控参数的一个或多个扰动进行测量。通过将这些测量纳入控制中,MPC 块可对扰动影响进行自动补偿。因此,已扰动变量输入的变化将对控制参数鲜有或没有影响。

必须在过程控制中对一个或多个可测量约束进行观察。MPC 块不断地计算扰动或控制动作对约束参数的影响。如果一个约束输出的未来值超出了其极限,那么 MPC 将自动采取适当的措施来防止超出约束限制。

生产受限于一个过程中的一个或多个输入。吞吐量的控制以及与限制生产的输入相关联的控制,可能被包括在 MPC 控制目标中。吞吐量被自动调整来将过程维持在其输入限制值内,从而使得产量最大化。

从传统意义上来说,对于小型 MPC 应用程序来说,实现模型预测控制所需的计算能力和内存是一个重大挫折,这通常需要一个在旧的分布式控制系统上层的计算机。因此,MPC 的应用一直局限于大型的高吞吐量过程,在这些过程中,吞吐量的增加可以证明安装、调试和维护 MPC 策略的高成本是合理的。

然而,在现代 DCS 中,处理器和控制器内存的进步使得在控制器中嵌入 MPC 成为可能(Thiele,2000;Wojsznis,Blevins 和 Nixon,2000)。特别地,被设计用于处理具有快速动态特性的小进程的 MPC,也可被用于处理一些使用多回路 PID 技术的应用。

为了让读者关注这些装置,本章将阐述如何使用嵌入在 DCS 控制器中的 MPC 功能来取代传统控制技术。此外,本章还为经验较少的用户提供了 MPC 的基本认识。接下来的两章将引导读者了解更先进的 MPC 产品,这些产品集成了一个优化器和更复杂的 MPC 应用程序。

11.1　MPC 作为 PID 的替代

模型预测控制可用于单输入单输出(SISO)和多输入多输出(MIMO)过程。MPC 的最简单形式是处理单输入单输出过程。例如,MPC 可以被用来提供控制 SISO 的有效手段,其中在过程停止时间大于或等于过程时间常数时,SISO 过程被描述为"时滞占主导"。当PID 反馈控制被应用到时滞占主导的过程时,所获得的控制性能可能不太令人满意。随着时滞所占时间比例的不断增大,出于稳定性考虑,必须减少比例和复位增益。因此,设定值变化和负荷扰动的控制响应通常比最佳过程操作所需的控制响应速度要慢。在这种情况下,通过用模型预测控制取代 PID 反馈控制的方式可以对控制性能进行改善,如图 11-1 所示。

图 11-1　MPC 作为 SISO 控制器用于处理困难的动态过程

如第 3 章所述,与 PID 算法的预先定义性不同,MPC 算法生成的基础是过程输入阶跃变化的过程响应,即阶跃响应模型,因此改进 PID 反馈控制性能是可能的。当在以时滞为特征的过程输入中发生变化时,与 PID 算法不同,MPC 算法知晓这种变化将不会立即反映在过程输出中。对过程响应的这种意识使 MPC 算法能够更好地控制以时滞为主导的过程。

实现模型预测控制的 SISO 过程就像使用 PID 控制一样简单。MPC 块在控制模块中替换 PID 模块的过程是很简单的,如图 11-2 所示。仿真输入模块和输出模块与 MPC 块的连接,实际上是通过相同方式进行的。然而,在使用 MPC 时,控制器的整定方法是不同的。例如,MPC 块不包含比例增益、积分增益和微分增益参数;包含一个识别的阶跃响应(阶跃响应模型),该阶跃响应被用于生成 MPC 控制矩阵。

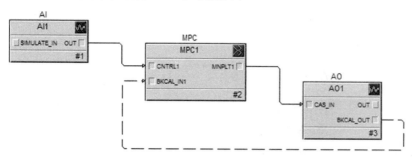

图 11-2　用于单回路的 MPC 组态

11. 2　调试 MPC

当控制系统支持 MPC 时，一款软件应用程序将被用来自动识别过程阶跃响应模型。与用于整定 PID 的整定操作相似，MPC 应用被设计来允许对过程进行自动测试。按下测试按钮，对过程进行测试、自动识别阶跃响应模型、生成 MPC 算法、自动转移到 MPC 块中并用于控制。可能观测到的已识别的阶跃响应如图 11-3 所示。

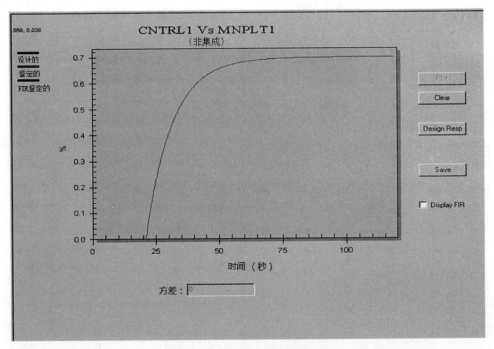

图 11-3　已识别的过程步骤响应

在开始测试之前，用户可以指定在测试期间要更改多少操纵参数。同时，用户也有必要根据观察结果输入其最佳猜测，即过程对操纵参数的变化完全响应所需的时间，也即过程达到稳定状态的时间，如图 11-4 所示。

例如，如果过程需要 120 秒来对操纵参数变化做出完全响应，那么用户将输入 120 秒作为稳定状态的时间。自动测试的持续时间是以恢复稳定状态的预计时长为基础的，同时它也决定了测试过程中产生的最长脉冲持续时长。当测试开始时，控制器输将自动改变以生成一系列持续脉冲，脉冲的持续时间以伪随机方式改变，并允许观察和收集过程响应以进行模型识别。

伪随机——一系列看似随机，而实际上是根据一些预先安排好的序列而产生的变化。

在测试完成且用户选择自动生成按钮之后，会对测试期间不同的过程输入和输出方式进行自动分析，并生成阶跃响应模型和 MPC 控制器。

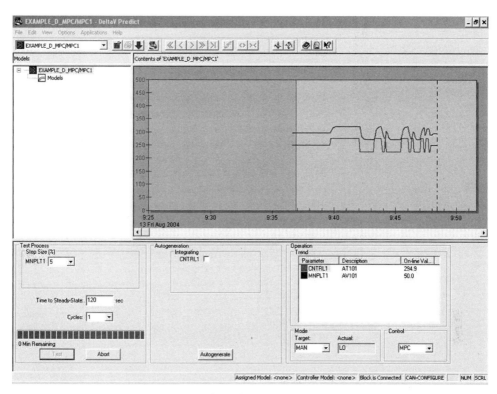

图 11-4　识别过程模型的自动化过程测试

　　MPC 主要被用于控制具有多个输入和多个输出的过程。当 MPC 应用于一个具有多输入多输出的过程时,自动化测试将变化引入所有操作过程输入中,并收集所有的过程输入和输出数据以支持模型识别。阶跃响应模型的显示是为了在其他所有输入不变的情况下,显示每个输入的阶跃变化和每个输出的阶跃响应。例如,如果 MPC 块支持多达四个操纵、四个扰动输入、四个控制参数和四个约束输出的过程,那么一个单输入和单输出过程的已识别阶跃响应的显示如图 11-5 所示。

　　用户可以通过单击阶跃响应看到阶跃响应的更大视图。

　　当为多个过程输入和/或输出配置 MPC 块时,应用程序显示了每个进程输出中操纵或扰动输入(其他所有输入均不变)发生 1％变化的影响。当 MPC 块用于控制八个过程输入和八个过程输出的过程时,阶跃响应模型将包含 64 个阶跃响应。在这种情况下,这个过程可能被称为 8×8 过程,用于表示(过程输入的数量)乘以(过程输出的数量)。

　　当阶跃响应模型已通过测试过程被确定下来,一个自然要问的问题是"识别出的阶跃响应模型预测有多准确?"为了验证已识别的阶跃响应模型,在测试过程中发生的操纵和扰动输入变化可以穿过此模型。使用模型计算的响应可以对实际过程输出响应进行配置,如图 11-6 所示。

　　在本例中,对在右边显示窗格中选出的过程输出来说,过程输入的计算值和实际值之间没有明显差异。这表明 MPC 应用确定的模型可准确地预测对过程输入变化的过程输出响应。

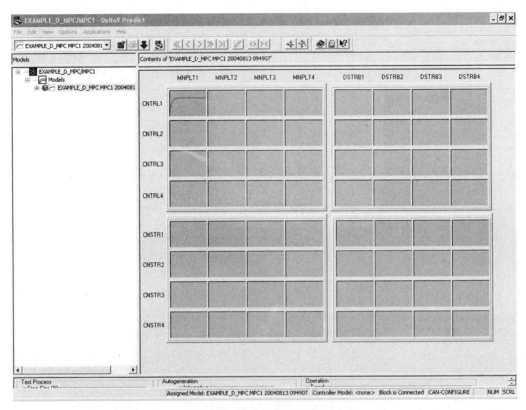

图 11-5　阶跃响应模型显示

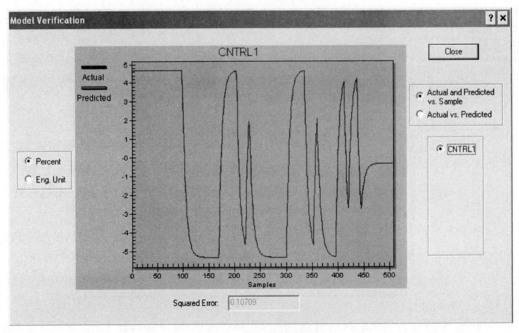

图 11-6　验证已识别模型

　　与 PID 整定应用相似,MPC 应用程序可以被设计成允许在下载包含 MPC 块和识别阶跃响应模型模块之前对控制响应进行观察。通过选择仿真,可以查看过程对某个定位点变化的响应。模型预测控制的独特功能之一是根据过程输入变化,使用模型来预测 MPC 块内的过程输出。这种预测反应可在 MPC 块的操作员界面中显示,当在仿真环境中观测 MPC 块时也可被显示出来。若一个或多个操纵变量为 MAN(手动)操作变量,即不是由 MPC 控制的,则此预测对于操作员指导尤其有价值的。在如图 11-7 所示的示例中,过程预测响应如趋势图右侧浅色区域中所示。

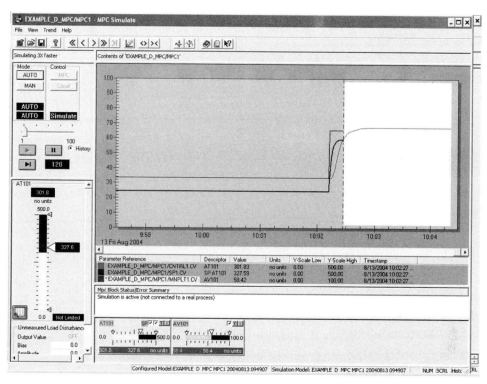

图 11-7　使用仿真环境的过程测试

　　如果过程时间常数和时滞非常大,那么过程输入的变化反映在进程响应中所需的实际时间可能达数分钟,甚至在某些情况下为数小时。因此,MPC 仿真环境可以被设计成允许过程响应比实际响应更快地显示。在如图 11-7 所示的示例应用中,可以使用屏幕左上角的滑块以比实时响应快 180 倍的速度查看过程响应。

　　为了允许用户通过与 PID 控制完全相同的方式查看和使用 MPC 控制,一些制造商提供了可以包含在操作员显示中的预构建(pre-built)发电机(动态元件)。从操作员的角度来看,可以通过与 PID 控制完全相同的方式来使用单回路 MPC 控制。此外,为了支持使用 MPC 应用程序的工程师,制造商可能会提供除加速能力外与仿真界面极为相似的预构建发电机,如图 11-8 所示。

　　习惯于在 MPC 模拟环境中工作的工程师,可能使用此在线界面来查看和处理控制过程的 MPC 块。

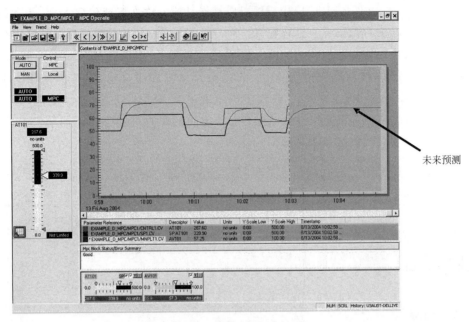

图 11-8　MPC 操作员界面

11.3　MPC 代替前馈 PID

如果过程扰动可被测量，那么可将此输入整合到 MPC 中，如图 11-9 所示。这样，MPC 便可用于实现传统上通过将前馈输入添加到 PID 来实现的应用。如果已扰动变量可作为输入连接到 MPC 块，则 MPC 应用可自动识别扰动对过程输出的影响。将已扰动变量归为输入，则 MPC 块可自动补偿扰动，从而更好地将被控参数稳定在设定值。

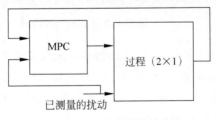

图 11-9　MPC 代替前馈 PID

当一个过程有一个或多个扰动变量输入时，通过右击 MPC 块并选择"可扩展参数（Extensible Parameters）"命令，将 MPC 块输入扩展为包含扰动输入。采用同样的流程，可用于向 MPC 块添加其他类型的输入和输出。作为响应，块视图会自动更新，以反映 MPC 块上的连接点。图 11-10 展示了向 MPC 块中添加一个扰动输入的例子。

可通过右击并选择"属性"命令的方式，查看和更改与 MPC 块输入或输出相关的默认配置信息。作为响应，会出现一个用于查看和更改相关配置的对话框，例如，设定值上下限或输出上下限。

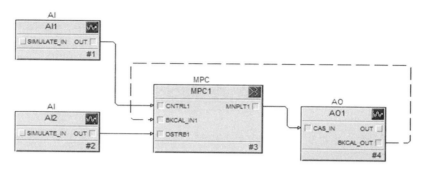

图 11-10　一个已扰动变量输入的 MPC 应用实例

MPC 配置通常比等效控制策略的 PID 配置所涉及的参数少得多。由于 MPC 块是从阶跃响应模型生成的,因此,为应对扰动输入和操纵过程输入的变化,控制参数响应的任何差异都会自动进行校正。

11.4　MPC 代替前馈 PID 超驰

若一个过程输出是 PID 反馈控制的约束变量,测量约束变量便简化为将输入增加到 MPC 块中,如图 11-11 所示。因此,MPC 块的超驰控制策略,比使用两个 PID 块和一个控制选择器块的超驰控制要简单得多。

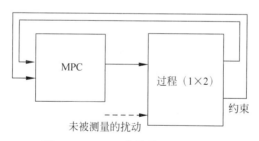

图 11-11　MPC 代替前馈 PID 超驰

若一个测量约束被作为 MPC 块的输入,则在使用 MPC 应用程序测试该过程并生成阶跃响应模型时,该约束变量对过程输入中的变化的阶跃响应将被自动识别。通过右击块并选择"可扩展参数"命令,可将约束变量添加到 MPC 块中。如图 11-12 所示,更新块视图以更新为包含约束输入。

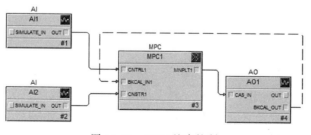

图 11-12　MPC 约束控制

因为过程阶跃响应可用于生成 MPC 控制器,所以约束变量和控制参数对过程输入变化的响应将被自动考虑,为了在观察约束条件的同时最小化设定值的变化。

11.5　使用 MPC 来解决过程交互作用

当一个进程以多个操纵过程输入和多个控制过程输出时,那么会出现潜在的交互过程,即一个操纵输入的变化可能影响多个控制输出。正如我们所看到的,去谐 PID 控制器是处理控制回路之间产生的明显交互作用的最常见方法。在使用 MPC 时,操纵输入和控制输出的交互作用可以通过 MPC 块实现,如图 11-13 所示。

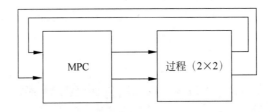

图 11-13　使用 MPC 块来实现过程交互作用

由于每个操纵输入参数对每个控制输入参数的影响,是由用于 MPC 块生成的阶跃响应模型确定的,MPC 块会自动抵消任何交互作用。

通过右击块并选择"可扩展参数"命令,可以将操纵过程输入和受控过程输出添加到 MPC 块中。作为响应,模块查看功能将通过升级来展示增加的输入和输出。当配置了两个操纵变量和两个受控输出时,MPC 块及其与输入和输出模块的连接如图 11-14 所示。

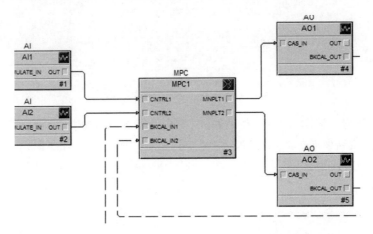

图 11-14　交互过程的 MPC 安装启用

图 11-15 显示了具有两个操纵输入和两个控制输出的过程的典型阶跃响应模型。在本例中,操纵输入 1 对受控输出 1 的影响比对受控输出 2 的影响大得多,而操纵输入 2 对受控输出 2 的影响更大。该阶跃响应模型表明,任意一个输入的变化都会对两个受控输出产生影响,因此存在显著的过程交互作用。

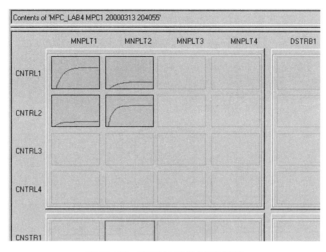

图 11-15　交互过程的过程模型

　　将阶跃响应模型用于 MPC 块生成后,会对这些交互作用进行自动计算。因此,每个被控参数均可在没有交互作用的情况下单独维持在其设定值。

11.6　应用实例

　　预测控制模型已经被应用于很多不同的过程应用中。表 11-1 列举了应用的一些小案例,其中包括简单的 MPC 被用于代替基于 PID 的传统控制对策。

表 11-1　简单 MPC 的应用实例

控 制 应 用	产　　业
蒸发器	化学品
石灰窑	纸浆和纸
管道天然气掺和机	能源
漂白车间	纸浆和纸
pH 值控制	纸浆和纸
蒸馏柱	制药

　　如前所述,在较小的过程应用中,过程工业采用 MPC 代替 PID 的速度很慢。除了前面提到的原因外,另一个原因可能是在一个项目中经常没有足够的时间去尝试新事物。此外,只有最新的分布式控制系统在控制器级别支持 MPC。然而,一点一点、一个工厂一个工厂地,MPC 在各个行业中小型过程的应用正在增长。当 MPC 可被用作控制系统中的功能块时,其实现起来比使用控制系统中的计算机容易得多,成本也低得多。

11.6.1　蒸发器控制

　　模型预测控制在蒸发器的控制中得到了有效的应用。蒸发器被用于食品、化学和制药工业中的液体有效浓度。其中,最经常使用的是降膜蒸发器,其特别适用于热敏性产品。蒸发器的加热通常通过新蒸汽或热蒸汽再压缩来完成。图 11-16 描述了采用一级汽化的单效蒸发器的操作。

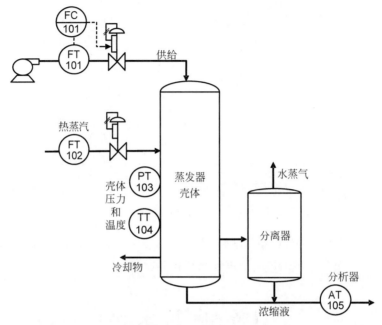

图 11-16　单效蒸发器

待浓缩的液体向下流动时预热至沸腾温度。该蒸发器以产品密度为控制变量，以温度和压力为约束变量。常见的解决办法是以三个 PID 控制器为基础来解决交互、协调和去耦问题。一个简单的 MPC 控制器代替了 PID 控制器。MPC 控制器更易于开发和操作，提高了产品的均匀性，降低了能耗。

11.6.2　干燥器控制

喷雾干燥器用于化工、制药、食品和乳品工业，以制造各种各样的产品。喷雾干燥器在工作过程中，将浆料进料到干燥器中，通过热气流除去液体组分以产生粉状产品。干燥器的设计和喷雾喷嘴（或雾化器）的类型都是根据待干燥浆料的特性和粉末的特质来选择的。

浆料的进料速率通常是由操作者设置的。然而，如果喷雾嘴堵塞，那么喷雾嘴的压力就会增大。在这种情况下，可以通过使用压力超驰控制来自动减少进料流量，以帮助维持喷雾器中颗粒大小的一致性。

流动速率的任何降低都会影响干燥材料所需的空气温度。干燥器的空气流动速率是根据目标料浆的进料速率和目标产品含水率确定的。通过调节空气加热器的燃料输入，自动控制干燥器的空气温度。

原料浓度、进料速率和喷雾压力的任何显著变化，都会影响产品的剩余水分含量。如果产品残余水分是在线测的，则湿度控制可能会进入空气加热器的温度循环中，如图 11-17 所示。空气温度自动调整，使水分含量回到设定值。

当水分含量只能从实验室获得时，操作员可以使用实验室测量值手动更改空气加热器温度设定值。

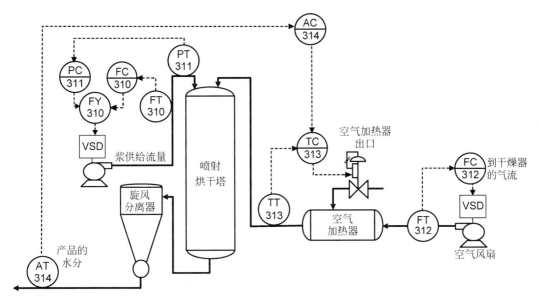

图 11-17　典型喷雾干燥器

在一些设备中,模型预测控制已被成功用来自动衡量这些变化对产品剩余水分的影响,如图 11-18 所示。

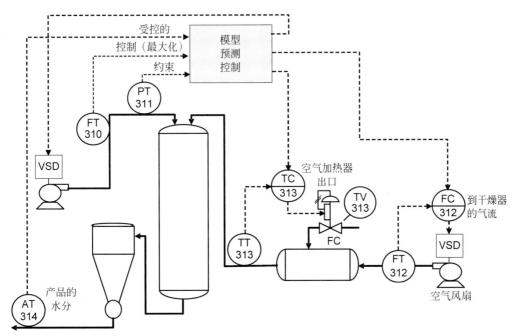

图 11-18　MPC 对干燥器的配置

通过模型预测控制的使用,可以通过将供料流量值稳定在足以使干燥器能够控制喷雾压力,来最大限度地提高干燥器的吞吐量。此外,当使用模型预测控制来自动控制喷雾干燥器时,在过程输入发生变化时与该过程输入变化对产品含水量产生影响时之间的任何延迟,都会被自动补偿。

11.6.3　回转窑控制

中型 MPC 应用的一个实例就是回转窑控制。旋转窑（见图 11-19）被广泛用于水泥固体产品的热处理以及金属矿石的煅烧和还原。它们在本质上是耐火材料衬里的钢管，其旋转速度较慢，大多为每分钟 0.5～2 转。窑炉是通过燃料和空气进行燃烧的，且通常是从较低端口注入的。火焰沿着窑体向上，与固体相反，通过辐射直接加热固体，并通过与耐火衬里的接触间接加热固体。

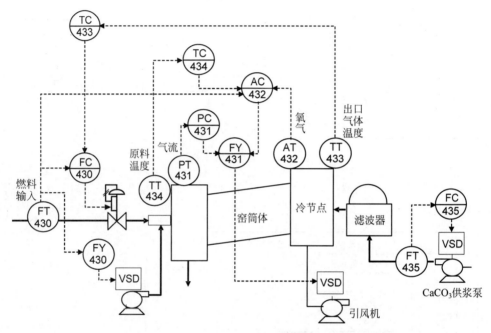

图 11-19　回转窑过程

对于煅烧，原料由富含钙的来源组成，如石灰石。在水泥加工过程中，给料中同样也包含了二氧化硅。加工过程分为以下三个区域：

干燥区，对原料浆液中的水分进行蒸发。

煅烧区，温度高达 2200℉。高温引起反应并产生石灰。

$$CaCO_3 \longrightarrow CaO + CO_2$$

燃烧区，完成煅烧或水泥过程以及熟料形成。

石油或天然气可能会在窑炉中燃烧。送风机用于提供燃烧所需的部分空气，并在窑内形成火焰。然而，大多数用于燃烧的空气通常由引风机吸入窑炉内，并在离开窑炉、经由热材料时对其进行预加热。该引风机还必须在窑内保持负压通风，以防止高温气体通过窑尾的入口吹回。双色高温计是用来测量窑炉内较低端口处的材料温度。出口气体温度和氧含量的测量如图 11-19 所示。

为了在燃料输入发生变化时保持正确的火焰形状，同时在不同的进料浆速率下保持窑温，可使用特征功能块 FY430 将强制通风机转速表征为燃料输入的函数。

为了获得最佳的转化率，材料离窑时的温度必须保持高于煅烧过程所需的温度。例如，温度必须维持高于碳酸盐在石灰泥中的分解温度，即介于 780℃～1340℃。任何燃料供给能量以及干燥和煅烧所需能量的不平衡均被反映在气体离窑温度中。调节燃料输入是为了维持出口气体的温度水平,以满足干燥和处理给料的需求。由于没有测量窑内的总空气流量,因此调节引风机对离窑气体中的氧含量进行调节以达到目标值。为了确保窑内始终保持负压,可以将氧气控制器换成压力控制器。石灰窑的过程输入和输出如图 11-20 所示。

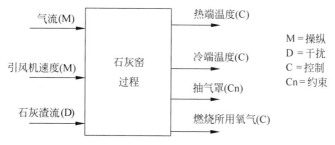

图 11-20　石灰窑的过程输入和输出

由于火焰温度是过量空气水平的函数,所以通过在一个狭窄的范围内调节氧含量设定值来间接维持材料的温度,以确保完全燃烧。该过程输入的阶跃变化所引起的过程响应如图 11-21 所示。

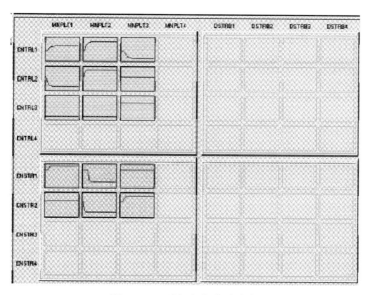

图 11-21　石灰窑的阶跃响应

由于石灰窑生产过程中的相互作用和操作约束,通常可以通过模型预测控制来提高生产能力,提高产品质量和运行效率。

然而,如该阶跃响应所示,石灰窑应用的特征是过程输出对于过程输入的变化会在非常不同的时间范围内做出响应。由于 MPC 控制器必须基于响应最慢的输出生成,因此相关的 MPC 执行速度可能不够快,无法满足与快速变化的输出相关联的需求。在这种情况下,可以将控制分解成两个 MPC 块,一个用来处理快速响应输出,而另一个用来处理慢速响应输出。例如,与冷端温度、窑氧含量和通风压力相比,石灰窑过程的热端温度对燃料和空气流量的变化响应要慢得多。由于氧含量和热端温度高度相关，因此可以将氧测量作为由外回路 MPC 控制的内回路 MPC 的控制参数，如图 11-22 所示。

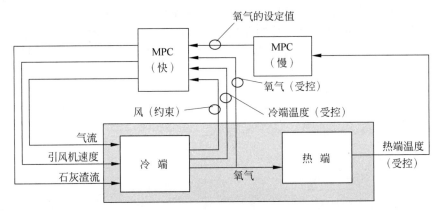

图 11-22　级联 MPC 窑炉控制

通过将 MPC 应用于石灰窑过程获得了以下益处(Chmelyk,2002)：

- 增加生产量/生产能力；
- 减少能源消耗；
- 减少环境排污；
- 通过均衡残碱水平来改善产品质量；
- 提高石灰利用率、所有石灰中活性氧化钙的重量比。

11.6.4　漂白装置

在大多数 MPC 实现中，假设过程具有线性和时不变的特征。如果这些假设是真的，那么在正常核电厂运行期间，由过程模型所产生的控制将表现良好。但是，如果过程动力学与模型捕获的过程动力学不同，那么这些变化可能会降低基于此模型的控制。

在某些情况下，过程进料速率可能会改变过程输出所需的延迟时间，以反映过程输入的变化。这样的过程响应变化通常可以追溯到过程进料速率通过该过程对传输延迟产生的影响。例如，假定以活塞流通过漂白塔，在木浆漂白过程中，浆料通过漂白塔所需的时间严格来说是进料速率的函数。因此，亮度传感器(位于塔后)表明，塔前发生的化学添加变化所需的时间随原料流量而变化，如图 11-23 所示。

在本例中，使用 MPC 的亮度控制，可以生成浆料流速为 500GPM 的已识别阶跃响应模型。该亮度控制在流量不是 500GPM 时将会降低，因为用于生成控制的模型仅在流量为 500GPM 时才与该过程相匹配。

11.6.5　MPC 控制改变生产率

过程工业中许多传统 MPC 装置的主要目标，是最大化大型单元操作(例如漂白塔)的产能。利用 MPC 的功能来将过程控制在其操作限制范围内，在这些装置中往往可以使产能增加 1%～3%。在这些操作条件下，过程生产能力预计将在一个非常小的范围内波动。因此，在特定产品的正常操作中，生产能力对过程响应的影响往往是微不足道的。当进料速

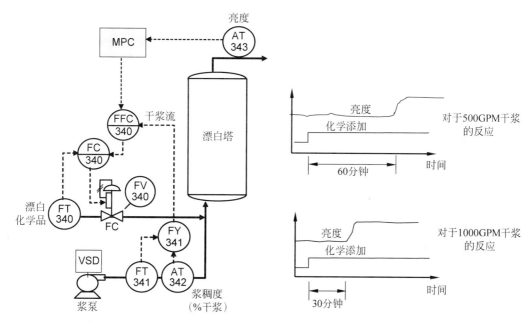

图 11-23　生产能力的影响——漂白装置实例

率在一个狭窄的范围内波动时,由以正常吞吐量识别的过程模型生成的 MPC 控制器可以提供良好的控制。然而,对于启动、不稳定条件以及产品转换,进料速率可能会发生显著变化。

由于不同单元操作的瞬时生产速率通常不相匹配,且缓冲容积(通常以缓冲槽的形式)通常也太小,因此进给率可能会发生剧烈变化。因此,随着进给率的变化,工厂任何地方的问题都可能波及整个系统。同样也有许多非传统的装置,比如纸浆和造纸行业的亮度控制、造纸机的纵向控制、氨行业中的氢/氮比率以及腹板和板材的纵向控制,其特点是产能变化大(Butler、Cameron、Brown 和 McMillan,2001)。这些类型的应用随着过程吞吐量的变化,在过程传输延迟方面有很大的变化。因此,为了能在所有操作条件下提供最佳的控制,有必要修改 MPC 控制来匹配由于大吞吐量而造成的这种变化延迟。

许多 MPC 产品通过切换控制器的能力来应对过程响应中的变化。为了使用这项技术,在每个操作条件下均可确定一个过程模型,然后为每个过程模型生成一个控制器。当处理条件改变时,MPC 被设计成切换控制器以匹配当前的处理条件,如图 11-24 所示。

控制器切换是一个非常通用的方法,它允许任何非线性(即测量过程输入的函数)被处理。然而,要应用这种技术,必须识别多个过程模型,以便在不同的操作条件下生成控制。此外,多个模型和控制定义的引入,增加了 MPC 运行调试和维护的复杂性。

当时延随吞吐量的变化是过程响应的主要变化时,可以避免控制模型切换的复杂性。通过比较在不同产能下的过程阶跃响应,可以了解这是如何实现的,如图 11-23 所示。通过对这两种阶跃响应进行检验,唯一的区别是,响应分布在不同的稳态时间,即阶跃响应的系数都是一样的,但时间样本之间的时间差异与进料速率成反比。因此,对于以不同吞吐量创建的模型所生成的控制矩阵是相同的,除了控制执行率是不同的(因为模型到稳态的时间不

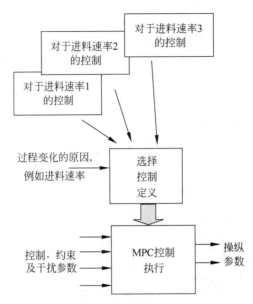

图 11-24   控制器切换以匹配过程响应变化

同）。因此,对于这种类型的过程,调整控制执行周期可以补偿传输延迟的变化与吞吐量的变化,如式(11-1a)所示。

$$执行时间 = (模块执行时间) \times (执行修正) = (Tss/Nc) \times (Fn/Fa) \qquad (11\text{-}1a)$$

其中,

Tss—用于生成控制的模型所需的稳态时间;

Nc—模型中使用的系数数量;

Fn—收集数据以生成模型时的过程产能;

Fa—当前过程的产能。

在任何实际的实现中,计算的执行周期必须被限制并限制为控制系统支持的值。此外,需要对当前吞吐量值进行大量过滤,以消除过程噪声的影响。

为了允许用户控制以可变时滞为特征的进程,可以在 MPC 块中提供一个执行修正模块。图 11-25 显示了这个执行修正模块的设计示例,它可以根据产能输入自动改变 MPC 功能模块的执行周期。

如果所采用的 MPC 技术不允许模型交换、在线调整时滞或在线调整控制器执行速度,并且已知模型覆盖一段时滞,那么可以通过高估时滞来设计更为强大的 MPC 控制器。如果 MPC 控制器设置的时滞比实际过程时滞长,那么该 MPC 控制器的性能将会下降;而如果 MPC 控制器设置的时滞被低估了,那么可能会导致循环和稳定性问题。

11.6.6　批量式化学反应器

批量式化学反应器可用于制造各种各样的产品。在一个典型的应用中,批量式化学反应器通常最初被加装(填充)一种或多种化学物质,反应器内的物质会被加热到一个目标温度,然后再将一定数量的一种或多种反应性化学物质添加到该反应器中。由于化学反应可能会放热,因此可能需要冷却以将反应器装炉温度维持在目标温度。有的反应也可能是吸

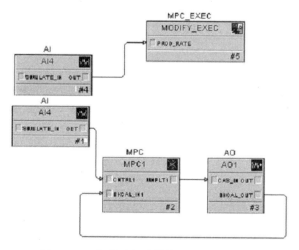

图 11-25　实现可变时滞的 MPC 启用示例

热的,这时则需要加热。在其他专用反应器中,为了支持加热和冷却,需将温度控制作为分段控制回路来予以操作,以调节加热和冷却介质流动至反应器外壳。通过排除化学反应所产生的蒸汽和气体,反应器的压力可以保持在设定值。

对于放热反应,当反应性化学物质流向反应器的流速增加时,需要更多的冷却。如果冷却需求超过冷却阀敞开时冷却介质的供冷能力,那么批量温度将超过温度控制器(TC211)的设定值,如图 11-26 所示。如果温度继续上升,当温度达到超驰控制器(TC211A)的设定值时,反应堆的进料流量将降低,以防止温度超过了超驰温度设定值。

如果反应产生的气体和蒸汽超过排气系统的容量,那么当压力达到超值控制器的设定值(PC212)时,为防止压力超过超驰压力设定值,反应器的进料流量将减少。在批量反应器上常见的控制回路和测量如图 11-26 所示。

用于反应器初始给料的原料槽和阀箱通常在多个反应器之间共用。因此,反应器给料的时间必须由批量控制软件协调。图 11-27 中所示的箭头是添加到这种批量过程中的进料顺序以及减少批量时间的可能性。

将放热活性化学物质送入批量式化学反应器的进料速率,通常由操作员设定一个值,以确保冷却和排气系统的功能不会透支,也就是说,整个批量的压力和温度超驰行为将不活跃。因此,由于支持多个反应器的冷却和通风系统的容量可能随电厂运行条件(例如冷却介质温度)而变化,因此有时可以达到更高的给料和生产率。通过使用 MPC,可以在温度和压力操作限制条件下操作,以达到最大可能的进料速率并缩短批处理循环时间,如图 11-27 所示。用于批量反应器控制的 MPC 配置,如图 11-28 所示。

在小型 MPC 应用中,通常通过一种称为推进器的方法来实现 MPC 在约束条件下主动维护进程的能力。例如,在反应器中,用户可以在 MPC 配置期间选择吞吐量作为需要最大化的参数(在本例中,即最优参数)。当操作员增加目标吞吐量时,MPC 控制器将会自动增加吞吐量("推送"),直到目标实现或过程达到操作限值。

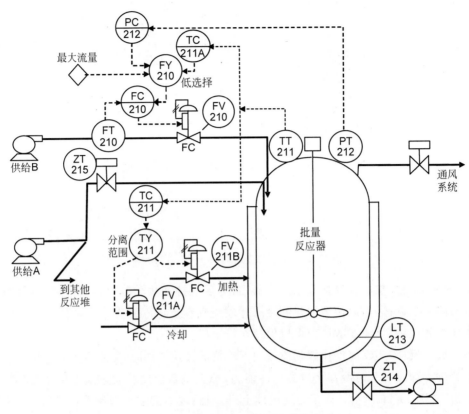

图 11-26　批量反应器控制的传统方法

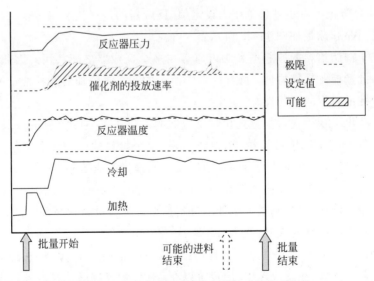

图 11-27　通过应用 MPC 减少批量时间的可能性

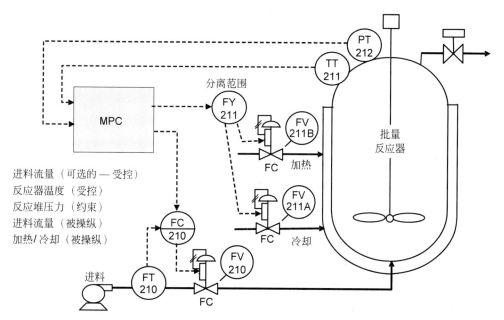

图 11-28　批量反应器控制的 MPC 配置

11.7　MPC 应用步骤

基于 11.1 节～11.6 节介绍的 MPC 应用程序,开发典型的中小型应用程序的过程可以概括为如图 11-29 所示。

MPC 应用程序开发的步骤概述如下:

- 过程分析和 MPC 配置设计;
- 运用自动测试信号发生器进行过程测试;
- 过程模型识别;
- 控制器生成;
- MPC 模拟和调试验证;
- MPC 控制评估和整定调整。

该步骤细节如下所述。

11.7.1　过程分析

过程分析应该提供清晰的过程控制目标和限制,以及在 MPC 配置设计中实现这些目标和结果的方法。

过程输入和输出根据其在过程控制中的用途分为五类:

操纵(MV)——经调整将控制输出保持在设定值的过程输入。

受控(CV)——被保持在指定数值(例如,设定值)的过程输出。

扰动(DV)——可能影响受控输出值的过程输入。

限制(AV)——通过限制操作输入的调整来被保持在运行范围内的过程输出。

优化——对单位生产速率有决定性影响且与"影子"控制变量相结合的过程输入。优化变量是操纵变量和受控变量的一个子范畴。

当用 MPC 代替级联策略的主回路时，主级联回路的 PV 成为 MPC 控制变量。因此，次级回路的 SP 将成为 MPC 配置的操纵变量。否则，当与单个回路连接时，MPC 将直接操作该回路的 SP。这种功能块模式和块结构，便于在 MPC 和 PID 级联控制之前进行简单的切换。

一般来说，过程输入要比受控变量多。这些额外的过程输入被视为扰动（经测定或未经测定）。如果可能，影响受控输出的所有输入都应被测定并包含在模型中。如果有可受操纵的额外输入（即被控制系统所改变），那么可以仅选择对生产效率影响最大的输入，并且将这些输入与被称为优化变量的影子受控变量结合起来。在定义约束变量的同

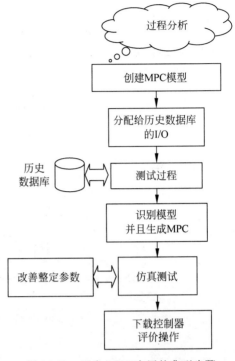

图 11-29　开发 MPC 应用的典型步骤

时，应该将其与控制变量联系起来。相关的控制变量设定值将被管理，以便使得约束变量不受限度控制。

审查现有的监管控制和仪器仪表也是过程分析步骤的重要组成部分，因为它们是任何 MPC 控制策略的基础。设计或调试中的任何缺陷都必须在测试阶段之前解决。所有的调节回路，不管它们是否作为操纵变量被包括在内，都应该被检查和整定。选定的整定将对过程响应产生影响，因此从 MPC 的角度来看，其被视为该过程的一部分。

11.7.2　过程测试

在过程测试期间，必须变更过程的操作扰动输入和扰动变量输入。传统上，过程的测试是通过手动操作这些过程输入来完成的。如图 11-30 所示，大多数 MPC 产品都会自动生成伪随机测试序列，而用户只需设置一个参数（稳态过程时间）。

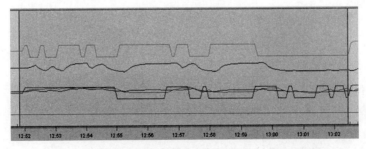

图 11-30　运用伪随机二进制序列（PRBS）变更测试过程

11.7.3　过程模型开发

一旦收集到数据,重要的是审查数据值,并删除任何不反映正常工作条件的时间段。然后,便可自动生成过程模型和控制。检查已识别的过程模型并运用实用的过程知识进行验证是一种很好的做法。

流程模型显示为流程步骤响应。每个过程输入的阶跃响应显示单位过程输入更改对过程输出的影响(所有其他输入保持不变)。如果在收集数据的过程中过程输入没有发生足够的变化,则为该输入识别的增益或动态可能不正确。可以使用 MPC 产品的验证特性来检查过程模型的精度,例如可运用两种不同技术有限脉冲响应(Finite Impulse Response,FIR)和输入自回归(Auto Regressive with eXternal inputs,ARX)来比较计算阶跃响应。如果模型比较精确,则可以预计这些不同方法的比较结果。

此外,MPC 识别工具提供了测量的过程输出数值与基于过程输入计算的过程输出值之间的比较。如果在验证过程中发现模型中识别出严重误差,则最简便的解决方法可能是收集更多的过程数据,并再次进行模型识别和验证。然而,在扰动输入的情况下,继续收集数据可能也不会得出更加准确的结果。因此,基于过程知识修正相关的响应模型将是一个可行的解决办法。MPC 软件通过输入阶跃响应参数(例如增益、滞后、时滞),为采用图解法或数值法编辑阶跃响应提供了多种可选方案。

11.7.4　MPC 控制器生成

运用经过校验的过程模型,生成 MPC 控制器。MPC 控制响应的速度和控制的鲁棒性,都受到在控制器形成过程中所用参数的影响。在控制器生成期间,这些参数可基于过程模型自动设置,并且无须用户参与。为了满足特定需求,用户可调整以下控制器生成参数:

移动惩罚——过程变化的控制敏感性是由控制器的鲁棒性决定的。控制器生成时采用的移动惩罚(Penalty on Move,PM)参数对控制器的鲁棒性影响最大。PM 定义了 MPC 控制器因控制输出(MV)的变化而受到惩罚的程度。每个 MV 的移动惩罚参数通常被单独定义。高 PM 数值会导致控制器运行缓慢,稳定裕度大。通过这样的设置,控制对于一段时间后的过程参数的变化或者对于模型误差相对不敏感。低的 PM 数值导致快速控制器具有窄的稳定裕度。

如果模型与实际过程不匹配,则 PM 值对控制器的性能影响最大。

错误惩罚——错误惩罚(Penalty on Error,PE)因子允许对特定的受控变量施加更大的影响。通常情况下,错误惩罚的默认值对于所有受控制参数而言赋予同等权重,并为大多数应用程序提供良好的控制。如果控制策略明确指出其中一个受控变量的优先级较低,则可以降低相关的错误惩罚。然而,一般来说,不应使用错误惩罚来改变整体控制性能。在大多数情况下,建议在使用移动惩罚调整 MPC 控制器并在仿真中测试 MPC 之后,方可更改错误惩罚。调整错误惩罚的主要标准是对于特定被控参数的可接受的可变性。

除了在控制器生成期间使用的参数以外，用户还可以通过在线操作从而影响控制状态和鲁棒性。一种方法是运用参考轨迹（即过滤后的预测设定值的值），也可用于漏斗或范围调整（见图 11-41）。在范围或漏斗控制中，处于可接受设定值范围或漏斗范围的过程预测 CV 值不受惩罚（B 区和 C 区），因此错误惩罚可应用于漏斗以外的数值。

11.7.5　在模拟中测试 MPC

在基于真实过程尝试新的控制之前，用户必须观察在仿真中控制对设定值变化及负载扰动的响应情况。模拟中使用的模型是为过程识别的模型。然而，通过使用修改后的模型，用户可以测试对过程变化的控制响应情况。

在过程增益或动态变化时引入干扰和测试 MPC 控制的能力，对于测试控制的鲁棒性是非常有价值的。如果过程响应过于积极，则很容易通过改变错误惩罚、移动惩罚的默认值来完善结果。

如果过程对输入变化的响应缓慢，则在运行的工厂中可能需要数小时才能看到完整的控制响应。在仿真环境中，过程和控制仿真可以支持比实时执行更快的执行速度，以便使得即便是最慢的过程也可在几分钟的时间内观察得到。同样，在处理非常快的进程时，如果仿真的控制和过程响应能力比起实际响应更慢，则这种能力也很有价值。调节执行速度的能力，允许在各种操作条件下快速验证控制响应。

11.7.6　评估 MPC 操作

MPC 操作员界面是为 MPC 块自动配置的。趋势显示是评价 MPC 运行和性能的主要手段。当 MPC 控制器开启后，用户可观察各种状态下的运行：设定值变化、约束控制、干扰补偿和优化。在应用设定值过滤后，如果控制器性能不能令人满意，则用户应当用新的控制器设定值重新生成控制器。在这种情况下建议采用整体模型修正。

11.8　简单 MPC 专题练习

本专题练习提供了几个练习来探索简单的 MPC。一个批量反应器过程（见图 11-31）将被用于演示如何在压力限制和冷却系统的温度控制范围内实现进料速率的最大化。访问本书的网站 http://www.advancedcontrolfoundation.com，并选择"解决方法"选项卡来查看本专题练习的执行情况。

步骤 1，提高进料流量设定值是个小步骤，直到达到温度约束条件。

步骤 2，引入降低冷却能力的干扰，并观察 MPC 如何自动降低进给速度，以便避免温度超过设定值。

步骤 3，提高冷却能力，并观察进料速率如何自动增加并转向原来的设定值。

步骤 4，采用进料流量增加 20%，并观察如何限制进给速度以避免超过反应器压力设定值。

步骤 5，降低冷却能力，并观察供料流量如何自动降低使温度保持在设定温度以上。

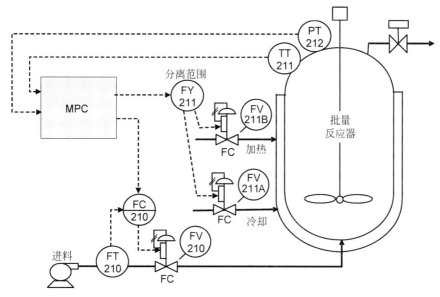

图 11-31　批量反应器过程

11.9　技术基础

　　近年来有关 MPC 技术已经出版了多本好的书籍,例如(Camacho 和 Bordens,1995)、(Maciejowski,2002)、(Tatjewski,2007)和(Rossiter,2003)。此外,Qin 和 Badgwell(1997)对 MPC 应用软件进行了非常好的概述,为 MPC 技术和未来技术趋向提供了大致轮廓。

　　因此,显而易见,有关 MPC 技术已有大量的文献可供参考。然而,关于 MPC 实现的文献却还远远不够。Blevins、McMillan、Wojsznis 和 Brown(2003)介绍了 MPC 嵌入 DCS 控制器的技术,从那时起对于这个题目再没有进行过重大更新。

　　本章和第 12 章的技术基础部分,将特别关注嵌入 DCS 控制器的工业用 MPC 控制技术。

　　这两个小节的目的是填补急需的文献这一缺口,并帮助要更新 MPC 知识,或者尚未有机会了解 MPC 并且想要了解 MPC 基本原理的普通控制工程师。它还吸引了广大的 MPC 产品的潜在用户,这些产品的设计目的是供广大过程控制工程师(Wojsznis、Blevins、Nixon,2000)。

　　对于工程师而言,介绍模型预测控制(MPC)的一个好方法是将其与一般的 PID 控制器或反馈控制器进行类比。模型预测控制使用两种建模和特定类型的反馈,使其与众不同。在传统控制回路中,控制器将设定值和最近测量数值之间的差异(误差)作为其输入;与传统控制回路相反,MPC 控制器将设定值(不管时间函数是恒定还是已知)的未来轨迹和受控变量的预测轨迹之间的差异作为输入。这种差异不是通过传统反馈回路中的单个值来表达的,而是通过一个向量来表示从当前时间到将来某个设定时间的误差值,通常被定义为包括过程的稳定时间。

图 11-32 显示了一个具有两个输入和一个输出的过程的 MPC 控制器,其运用允许人们观察与标准的反馈控制回路的类比。该过程的输入端有一个操纵变量(MV)和一个扰动变量(DV),该过程的输出端有一个控制变量(CV)。在这种配置中所采用的简单的 MPC 控制器有三个基本组件。

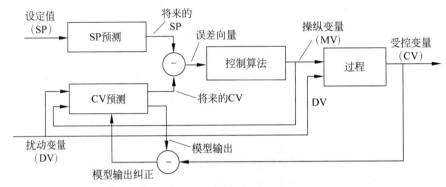

图 11-32　MPC 控制器的运行原理

- 过程模型,预测前方 120 次或更多次扫描的过程输出(为了保持一致性,我们将在整个讨论中使用 120 次扫描的预测范围)。
- 设定值的未来轨迹,扫描次数与预测过程输出轨迹相同。
- 一种控制算法,用于计算基于误差向量的控制动作,作为设定值未来轨迹与预测过程输出之间的差异。

控制器的输出是一个应用于过程输入和过程模型的操纵变量(MV)。对过程输入的已测量的加载值,也作为扰动变量(DV)应用于模型输入。该过程模型计算作为过程输出的受控变量(CV)的预测轨迹。在纠正受控变量的预测值和实测值之间的不匹配轨迹时,从该设定值的轨迹中减去该预测轨迹,以形成如图 11-33 所示的误差向量。

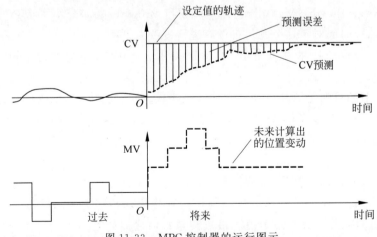

图 11-33　MPC 控制器的运行图示

MPC 控制器的开发基础是从阶跃响应中形成的过程未来轨迹的动态模型。误差向量的每一个元素都使用一个特定的增益。对于只有一个 MV 和 CV 的简单过程,MPC 矩阵有 120 个增益系数。在该 MPC 算法中,预测误差与适当的增益相乘,并将所有项相加,以计算控制器输出的增量值。每次扫描都要通过实际测量来调整预测值。

MPC 控制器的操作与传统 PID 反馈控制器的操作之间的主要区别在于：

- 预测误差向量应用于 MPC 控制器算法，而不是经典 PID 反馈控制器中使用的最近误差的标量值。
- 误差向量的计算是将未来设定值中减去校正模型预测值。经典 PID 反馈控制器中应用的误差标量值，是从当前扫描和之前扫描的设定值减去测量值得到的。
- 将过程输出轨迹尽可能接近设定值轨迹所需要的控制器，其输出的增量是有限的，并且经过几次移动衔接将来。然而，只有执行了第一步，并且纠正了计算步骤后，才可在下次扫描中重复计算过程。
- 过程输出预测包括基于过程阶跃响应识别模型的适当动力学干扰。相比之下，基本控制系统中的前馈信号提供了单一当前值。一些简单的动态补偿可以应用于该值，但超前时间、滞后时间和延时通常通过试错在线调整。因为一个被添加到 PID 控制器输出的简单的前馈信号不能预测过程的未来走向，所以它可能会采取错误的行动。

MPC 控制器的运行依赖于良好的过程模型。

如果 MPC 被用作多变量控制器，则 MPC 的优势最为明显。因此，缩略词 MPC 往往是指多变量预测控制。在当前的应用中，MPC 主要用作多变量控制器。然而，为了达到一致性，本书采用缩略词 MPC 的本义是：模型预测控制。

由 MPC 控制的通用多变量过程如图 11-34 中的黑箱所示。

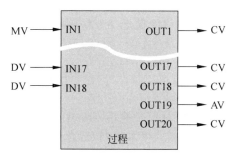

图 11-34　多变量 MPC 受控通用过程配置

为了回顾和扩展本章前部分所讨论的内容，在 MPC 术语中，过程输入是操纵变量（MV）和扰动变量（DV）。过程输出是控制变量（CV）和辅助或约束变量（AV）。

操纵变量由 MPC 控制器输出进行管理，主要通过控制快速回路的设定值来稳定过程的输入。在计算最优解时，MPC 控制器在其计算中假设它可以使一些被控变量向前移动。只执行第一步。每次扫描都重复最优解的过程。控制水平是被控变量向前移动的数目，在开发 MPC 最佳方案时要考虑到这个问题。

操纵变量有硬性限制，这些硬性限制指的是在任何时候都不允许违背限制。绝对速率或增量约束都是为操纵变量设置的。

可测干扰也是过程输入，但是它们不由 MPC 管理。

受控变量是保持在特定设定值（目标）或指定范围内的过程输出。过程模型预测未来的控制变量值，用于未来的一些扫描。预测范围是过程输出预测的扫描范围。

最后，约束变量是一种仅有范围控制而没有设定值的控制变量。约束变量具有所谓的软约束功能。为了满足系统的其他条件或约束,可能会暂时违反此类约束。

一些作者和实践者使用"受控变量"一词来表示受控变量和约束变量。为了进行区分,用"带设定值的受控变量"表示受控变量,而用"带极限的受控变量"表示约束变量。

动态矩阵是根据阶跃响应建立的矩阵,用于预测控制范围内操纵变量移动而产生的输出过程变化。动态矩阵控制(DMC)一直是基于动态矩阵的最成功的 MPC 实现方法(Cutler、Ramaker,1980)。

11.9.1　过程建模的基础

过程模型是 MPC 技术的基础。到目前为止,大多数 MPC 实现都使用了在动态矩阵控制应用中得到证实的阶跃响应模型。阶跃响应模型提供了过程输出的预测。该预测被用于计算预测误差向量,并作为 MPC 控制器的一个输入,如图 11-35 所示。

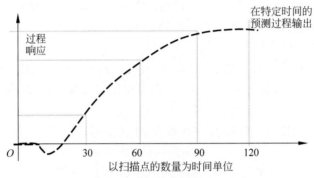

图 11-35　有 120 个系数的阶跃响应

使用一些系数(在这里的示例中为 120 个系数)来代表阶跃响应。每个系数相当于在一个具体时间实例中的模型阶跃响应值。

在 MPC 术语中,我们将阶跃响应视为对处理输出的预测,对于在 0 扫描处应用的单位阶跃输入,最多可提前 120 次扫描。在未来特定情况中的预测值是由具体系数表示。图 11-35 中标记的系数表示将阶跃值应用于输入后,30 次、60 次、90 次以及 120 次向前扫描时过程输出的系数。

MPC 控制器使用增量式模型。在这样的模型中,实际的过程输入和输出值在模型初始化时被分配给模型,在随后的控制器上仅考虑输入增量,并计算模型输出的增量。

MPC 应用程序假定一个线性过程模型。线性过程和系统具备叠加和同质性两种特点。为输入 x_1 产生输出 y_1、为输入 x_2 产生输出 y_2 以及为输入 x_1+x_2 产生输出 y_1+y_2 的系统,具备叠加的特点。同样,为输入 x 产生输出 y 和为输入 a_x 产生输出 a_y 的系统,具备同质性的特点。这些特点可用于构建多变量模型,如图 11-36 所示。每个过程输出均是输出操作的总和。

图 11-37 生动地阐述了叠加原理。

在数学上,我们可以将过程的预测输出轨迹作为过程状态,并将修改状态空间用于过程建模中(Lee,Morari 和 Garcia,1994)。单输入单输出(SISO)过程预测的方程式如下:

$$\boldsymbol{x}_{k+1}=A\boldsymbol{x}_k+\boldsymbol{B}\Delta u_k+\boldsymbol{F}w_k \tag{11-1}$$
$$\boldsymbol{y}_0=C\boldsymbol{x}_{k+1}$$

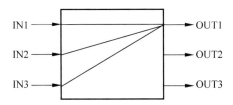

图 11-36　应用于每个 MPC 过程模型输出的叠加和同质性

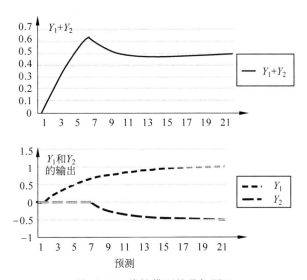

图 11-37　线性模型的叠加原理

其中，

$\boldsymbol{x}_k = [y_0, y_1, \cdots, y_i, \cdots, y_{p-1}]^{\mathrm{T}}$ 是 k 时刻在 $0, 1, 2, \cdots, p-1$ 步之前预测的向量。

A 是移位算子，定义为 $A\boldsymbol{x}_k = [y_1, y_2, \cdots, y_i, \cdots, y_{p-1} \cdot y_{p-1}]^{\mathrm{T}}$。

$\boldsymbol{B} = [b_0, b_1, \cdots, b_i, \cdots, b_{p-1}]^{\mathrm{T}}$ 是 p 阶跃响应系数的向量。

$\Delta u_k = u_k - u_{k-1}$ 是在过程输入/控制器输出的变化。

$\boldsymbol{w}_k = \boldsymbol{y}^p - \boldsymbol{y}^m$ 是过程输出测量减去模型输出（由于噪声、不可测量的干扰和模型不精确造成的过程和模型之间的不匹配）。

$\boldsymbol{F} = [f_0, f_1, \cdots, f_i, \cdots, f_{p-1}], 0 < f_i \leqslant 1$。过滤器被用于过程输出和模型输出之间的不匹配。

C 是操作员选择的当前模型输出，被定义为 $y_0 = Cx_{k+1}$。

对于有 n 个输出和 m 个输入的过程，向量 $\boldsymbol{x}_k$ 有 $n \times p$ 个维度，向量 $\boldsymbol{B}$ 变成了 $n \times p$ 行和 m 列的矩阵。图 11-38 和式(11-1)的图解说明了此预测原理。

在实例中的任何时点，k 过程输出预测（下曲线）在三个阶跃中进行了更新：

(1) $k-1$ 时做的更新（底部虚线）将一次扫描转移到左边。

(2) 阶跃响应通过在过程输入上电流的变化按比例缩小，并被增添到输出预测。

(3) 预测曲线移动到匹配当前测量的过程输出点，过滤系数 $=1$，或一般预测变化为 $\boldsymbol{F} w_k$。

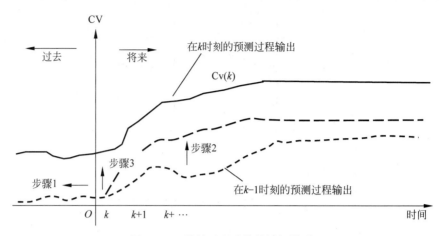

图 11-38　线性过程建模的图解说明

11.9.2　过程模型识别

如前所述，MPC 主要用于多变量和高交互的过程。因此，单阶跃变化应用于一个具体的过程输入而产生可提供一个良好的过程模型输出的概率很小。多变量过程输出受其他输入、干扰和噪声的影响。用特殊的脉冲测试序列取代一个单阶跃测试，然后用数学方法处理测试数据，建立过程模型，这样会取得更好的效果。图 11-30 显示了一个用于识别 3×3 过程的测试举例。

使用测试数据，可以为每个输出建立与收集的输出样本数相等的方程。测试数据中收集的样本数通常明显高于未知模型系数的数目。这些方程可用最小二乘法求解。该方法发现的系数对某个方程可能并不完全适合，但对所有方程来说是最合适的，即所有方程的总均方差最小。

用于过程建模的方程式形式由建模方法确定。使用的建模方法很多。最常用的识别方法是有限脉冲响应（FIR）和带外部输入的自回归（ARX）——（Box，Jenkins 和 Reinsel，1994）。对于一个单输入单输出过程，FIR 识别脉冲响应系数，如式（11-2）所示。

$$\Delta y_k = \sum_{i=1}^{p} h_i \Delta u_{k-i} \tag{11-2}$$

其中，

p——预测时域，带典型默认值，用于 MPC 模型 120；

Δy_k——在时间 k 的过程输出的变化；

Δu_{k-i}——时间 $k-i$ 的过程输入的变化；

h_i——模型的脉冲响应系数。

阶跃响应系数由脉冲响应直接计算，如下所示：

$$b_k = \sum_{i=1}^{k} h_i \quad k=1,2,\cdots,p \tag{11-3}$$

有限脉冲响应的一个优势是它不需要任何关于过程的初步知识。然而，识别具有 120 个系数的全预测范围的阶跃响应，会导致识别系数值的置信水平较低。因此，60 个点的较小的范围更适合于有限脉冲响应模型。基于更小范围 FIR 模型，提供了阶跃响应的初始部分,这足以用启发式方法定义过程的时滞。

另一方面,如式(11-4)所示,单输入单输出过程的 ARX 模型具有更少的系数,在已知过程时滞的前提下,这些系数的定义具有更高的置信度。

$$y_k = \sum_{i=1}^{V} a_i y_{k-i} + \sum_{i=1}^{A} b_i u_{k-d-i} \tag{11-4}$$

其中,

A,V——ARX 的自回归和移动平均顺序,$A=4$,$V=4$ 满足大部分应用;

a_i,b_i——ARX 模型的移动平均和自回归系数;

d——扫描的时滞。

首先应用 FIR 来定义时滞,然后在 ARX 中应用这些时滞来提供最好的识别结果。

最后,使用 ARX 模型并将单位阶跃变化应用于输入,直接由式(11-4)计算出任何预测视界的阶跃响应。

对于多输入多输出过程,所有输入到每个输出的过程都被叠加应用到 FIR 和 ARX 模型中。

将 FIR 和 ARX 识别技术结合起来,并对过程进行适当的测试,从而能提供一个高质量的过程模型。图 11-5 显示了一个识别 1×1 过程模型的示例。在此示例中,过程稳定状态增益误差少于 5%,时滞误差为一次扫描。

识别出的模型应通过将实际输入数据应用于模型输入,并将模型输出与实际输出进行比较来验证。针对引用示例的输出 1 的验证如图 11-6 所示。

验证过程可能还包括计算置信区间的统计技术。置信区间在名义上形成了一个定义的阶跃响应范围,如图 11-39 所示。

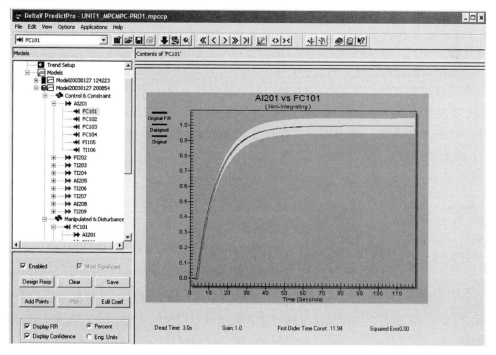

图 11-39　有标记置信区间的阶跃响应

阶跃响应系数的真值在具有预定义置信度（或概率）的置信区间内被找到。通常情况下，会使用 95% 的置信区间标量。

11.9.3　无约束模型预测控制

无约束 MPC 算法是 MPC 运算的核心。因此，提出一些关于推导该算法基本依赖关系的细节是很有用的（Morari、Ricker 和 Zafiriou，1992）。该推导遵循了 DMC 方法，并为了简单起见而假设为一个 SISO 过程且控制时域=1。

假设由于设置值的变化或干扰，发生了一个控制误差，如图 11-40 所示。运用设定值 $r(k)$ 和过程输出的未来预测 $y(k)$，预测的误差 $e(k)$ 表示为

$$e(k) = r(k) - y(k), \quad k = 1, 2, \cdots, p \tag{11-5}$$

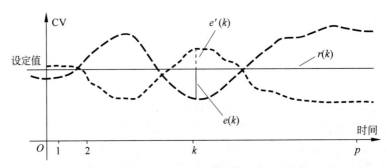

图 11-40　作为 $e(k)$ 的镜像，通过增加控制误差 $e'(k)$ 补偿预测误差 $e(k)$

为了补偿这些误差，MPC 控制器输出的变化会导致过程输出的变化，其预测误差是相对于设定值轨迹的现有误差的镜像：

$$e'(k) = -e(k), \quad k = 1, 2, \cdots, p \tag{11-6}$$

$e'(k)$ 的计算方法为

$$e'(k) = b(k) \times \Delta u = -e(k), \quad k = 1, 2, \cdots, p \tag{11-7}$$

其中，b_k 是阶跃响应系数，$k = 1, 2, \cdots, p$。

为了完成控制器的设计工作，必须找出一个控制移动 Δu，计算出 p 方程。这称为过断定问题；即解决方案无法很好地满足所有方程式，因此需要寻找最能满足方程的解决方案。这就是一个最小二乘解。所使用的矩阵符号定义 MPC 控制设计问题为寻找所有 $k = 1$，$2, \cdots, p$ 的最小总均方差 $e'(k) - e(k)$ 的 Δu。

$$\min\{\boldsymbol{B} \times \Delta u - \boldsymbol{E}\}$$

其中，

$\boldsymbol{E}$——p 维数的误差向量。

$\boldsymbol{B}$——p 维数的阶跃响应向量。

由线性代数理论，最小二乘问题的解为

$$\Delta u = (\boldsymbol{B}^{\mathrm{T}} \times \boldsymbol{B})^{-1} \times \boldsymbol{B}^{\mathrm{T}} \times \boldsymbol{E} \tag{11-8}$$

设计一个控制时域大于 1 的控制器，需要考虑在整个控制时域内向前移动的次数。

按式（11-7）所示的方式控制输出移动量造成的补偿误差。需要将动态矩阵应用于分步控制时域。

将阶跃响应系数按以下方式构成动态矩阵，矩阵的第一列是初始阶跃响应 $b_k \times k = 1$，

$2, \cdots, p$ 的系数。矩阵的第二列由相同阶跃响应的系数向右移动组成,第一列系数等于零。下一列的构建方式与前一列类似。动态矩阵中的列数等于控制时域。式(11-9)是一个控制时域等于 2、阶跃响应系数为 5 的动态矩阵控制的例子。矩阵在两个顺序控制输出移动量上的乘法,发展了对两个动作引起的过程输出变化的预测。

$$
\begin{bmatrix} \Delta\,\text{out1} \\ \Delta\,\text{out2} \\ \Delta\,\text{out3} \\ \Delta\,\text{out4} \end{bmatrix} = \begin{bmatrix} b_1 & 0 \\ b_2 & b_1 \\ b_3 & b_2 \\ b_4 & b_3 \\ b_5 & b_4 \end{bmatrix} \times \begin{bmatrix} \Delta u1 \\ \Delta u2 \end{bmatrix} \tag{11-9}
$$

对于两个控制移动量的 MPC 设计问题,其解如式(11-8)所示,只是用了动态矩阵 $\boldsymbol{S}$ 代替了阶跃响应 $\boldsymbol{B}$。

MPC 控制器的一个更一般的公式,是最小化预测控制误差的平方和以及计算出的控制器运动的平方和。为了得到期望的 MPC 控制器性能,该公式使用了两个整定参数,即称为移动量处罚和误差处罚(在 11.7.4 节有定义)。

MPC 控制器目的是最小化控制变量的均方差包括在预期时域上的误差处罚,以及目的为最小化在控制时域上的控制器输出的平方变化包括按以下方式移动量的处罚:

$$
\min_{\Delta U(k)} \left\{ \left[\boldsymbol{\Gamma}^y \left[X(k) - R(k) \right]^2 \right] + \left[\boldsymbol{\Gamma}^u \Delta U(k) \right]^2 \right\}
$$

其中,

$X(k)$ —— 控制输出,p 是前阶跃预测向量;

$R(k)$ —— p 是前阶跃预测向量;

$\Delta U(k)$ —— m 是前阶跃控制器输出移动增量向量;

$\boldsymbol{\Gamma}^y$ —— 矩阵对角 $\{ \boldsymbol{\Gamma}^y_1, \boldsymbol{\Gamma}^y_2, \cdots, \boldsymbol{\Gamma}^y_p \}$ 是在输出误差上的处罚;

$\boldsymbol{\Gamma}^u$ —— 矩阵对角 $\{ \boldsymbol{\Gamma}^u_1, \boldsymbol{\Gamma}^u_2, \cdots, \boldsymbol{\Gamma}^u_m \}$ 是在控制移动量上的处罚矩阵。

该解决方案形式如下:

$$
\Delta U(k) = (\boldsymbol{S}^{u\mathrm{T}} \boldsymbol{\Gamma}^{y\mathrm{T}} \boldsymbol{\Gamma}^y \boldsymbol{S}^u + \boldsymbol{\Gamma}^{u\mathrm{T}} \boldsymbol{\Gamma}^u)^{-1} \boldsymbol{S}^{u\mathrm{T}} \boldsymbol{\Gamma}^{y\mathrm{T}} \boldsymbol{\Gamma}^y E_p(k) \tag{11-10}
$$

其中,

$\boldsymbol{S}^u$ —— 是 $p \times m$ 过程动态矩阵;

$E_p(k)$ —— 是预测时域上的误差向量。

对于一个多变量的 $n \times n$ 过程,$\boldsymbol{S}^u$ 矩阵的维度为 $(n \times p) \times (n \times m)$。$\boldsymbol{\Gamma}^y$ 的维度为 $n \times p$,$\boldsymbol{\Gamma}^u$ 的维度为 $n \times m$ 和 $E_p(k)$ 的维度为 $n \times p$。

该控制算法的性能可能可以通过可调节参数进行更改,这些可调节参数是 p、m、$\boldsymbol{\Gamma}^u$ 和 $\boldsymbol{\Gamma}^y$。从实现的角度来看,p 和 m 不方便用作调节参数;而 $\boldsymbol{\Gamma}^u$ 和 $\boldsymbol{\Gamma}^y$ 则可作为标量。在整个预测时域,控制误差乘以标量 γ^y,控制器在控制时域上的移动量乘以标量 γ^u。

通过在控制时域和预测时域上制造的 $\boldsymbol{\Gamma}^y$ 和 $\boldsymbol{\Gamma}^u$ 系数,可以改善控制器的稳健性。使用各种函数(如线性函数或指数函数)来构成 $\boldsymbol{\Gamma}^y$ 的系数。

$\boldsymbol{\Gamma}^u$ 在控制器生成阶段是一个基本的控制器调节参数。$\boldsymbol{\Gamma}^u$ 的增加会抑制和减慢控制响应和作用;相反,$\boldsymbol{\Gamma}^u$ 的减少会使控制作用更积极、控制响应更迅速。

根据经验,时滞应该被视为对移动进行惩罚的主要因素。式(11-11)定义了当模型误差高达 50％时，为提供稳定响应的 MPC 操作计算出的移动惩罚：

$$\Gamma^{ui} = 3\left(1 + \frac{6\mathrm{DT}_i}{p} + \frac{3G_i \mathrm{DT}_i}{p}\right) \tag{11-11}$$

其中，

DT_i——MV_i-CV_i 配对的 MPC 扫描的时滞。

G_i——MV_i-CV_i 配对的增益(无单位)。

p——预测水平。

MV 和 CV 分别表示操纵变量和受控变量。

除了在生成阶段修整控制器结构外，还可以将许多特性添加到无约束的 MPC 控制器中，以便在线管理控制器行为和鲁棒性。

如图 11-41 所示，一个主要的、直观的在线调整参数是设定值滤波器或参考轨迹。其中一个轨迹设计(Wojsznis、Blevins、Nixon，2000)的行为方式是，与其惩罚任何偏离轨迹的行为，不如只惩罚那些低于轨迹的偏差(区域 A)或者高于设定值的偏差(只有当 CV 范围设置为 0 时的区域 C)。此外，如果受控变量在范围以内(区域 C 的范围宽于误差值)，则控制误差被视为零。这些特性构成了漏斗控制(如 11.7.4 节所述)，通过改变设定值滤波器的时间常数和范围而在线形成，进一步提高了控制器的鲁棒性和灵活性。

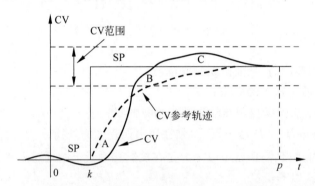

图 11-41　运用设定值轨迹进行 MPC 在线调整

以下列形式表示 MPC 控制方程：

$$\Delta U_k = K_{\mathrm{mpc}} E_p \tag{11-12}$$

其中，

$$K_{\mathrm{mpc}} = (\boldsymbol{S}^{u\mathrm{T}}\boldsymbol{\Gamma}^{y\mathrm{T}}\boldsymbol{\Gamma}^{y}\boldsymbol{S}^{u} + \boldsymbol{\Gamma}^{u\mathrm{T}}\boldsymbol{\Gamma}^{u})^{-1}\boldsymbol{S}^{u\mathrm{T}}\boldsymbol{\Gamma}^{y\mathrm{T}}\boldsymbol{\Gamma}^{y} \tag{11-13}$$

是 MPC 控制器增益，可以看到，MPC 起到积分作用。然而，这并不意味着可以在 MPC 控制器和传统的纯积分反馈控制器之间进行完全的类比。二者的主要区别在于，MPC 控制器运用了预测误差，并在预测范围内进行集成。

11.9.4　集成约束处理、优化和模型预测控制

简单的约束处理

典型的 MPC 配置包括控制变量和约束变量。无约束 MPC 控制器不直接管理约束变量。监管约束处理算法或优化程序执行任务。首先回顾一下使用监控算法的简单解决方案。

该约束处理算法运用了两个基本假设：

- MPC 预测受控变量和约束变量的未来输出；
- 在受控变量与约束变量之间存在交互性增益。

当预测的约束变量在将来违反约束限制时，该算法将变为活动的。为了防止违反约束，该算法在对选定的受控变量的工作设定值进行了数值的调整。

$$\Delta SP_{cv} = -r \times G_{CV\text{-}AV} \times \Delta AV \tag{11-14}$$

其中，

ΔAV——预测稳态约束违反的量值；

$G_{CV\text{-}AV}$——AV 和 CV 之间的增益关系；

r——松弛因子，$r < 1$；

ΔSP_{cv}——所请求的受控变量工作设定值的变更。

在配置过程中建立了约束变量和受控变量之间的关联；因此，该增益关系由如下进程模型定义：

$$G_{CV\text{-}AV} = \frac{G_{CV\text{-}MV}}{G_{AV\text{-}MV}} \tag{11-15}$$

$G_{CV\text{-}AV}$ 增益告诉我们需要将 CV 设定值改变多少，来补偿违反单位约束的情况。

每次扫描都会根据约束违规来调整工作设定值。如果约束违规结束，则工作设定值逐渐返回到原始设定值。图 11-42 说明了这个概念。

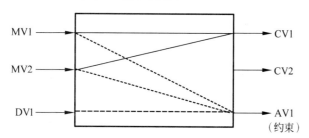

图 11-42　受控变量 CV 和约束变量 AV 之间的关系

参考图 11-42，可观察到 CV1 和 AV1 都依赖于相同的操纵变量 MV1 和 MV2。如果 AV1 违反了约束限制，则将 CV1 设置值朝正确的方向更改将导致 MV1 和 MV2 的移动，从而使 AV1 返回到所需的限制内。

实现简单优化

优化的目标通常是产值最大化和原材料成本最小化。可以将简单的优化应用到一些情况下，在这些情况下，先前的知识限定了优化目标，同时实现了进程参数之一的最小化或者最大化。在传统应用中，这种解决方案被称为推进器。为了实现 MPC 安装的最优化，MV 的数目应当大于 CV 的数量。简单的解决方案涉及将一个或多个过量的 MV 定义为 MV 最优化。例如，在具有三个 CV、最多四个 AV 和最多四个 DV 配置的过程中，CV 控制需要三个 MV 并且需要至少一个 MV 进行最优化。用于最优化的 MV 应该是直接影响生产率或原材料成本的过程输入。引入一个优化的 CV 作为优化 MV 的影子，使得生成 MPC $n \times n$ 优化控制器成为可能。通过将优化 CV 的设定值设置为优化 MV 的最大（或最小）可实现值，MPC 控制器驱动优化 MV 朝着优化 MV 的设定值（即朝着优化 CV 的设定值）移动,直到任何操纵变量能更准确地预测它们为止。如果发生了这种情况,那么被优化的 MV 将移出最优值,直到其他 MV 超出限制。为了管理 MV 限制,采用了与 AV 约束相似的方法。优化 CV 的设置值变化的计算如下:

$$\Delta SP_{cv}^{opt} = -r \times G_{OPTMV\text{-}MV} \times \Delta MV \tag{11-16}$$

其中,

ΔMV——预测的 MV 限度违反的量值;

$G_{OPTMV\text{-}MV}$——已经优化的 MV 和违背限制的 MV 之间的增益关系;

r——松弛因子,$r < 1$;

ΔSP_{cv}^{opt}——优化后的所请求的受控变量工作设定值的变更。

MV 之间的增益关系可以用式(11-17)建立:

$$G_{OPTMV\text{-}MV} = \frac{\Delta MV^{opt}}{\Delta MV} (用 MPC 闭环控制改变) \tag{11-17}$$

$G_{OPTMV\text{-}MV}$ 增益告诉我们需要将最优的 CV 设定值改变多少,来补偿违反单位约束的情况。

如果约束限制违反结束了,那么最优的 CV 设定值将逐渐返回到初始的设定值的数值。图 11-43 说明了这一概念。

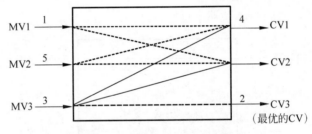

图 11-43　简单优化的 MPC 配置

在图 11-43 中,MV3 是一个操纵变量,用于设置 MPC 受控单元的生产效率或者生产成本。MV3 为系统添加了优化所需的自由度。CV3 是一个虚拟参数,它是 MV3 的影子;MV3 是为将优化集成到 MPC 中而创建的。

如果 CV3 设定值代表生产率,则 CV3 被设置为 MV3 的最大限值;如果 CV3 设定值代表生产成本,则其被设置为 MV3 的最小限度。当预测的 MV3＝CV3 保持在限制范围内时,则达到 CV3 设定值,并将作为正常的 MPC 设定值而保存。然而,当一个或多个 MV 的预测值超出限度时,根据式(11-16)改变优化工作设定值,以便使 MV 保持在限值内,有效地保持了 CV 控制。下面的事件序列发生如图 11-43 所示。

(1) 预测 MV1 数值超出限度;

(2) CV3 设置点移动超出最大或者最小数值,牺牲最优控制从而保留可控制性;

(3) 实现新的 CV3 设定值需要 MV3 移动;

(4) MV3 移动造成 CV1 和 CV2 的变更,因为它们移出其各自的设定值;

(5) 预测的 MV1 朝着越限的方向移动,将 CV1 和 CV2 推回到各自的设定值。

约束处理和优化技术的特点是简单,这使得将这些技术作为集成 MPC 算法的一部分在系统控制器中很容易实现。如上所述,通过管理运行中设定值处理约束条件,而不是直接控制约束变量,还有一种好处,即避免状态较差的控制配置。当控制器需要过多的输出运动来控制过程输出的变化时,就会发生不良状态的现象。由于采用这种方法的 MPC 控制器的配置在运行期间不会改变,因此在控制器生成时可对控制器状态进行适当的设置。

集成约束处理、优化和模型预测控制的介绍

对于目标函数取决于若干受操纵变量或受控变量的进程而言,最优化技术是模型预测控制技术的关键组成部分。已经证实的方法是将线性规划(LP)或二次规划(QP)应用于稳态模型。

线性规划是求解线性方程和不等式的一种数学方法,其目的是使某一附加函数最大化或最小化。这个附加函数称为目标函数。通常目标函数表示经济价值,如成本或利润。

另一方面,MPC 优化运用了当前时间的 MV 数值增量,或者控制水平以上的 MV 增量之和,以及预测水平末端的 CV 数值增量,而不是典型 LP 应用中的当前位置数值。LP 技术使用稳态模型,因此其应用时需要稳态条件。因为预测水平通常用于 MPC 中,因此保证了自调节过程的未来稳态。

最优 MV 值作为将要达到的控制水平范围内的目标 MV 数值应用于 MPC 算法中。因此,使用优化器的 MPC 算法有两个主要目标:

- 用最少量的 MV 移动,最大限度地减少 CV 控制误差;
- 实现优化器设定的最优稳态 MV 值。

原始的 MPC 算法被扩展为将 MV 目标包含到最小二乘解中。

接下来的两章将详细介绍优化器和 MPC 功能。

参 考 文 献

1. Blevins, T., McMillan, G., Wojsznis, W. and Brown, M. *Advanced Control Unleashed: Plant Performance Management for Optimum Benefit*. Research Triangle Park: ISA, 2003; ISBN: 978-1-55617-815-3.

2. Box, G. E. P., Jenkins, G. M. and Reinsel, G. C. *Time Series Analysis, Forecasting and Control*, Third Edition Prentice Hall, Hoboken, NJ, 1994.

3. Butler, D. L., Cameron, R. A., Brown, M. W. and McMillan, G. K. "Constrained Multivariable Predictive Control of Plastic Sheets" ISA Technical Conference, Paper 1022, Houston, TX, 2001.

4. Camacho, E. F. and Bordens, C. "Model Predictive Control in the Process Industry" London: Springer-Verlag, 1995, ISBN 3-540-19924-1.

5. Chmelyk, T. "Lime Kiln Model Predictive Control with a Residual Carbonate Soft Sensor," *ACC*, WP01, Anchorage, Alaska, 2002.

6. Cutler, C. and Ramaker, B. "Dynamic Matrix Control—A Computer Control Algorithm," *Proceedings of Joint Automatic Control Conference*, San Francisco, CA, 1980.

7. Froisy, J. B. "Model Predictive Control: Past, Present and Future" ISA *Trans*. 33: pp. 235-243, 1994.

8. Lee, J. H., Morari, M. and Garcia, C. E. "State-space Interpretation of Model Predictive Control" *Automatica*, Vol. 30, No. 4, pp. 707-717, 1994.

9. Maciejowski, J. M. *Predictive Control with Constraints* Prentice Hall, Harlow, England, 2002.

10. Morari，M.，Ricker，N. L. and Zafiriou，E. "Model Predictive Control" Workshop No. 4，*American Control Conference*，June 1992，Chicago.

11. Muskie，K. R. and Rowlings，J. B. "Model Predictive Control with Linear Models"*AIChE*. 39(2)：pp. 262-287，1993.

12. Qin，S. J. and Badgwell，T. A. "An Overview of Industrial Model Predictive Control Technology" *Proceedings of Fifth International Conference on Chemical Process Control*，pp. 232-256，AIChE and CACHE，1997.

13. Rossiter，J. A. *Model-based Predictive Control：a Practical Approach* Boca Raton London New York Washington，D. C.，CRC Press LLC，2003.

14. Shinsky，F. G. *Process Control Systems：Application，Design，and Adjustment* 3rd edition，New York：McGraw-Hill，1988.

15. Tatjewski，P. *Advanced Control of Industrial Processes* London，Springer，2007.

16. Thiele，D. "Benefits and Challenges of Implementing Model Predictive Control as a Function Block" Paper presented at ISA Technical Conference，New Orleans，2000.

17. Wojsznis，W. K. and Wojsznis，P. W. "Robust Predictive Controller in Object-Oriented Implementation" *Advances in Instrumentation and Control*，Volume 48，Part 1，p. 521，1993.

18. Wojsznis，K. W.，Blevins，L. T. and Nixon，M. "Easy Robust Optimal Predictive Controller" *Advances in Instrumentation and Control*，Proceedings of ISA Technical Conference，New Orleans，2000.

19. Wojsznis，W.，Gudaz，J.，Mehta，A. and Blevins，T. "Practical Approach to Tuning MPC"*ISA Transactions*，Vol. 42，No. 1，pp. 149-162，January 2003.

第 12 章　MPC 优化集成

第 11 章详细介绍的简单模型预测控制（MPC）功能，可以有效地用于处理过程工业中常见的各种小型应用程序。Chmelyk（2002）和 Blevins 等人（2003）给出了这种实现的成功例子，其中在控制器级别实现了简单的 MPC。通过使用嵌入在控制系统中的简单 MPC 功能，可以获得显著的优势。

然而，应用简单的 MPC 功能的过程，经常会受到大小和复杂性的限制。例如，这类产品可以设计为特定的最大过程大小（如八个输入和八个输出）。此外，简单 MPC 中包含的嵌入式优化器，可以被设计为只最大化或最小化一个选定的过程输入（例如，进给率）。对于在批量或连续加工中使用的更大、更复杂的应用程序，结合使用 MPC 与优化器可以最好地满足工厂的操作目标。通常情况下，此类应用的特点是具有许多操作约束，并且需要达到更大的操作目标，例如，使吞吐量最大化的同时要实现生产成本的最小化（Qin 和 Badgwell，1997）。

优化器是 MPC 功能的一个固有部分，它们被应用于经济优化和约束处理目标（Cutler 和 Ramaker，1980）。在正常运行条件下，优化器在预定义的可接受范围和限制内提供经济上最优的解决方案。如果该解决方案在预定义的范围和限制内不存在解决方案，那么该优化器应该能够从不可行的情况中恢复过来。

通过将 MPC 与优化器技术结合起来实现的优化，与其需要处理的过程约束有关。通过让最终用户轻松定义电厂的操作目标，以在优化中实现更大程度的灵活性。然后对过程进行动态控制，以满足考虑约束的预测过程稳态值的最优解。

其中一种得到证明的方法是使用线性规划（Linear Programming，LP）和稳态模型。线性规划是一种求解线性方程和不等式的数学技术，这些方程和不等式使某个附加函数最大化或最小化。这个附加函数称为目标函数。通常目标函数表示经济价值，如成本或利润。具体来说，MPC 优化考虑了当前时刻的增量操纵变量（MV）值或 MV 超过控制范围的增量之和，以及预测范围结束时的控制和约束值（CV）的增量，而不是典型 LP 应用中位置的电流值。MPC 设计中通常采用预测界，保证了自调节过程的未来稳态。

由线性规划确定的最优解总是位于可行解区域的某个顶点。为了找到这个解，线性规划算法计算初始顶点的目标函数，并对每个步骤进行改进，直到确定目标函数的最大（或最小）值为最优解的顶点为止。操作时，在每一次扫描中，优化器对 MPC 无约束控制器设置和更新稳态目标，因此 MPC 控制器执行无约束算法。由于目标的设置考虑了约束条件，只要存在一个可行解，该控制器就会在约束范围内工作。二维问题如图 12-1 所示。

集成优化的 MPC 已成功地被应用于各种复杂过程的控制。本章将通过一些例子来说明装有 MPC 集成优化的应用程序及其优点。

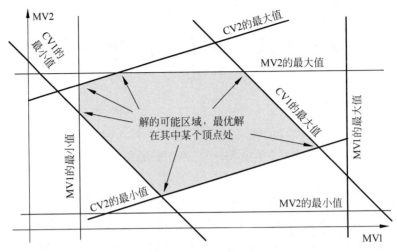

图 12-1　二维系统的优化问题

12.1　应用实例——多效蒸发器

（本节的作者：Terrance Chmelyk 和 Saul Mtakula——加拿大不列颠哥伦比亚省乔治王子城斯巴达控制公司；Barry Hirtz——加拿大不列颠哥伦比亚省乔治王子城加福纸业有限合伙公司。）

多效蒸发器（Multiple Effect Evaporator，MEE）是硫酸盐法纸浆厂化学回收循环中的一个关键单元，它对纸浆厂的生产、能源利用、水资源利用以及潜在的环境都有着重要的影响。本节提出了一种模型预测控制策略，并将其部署在不列颠哥伦比亚省北部的加福制浆有限合伙公司下的乔治王子城纸浆和造纸厂的一组多效蒸发器上。利用 MPC、能量平衡和异常情况管理技术的混合方法，在增强蒸发器组的控制方面产生了一个鲁棒性很强的控制解决方案。该控制改进项目于 2004 年春季启动，该工厂已实现几个持续的运营效益，具体包括：

- 所有人员一致和稳定的操作；
- 降低浓黑液固体成分可变性；
- 优化液体吞吐量；
- 大大降低冷凝液的污染程度；
- 减少由于超高固体成分引起的污染；
- 改进启动次数；
- 优化能量使用（蒸汽和水）。

12.1.1　蒸发器过程概述

乔治王子城纸浆和造纸厂始建于 1966 年，当时是一家单线造纸厂，每天生产约 600 吨全漂白软木牛皮纸浆和未漂白纸袋牛皮纸。通过不断努力消除瓶颈，该厂的日产量已达到目前的 811 吨的目标。本章提出的优化项目主要是改善 1 号多效蒸发器（MEE）的运行。在乔治王子城纸浆和造纸厂，1 号多效蒸发器（MEE）由五个长管式垂直上升膜容器和一个装配有六个效应集的管式降膜容器组成。在 18％的固体浓度下，多效蒸发器的稀黑液（Weak Black Liquor，WBL）进料流量大约是 80 升/秒。当效率为每千克输入蒸汽能蒸发黑液中的 5.3 千克水时，它们蒸发的水足以产生 53％的浓黑液（Strong Black Liquor，SBL）。在回收锅炉以 75％的固体燃料燃烧之前，该浓黑液被送入浓缩器。图 12-2 提供了该过程的总体概述。

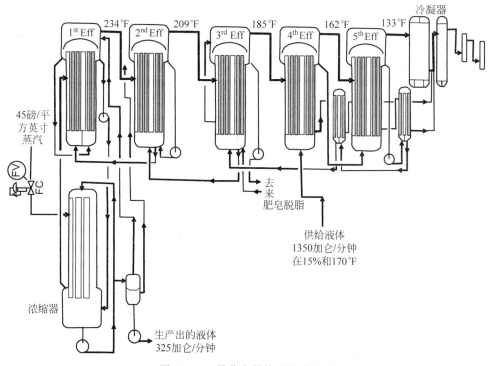

图 12-2　1 号蒸发器的过程流程图

12.1.2　项目动机和设计注意事项

在优化项目之前，该多效蒸发器（MEE）配备了基本的 DCS 调节（单回路）控制。该控制由操作员手动协调和设置。当过程因大量相互作用的变量和显著的时滞而受到扰动时，很难保持一致的操作并实现产品目标。因此，在 4.5％的产品固体成分中，蒸发器会出现一个高的标准偏差。这就造成了许多的操作问题，其中包括：

- 在高固体含量下的管板；
- 吞吐量的限制；
- 通过再次蒸发，受污染的冷凝液会导致能量浪费；
- 在低固体含量下回收锅炉效率损失；
- 过度蒸发浪费能量，然后在旋风分离器中稀释以降低固体成分。

人们认为需要一种更复杂的控制方案来处理系统的协调工作，处理过程中的困难动态，并尽量减少频繁扰动的影响。基于模型的预测控制在其他制浆造纸过程中的应用研究

（Chmelyk,2002），使作者研究了该技术对 MEE 问题的适用性。一些初步的建模和分析表明，开发基于 MPC 的 MME 控制解决方案，可能会在操作上产生一些非常好的改进。

12.1.3　为什么使用模型预测控制

当 MPC 被应用于具有长动态、多重约束、多变量交互以及需要一些优化的过程时，MPC 获得了最大的效益（Chemlyk,2002；Blevins 等,2003；Cutler 和 Ramaker,1980）。一般来说，MEE 满足了几个关键项，这些关键项用来评估基于模型预测控制策略系统的适用性（Blevins 等,2004）：

- 交互式过程——变量是高度相关的；
- 长过程延迟——虽然过程延迟并不极端，但从稀黑液变化到产品密度变化的稳态时间约为 45 分钟；
- 多重约束——冷凝液电导率、压力和温度都必须保持在一定范围内；
- 多重扰动——进料流量、WBL 密度和温度均有变化；
- 优化——目标包括最大化液体固形物的产量，以及能源方面的考虑。

从统计和运行分析的角度来看，蒸发器上的历史操作数据证实，因为非常害怕污染（例如，不需要的材料在固体表面堆积降低了传热能力），所以"舒适区"应是维护产品的固体目标和主要约束。作者的结论是：MPC 的应用将减少变异性，并允许过程被优化到约束限制，因为这很容易被纳入 MPC 设计中。

12.1.4　模型预测控制的战略发展

图 12-3 显示了 MEE 组件的配置和主要的过程变量。在系统的一端引入稀黑液（低浓度），并在系统另一端（即高浓度端）引入逆流蒸汽。黑液进入一系列垂直安装加热管的底部。供给蒸发器的蒸汽间接加热稀黑液，溢出的蒸汽迫使黑液快速通过管壁，在黑液和蒸汽的混合下，蒸汽释放到在蒸发器顶部的蒸汽拱顶。蒸汽被供给第一个效应（蒸发器），而第一个效应产生的蒸汽被用来向第二个效应提供热能。然后，第二个效应产生的蒸汽被用来向第三个效应提供热能，以此类推。

为了适合 MPC 策略设计，MPC 控制器设计感兴趣的变量分类如表 12-1 所示。

表 12-1　MPC 控制器设计

控 制 变 量	约 束 变 量	操 纵 变 量	扰 动 变 量
D36-固体成分密度（CV1）	C93-结合冷凝液电导率（AV1）	F3-稀黑液流量（MV3）	T52-稀黑液温度（DV1）
F30-优化生产率（CV2）	C91-受污染的冷凝液电导率（AV2）	P50-蒸汽压力（MV2）	D76-稀黑液密度（DV2）
	C85-污冷凝液电导率（AV3）	T46-表面冷凝温度（MV1）	P42-冷凝器真空压力
	T27 ♯1 效应沸点上升		L70-肥皂撇渣器水平效应（DV4）

如表 12-1 所示，设计的概念基础是由工厂的物理行为、期望的控制和环境约束所驱动的。例如，为了无故障操作，电导率必须限制在安全范围内，因此将其定义为约束是很自然

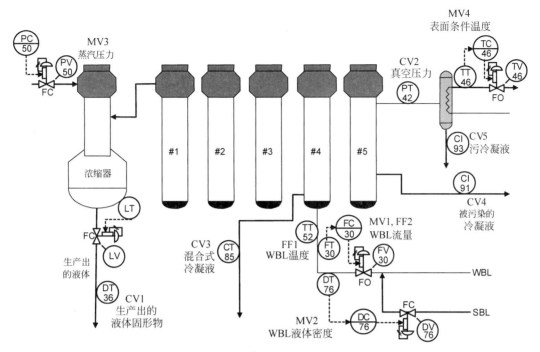

图 12-3　蒸发器过程流程图

的。同样地,蒸汽压力和有效压差在所有效应上会影响蒸发,因此将有必要将蒸汽压力和冷凝液流量作为操纵变量。

　　另一个操纵变量——稀黑液流量,被定义为一个优化的控制变量。吞吐量控制的目的是最大化该吞吐量,同时保持良好的固体控制,固体密度是最重要的控制变量。被最优化的变量,即稀黑液流量,可能无法实现精确调节;事实上,在瞬态情况下,它可能会发生显著的变化,以保持固体达到目标。

　　被分类为扰动的变量,是指在事物的常态规划中会引起前馈补偿的变量。一个未预料的扰动变量,是肥皂撇渣器的阀输出,根据其特性,其结果是将蒸发器的前端和后端分离。这意味着,根据该阀门的输出,稀黑液流量的增加或减少的影响,不一定会出现在产品流出点,肥皂撇渣器会作为缓冲器。预测控制器的前馈作用应予以考虑,从而能够得到更好的控制效果。

12.1.5　模型开发和验证

　　模型开发和系统识别是本项目 MPC 应用的一个组成部分。使用一系列伪随机通气测试进行自动测试,这些测试允许过程提供必要的建模信息。在系统辨识期间,将预测的过程输出响应与同一系列过程输入数据的实际过程输出响应进行比较。这种验证是用来确保过程模型的准确性。最终产品液体密度验证分析的截图,如图 12-4 所示。

　　一旦最终的过程模型得到验证,控制器配置就将被调试,MPC 控制器将被在线放置。由可用数据生成的模型如表 12-2 所示,其中 K = 过程增益,τ = 过程时间常数,T_d = 过程时滞。

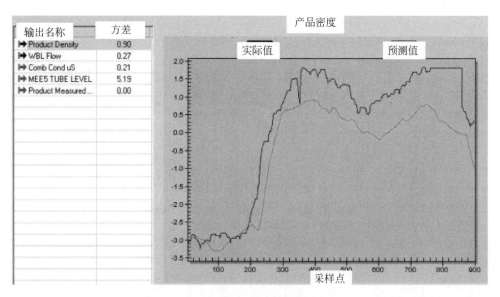

图 12-4　产品密度过程模型的验证分析

表 12-2　蒸发器过程模型

	参数	操作			扰动			
		T46	P50	F30	T52	D76	T42	L70
被控	D36	$K=0.05$ $\tau=162$ $T_d=300$	$K=0.69$ $\tau=697$ $T_d=310$	$K=-1.16$ $\tau=831$ $T_d=530$	$K=0.19$ $\tau=762$ $T_d=720$	$K=0.03$ $\tau=715$ $T_d=30$	$K=-0.25$ $\tau=600$ $T_d=210$	$K=2.27$ $\tau=1233$ $T_d=240$
	F30	$K=0$	$K=0$	$K=0.96$ $\tau=69$ $T_d=30$	$K=0$	$K=0$	$K=0$	$K=0$
约束	C85	$K=-0.05$ $\tau=208$ $T_d=150$	$K=-0.2$ $\tau=323$ $T_d=450$	$K=0.35$ $\tau=485$ $T_d=150$	$K=-0.12$ $\tau=1015$ $T_d=330$	$K=-0.1$ $\tau=508$ $T_d=210$	$K=0$	$K=0.39$ $\tau=817$ $T_d=1440$
	C91	$K=0$	$K=-0.12$ $\tau=462$ $T_d=50$	$K=0.4$ $\tau=208$ $T_d=120$	$K=0$	$K=0$	$K=0.2$ $\tau=462$ $T_d=120$	$K=0.8$ $\tau=462$ $T_d=120$
	C93	$K=0$	$K=-0.4$ $\tau=23$ $T_d=29$	$K=0.1$ $\tau=323$ $T_d=120$	$K=0$	$K=0.1$ $\tau=138$ $T_d=20$	$K=0$	$K=0.4$ $\tau=323$ $T_d=30$
	T27	$K=0$	$K=0.5$ $\tau=600$ $T_d=600$	$K=-1.3$ $\tau=831$ $T_d=630$	$K=0.2$ $\tau=785$ $T_d=210$	$K=0.3$ $\tau=603$ $T_d=950$	$K=-0.3$ $\tau=600$ $T_d=210$	$K=1.6$ $\tau=623$ $T_d=420$

　　需要注意的是，虽然线性模型标识符为冷凝变量提供了一些线性过程类型参数，但事实上这些变量的行为是高度非线性的。最后，即使尝试了反馈线性化类型转换，也无法获得可行的线性模型。通过使用外部逻辑方法（见 12.1.7 节），冷凝液电导率的非线性行为被处理了，并取得了很好的效果。

12.1.6　MPC 操作、整定和优化

　　虽然实际的 MPC 控制应用程序不是现有 DCS 系统的原生应用程序,但是 OPC 通信链路提供了一个相当健壮的接口。因此,通过模式切换逻辑,MPC 配置与监管控制紧密集成,操作员无须了解系统集成的复杂性。要使用 MPC,操作员只需将控制器置于 SUPV(监督)模式。一旦 MPC 控制器被使用,操作员仅可对产品密度或产量的设定值进行更改。另外,该系统还可以以协调的方式自动优化产品固体成分和吞吐量。图 12-5 显示了该主操作员界面。

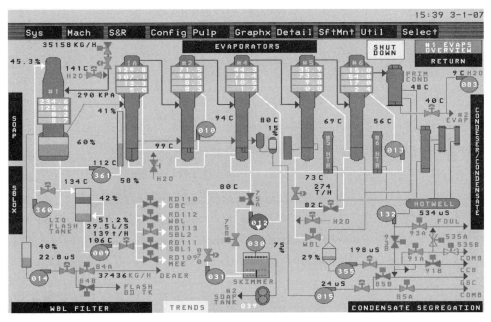

图 12-5　蒸发器 DCS 图表

12.1.7　处理一级过程约束

　　在调试过程中,作者成功地模拟了进料固体、进料温度、冷凝器温度、第一效应蒸汽压力、除皂器液位和出口固体之间的关系。然而,在对冷凝液流量受到污染的主要过程进行建模和预测时遇到了很大的困难。电导率测量不仅是高度非线性,而且似乎引起扰动的条件是不可重复的。由于一些未测量的变量似乎每天都在变化,并且是无法全部检测到的。

　　为了处理这个独特的事件,编写了一个基于规则的外部控制器或 kicker 算法以覆盖稀黑液流量控制器的设定值。这种逻辑会随着冷凝液电导率的增加而迅速降低进料流量,然后当电导率低于设定的限值时缓慢地恢复流量。有了这个逻辑,就有可能提高蒸发器的效率,直到电导率开始上升,然后再缓慢下降约 2%,直到电导率下降,然后再次上升。这使得我们可以在最大速率的 1% 或 2% 范围内运行蒸发器,而无须分流和重新处理任何冷凝液。图 12-6 显示了当 MPC 将固体保持在目标值时,稀黑液进料如何快速减少以处理不断增加的电导率,然后在电导率下降后,进料速率缓慢增加。

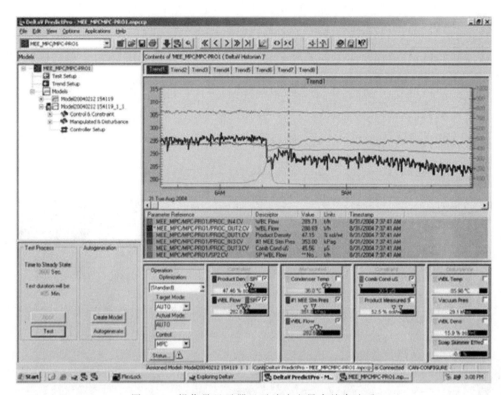

图 12-6 操作员显示器显示响应电导率约束违反

12.1.8 蒸发器冲洗控制

当 MPC 首次投入使用时,蒸汽压力、入口流量和产品固体颗粒目标被限制在 50% 左右,但随着时间的推移和信心的增加,这些限制均被取消了。操作员现在可以将其产品固体目标降低到 30%,这低到足以冲淡第一个效应。

这极大地简化了 MEE 稀黑液冲洗的过程,同时也减少了所需的时间和精力。操作员仅需设定 30% 的固体目标值,等待 1 小时,然后将该目标值调回至 53%。

12.1.9 固体测量

在项目开始之际,作者发现 MPC 模型和 SBL 的已测固体中的漂移物每天高达 2%。通过进一步调查和人工检测,作者发现使用沸点升高(Boiling Point Rise,BPR)去计算的固体数值(Gullichsen 和 Fogelholm,1999)比固体计量器的可重复度更高。在过去的两年里,已经证明了停止使用在线固体计的可能性,并且现在完全依赖于 BPR 的计算数值。计算得到的固体数值直接被用于 MPC 模型,取得了良好的控制效果。所使用的计算方法如下:

$$计算的固体数值 = BPR \times 3.7879 + (Sqrt(BPR) \times 0.0529) + 2.1 \qquad (12\text{-}1)$$

12.1.10 操作结果

自 2004 年该 MPC 系统试运行以来,操作员对其接受度良好。该工厂对该 MPC 监督控制非常满意,三年来平均正常运行时间为 94%。此项目的关键之一是保证了所有员工的一致和稳定操作。由于操作稳定性和一致性的提升,蒸发器中产生的固体产物至少增加了3%。表 12-3 总结了蒸发器控制优化的结果。

表 12-3　蒸发器控制结果

	2004 年	2006 年	％变化
平均固体产物	49％	52％	＋3％固体
固体目标值的平均误差	2.43	0.68	－72％
时间百分比 固体产物＞上限 54％	1.79％	0.01％	－99％
时间百分比 结合冷凝转移	2.51％	0.38％	－85％
时间百分比 受污冷凝转移	0.36％	0.04％	－89％
时间百分比 淤塞冷凝转移	0.72％	0.19％	－74％

表 12-3 显示了固体产物的平均增加量、由于污染事件进行冷凝转移所需的时间百分比以及最终固体产物超过 54％的最高固体上限所需的时间百分比。从比较分析中可看出,固体可变性的改善(减少 72％)极大地稳定了蒸发器操作,并将冷凝污染和转移时间降低70％～90％。更明显的是,固体产物实际上从未超过 54％的上限。这种改善的结果大大减少了污染的影响。正是由于有效污垢的减少,在过去的两年里没有沸腾的要求。

12.1.11　结论

在牛皮纸浆厂的化学回收循环中,模型预测控制(MPC)已被证明是一种优化多效应蒸发器的有效方式。嵌入的约束处理和优化算法,允许蒸发器以接近最优的效率、最大化固体值和最小化违反约束的次数安全运行。作为控制改进项目的结果,该工厂实现了许多持续的运营效益,包括:

- 全体人员的一致和稳定操作;
- 将浓黑液固体可变性降低 72％;
- 将浓黑液固体从 49％增加至 52％;
- 优化液体吞吐量;
- 大大降低 70％～90％的冷凝污染和转移时间;
- 降低由于固体高偏移度所产生的污染(在过去的两年里无沸煮要求);
- 改进启动次数;
- 改进的自动弱冲洗控制。

防止冷凝转移的约束控制对成功完成项目至关重要。由于不可测量的扰动和系统的非线性,一些基于规则的控制对于处理严重的扰动是十分有必要的。未来的工作旨在研究建模,并结合更好的环境约束预测。如果控制可以快速做出响应,那么有望进一步将污染事件的发生概率降至最低,甚至予以消除。

12.1.12　近期工作和未来机遇

最近一年的工作集中在使用嵌入 MPC 应用的经济优化器,以实现进一步的能量优化。

作者引入了一个目标函数，当可以获得适当的质量和能量平衡以满足所有主要控制条件时，将表面冷凝器温度目标（见图 12-3，MV4）增加到最大值。因此，在冷凝器表面实现的任何热水温度增量，都有可能取代用于过程热交换器的低压蒸汽。初步结果表明，将热水温度提高 4℃是可能的。

12.1.13　致谢

本章作者感谢 PGPP 制浆厂操作员的大力支持和贡献。

12.2　应用实例——CTMP 精炼机

（本节作者：Manny Sidhu 和 Carl Sheehan——斯巴达式控制公司；Stewart McLeod——加拿大不列颠哥伦比亚省阿尔伯尼港催化剂纸业公司。）

为了生产出高质量的化学预热机械浆（CTMP），其精炼过程必须受到严格控制。机械精炼系统的闭环控制是纸浆厂内最复杂、最富有挑战性的控制问题之一。这个过程本质上是多变量的，且表现出强烈的交互作用。由于磨浆的耗损，非平稳过程动力学也使精炼过程复杂化（Du，1998）。

为了改善预热机械浆精炼机的控制，作者（Alsip，1981；Roche 等，1996）已经做了大量的工作。所有这些控制策略都采用基于单回路 PID 的分散控制架构。选择分散架构是极具吸引力的，因为它便于理解，且通过使用原有的分布式控制系统（DCS）便可实现。因此，在 20 世纪 90 年代中期，基于 PID 控制器和离散逻辑的分散控制策略，被阿尔伯尼港催化剂纸业公司采用。这种控制策略被称为 TMPCON。

该系统可以很好地维持恒定的电机负载，并尝试在精炼机后减弱一致性扰动。然而，这个过程的多变量性质没有被考虑，且纸浆质量反馈未被纳入设计的一部分。

除了过程的多变量特性之外，还必须考虑一些过程约束（例如纸浆质量和最大电机负载限制）。在过程工业中，基于约束的模型预测控制（MPC）是控制此类系统的自然选择。MPC 提供了一个统一的框架来有效地处理具有约束的高度交互过程。MPC 技术也已成为过程工业的主流技术，同时，基于微处理器的嵌入式控制算法可以简化部署过程。本项目选择了一个带有嵌入式 MPC 产品的 DCS。

在本应用实例中，我们为单线 CTMP 磨浆生产线提出了一个完全集中式的控制策略。MPC 控制策略的作用在于使关键过程变量保持在各自的约束范围内，同时使应用的总电能最小化。我们首先在阿尔伯尼港公司对 CTMP 过程进行了概述，然后进行了过程建模和分析，接着讨论了控制策略的设计和经济优化的使用，最后给出了计算结果。

12.2.1　过程描述

通过利用高一致性的二阶 CTMP 过程，阿尔伯尼港催化剂纸业公司实现了年均生产 175 000 吨纸浆。该工厂的过程拓扑包含一条磨浆线路，然后是筛选、废品精炼和单级过氧化氢漂白。该工厂的造纸机器用纸浆来生产高质量的轻质纸种和电话簿纸种。

该 CTMP 主生产线于 1987 年投入使用,配有两台 Sprout-Bauer 公司的双-60 精炼机(见图 12-7),其中每台精炼机的额定功率均是 27 000 马力。同时,该生产线还使用了安德里茨公司生产的压榨机(见图 12-7),极大地降低了进料中的体积密度和湿度变化。浸渍剂中的化学添加剂称为预磺化,它被用来提高纸浆质量和最终的纸浆亮度。继一级精炼机(PR)之后,是一个压力旋风分离器,它将半精炼纸浆和蒸汽从一级吹管中分离出来。然后,半精炼纸浆被注入二级精炼机(SR)中进行进一步的纤维处理。二级精炼机出口处是注入消潜槽的另一个压力气旋。该压力气旋的蒸汽将被回收为工厂所用。

此过程配有良好的装置,如图 12-7 所示。在线光学传感器对一级精炼机吹洗管路的一致性进行了测量。同时,根据精炼机周围的质量和能量平衡,对二级精炼机的一致性进行了估计(Tessier 等,1997)。

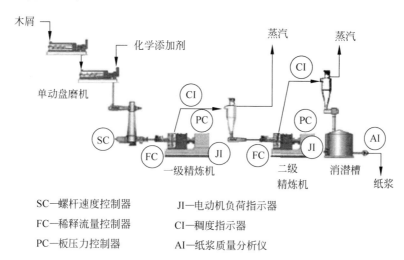

SC—螺杆速度控制器　　　JI—电动机负荷指示器

FC—稀释流量控制器　　　CI—稠度指示器

PC—板压力控制器　　　　AI—纸浆质量分析仪

图 12-7　CTMP 过程原理图

纸浆质量分析仪位于消潜槽出口处,定期对消潜槽中的纸浆进行采样,并提供纸浆质量分析。特别地,根据加拿大标准游离度(Canadian Standard Freeness,CSF)的定义,我们测量了纸浆的游离度(稀释后的悬浮浆可能被排出的速率)。

12.2.2　电能消耗模型

主线精炼机的能源消耗是使用线性回归进行建模的。图 12-8 显示了比能和生产率之间的关系:比能随着生产率提高而降低。这种逆相关关系的原因是随着生产率提升,所需的精炼机板间隙减少。随着生产率的提高,电机负荷也随之增加,但电机负荷的增加不足以维持精炼过程所需的每单位质量的必要能量,即比能。因此,必须减小板间隙以增加电机负荷。板间隙的减小对浆体质量的影响较大,因此必须通过降低电机负载,从而在较低的比能量下,实现纸浆质量的原目标。

比能(千瓦时/吨)和纸浆质量(打浆度)之间存在着直接关系。只要配料成分(木屑混合物、体积密度、水分等)在给定生产率下是恒定的,则这种关系是恒定的。趋势线周围的分布说明了特定的能量需求的变化,这种变化随木屑供应的功能而变化,以实现给定的纸浆质量

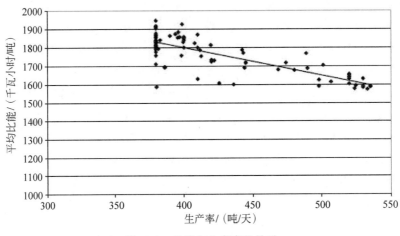

图 12-8　比能与生产率的关系

目标。因此，保持比能目标常数的控制系统，不能提供最优的纸浆质量控制，也不能使能耗最小化。

基于工厂的历史数据，比能消耗作为生产函数的定义如下：

$$\dot{e} = -1.522\dot{m} + 2409.2 \tag{12-2}$$

其中，

$\dot{e}$——特定能量（千瓦时/吨）。

$\dot{m}$——生产率（吨/天）。

12.2.3　过程模型识别

很多专家（Allison 等，1995；Rosenqvist 等，2002；Ruscio，1993；McQueen 等，1999；Berg 等，2003）曾经在 CTMP 工厂建模方面做了大量工作。CTMP 过程表现出了极为强烈的交互性，从而使构建多变量模型成为必需。例如，进料螺杆速度的变化会影响一级精炼机的电动负载和吹洗管路的一致性，此外，进料螺杆转速的增加也会影响二级精炼机的运行。但是，二级精炼机（SR）的稀释度及其板间隙的变化，并不会影响一级精炼机（PR）的可运行性。

为了对磨浆过程进行建模，对每个操纵变量（MV）进行了撞击试验，并记录了所有控制变量/约束变量（CV）。这些约束变量和操纵变量如表 12-4 所示。

表 12-4　MPC 控制器控制变量（CV）和操纵变量（MV）选择

操纵变量（MV）	控制变量（CV）
螺旋插入速度	一级电机负载
一级板间压力	二级电机负载
二级板间压力	加拿大标准游离度（CSF）
一级稀释流量（DE 和 TE） 二级稀释流量（DE 和 TE）	一级吹洗管路的一致性 二级吹洗管路的一致性

撞击测试的设计目的是充分激发该过程，以便开发用于模型识别和验证的丰富数据集。

调整撞击测试的持续时间和幅度,以确保高信噪比。一旦获得必要数据,内置的模型识别子程序 DeltaVTM 就会被用来识别、验证和仿真该过程模型。每个约束变量(输出通道)均根据每个操纵变量(输入通道)进行了建模。

图 12-9 显示了各个过程子模型的阶跃响应。

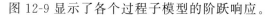

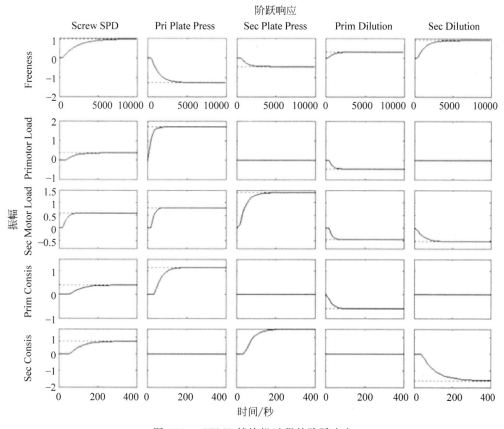

图 12-9　CTMP 精炼机过程的阶跃响应

12.2.4　MPC 控制策略

在 MPC 控制策略中,控制目标和优先级的定义是一个关键步骤。控制策略的主要目标是:

- 减小木屑密度变化;
- 控制纸浆质量(游离度);
- 将应用的总电量降至最低;
- 控制精炼机的电机负载;
- 控制吹洗管路的一致性;
- 生产率最大化。

MPC 控制器的主要目的是降低精炼机的电机负载量,且在达到操作员特定目标的同时保持游离度。操作员将游离度的目标值设定为 135～145 毫升,而其他变量范围则会依据生产率确定。表 12-5 总结了 MPC 目标和优先级。

表 12-5　MPC 目标和优先级

约 束 变 量	MPC 控制目标和优先级
一级电机负载	最小化
二级电机负载	最小化
加拿大标准有力度(CSF)	高级优先约束(与操作员的给定目标一致)
一级吹洗管路的一致性	中级优先约束(与操作员的给定目标一致)
二级吹洗管路的一致性	中级优先约束(与操作员的给定目标一致)
操纵变量	
螺杆插入速度	最大化（在存在足够自由度的情况下最大化生产率）
一级板间压力	硬性限制(与操作员的给定目标一致)
二级板间压力	硬性限制(与操作员的给定目标一致)
一级稀释流量(DE 和 TE)	硬性限制(与操作员的给定目标一致)
二级稀释流量(DE 和 TE)	硬性限制(与操作员的给定目标一致)

嵌入在 DCS 控制器的 MPC 算法，被用于实现上述控制目标和优先级（Blevins 等，2003）。此算法有两个目标：

（1）在操作限制范围内，以最小的 MV 移动将 CV 控制误差最小化。

（2）实现由优化器设置的最佳稳态值，以及直接从 MV 值计算出的目标 CV 值。

在操作过程中，优化器在每次扫描时均对 MPC 无约束控制器的稳态目标进行设置和更新，因此 MPC 控制器可执行无约束算法。由于目标的设置方式考虑到了约束条件，只要存在可行的解决方案，控制器就能在约束条件的限制下工作。因此，优化是 MPC 控制器不可或缺的一部分。在每次扫描时，集成的 MPC 控制器和优化器均执行以下操作步骤：

（1）更新约束变量测量；

（2）更新约束变量预测；

（3）确定最优操纵变量稳态目标值，计算约束变量的目标值；

（4）提供导致约束变量和可控变量目标值的操纵变量输出；

（5）更新操纵变量。

图 12-10 显示了优化器集成操作和 MPC 算法之间的通信。当约束限制太严苛、设定值太多或扰动太严重而导致优化器无法找到最优解时，一个典型情况就会出现。在这种情况下，可通过改变设定值来改变控制范围和/或放弃某些约束，从而放宽系统的约束。这可以通过按顺序最小化均方差来实现。

由模型共线性（该定义见第 9 章）导致的糟糕的模型条件，是优化器必须适当处理的另一个常见问题。正如 MPC 算法一样，调节不佳在操纵变量目标计算值中表现为过度变化，即使是因较小约束修正而产生的过度变化。在这个示例应用中，通过改变有效约束的配置（放弃某些约束），或者通过移除约束变量或受控变量与操纵变量之间的过度关联，调节不佳可被动态地消除。

12.2.5　结果

MPC 成功地降低了单位能源消耗，提高了纸浆质量。表 12-6 比较了生产率为 390 吨/天时的单位能源消耗。

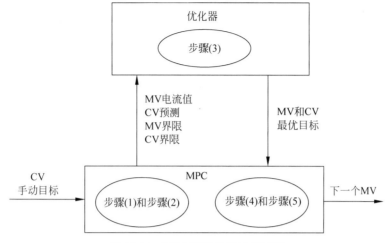

图 12-10　MPC 和优化器通信原理

表 12-6　单位能源消耗的比较

	平　均　值	标 准 方 差
MPC Off	1776.86	34.67
MPC On	1746.68	61.42

平均而言,电力消耗减少了 30 千瓦时/吨,估计每年可节省 30.3 万美元。

MPC 控制器能够改善不同生产率下的精炼机生产线操作。在 MPC 调试后,与单位能量和生产率相关的电力消耗率为

$$\dot{e} = -2.6911\dot{m} + 2806.7 \tag{12-3}$$

可以将该式与式(12-2)进行比较,以估计不同生产率下的单位节能情况。如前所述,MPC 控制器还能够根据纸浆游离度的变化改善纸浆质量。表 12-7 显示了前后的结果,并显示游离度变化降低了 25%。从质量上讲,在 MPC 控制下,自由度的提高也可以在图 12-11 中看到。

表 12-7　纸浆游离度结果

	平　均　值	标 准 方 差
MPC Off	134.7	14.96
MPC On	140.9	11.11

12.2.6　结论

主线精炼机消耗了大量电能,以减少纸浆木屑。事实上,CTMP 精炼机是该厂最大的单一电能消耗电器,因此提供了减少能源和降低成本的最大机会。

以历史数据为基础,推导出了该过程能耗模型。同时也提出了一种以使用在线线性规划优化的 MPC 为基础的完全集中式控制策略。使用基于 MPC 的控制策略,其好处是每年

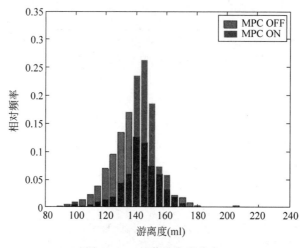

图 12-11　纸浆游离度分布

节省了 30.3 万美元，自由度变化也减少了 25%。作为该控制策略的一部分，未来的计划将考虑使用纤维长度、网丝长度和化学添加物作为控制策略的一部分。

12.2.7　致谢

作者要感谢催化剂纸业公司管理人员的财力支持，同时也感谢加拿大不列颠哥伦比亚省阿尔伯尼港催化剂纸业公司（Lester Dyck、Kevin Wallace、Alex Adams、Markus Zeller 和 Daniel Ouellet）的技术讨论，并提供部分资金在 CTMP 工厂内进行节能研究。这项研究有助于发现工厂内电气节能的可能性。最后，作者要感谢阿尔伯尼港公司维护和工程信息分部（Dale Shimell、Rick Skelton 和 Ken Jones）以及运营分部（所有操作员，Jason Seabrook 和 Kelly Sasaki）的支持。

12.3　应用实例——重油分馏塔

壳牌重油分馏塔（Heavy Oil Fractionator，HOF）问题最初是由壳牌石油公司提出的，该分馏塔被用来说明配置和试运转 MPC 所需的步骤。同时，壳牌公司定义的过程仿真可能被用于评估 MPC 产品的性能。

重油分馏塔问题最初是在壳牌石油公司过程控制研讨会（Prett 和 Morari，1987）上提出的。壳牌公司设计该问题，包含了石化行业典型控制问题中存在的所有相关元素，其目的是为学术界提供一个应用新控制方法的基准问题（Ansari 等人，2000；Maciejowski，2002a）。本问题假定已达到进给所需的分馏塔热量要求。

该分馏塔是这个问题的焦点（见图 12-12），其具有三个产品抽取出口和三个侧面循环回路，它们可以排出热量，从而达到预期的产品分离目的。与底部回路相关的热负荷（传热速率）可以被调整。其他再循环回路的热负荷虽然可以被测量，但是取决于工厂的其他部分。顶部分馏出口和侧部分馏出口的规格，是由经济性和操作要求决定的。底部抽取出口处没有产品规格,但分馏塔较低部位有温度操作约束。

在该仿真过程中,约束违反是通过应用高阶扰动或设置与输入和输出实际值相违背的低/高限值产生的。图 12-12 显示了壳牌公司所提出的过程。

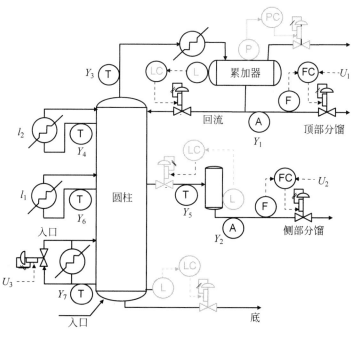

图 12-12　壳牌重油分馏塔

从控制的角度来看,基于过程设计、可用的测量和操作要求,该过程的输入和输出可以被可视化,如图 12-13 所示。

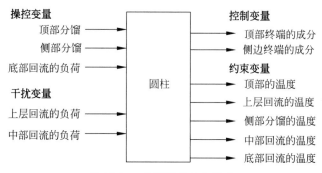

图 12-13　分馏塔输入和输出

重油分馏塔问题研究了多变量控制策略在长时滞、模型增益不确定性、多约束、快慢混合响应的情况下,多变量控制策略在跟踪设定值、处理约束、抑制扰动和满足经济目标的能力。

由于该过程接近共线,因此很难控制。过程输入(所有其他输入均不变)的变化与其对每个过程输出的影响之间的关系,被建模为一阶加上时滞,其特征是以分钟表示的增益(K)、时滞(T_d)和时间常数(τ),如表 12-8 所示。

表 12-8　过程模型

	参数	操 作			扰 动	
		顶部分馏	侧部分馏	底部回流负荷	中部回流负荷	上部回流负荷
被控	顶端点	$K=4.05$ $\tau=50$ $T_d=27$	$K=1.77$ $\tau=60$ $T_d=28$	$K=5.88$ $\tau=50$ $T_d=27$	$K=1.20$ $\tau=45$ $T_d=27$	$K=1.44$ $\tau=40$ $T_d=27$
	侧端点	$K=5.39$ $\tau=50$ $T_d=18$	$K=5.72$ $\tau=60$ $T_d=14$	$K=6.90$ $\tau=40$ $T_d=15$	$K=1.52$ $\tau=25$ $T_d=15$	$K=1.83$ $\tau=20$ $T_d=15$
约束	上部温度	$K=3.66$ $\tau=9$ $T_d=2$	$K=1.65$ $\tau=30$ $T_d=20$	$K=5.53$ $\tau=40$ $T_d=2$	$K=1.16$ $\tau=11$ $T_d=0$	$K=1.27$ $\tau=6$ $T_d=0$
	上部回流温度	$K=5.92$ $\tau=12$ $T_d=11$	$K=2.54$ $\tau=27$ $T_d=12$	$K=8.10$ $\tau=20$ $T_d=2$	$K=1.73$ $\tau=5$ $T_d=0$	$K=1.79$ $\tau=19$ $T_d=0$
	侧部分流温度	$K=4.13$ $\tau=8$ $T_d=5$	$K=2.38$ $\tau=19$ $T_d=7$	$K=6.23$ $\tau=10$ $T_d=2$	$K=1.31$ $\tau=2$ $T_d=0$	$K=1.26$ $\tau=22$ $T_d=0$
	中部回流温度	$K=4.06$ $\tau=13$ $T_d=8$	$K=4.18$ $\tau=33$ $T_d=4$	$K=6.53$ $\tau=9$ $T_d=1$	$K=1.19$ $\tau=19$ $T_d=0$	$K=1.17$ $\tau=24$ $T_d=0$
	底部回流温度	$K=4.38$ $\tau=33$ $T_d=20$	$K=4.42$ $\tau=44$ $T_d=22$	$K=7.20$ $\tau=19$ $T_d=0$	$K=1.14$ $\tau=27$ $T_d=0$	$K=1.26$ $\tau=32$ $T_d=0$

　　因此，正如第 14 章所述，通过 DCS 可以轻松地创建过程的动态仿真，从而允许 MPC 控制此过程在不同的操作条件下进行测试。作为由壳牌公司提出问题的一部分，不确定模型增益被予以定义，即允许在不同的操作条件下测试控制。过程增益的不确定度定义如表 12-9 所示，其中$-1 \leqslant \varepsilon_i \leqslant 1$；$i=1,2,3,4,5$。

表 12-9　模型增益中的不确定性

	参数	操 作			扰 动
		顶部分馏	侧部分馏	底部回流负荷	中部回流负荷	上部回流负荷
被控	顶端点	$4.05+2.11\varepsilon1$	$1.77+0.39\varepsilon2$	$5.88+0.59\varepsilon3$	$1.20+0.12\varepsilon4$	$1.44+0.16\varepsilon5$
	侧端点	$5.39+3.29\varepsilon1$	$5.72+0.57\varepsilon2$	$6.90+0.89\varepsilon3$	$1.52+0.13\varepsilon4$	$1.83+0.13\varepsilon5$
约束	上部温度	$3.66+2.29\varepsilon1$	$1.65+0.35\varepsilon2$	$5.53+0.67\varepsilon3$	$1.16+0.39\varepsilon4$	$1.27+0.08\varepsilon5$
	上部回流温度	$5.92+2.34\varepsilon1$	$2.54+0.24\varepsilon2$	$8.10+0.32\varepsilon3$	$1.73+0.02\varepsilon4$	$1.79+0.04\varepsilon5$
	侧部分馏温度	$4.13+2.39\varepsilon1$	$2.38+0.93\varepsilon2$	$6.23+0.30\varepsilon3$	$1.31+0.03\varepsilon4$	$1.26+0.02\varepsilon5$
	中部回流温度	$4.06+2.39\varepsilon1$	$4.18+0.35\varepsilon2$	$6.53+0.72\varepsilon3$	$1.19+0.08\varepsilon4$	$1.17+0.01\varepsilon5$
	底部回流温度	$4.38+3.11\varepsilon1$	$4.42+0.73\varepsilon2$	$7.20+1.33\varepsilon3$	$1.14+0.18\varepsilon4$	$1.26+0.18\varepsilon5$

　　壳牌公司提出的测试用例是通过仿真证明，在不违反控制约束的情况下，将 MPC 嵌入 DCS 控制器中以满足那些控制目标（假设所有输入和输出的初始值均为零；上部和中部回流负载设置的变化幅度如下所示）：

$\epsilon1=\epsilon2=\epsilon3=\epsilon4=\epsilon5=0$。上部回流负荷＝0.5,中部回流负荷＝0.5;

$\epsilon1=\epsilon2=\epsilon3=-1,\epsilon4=\epsilon5=1$。上部回流负荷＝$-0.5$,中部回流负荷＝$-0.5$;

$\epsilon1=\epsilon3=\epsilon4=\epsilon5=1,\epsilon2=-1$。上部回流负荷＝$-0.5$,中部回流负荷＝$-0.5$;

$\epsilon1=\epsilon2=\epsilon3=\epsilon4=\epsilon5=1$。上部回流负荷＝$-0.5$,中部回流负荷 y＝$-0.5$;

$\epsilon1=-1,\epsilon2=1,\epsilon3=\epsilon4=\epsilon5=0$。上部回流负荷＝$-0.5$,中部回流负荷＝0.5。

在处理大型多变量控制应用(如壳牌公司提出的应用)时,配置的第一步是定义包含在控制问题中的输入和输出。如果 MPC 作为功能块在 DCS 中实现,那么将创建一个只包含 MPCPro 块的模块。通过创建一个模块,该模块与包含测量和基于水平控制的模块无关,那么可以随时下载包含 MPC 块的模块。该 MPC 块可能被设计成允许配置外部参考,以处理其他模块中的测量和控制回路。为了简单起见,在本例中,该 MPC 块被包含在与其引用的测量和回路相同的模块中,如图 12-14 所示。

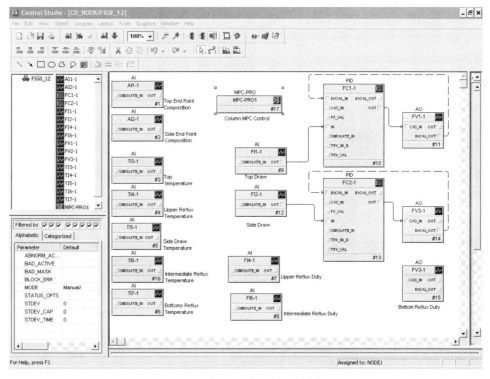

图 12-14　包含 MPC 块的模块

下面一些图给出了该 MPC 块的完整配置。设定值的限值是基于壳牌控制问题中使用的标准化范围。在实际应用中,应根据测量和执行器的实际范围以工程单位设置这些限值,如图 12-15 所示。

在下载包含 MPC 块的模块之后,可以打开正在使用的应用程序来调试和测试控件。图 12-16 显示了从示例 MPC 块启动的应用程序的主界面。

基于 MPCPro 块的模块配置,受控参数、操纵变量、约束参数和扰动参数都会被自动地显示出来。需要注意的是,在面板表示中使用了为这些参数中的每个参数配置的描述。在本例,控制选择已经从"本地(Local)"更改为 MPC,从而迫使下游模块自动将其目标模式转

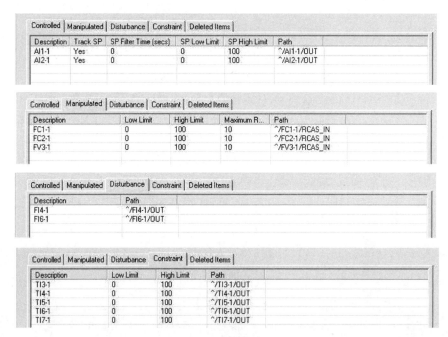

图 12-15　MPC 块的配置

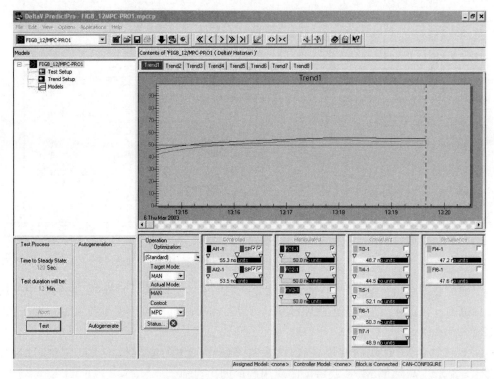

图 12-16　MPC 块开发

换为 RCAS。这样，MPCPro 块的模式是"手动（MAN）"。另外，请注意一些参数正在进行趋势分析。而这是通过单击面板复选框的参数来绘制的。

通过选择"设置"按钮,可以选择测试中包含的操纵变量,如图 12-17 所示。

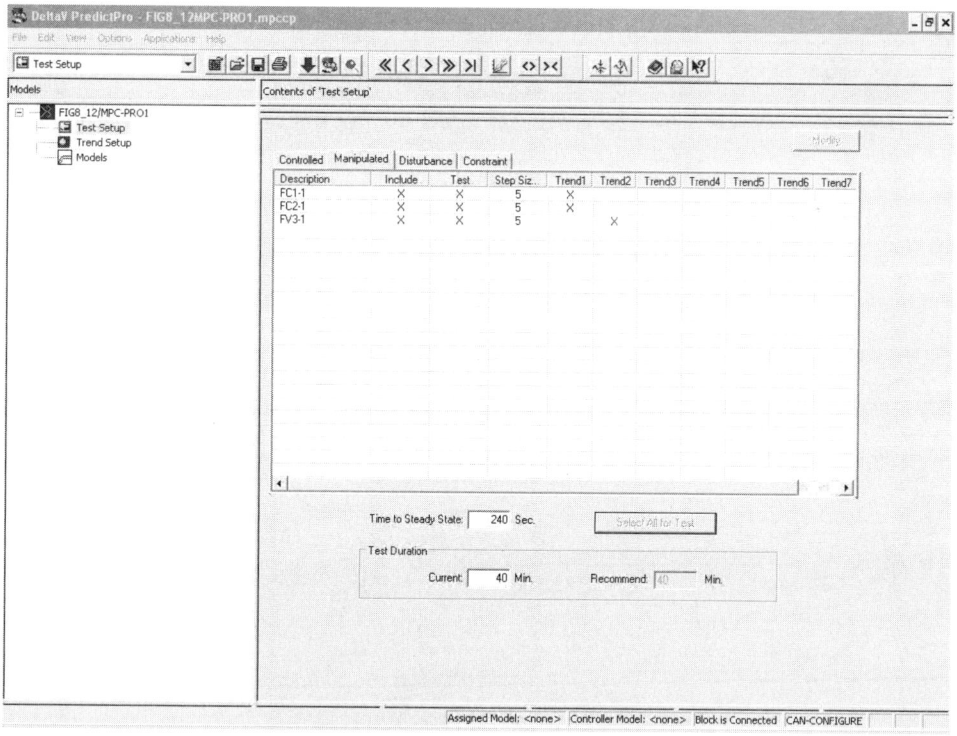

图 12-17　MPC 测试设置

在这个例子中,所有操纵变量均被选择用于自动化测试。在过程测试中使用"选择所有 (Select All)"功能的目的是将所有参数包括在内,同时在测试中将使用 5% 的默认步长。因为所有的过程输出和扰动均会被识别(默认选择),所以在设置中不必做更多的事情。下一步是返回到应用程序的顶层视图,并单击"测试"按钮来进行测试。作为响应,这些操纵变量将以伪随机的方式自动更改,如图 12-18 所示。

当自动测试完成后,测试期间的数据会被自动选择并显示,如图 12-19 所示。

由于测试期间的过程操作是正常的,因此所有的测试数据都将被用于模型生成中。因此,通过选择"自动生成(Auto Generation)"按钮,可为过程生成模型和控制器。设置响应的验证如图 12-20 所示。出于对此示例的考虑,该过程响应被放大了 100 倍。

根据该验证结果的均方差,对模型进行了准确地辨识。通过在屏幕上检查每个阶跃响应并将其与你对流程的了解进行比较,可以进一步验证该模型。顶端端点分量的实例如图 12-21 所示。

此外,如图 12-22 所示,通过对 FIR 响应和 ARX 响应进行比较,以及检查每个阶跃响应的置信区间,可对该模型进行进一步验证。选择"选项│专家(Options│Expert)"命令来执行此操作。

最能体现操纵变量变化的控制或约束参数,可通过自动选择用于生成控制器。在每个操纵变量的阶跃响应中,所选择的受控参数或约束参数在显示屏上均以不同的颜色表示。例如,图 12-23 中较暗的背景色显示了"顶部分馏出口流量"的选择。

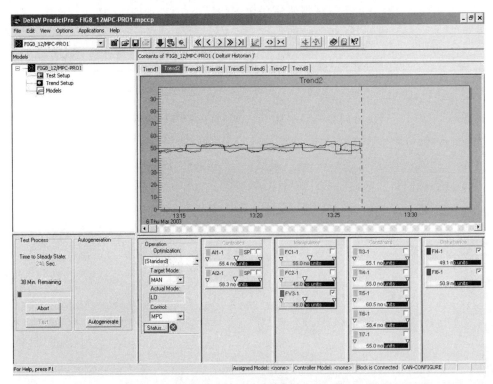

图 12-18　模型识别的测试过程

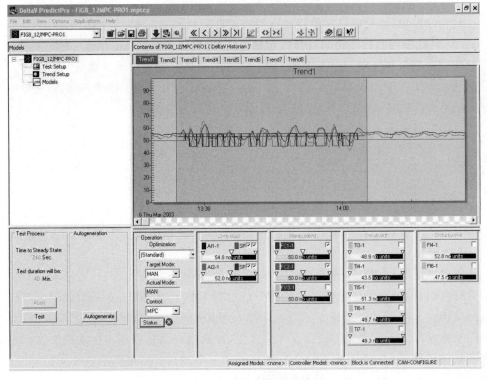

图 12-19　为模型开发选择数据

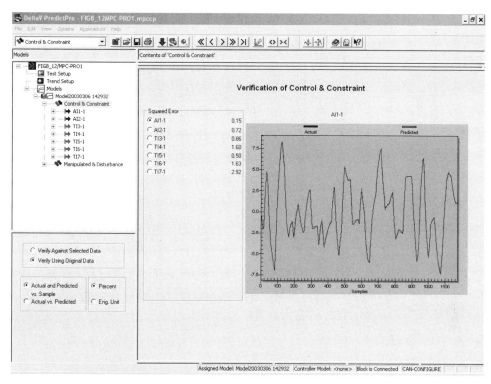

图 12-20　模型验证

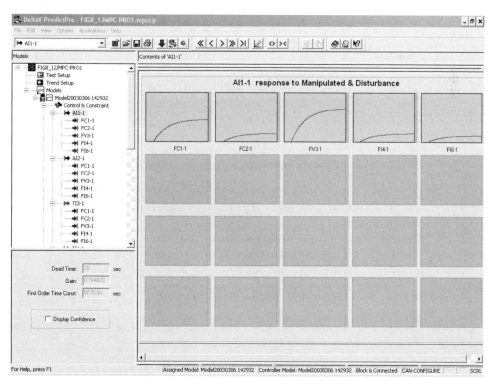

图 12-21　检验阶跃响应

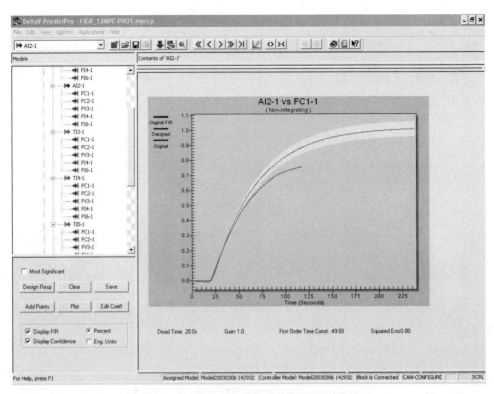

图 12-22　对比已识别的 FIR 和 ARX 模型

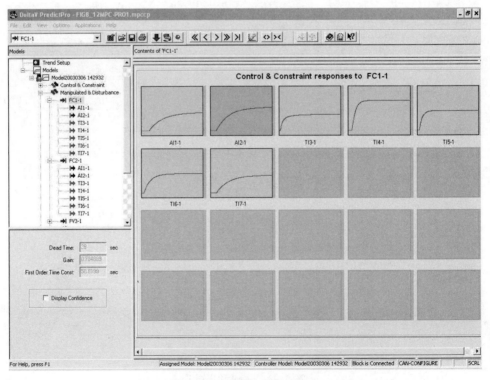

图 12-23　阶跃响应模型综述

选择用于控制的参数的基础是参数对与已生成控制矩阵相关条件数的影响。此外，与参数相关的时滞和增益也应该纳入选择的考虑范畴。如果受控参数和约束参数的性能几乎一致，那么优先选择受控参数。可通过在左侧窗格中选择"控制器设置（Controller Setup）"，来检查这些为控制生成所选择的受控参数和约束参数。必须选择"选项｜专家（Option｜Expert）"来查看此选项。在本例中，显示的信息如图 12-24 所示。

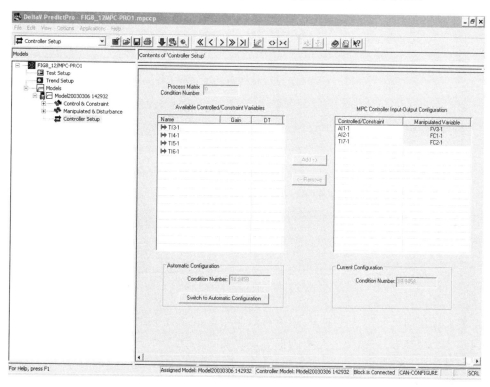

图 12-24　MPC 控制器生成

在这个例子中，参数的自动选择给出了一个条件数为 18。如果受控参数和约束参数是高度共线的（即反映相同的信息），则可能无法为某些操纵变量选择受控参数和约束参数。同时，在某些情况下，用户可以选择通过删除上述选择列表中的参数来强制执行此条件——如果这会导致较低的条件数。一般来说，较低的条件数能得到更好的控制。

MPCPro 默认提供的标准目标函数可用于许多应用程序，而无须修改。这个默认的目标函数被设计用来提供控制操作，该操作将受控参数维持在其约束范围内的设置值上。当存在额外的自由度时，例如在这个例子中，操纵变量的数量超过了受控参数的数量，那么操纵变量将会被最小化，同时将受控参数保持在其设定值。

当预测到某个约束参数将超出某一限制时，可在其指定范围内自动修改受控参数的工作设定值。如果在满足约束条件和操作范围方面存在冲突，那么处于极限和最低优先级的受控参数或约束参数将被放弃，以便其余的受控参数和约束参数可以保持在一定范围内。对于这种应用，可以使用标准目标函数。然而，在某些特定的市场条件下，可能需要最大化顶部绘图，同时保持组成不变。在这些条件下，第二个目标函数被定义为如图 12-25 所示。

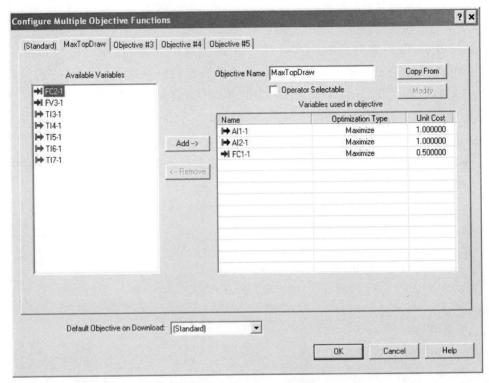

图 12-25　目标函数的配置

在最大化顶部分馏的情况下，与顶部和侧面端点组成百分比变化以及顶部分馏流量相关的利润（美元）是未知的，或者是每天都可以改变的。因此，所提供的单位成本用于表示保持分量与最大化顶部分馏出口之间的相对值。为此目标，MaxTopDraw 的目标名称被予以定义。必须单击"操作员可选（Operator Selectable）"复选框，从而使得操作员可以使用该目标。一旦定义了任何目标，就必须下载该模块，以便在仿真和在线操作中使用这些新的目标函数。

为了测试分馏塔的离线控制，请选择左窗格中的模型，并单击"仿真"按钮。如果已选择"选项｜专家（Options｜Expert）"，那么这个命令是可用的。当 MPC 处于自动模式且标准目标函数被选中时，示例 MPC 块的仿真界面如图 12-26 所示。

通过改变设定值可以观察到控制响应。改变控制目标以检查其对过程的影响。例如，将目标状态从"标准（Standard）"改为 MaxTopDraw，该变化的影响反映在如图 12-27 所示的趋势中。

一旦使用 MPC 产品提供的仿真环境对 MPCPro 控制进行了验证，包含 MPC 块的模块就可以投入使用。该操作界面包含了为 PredictPro 而预定义的发电机。图 12-28 显示了这个示例的 MPC 操作视图。

在壳牌公司规定的测试中，分馏塔过程的时滞和时间常数没有变化，但在五个提议的测试用例中，有四个测试用例中的增益以相关的方式改变了。本测试对 MPC 算法进行了测试，测试了其在一个没有模型不匹配的情况下以及在四个不同增益设置的情况下如何满足控制目标的。

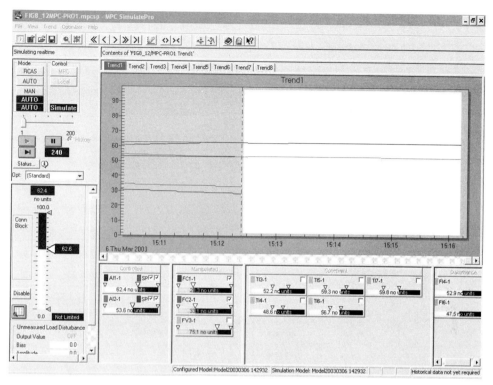

图 12-26　测试 MPC 的仿真环境

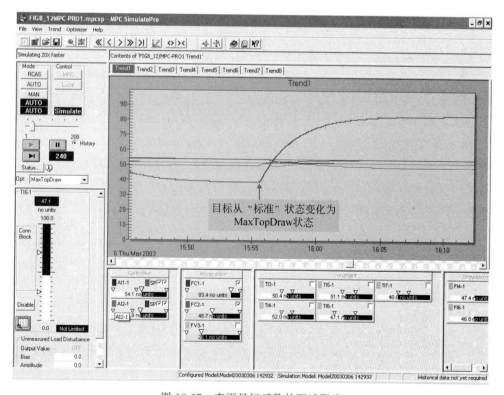

图 12-27　变更目标函数的测试影响

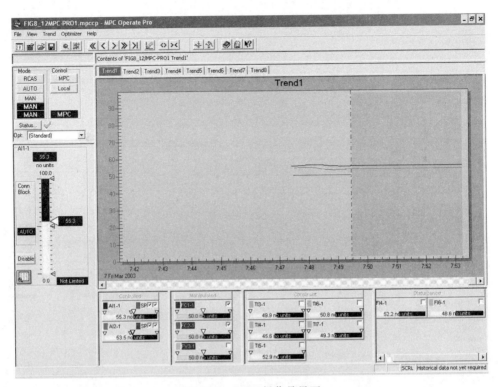

图 12-28　MPC 操作员界面

　　该 MPCPro 公式将用于 MPC 控制器生成的平方模型（CV 数等于 MV 数）与软约束相结合的情况（Mehta 等，2003）。该控制器没有被在线重新配置以满足硬约束（Wojsznis 等，2002）；相反，它是在控制器生成之前自动配置的，以便操纵变量被与控制变量或约束变量进行匹配。控制中控制变量和约束变量的选择，是基于对控制矩阵的条件数、增益和死区时间的影响。与具有相同性能的约束变量相比，控制变量更受欢迎。

　　模型预测控制器已经用前馈扰动变量（Cuthrell 等，1990）进行了测试（Boudreau，2003）。如前所述，控制器配置了以终点为受控变量，以底部回流温度为约束变量。受控变量可以配置一个 Set Point Delta Range（设定值德尔塔范围），并在该范围内最大化或最小化。只要约束变量被投影到其限制范围内，那么控制变量设定值就得以保持。如果预测到约束违反，那么控制变量的工作设定值将在 Set Point Delta Range 内移动，以避免约束冲突。

　　为了满足壳牌公司问题的稳态要求，将两个控制变量的设定值增量范围设置为零。当优化器在将受控变量保持在其 Set Point Delta Range 内的同时无法找到一个解来满足约束时，约束变量允许偏离超出其约束。

　　为了找到最佳的解决方案，约束和控制变量被优先排序。最高优先级的变量被分配的优先级序号最小。优先级最低的变量从方程中一个接一个地被删除，直到找到一个解。当存在约束冲突时，优化器将搜索一个解决方案，该解决方案将所有受控变量保持在其 Set Point Delta Range 内，同时将超出其范围的变量的加权误差最小化。为了满足壳牌公司的顶端点约束要求，该约束要求是最高优先级的。底部回流温度是最低优先级的。

底部回流负荷被最小化。通过减少热量回到分馏塔,蒸汽产量增加。MPC 的硬操纵变量约束满足了壳牌公司标准控制问题的要求。为了满足每分钟 0.05 的最大移动要求,所有"每秒最大 MV 移动值(Max MV Move Per Sec)"参数被设置为每秒 0.000 833 3。在这个 MPC 公式中,推荐的预测范围是基于调整时间的。三倍于最长分馏塔时间常数加上时滞,得到的调整时间为 12 480 秒。

因为控制器在预测范围内执行了 120 次,所以控制器执行之间的周期是 104 秒。然而,底部回流温度和底部回流负荷之间的开环时间常数仅为 19 分钟,没有时滞。为了改进解决方法,在壳牌公司问题中允许的最快采样时间设置控制器执行。这种 MPC 公式的最小计算要求允许采样时间远小于一分钟。然而,在最长开环阶跃响应中控制器增益的减少,将有效地降低控制器的整定。

在壳牌公司提出的测试中,MPC 被期望能同时抑制两个阶跃扰动,以及同时在五个测试用例中进行经济优化。这五个测试用例中有四个存在增益不确定性。在第二届壳牌公司过程控制研讨会上,出席者投票认为测试用例 2 是最差的(Prett 等,1990),测试用例 5 在这个类别中排名第二。过程输出中的增益变化与顶部抽气相关,从 40%~70% 不等。侧抽增益变化范围为 8%~22%。在测试用例 2 中,顶部分馏和侧部分馏增益都下降了。与扰动相关的增益增加了,但平均增幅不到 10%。过程增益的大幅度下降有效地增加了控制器增益。在测试用例 5 中,顶部分馏增益减少了,而侧部分馏增益增加了;因此控制器的效果并不明显。在测试用例 3 和测试用例 4 中,过程增益增加了,从而将控制器向稳定的方向推动。在相反方向的扰动使测试用例 4 最容易满足测试需求。

所有前馈响应的相应结果(Boudreau,2003)可以在图 12-29~图 12-39 中找到。控制器有扰动,并显示在趋势上。所有测试用例满足壳牌公司的移动惩罚性能标准,并在控制器生成时自动计算移动惩罚和错误设置惩罚。没有额外的手动整定。所有测试用例响应都具有积分作用,并满足指定的约束。设置时间为 217~358 分钟(见表 12-10)。

表 12-10　拥有前馈控制的控制器稳定时间 *

测 试 用 例	设置时间(分钟)
1	217
2	294
3	358
4	345
5	213

在测试用例 1(见图 12-29 和图 12-30)中,优化功能表现良好。底部回流温度保持在其下限值的一半。当最初到达约束时发生的振荡,可能被通过增加移动惩罚来减少。鉴于底部回流负荷已被优化,其动作不必如此积极。在测试用例 2、测试用例 3 和测试用例 5 中,在负载方向的不同约束下找到了优化器的解。在所有这些情况下,顶部分馏的约束值为 0.5。请注意,这是一个硬性约束,且在任何测试中都不能违反。

---

*　此表在正文中无引用,原文如此。

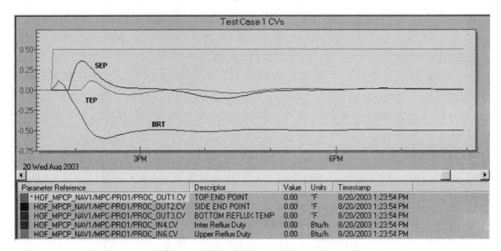

图 12-29　测试用例 1 中的受控变量响应

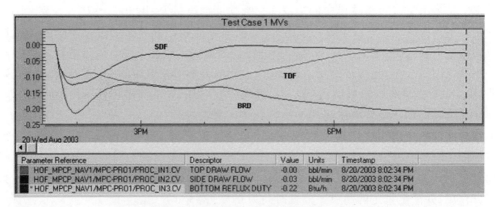

图 12-30　测试用例 1 中的操纵变量移位

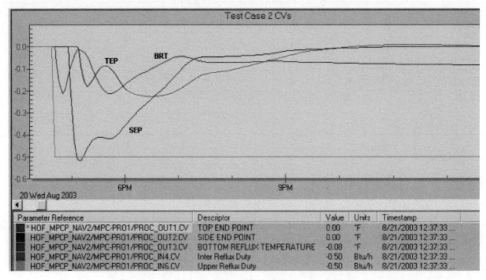

图 12-31　测试用例 2 中的受控变量响应

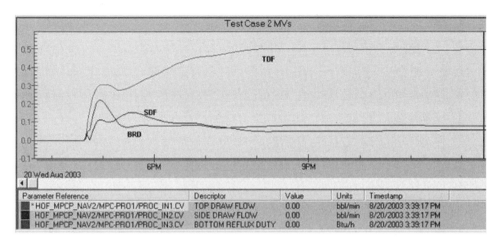

图 12-32　测试用例 2 中的操纵变量移位

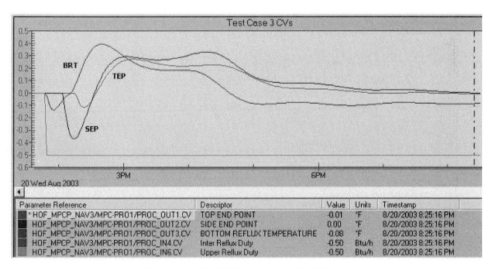

图 12-33　测试用例 3 中的受控变量响应

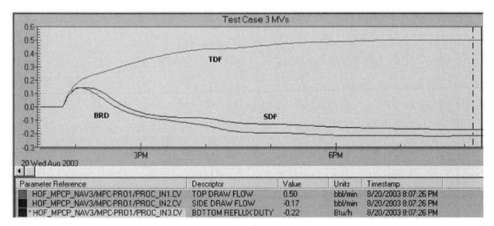

图 12-34　测试用例 3 中的操纵变量移位

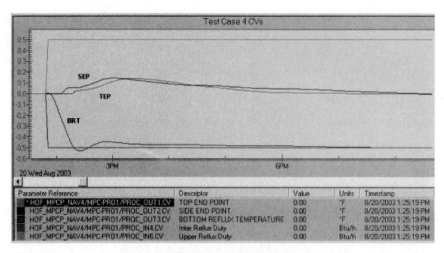

图 12-35　测试用例 4 中的受控变量响应

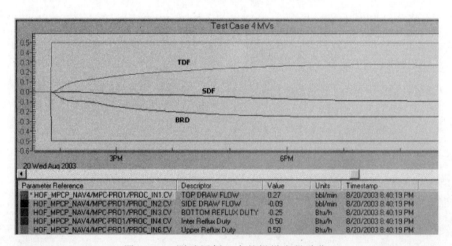

图 12-36　测试用例 4 中的操纵变量移位

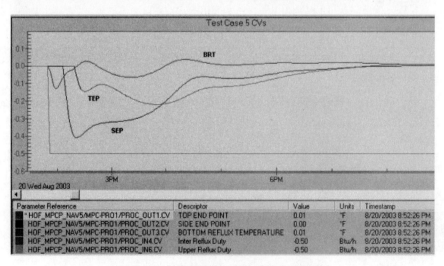

图 12-37　测试用例 5 中的受控变量响应

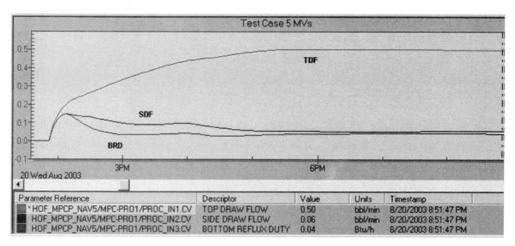

图 12-38　测试用例 5 中的受控变量移位

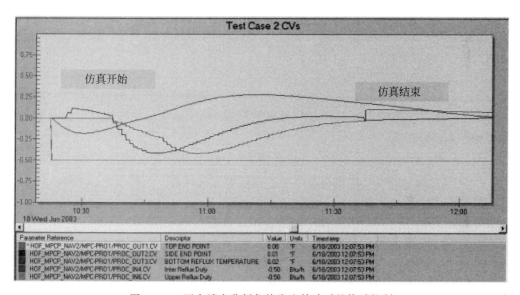

图 12-39　两个端点分析仪均发生故障时的扰动抑制

测试用例 2 和测试用例 3 具有相同的负载,但模型误差的方向各异。测试用例 2 达到了其预期,并展示了最差的扰动抑制性能。侧面端点暂时违反了其较低约束。测试用例 3 显示出更好的扰动抑制性能,但操纵变量从它们的原点偏移得更远。

负的负载方向将测试用例 5 放在与测试用例 2 和测试用例 3 相同的类别中。回想一下,最大的增益不确定性在相反的方向。与顶部分馏相关的不确定性增加,而侧部分馏的不确定性减少。测试用例 5 的扰动抑制和响应时间性能比测试用例 2 和测试用例 3 要好得多。在测试用例 5 中,其顶部分馏的饱和速度和测试用例 2 中一样快,但是其操纵变量的移动是最小的。

这种软约束 MPC 公式不符合第二次壳牌公司过程控制研讨会所达成的共识,并投票选出测试用例 3 为第二差示例。随着过程增益的增加和扰动的增加,测试用例 4 中的优化器会得出与测试用例 1 相同的约束。当在本测试用例出现扰动抑制时，受控变量偏离设定值的数值是最小的。然而，与测试用例 1 相比，其操纵变量的移位更大，且稳定时间也更长。

该壳牌公司问题的控制目标之一就是抑制扰动，即使是在一个或两个端点分析仪失效的情况下。如果某个传感器处于故障状态或某个分析仪处于恒定状态，则此 MPC 公式允许将上次执行的模型值作为测量输入传递给 MPC 算法。当 MPC 被如此配置时，计时器被设置在预测范围内并开始倒计时。如果传感器或分析仪状态尚未恢复到"良好"，则 MPC 的状态将从"仿真"转变为"失败"。

该仿真特性对于避免在分析仪质量或校准周期中出现 MPC 控制器停机问题是最有用的。在短时间内分析仪停机时，不太可能出现过程测量中的波动。然而，在模型失配的情况下，对优化参数的预测和实际测量之间可能存在差异（Rawlings，1990）。当两个端点值以略低于预测时域的数值进行仿真时，可以用最差示例模型对仿真模型的负荷排斥性能，以及检验长期使用仿真数据后控制器将数据从仿真数据转换为测量数据的能力，如图 12-39 所示。

在启动测试后不久，两个端点分析仪进入手动模式。手动模式导致测量端点状态为"不确定常数"，并导致切换到仿真状态。一个小时后，当终点接近稳定状态时，分析仪重新回到自动模式。当检测到一个良好信号时，仿真被关闭，且测量值被发送到控制器中。此 MPC 算法并不过滤到真实数据的转换。虽然冲突较为明显，但是这只是已测扰动的一小部分。控制器保持着稳定状态。

总之，在所有测试用例中，包括 LP 优化器的 MPC 公式都符合壳牌公司控制问题的标准，其中 LP 优化器是以稳态模型为基础的。在模型失配和端点分析仪故障的情况下，包括前馈抑制在内的恰当控制器配置对扰动进行了测量。一旦在最初的预测范围减少之后，就不再需要用户整定了。

12.4　专题练习

此次专题练习提供了几个实践，用于探索重油分馏塔示例（见图 12-40）中涉及的 MPC 能力。批量反应器过程将用于展示如何在压力限制和冷却系统的温度控制能力范围内最大化进料速率。登录本书的网站 http://www.advancedcontrolfoundation.com，单击"解决方案"选项卡查看此次专题练习。

第一步，观察 MPC 调试过程中定义的 MPC 配置和阶跃响应。

第二步，在模拟过程中使用 MPC，观察控制如何自动补偿顶部和中间回流负载的一个阶跃变化，以保持顶部和侧端点合成物处于其设定值。

第三步，当顶部合成物设定值被更改时，观察 MPC 如何实现这个新的设定值。

第四步，值得注意的是，控制目标的变化对分馏塔操作的影响。

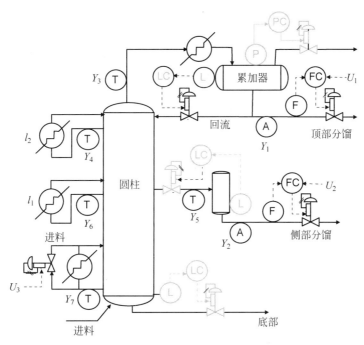

图 12-40   壳牌公司重油分馏塔

12.5   技 术 基 础

大多数工业 MPC 控制器的基本特点是与优化器紧密集成。MPC 应用的一个主要优点是过程优化,其本质上是与过程约束处理息息相关的。MPC 控制本身可以被定义成一个优化问题(Maciejowski,2002)。为了有效地解决这个问题,人们提出了二次规划或更多的通用技术,如内点法(Rao、Wright 和 Rawlings,1998)。

为了让优化器运行控制,每次扫描都需要优化解决方案,并且该优化解决方案应该提供 MPC 控制器的移动,同时考虑到过程动力学、当前约束和优化目标。然而,这种方法的计算负担是巨大的。因此,业内最普遍的做法是分两步解决问题:

(1) 找到导致约束的预测过程稳态值中的最优解。

(2) 动态控制过程满足优化器所定义的稳态目标。

通过将 MPC 与控制系统基础设施集成,可以获得一些显著的优势。因此,它通过较小的努力便可对 MPC 进行配置、测试和试运转,提供可靠的操作以及简单的使用和维护。关于这个问题的一些初步材料已经在第 11 章中介绍过。接下来将介绍更高级的主题:

- 集成有优化器的 MPC 控制器的操作概述;
- 在线优化器的结构和功能;
- 集成有优化器的 MPC 无约束控制器的操作;
- 集成有优化器的 MPC 约束控制器的操作。

12.5.1　MPC 操作概述

一个 MPC 的示意图（见图 12-41）显示了约束 MPC 控制结构的基本组件：在线稳态优化器、MPC 动态控制器以及 DCS 测量和调节控制。

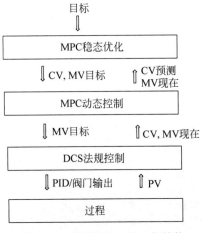

图 12-41　约束 MPC 的一般结构

对于具有多个操纵或控制变量的过程，优化技术在模型预测控制技术中是至关重要的。正如本章前面所讨论的，其中一种已被验证的方法是使用带有稳态模型的线性规划（LP）。线性规划是一种求解一组线性方程和不等式的数学方法，这些方程和不等式使某个附加函数最大化或最小化。这种附加函数被称为目标函数，通常用来表示成本或利润等经济数据。

具体来说，MPC 优化考虑到了当前时刻的增量操纵变量（MV）值或者操纵变量超过控制范围的增量之和，以及在预测时域末端时受控变量和约束变量的增量值，而不是像典型 LP 应用那样只考虑当前位置值。LP 技术采用稳态模型，因此需要应用稳态条件。MPC 设计中通常采用了预测边界，这保证了自调节过程的未来稳态。

对于一个 $m \times n$ 的输入/输出过程，该预测时域用 p 表示、控制时域用 c 表示，那么该预测过程的稳态方程按增量形式表示为

$$\Delta \mathbf{CV}(t+p) = \mathbf{A} \times \Delta \mathbf{MV}(t+c) \tag{12-4}$$

其中，

$$\Delta \mathbf{CV}(t+p) = \begin{bmatrix} \Delta\, cv_1 \\ \cdots \\ \Delta\, cv_n \end{bmatrix}$$
——预测时域端点处输出 n 的预测变化向量。

$$\mathbf{A} = \begin{bmatrix} a_{11} & \cdots & a_{1m} \\ \vdots & \ddots & \vdots \\ a_{n1} & \cdots & a_{nm} \end{bmatrix}$$
——过程稳态 $m \times n$ 增益矩阵。

$$\Delta \mathbf{MV}(t+c) = \begin{bmatrix} \Delta\, mv_1 \\ \cdots \\ \Delta\, mv_m \end{bmatrix}$$
——控制时域端点处操纵变量 m 的变化向量。

$\Delta\mathbf{MV}(t+c)$ 表示每个控制器输出 mv_i 控制时域的增量变化总和：

$$\Delta\,\mathrm{mv}_i = \sum_{j=1}^{c} \Delta\,\mathrm{mv}_i(t+j) \quad i=1,2,\cdots,m$$

变化应同时满足操纵变量（MV）和受控变量（CV）的限制条件。

$$\mathbf{MV}_{\min} \leqslant \mathbf{MV}_{\mathrm{current}} + \Delta\mathbf{MV}(t+c) \leqslant \mathbf{MV}_{\max} \tag{12-5}$$

$$\mathbf{CV}_{\min} \leqslant \mathbf{CV}_{\mathrm{predicted}} + \Delta\mathbf{CV}(t+p) \leqslant \mathbf{CV}_{\max} \tag{12-6}$$

最大化产品值和最小化原材料成本的目标函数可通过以下方式定义：

$$\overset{Q}{\min} = -\mathbf{P}^{\mathrm{T}} \times \Delta\mathbf{CV}(t+p) + \mathbf{D}^{\mathrm{T}} \times \Delta\mathbf{MV}(t+c) \tag{12-7}$$

其中，

$\mathbf{P}$——受控变量中每变化一个单位过程值的成本向量。

$\mathbf{D}$——操纵变量中每变化一个单位过程值的成本向量。应用式（12-1），操纵变量的目标函数仅通过如下方式表示：

$$\overset{Q}{\min} = -\mathbf{P}^{\mathrm{T}} \times \mathbf{A} \times \Delta\mathbf{MV}(t+c) + \mathbf{D}^{\mathrm{T}} \times \Delta\mathbf{MV}(t+c) \tag{12-8}$$

LP 解总是位于可行解值域的某个顶点，如图 12-1 中的二维问题所示。两个受控/约束变量和两个操纵变量的可行解值域，是一个在 MV1、MV2 限制和 CV1、CV2 限制的值域，其中后者分别通过水平、垂直线以及直线表示（见式（12-9）和式（12-10））。

$$\mathrm{CV1}_{\min} = a_{11}\mathrm{MV1} + a_{12}\mathrm{MV2} \qquad \mathrm{CV1}_{\max} = a_{11}\mathrm{MV1} + a_{12}\mathrm{MV2} \tag{12-9}$$

$$\mathrm{CV2}_{\min} = a_{21}\mathrm{MV1} + a_{22}\mathrm{MV2} \qquad \mathrm{CV2}_{\max} = a_{21}\mathrm{MV1} + a_{22}\mathrm{MV2} \tag{12-10}$$

如上所述，该最优解位于箭头标记的某个顶点（见图 12-1）。为了找到这个解，LP 算法对初始顶点的目标函数进行计算，并将此解每次上移一个单位，直到确定目标函数的最大（或最小）值为最优解的顶点为止。

最优 MV 值作为在控制范围内要达到的目标 MV 值应用于 MPC 控制。如果 MPC 控制器的操纵变量和受控变量的数量相同，那么更改受控变量值可以有效地实现操纵变量值。

$$\Delta\mathbf{CV} = \mathbf{A} \times \Delta\mathbf{MVT} \tag{12-11}$$

$\Delta\mathbf{MVT}$—— 操纵变量的最优目标变化。

$\Delta\mathbf{CV}$ ——受控变量的变化，以实现最优操纵变量。

受控变量的变化是通过管理受控变量的设定值来实现的。如我们所见，MPC 算法与优化器一起工作有两个主要目标：

- 在操作限制条件下，通过最小限度地移动操纵变量来最小化受控变量的控制误差。
- 通过优化器和受控变量目标值可实现最优稳态操纵变量值的构建，并用操纵变量值直接进行计算。

为了找到比仅管理受控变量目标值的更好方式来达到这些目标，初始的无约束 MPC 算法可被扩展为将操纵变量目标包含到最小二乘解中。该 MPC 控制器的目标函数为

$$\underset{\Delta\mathbf{MV}(k)}{\min} \Big\{ \big\| \mathbf{\Gamma}^{\,y}\big[\mathbf{CV}(k) - \mathbf{R}(k)\big] \big\|^2 + \big\| \mathbf{\Gamma}^{\,u}\Delta\mathbf{MV}(k) \big\|^2 +$$

$$\big\| \mathbf{\Gamma}^{\,o}\big[\sum \Delta\mathbf{MV}(k) - \Delta\mathbf{MVT}\big] \big\|^2 \Big\} \tag{12-12}$$

其中，

$CV(k)$——控制输出 p 阶向前预测向量；

$R(k)$——p 阶向前参考轨迹（设定值）向量；

$\Delta MV(k)$——c 阶向前增量控制移动向量；

$\boldsymbol{\Gamma}^y$——$\mathrm{diag}\{\Gamma_1^y, \Gamma_2^y, \cdots, \Gamma_p^y\}$ 是受控输出误差上的惩罚矩阵；

$\boldsymbol{\Gamma}^u$——$\mathrm{diag}\{\Gamma_1^u, \Gamma_2^u, \cdots, \Gamma_c^u\}$ 是控制移动上的惩罚矩阵；

p——预测值域（扫描次数）；

c——控制值域（操纵变量移动次数）；

$\boldsymbol{\Gamma}^o$——控制器在控制值域和操纵变量最优目标变化值上移动总数的误差惩罚。

为了简化符号，式(12-12)给出了用于 SISO 控制的目标函数。

式(12-12)的前两项是无约束 MPC 控制器的目标函数。式(12-12)的第三项建立了一个附加条件，即让控制器输出的移动量之和等于最优目标。换句话说，前两项建立了控制器动态运行的目标，而第三项设置了稳态优化目标。优化的 MPC 目标如图 12-42 所示。

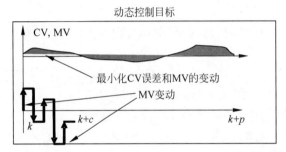
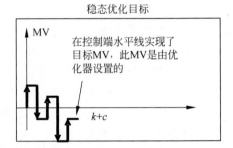

图 12-42　MPC 控制器的最优函数

此控制器的无约束一般解与 MPC 控制器的无约束解相似，可被表达为

$$\Delta MV = (S^{u\mathrm{T}} \boldsymbol{\Gamma}^{\mathrm{T}} \boldsymbol{\Gamma} S^u + \boldsymbol{\Gamma}^{u\mathrm{T}} \boldsymbol{\Gamma}^u)^{-1} S^{u\mathrm{T}} \boldsymbol{\Gamma}^{\mathrm{T}} \boldsymbol{\Gamma} E_{p+1}(k) = K_{\mathrm{ompc}} E_{p+1}(k) \qquad (12\text{-}13)$$

其中，

ΔMV——$[\Delta MV(k), \Delta MV(k+1), \cdots, \Delta MV(k+c)]$——在时点 k 处 MPC 控制器输出的增量移动规划；

K_{ompc}——MPC 控制器的最优增量矩阵；

S^u——用 m 个操纵输入和 n 个受控输出对 SISO 模型中维度 $p \times c$ 以及 MIMO 模型中 $p * n * c * m$ 构建的阶跃反应，从而构建起过程动态矩阵。为了达到 MPC 优化的目的，对动态矩阵的规模进行了扩展：SISO 模型的 $(p+1) \times m$ 和 MIMO 模型的 $(p+m) * n * c * m$，从而调节了操纵变量中的误差。

$E_{p+1}(k)$——将预测值域中的受控变量误差向量，并与控制器输出相对于操纵参数最优目标变化超出控制域的误差向量结合起来，将矩阵 $\boldsymbol{\Gamma}$ 与矩阵 $\boldsymbol{\Gamma}^y$ 和 $\boldsymbol{\Gamma}^o$ 相结合。这是 SISO 控制器维度 $(p+1)$ 和多变量控制器 $[n(p+m)]$ 的一个方阵。上标 T 代表矩阵转置。

在运行中，优化器在每次扫描时均对 MPC 无约束控制器的稳态目标进行设置和更新，因此 MPC 控制器可以执行无约束算法。由于目标的设置考虑了约束条件，所以只要存在一个可行解，控制器就在约束范围内工作。集成的 MPC 控制器和优化器在每次扫描时执

行以下操作步骤:

(1) 更新 CV 和 DV 测量;

(2) 更新 CV 预测;

(3) 确定 MV 最优稳态目标和计算 CV 目标;

(4) 提供导致 CV 和 MV 目标的 MV 输出;

(5) 更新 MV。

图 12-43 描述了优化器和 MPC 算法的通信和集成操作。有一种典型的情况是,优化器无法找到最优解,原因是约束限制太严格、设置点太多或扰动太严重。在这种情况下,通过将设定值更改为范围控制和/或放弃某些约束,从而降低系统约束的严苛性。这可以通过最小化多个约束上的均方差或通过放弃某些拥有最低优先级的约束来实现。

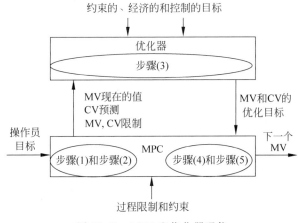

图 12-43　MPC 和优化器通信

病态是优化器需要恰当处理的另一个典型问题。正如 MPC 算法一样,病态表现为计算出的操纵变量目标过度变化,即使是对约束条件的微小修正。在这种方法中,通过改变活动约束的配置(放弃某些约束),或通过移除约束或控制变量与具有过多移动的操纵变量之间的关联关系,动态地消除病态条件。

12.5.2　在线多目标优化器功能概述

正如本章前面提到的,作为 MPC 功能中的固有部分,优化器提供了一个经济上最优的解决方案,同时将过程变量保持在可接受的范围和限制内。在初始线性规划(LP)公式中,目标函数由包含部分或全部自变量的项组成。然而,在过程控制应用中,根据目标的叠加要求,需要对自变量(过程输入/操纵变量)和因变量(过程输出)进行优化。然后,基于过程模型的增益关系,包含任何因变量的目标函数项可以被有效映射到部分或所有自变量上。因此,为因变量设定目标函数,相当于设定由部分或所有自变量组成的目标函数(Ehrgott 和 Gandibleux,2002)。

由于 LP 解位于约束边沿处,因此最优稳态目标往往也会出现反弹现象。为了防止这种行为,二次规划(Quadratic Programming,QP)优化被投入应用,但大大增加了实现的复杂性。

此外,目标函数仅当优化解在限制范围内时可用。然而,当某个解不在预定义的限制范围内时,需要对初始的优化目标进行重新定义,在这种情况下,优化器应该能够从不可行中恢复过来。现有的恢复技术是以约束优先级和控制变量为基础的,且此问题已有几个已知方法,其中 Tyler 和 Morari 在 1997 年运用了整数变量来对优先级进行处理。通过解决一系列的混合整数规划问题,来实现约束违反的最小化。Vada、Slupphaung 和 Foss 在 1999 年提出了一个解决一系列 LP 或 QP(二次规划)不可行性问题的算法。这个算法与前一个算法(Tyler 和 Morari,1997)相似,可将不能实现的约束违反降至最低限度。然而,这两种方法均为计算密集型方法,因此不能以满足快速实时应用的需要。

　　为离线 LP 权重开发出的另一个算法,是使计算的约束违反最优(Vada、Slupphaung、Johansen,2002)。虽然它承担了离线计算的额外负担,但它又提出了额外的离线优化问题。

　　本节的剩余部分提出了一种多目标优化技术(Wojsznis、Mehta、Wojsznis、Thiele 和 Blevins,2007),其解决方案能同时满足 MPC 控制和优化的如下三个主要要求:

- 约束处理——该解决方案不违反定义的过程变量硬性限制,并可最大限度地减少可能违反软限制的情况;
- 经济优化——该解决方案基于用户对特定经济价值的要求最大限度地增加或减少经济标准;
- 控制功能——该解决方案为过程输入(操纵变量)和输出(控制和约束变量)的动态行为建立目标。

　　在标准模式形式下,优化器可依据其内置的默认目标来处理正常的控制操作。约束和经济目标是通过扩展 LP 函数和使用惩罚松弛变量来解决的,这些松弛变量是添加的新变量;只有当约束被违反时,这些松弛变量才被定义为非零,且才会在目标函数中受到严重的惩罚。这样优化器就适合在线实现了。这种技术提供了 QP 优化器提供的功能,但是 LP 复杂性的增加并不显著。

12.5.3　多目标 MPC 优化背景

　　如式(12-8)所示,最大化产品共同价值和最小化原材料成本的目标函数可以被定义如下:

$$\min_{Q} = \boldsymbol{P}^{\mathrm{T}} \times \boldsymbol{A} \times \Delta\mathbf{MV}(t+c) + \boldsymbol{D}^{\mathrm{T}} \times \Delta\mathbf{MV}(t+c) \tag{12-14}$$

其中,$\boldsymbol{P}$ 表示 CV 过程值中单位变化的成本向量;$\boldsymbol{D}$ 表示 MV 过程值中单位变化的成本向量。

　　从本质上来说,为每个输出定义的目标作为独立目标函数映射在自变量上。因此,包含自变量目标函数的复合目标函数,将是 $n+1$ 个目标函数的叠加,或者:

$$\min_{Q} = \boldsymbol{P}^{\mathrm{T}} \times \boldsymbol{A} \times \Delta\mathbf{MV}(t+c) + \boldsymbol{D}^{\mathrm{T}} \times \Delta\mathbf{MV}(t+c)$$

$$= \sum_{1}^{n} q_i(\Delta\mathbf{MV}) + q_{n+1}(\Delta\mathbf{MV}) = \sum_{1}^{n+1} q_i(\Delta\mathbf{MV}) \tag{12-15}$$

其中,

$$q_i(\Delta\mathbf{MV}) = [p_i a_{i1}, p_i a_{i2}, \cdots, p_i a_{im}] \Delta\mathbf{MV}$$

$$= p_i a_{i1} \Delta mv_1 + p_i a_{i2} \Delta mv_2 + \cdots + p_i a_{im} \Delta mv_m \tag{12-16}$$

是为控制因变量 cv_i 定义，且映射与操纵自变量 $mv_i(i=1,2,\cdots,m)$ 的目标函数。

目标函数（见式(12-16)）对应着多目标函数的非标准化加权和。加和计算后的目标函数是操纵自变量 mv_i 或其增量 Δmv_i 的函数。

$$Q = e_1 mv_1 + e_2 mv_2 + \cdots + e_m mv_m \tag{12-17}$$

其中，ε_i 是每单位 mv_i 变化的系统综合成本或收益，由所有控制变量 $cv_i(i=1,2,\cdots,n)$ 映射而成。

目标函数（见式(12-15)或式(12-17)）是由许多如式(12-16)所示的目标函数组成的，它的目标是多样的且可能相互矛盾。这在创建具有实际意义的目标函数和理解优化解方面构成了重大挑战。MPC 优化器需要满足经济目标函数，如过程变量值变化不违反 MV 和 CV 的预定义限制，即，需要额外满足约束处理目的：

$$\mathbf{MV}_{\min} \leqslant \mathbf{MV}_{\text{current}} + \Delta \mathbf{MV}(t+c) \leqslant \mathbf{MV}_{\max} \tag{12-18}$$

$$\mathbf{CV}_{\min} \leqslant \mathbf{CV}_{\text{predicted}} + \Delta \mathbf{CV}(t+p) = \mathbf{CV}_{\text{predicted}} + \mathbf{A} \times \Delta \mathbf{MV}(t+c) \leqslant \mathbf{CV}_{\max} \tag{12-19}$$

LP 解总是位于式(12-18)和式(12-19)的不等式所设可行解区域的一个顶点上。最优 MV 值作为在控制范围内要达到的目标 MV 值，被应用到 MPC 控制中。

12.5.4　不可行问题处理的多目标优化函数

正常情况下，目标设定值是在可行范围之内，且约束变量在其限制范围之内。然而，当扰动太严重以至于无法补偿时，那么优化器可能无法在限制范围内找到解。由于在线优化器的基本要求是在所有情况下都有一个最优解，因此，当过程变量被预测出不在其限制范围内时，需要一个有效机制来处理不可行问题。

在这种情况下，目标函数的扩展是特殊使用被成为松弛变量的参数。在线性规划中，松弛向量 $\boldsymbol{S}_{\max} \geqslant \boldsymbol{0}$ 和 $\boldsymbol{S}_{\min} \geqslant \boldsymbol{0}$ 被用来将式(12-19)中的不等式转换成下列等式：

$$\mathbf{CV}_{\text{predicted}} + \mathbf{A} \times \Delta \mathbf{MV}(t+c) = \mathbf{CV}_{\min} + \boldsymbol{S}_{\min} \tag{12-20}$$

$$\mathbf{CV}_{\text{predicted}} + \mathbf{A} \times \Delta \mathbf{MV}(t+c) = \mathbf{CV}_{\max} - \boldsymbol{S}_{\max} \tag{12-21}$$

由于线性规划模型要求为等式，因此松弛变量只能是无特定应用意义的形式参数。然而，添加松弛变量确实有助于增加自由度。因此，为每个等式增加另一种松弛变量将会增加自由度，并允许其在解违反限制的情况下找到解。松弛变量可应用于扩展范围限制，其中松弛向量 $\boldsymbol{S}^+ \geqslant \boldsymbol{0}$ 表示上限违例，松弛向量 $\boldsymbol{S}^- \geqslant \boldsymbol{0}$ 表示下限违例，如下所示：

$$\mathbf{CV}_{\text{predicted}} + \mathbf{A} \times \Delta \mathbf{MV}(t+c) = \mathbf{CV}_{\min} + \boldsymbol{S}_{\min} - \boldsymbol{S}^- \tag{12-22}$$

$$\mathbf{CV}_{\text{predicted}} + \mathbf{A} \times \Delta \mathbf{MV}(t+c) = \mathbf{CV}_{\max} - \boldsymbol{S}_{\max} + \boldsymbol{S}^+ \tag{12-23}$$

图 12-44 对约束变量（没有设定值的过程输出）的松弛变量概念进行了陈述。$S(i)$ 表示相关松弛向量的 i 分量。需要注意的是，CV 预测的每个值均有一对等式（见式(12-17)和式(12-18)）。根据实际的预测值，一些松弛变量值可能为零。仅有非零松弛变量才可被应用于各种不同目标中，如图 12-44～图 12-47 所示。

为了在过程变量限制范畴内或限制违反范畴内找到 LP 解，我们会对新松弛变量进行惩罚，使得这些惩罚明显高于表示经济成本或利润的函数项。因此，式(12-24)中的目标函数需要通过增加约束惩罚项 $\boldsymbol{P}_{C-}^{\mathrm{T}} \times \boldsymbol{S}^-$ 和 $\boldsymbol{P}_{C+}^{\mathrm{T}} \times \boldsymbol{S}^+$ 来进行扩展。

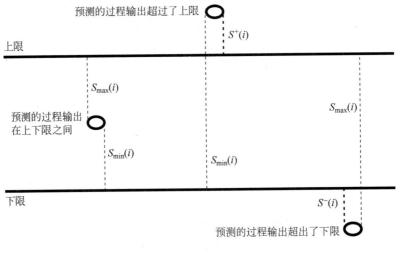

图 12-44　无目标约束处理的松弛变量应用

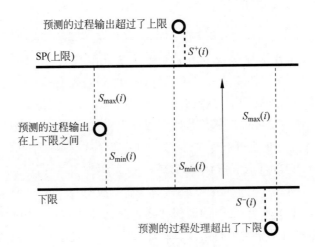

图 12-45　CV 最大控制的松弛变量应用

$$\mathop{Q}_{\min}= \boldsymbol{P}^{\mathrm{T}} \times \boldsymbol{A} \times \Delta\mathbf{MV}(t+c) + \boldsymbol{D}^{\mathrm{T}} \times \Delta\mathbf{MV}(t+c) + \boldsymbol{P}_{C-}^{\mathrm{T}} \times \boldsymbol{S}^{-} + \boldsymbol{P}_{C+}^{\mathrm{T}} \times \boldsymbol{S}^{+} \tag{12-24}$$

其中，

$\boldsymbol{P}_{C-}^{\mathrm{T}}$——违反低约束限制的惩罚向量；

$\boldsymbol{P}_{C+}^{\mathrm{T}}$——违反高约束限制的惩罚向量；

$$\boldsymbol{P}_{C-} \gg \boldsymbol{P} \text{ 和} \boldsymbol{P}_{C+} \gg \boldsymbol{P}, \text{同时} \boldsymbol{P}_{C-} \gg \boldsymbol{D} \text{ 和} \boldsymbol{P}_{C+} \gg \boldsymbol{D} \tag{12-25}$$

为简化符号，假设：

$$\boldsymbol{P}_C \geqslant \boldsymbol{P}_{C-} \quad \text{和} \quad \boldsymbol{P}_C \geqslant \boldsymbol{P}_{C+} \tag{12-26}$$

向量 $\boldsymbol{P}_C$ 的所有分量都应明显大于经济成本/收益向量。一般来说，假设向量 $\boldsymbol{P}_C$ 的最小分量大于向量 $\boldsymbol{P}$ 的最大分量是较为合理的。

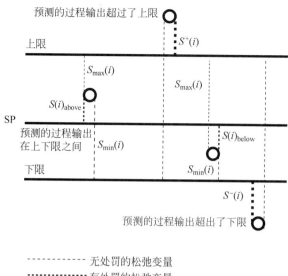

图 12-46　双边范围目标控制的松弛变量应用

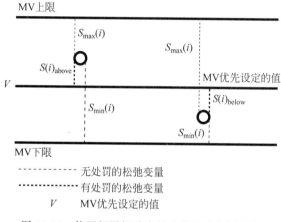

图 12-47　使用惩罚松弛变量来解释优先固定值

12.5.5　扩大 LP 功能的多目标优化函数

对受控变量设定值范围进行估计是常见的实际应用,在这个范围内不需要采取进一步的控制措施。由于松弛变量自然地适用于这种表示,所以多目标优化器的一个扩展是使用松弛变量来定义可接受的设定值优化范围。该范围的定义应在设置值附近,且必须在低/高设置值的限制范畴之内。设置值范围可以是单面的,也可以是双面的。

由于该范围与 CV 最小化和最大化(见图 12-45)目标函数息息相关,因此双面范围(见图 12-46)除在定义范围内尽可能接近设定值处找到最优解之外,无其他经济目标,其中该定义范围是经由惩罚松弛变量而扩展的。范围等于零表示一个设置点周围有高度惩罚的松弛变量。

在双面范围内，每个 CV 预测的设定值控制公式如下：

$$\mathbf{CV}_{\text{predicted}} + \mathbf{A} \times \Delta\mathbf{MV}(t+c) = \mathbf{SP} - \mathbf{S}_{\text{below}} + \mathbf{S}_{\text{above}} \tag{12-27}$$

$$\mathbf{CV}_{\text{predicted}} + \mathbf{A} \times \Delta\mathbf{MV}(t+c) = \mathbf{CV}_{\text{min}} + \mathbf{S}_{\text{min}} - \mathbf{S}^{-} \tag{12-28}$$

$$\mathbf{CV}_{\text{predicted}} + \mathbf{A} \times \Delta\mathbf{MV}(t+c) = \mathbf{CV}_{\text{max}} - \mathbf{S}_{\text{max}} + \mathbf{S}^{+} \tag{12-29}$$

$\mathbf{S}_{\text{below}}$ 和 $\mathbf{S}_{\text{above}}$ 是为低于或高于设定值的所求解所具有松弛变量的额外向量。因此，额外项 $\mathbf{P}_{\text{below}}^{\text{T}} \times \mathbf{S}_{\text{below}} + \mathbf{P}_{\text{above}}^{\text{T}} \times \mathbf{S}_{\text{above}}$ 应该被增加到目标函数中，其中，

$\mathbf{P}_{\text{below}}^{\text{T}}$ 是位于低于设定值的解的单位惩罚，以及

$\mathbf{P}_{\text{above}}^{\text{T}}$ 是高于设定值的解的单位惩罚。

$\mathbf{P}_{\text{below}}^{\text{T}} = \mathbf{P}_{\text{above}}^{\text{T}} = \mathbf{P}_{S}^{\text{T}}$ 的假设是合理的。

通过以这种方式将惩罚松弛变量应用到优化器中，优化器总是可以在第一次执行时找到一个解决方案，即使该解决方案超出了输出限制。这种方法还允许以更灵活的方式处理流程输入。输入(MV)只有硬约束。也可以为某些输入定义包含在硬约束中的软约束。通过为软约束引入惩罚松弛变量，可以很容易地定义输入(MV)的惩罚范围。为了做到这一点，应将下列公式与式(12-25)包括一起：

$$\mathbf{MV}_{\text{min}}{}^{\text{soft}} - \mathbf{S}_{\text{softmin}}^{-} = \mathbf{MV}_{\text{current}} + \Delta\mathbf{MV}(t+c) \tag{12-30}$$

$$\mathbf{MV}_{\text{max}}{}^{\text{soft}} + \mathbf{S}_{\text{softmax}}^{+} = \mathbf{MV}_{\text{current}} + \Delta\mathbf{MV}(t+c) \tag{12-31}$$

同样的方法可被用于定义操纵变量的优选值或 $\mathbf{V}$，也可被用于定义 MV 的预配置值。如果没有需要改变 MV 值的激活条件，操纵变量将会趋向于 PSV 值。PSV 既可以被用户设置，也可以是 MV 的最后一个值。

带有一个 PSV(见图 12-47)的 MV 的等式为

$$\mathbf{V} - \mathbf{S}_{\text{below}} + \mathbf{S}_{\text{above}} = \mathbf{MV}_{\text{current}} + \Delta\mathbf{MV}(t+c) \tag{12-32}$$

$$\mathbf{MV}_{\text{min}} + \mathbf{S}_{\text{min}} = \mathbf{MV}_{\text{current}} + \Delta\mathbf{MV}(t+c) \tag{12-33}$$

$$\mathbf{MV}_{\text{max}} - \mathbf{S}_{\text{max}} = \mathbf{MV}_{\text{current}} + \Delta\mathbf{MV}(t+c) \tag{12-34}$$

PSV 是最低超驰控制目标，在满足其他目标(经济、约束和/或控制)后才会被实现。惩罚 MV 松弛向量 $\mathbf{S}_{\text{below}}$ 和 $\mathbf{S}_{\text{above}}$ 的目标函数项，是以与 CV 设定值松弛向量相同的方式设置的。

三个优化目标(经济、约束和控制)，可以使用惩罚松弛变量 $\mathbf{S}_{C}^{+}$ 和 $\mathbf{S}_{C}^{-}$ 作为约束和使用惩罚松弛变量 $\mathbf{S}_{\text{SP}}^{+}$、$\mathbf{S}_{\text{SP}}^{-}$、$\mathbf{M}^{+}$ 和 $\mathbf{M}^{-}$ 作为控制，然后将其组合成以下多目标优化函数的一般形式：

$$\mathbf{Q} = (\mathbf{P}^{\text{T}} \times \mathbf{A} + \mathbf{D}^{\text{T}}) \mathbf{MV}^{t} - (\mathbf{P}^{\text{T}} \times \mathbf{A} + \mathbf{D}^{\text{T}}) \mathbf{MV}^{t-1} \tag{12-35}$$
$$- \mathbf{P}_{C}^{\text{T}} \times \mathbf{S}_{C}^{+} - \mathbf{P}_{C}^{\text{T}} \times \mathbf{S}_{C}^{-} - \mathbf{P}_{S}^{\text{T}} \times \mathbf{S}_{\text{SP}}^{+} - \mathbf{P}_{S}^{\text{T}} \times \mathbf{S}_{\text{SP}}^{-}$$
$$- \mathbf{D}_{M}^{\text{T}} \times \mathbf{M}^{+} - \mathbf{D}_{M}^{\text{T}} \times \mathbf{M}^{-}$$

12.5.6 多目标优化的系统功能

在工业 MPC 的实现中，多目标 LP 优化器与 MPC 控制器集成在一起，并作为在控制器内执行的控制功能块来实现。可行的工程实现的关键要求是易于使用和对所需设置的清晰解释。不难看出，这三个优化目标在优先级顺序方面有一个明确的排序：约束处理、经济优化和控制功能。除非超出限制范畴，否则经济目标应在控制目标之前实现，在这种情况下，约束处理的优先级最高。

正如我们所看到的,优化器操作的三种不同的过程变量类型是:

（1）控制变量——需要被驱动至其配置设定值的过程输出。此外,可以定义设定值周围的可接受范围。

（2）约束变量——与过程变量不同,这是不需要设定值但需要被维持在高/低配置限制的过程输出。

（3）操纵变量——需要被维持在高/低限制且具有硬性限制等额外要求的过程输入。

此外,这些过程变量都有一个相关的经济值(成本/收益)。因此,优化器需要将控制变量保持在其设定值,同时将所有变量保持在其限制范围内,以便最终的解(过程变量的目标稳态值)可使经济值最大化。对 MPC 中不同过程变量的优化目标进行了如下设置（图 12-48～图 12-50 列举了一些参数设置）:

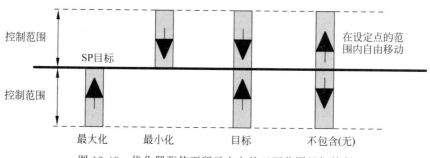

图 12-48　优化器驱使下所示方向的双面范围目标控制

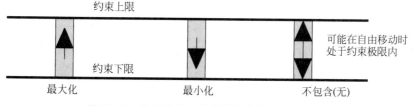

图 12-49　约束参数—优化器驱使的范围和方向

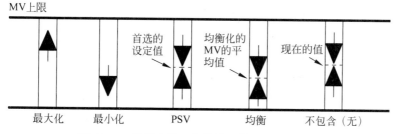

图 12-50　操纵变量—优化器驱使的范围和方向

约束处理的设置是通过将 MPC 配置的优先级赋予过程输出(控制和约束变量)来实现的。输入限制(MV 硬性约束)被包含在问题公式中,并且以固定化的方式考虑 LP 解。优化器的工作方式是,如果一个约束(或控制)变量被预测超过其限制(或控制范围),则调整其他约束(或控制)变量的工作目标值,使过程输出在限制(或控制范围)内。如果处理条件不允许所有约束和控制变量保持在其约束限制和控制范围内,则允许低优先级约束或控制变量违反限制或范围，以满足高优先级约束。MPC 功能块允许进程输出的五个优先级：高、高于正常值、正常值、低于正常值和低。默认情况下，控制变量具有"正常值"优先级，而约束变量具有"高于正常值"优先级。在对 MPC 控制器进行配置设置时，应随时对优先级进行检测。此外，为了响应实际过程条件，可能会对优先级做出在线调整。

经济优化是通过设置一个值来配置的，例如，MPC 块中包含的某些（或所有）控制变量、约束变量和操纵变量，其单位为"美元价值/百分比"。具有一个确定值的经济目标，比无经济值（价值百分比为零）仅有目标的所有其他控制都要重要。

控制目标对正常操作条件下的多变量控制功能进行了定义，其中所有过程输出均在其控制范围和约束限制内以及获得经济优化即为正常操作条件。在此阶段，控制功能建立起了剩余控制、约束和操纵变量的动态行为（包括目标函数中未包含的变量）。

控制变量已对设定值周围的行为和相应的控制范围进行了定义。一般来说，在目标函数中定义的控制变量会被驱动到它们的设定值。然而，控制变量可能会偏离其设定值（见图 12-48），这取决于以下用户定义的优化类型。

- 最大化：必要时，控制变量会在其控制范围内低于设定值，以实现约束处理或经济目标。当达到其他目标时，可通过最大化控制变量来向设定值移动。
- 最小化：必要时，控制变量会在其控制范围内高于设定值，以实现约束处理或经济目标。当达到其他目标时，可通过最小化控制变量来向设定值移动。
- 目标：必要时，控制变量会在控制范围内高于或低于设定值，以实现约束处理或经济目标。当达到其他目标时，可通过最大化控制变量来向设定值移动。
- 无：目标函数中未包含的控制变量保持在设定值周围的控制范围内，对设定值无吸引力。

包含在目标函数内的约束变量可能会朝其最大化（最小化）的高（低）限值方向驱使。当某个约束变量未被包括在目标函数（默认值：无）时，优化器会做出改变，从而使其在其上限和下限内自由移动，如图 12-49 所示。

包含在目标函数内的操纵变量可能会向其最大化（最小化）相关设置的高（低）限值方向驱使。当某个操纵变量未被包括在目标函数（默认值：无）时，若其他条件未要求移动操纵变量，则优化器会尽力维持在当前值。此外，下列 MV 优化类型是可用的（见图 12-11）。

- 优先固定值（PSV）：如果实际条件中未要求改变 MV 值，那么操纵变量就会向已配置的优先固定值移动。
- 均衡：假设满足其他所有目标，被设置用来均衡的两个或多个操纵变量被维持在其平均值。

个体变量和功能变量的优化目标均需要配置离线应用。默认目标函数的目的是将控制变量维持在其设置值处，以及将所有变量维持在其限制范围内。如果该配置只包含约束变量，那么 MV 终值就会被保留，从而保持了配置的稳定性。主动目标函数的定义可通过将过程变量包含在内，然后再设置它们各自的优化类型（例如，最大化、最小化、目标、PSV、均衡），如果需要，还可以定义其经济价值，如图 12-51 所示。

在线视图（见图 12-52）为操作员提供了所有的必要信息，如当前值、稳态预测、优化目标、范围/限制、当前优化参数（百分比值、优化类型、可变优先级等）。操作员也可以在运行时更改这些参数（例如给料速率变化的响应），以便优化目标的结果保持有效。

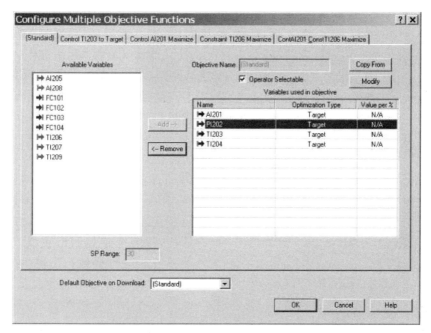

图 12-51　定义控制和经济目标的对话

Optimizer: Control TI203 to Target

Inputs (MV)

Descriptor	Current Value [EU]	Limit [EU]	Target Value [EU]	PSV [EU]	Eng. Units	Value per %	OptType	Objective Func per %	Limited %t
FC101	40.31	0.00 - 100.00	38.81	-	no units	10.00	Min	6.66	0.00
FC102	501.22	0.00 -1000.00	549.30	-	no units	-	None	12.31	0.00
FC103	4.96	0.00 - 10.00	4.91	-	no units	-	None	18.18	0.00
FC104	101.25	0.00 - 200.00	99.67	-	no units	-	None	7.08	13.74

Outputs (CV, AV)　　　　Time Since Last Reset:　5.20:15.46　Reset %t

Descriptor	Current Value [EU]	SP (Range)/Limit [EU]	Target SP [EU]	Prediction [EU]	Eng. Units	Value per %	Min/Max	Priority	Limited %t	Exceeded %t
AI201	4.69	6.00 (-2.00)	4.50	4.18	no units	10.00	Max	1	0.20	0.01
PI202	106.48	106.62 (-30.00)	106.62	100.64	no units	10.00	Max	2	14.04	0.06
TI203	72.99	75.04 (-40.00)	75.04	74.77	no units	10.00	Max	3	62.33	0.17
TI204	202.68	204.02 (-80.00)	204.02	204.21	no units	10.00	Max	4	0.01	0.00
AI205	4.95	3.00 - 7.00	4.96	4.97	-	-	None	5	0.00	0.00
TI206	203.97	150.00 - 350.00	214.26	210.77	no units	-	None	5	0.00	0.00
TI207	50.34	40.00 - 60.00	48.98	47.72	no units	-	None	5	0.16	0.00
AI208	50.91	35.00 - 65.00	48.25	47.61	no units	-	None	5	1.14	0.01
TI209	49.91	30.00 - 70.00	51.15	50.22	no units	-	None	5	54.08	0.00

↑ At Upper Limit
↓ At Lower Limit　　　　　　Current Profit:　2144.95　　Equalized Value [EU]:　N/A
△ Limit Exceeded
✕ Failed/Disabled　　　　　Optimum Profit:　2179.20

Robustness　　　Performance　　　　　　　　　　　　　　　　Close

图 12-52　操作员的优化器窗口

图 12-53 描述了使用经济价值的一个有趣结果。除了在操纵变量"价值百分比"中明确定义的经济目标外,每个操纵变量的"目标函数百分比"一项都对有效价值比进行了说明。此项还包括为操纵变量本身定义的值,以及从与此操纵变量关联的其他控制和约束变量所映射的值。这些预测值可能会超过最初的操纵变量目标,优化器会将操纵变量驱动到与预期相反的方向。因此,在优化器功能的初始评估中,考虑"目标函数百分比％"列中的值是至关重要的。

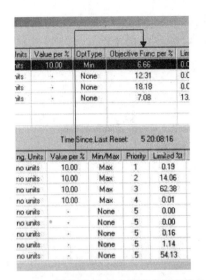

Units	Value per %	OptType	Objective Func per %	Lim
nits	10.00	Min	6.66	0.0
nits	·	None	12.31	0.0
nits	·	None	18.18	0.0
nits	·	None	7.08	13.

		Time Since Last Reset:	5 20:08:16	

ng. Units	Value per %	Min/Max	Priority	Limited %
no units	10.00	Max	1	0.19
no units	10.00	Max	2	14.06
no units	10.00	Max	3	62.38
no units	10.00	Max	4	0.01
no units	·	None	5	0.00
no units	·	None	5	0.00
no units	·	None	5	0.16
no units	·	None	5	1.14
no units	·	None	5	54.13

图 12-53　为控制、约束和操纵变量定义的
经济目标与映射在操纵变量上
有效经济目标之间的关系

为了应对原料成本、产品价值、利用率或工厂条件的变化，所以总体目标（如最大化吞吐量、最小化能量以及最大化质量等）可能会发生改变；因此，对于多个优化目标，常常会有特殊的要求。这就引出了为同一个 MPC 控制器配置多个目标函数的概念，如图 12-53 所示。在 MPC 控制器的在线操作期间，操作员可以根据当前的操作条件在各种配置的优化目标之间切换。

综上所述，具有多目标优化函数的优化器是专为经济、控制和约束处理这三个操作层面设计的，使多变量控制配置实现了更大的灵活性和更高的鲁棒性。为操纵变量（MV）分配目标，可能是期望的预定义值或实际值，是一个非常有用的应用功能，特别是在尚未为某些或所有操纵变量定义经济目标时。完整的功能包括处理违反其限制的过程输出，并对任何条件有一个保证的解决方案；这个完整的功能是通过使用松弛变量来实现的。实际上，该方法扩展了 LP 功能，从而在没有额外复杂性的前提下满足 QP 特性。该技术已作为标准功能块成功地被嵌入工业控制器中，从而提供了与优化器功能集成的独特 MPC。

12.5.7　由优化器监测的无约束 MPC 控制器

优化器的解为 MPC 控制器提供了稳态操纵变量目标和受控变量目标（见图 12-43）。该 MPC 控制器的任务是实现这些目标，同时考虑过程动力学、限制和约束。本节和 12.5.8 节将讨论以下两种方法。

（1）将目标和约束作为约束控制器开发的设置。控制器应在线生成，并能有效地满足目标和约束——12.5.8 节。

（2）对无约束 MPC 控制器进行目标设定，并强制其遵守约束。因为目标是由约束配置的优化器计算出来的，所以遵守这些目标应该进行与约束 MPC 操作相同的控制器操作——12.5.7 节。

本节提出了无约束控制器。该无约束控制器是从过程模型和整定参数中离线生成的（见图 12-54）。

在无约束控制器生成中，最重要的步骤就是从阶跃响应中创建动态矩阵。第 11 章已对

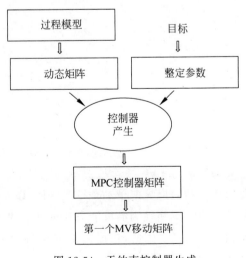

图 12-54　无约束控制器生成

动态矩阵原理进行了讨论,且式(12-36)显示了 SISO 过程的动态矩阵的一般形式。

$$
\boldsymbol{A}_{j,k} = \begin{pmatrix}
r_{j,k}^1 & 0 & 0 & 0 & \cdots & 0 \\
r_{j,k}^2 & r_{j,k}^1 & 0 & 0 & \cdots & 0 \\
r_{j,k}^3 & r_{j,k}^2 & r_{j,k}^1 & 0 & \cdots & 0 \\
r_{j,k}^4 & r_{j,k}^3 & r_{j,k}^2 & r_{j,k}^1 & \ddots & 0 \\
\vdots & \vdots & \vdots & \vdots & \ddots & 0 \\
\vdots & \vdots & \vdots & \vdots & \ddots & r_{j,k}^1 \\
\vdots & \vdots & \vdots & \vdots & \ddots & \vdots \\
r_{j,k}^{nPH-1} & r_{j,k}^{nPH-2} & r_{j,k}^{nPH-3} & r_{j,k}^{nPH-4} & \cdots & r_{j,k}^{nPH-nCH-1} \\
r_{j,k}^{nPH} & r_{j,k}^{nPH-1} & r_{j,k}^{nPH-2} & r_{j,k}^{nPH-3} & \cdots & r_{j,k}^{nPH-nCH}
\end{pmatrix} \tag{12-36}
$$

其中,

$r_{j,k}^l$ 是第 j 个 CV 和第 k 个 MV 之间的第 l 个阶跃响应系数。

多变量 $n \times n$ 控制器的动态矩阵可表示如下:

$$
\begin{pmatrix}
A1_{1,1} & A1_{1,2} & \cdots & A1_{1,nMV} \\
A1_{2,1} & A1_{2,2} & \cdots & A1_{2,nMV} \\
\vdots & \vdots & \ddots & 0 \\
A1_{nCV,1} & A1_{nCV,2} & \cdots & A1_{nCV,nMV}
\end{pmatrix} \tag{12-37}
$$

动态矩阵(见式(12-37))将最小化设定值轨迹和受控变量未来轨迹之间的动态误差。MPC 与优化器协调工作的第二个目标是将操纵变量未来误差最小化,即实现优化器所设定的最优稳态操纵变量值。

为了生成这样一个 MPC 控制器,动态过程矩阵应按以下方式扩展:

$$
\text{扩展动态矩阵} \begin{pmatrix}
A1_{1,1} & A1_{1,2} & \cdots & A1_{1,nMV} \\
A1_{2,1} & A1_{2,2} & \cdots & A1_{2,nMV} \\
\vdots & \vdots & \ddots & 0 \\
A1_{nCV,1} & A1_{nCV,2} & \cdots & A1_{nCV,nMV} \\
(11\cdots)_{nCH} & (00\cdots)_{nCH} & \cdots & (00\cdots)_{nCH} \\
(00\cdots)_{nCH} & (11\cdots)_{nCH} & \cdots & (00\cdots)_{nCH} \\
\vdots & \vdots & \ddots & \vdots \\
(00\cdots)_{nCH} & (00\cdots)_{nCH} & \cdots & (11\cdots)_{nCH}
\end{pmatrix} \tag{12-38}
$$

一个纵列中"一"(1)或"零"(0)的数量应与操纵变量控制器未来移动总数相同,即与控制值域相同。一行中 1 或 0 的项数应与操纵变量的数量相等。误差 $\boldsymbol{\Gamma}$ 矩阵上的惩罚应与改进后动态过程矩阵的大小相匹配,并且应该将优化误差惩罚 $\boldsymbol{\Gamma}^o = (\mathrm{po}_1 , \mathrm{po}_2 , \cdots , \mathrm{po}_{nMV})$ 作为生成参数纳入其中。

控制器生成提供了 MPC 控制器矩阵(见式(12-13))。就在线操作来说,只有矩阵 $\boldsymbol{K}_{\mathrm{ompc}}$ 的这个部分被用于计算第一次移动 $\Delta\mathbf{MV}(k)$,该计算通过执行每次扫描一个简单的操作：$K_{mpc1}E_{p+1}(k)$。误差向量 $E_{p+1}(k)$ 是预测值域上的受控误差向量，并且控制器输出总误差在相对于操纵变量最优目标变化的控制值域上移动。

MPC 控制器的在线生成，使得几个参数可被用于在线控制器整定，且通过参考轨迹（设定值过滤）可实现控制器性能的最佳调整。此外，该误差向量可以乘以一个大于 1 的因子，以加快控制器的响应；或者乘以一个小于 1 的因子，以减慢控制器的响应。

由优化器指导的无约束 MPC 控制器的主要优点是简单、在线执行时间短。

12.5.8　集成优化器的约束 MPC 控制器

与无约束预生成控制器相比，约束 MPC 控制器明显需要更多的计算能力实现在线操作。然而，由于计算机速度和内存性能的不断提高，在线操作变得可行，甚至对于具有 1 秒扫描功能的控制器也是如此。

约束控制器有两个优点（Johnston，2010）。首先，每个控制周期内均在线生成控制矩阵。已不再对控制和约束之间的差异做出要求。移动计算时动态矩阵包含了所有因变量。在每个控制周期内，每个因变量的误差惩罚（PE）均被进行了调整。如果某个受控变量离限制值较远，则可以将其 PE 设置为零，从而有效地将其从动态控制问题中移除。相反地，如果某个受控变量离限制值较近，则可以使用 PE 的完整值。通过这种方式，每个控制周期的动态移动计算仅包括靠近其限制值的受控变量，而不包括远离其限制值的受控变量。

第二个优点是 MV 约束在未来移动计划上的执行。这可以防止控制器无法施行移动规划的问题。通常做法是首先计算无约束操纵变量解，其次找到第一个时间受限操纵变量（发现最早的操纵变量约束违反），再将操纵变量的移动规划允许部分强加到这个问题上，接下来计算使用剩余操纵变量的无约束解，重复这个过程，直到所有的操纵变量均受限或无约束解不违反任何约束为止。

为了实现可行的 MPC 控制器生成，在每次扫描中都应用了许多算法技术。主要的计算节省是通过以下步骤实现的：

- MV 移动块，它产生了一个控制器，该控制器在控制范围内有一个未来计算出的移动。动态矩阵的列，即对应于块的移动，被删除了。原来 40 列左右的动态矩阵，可以被简化为有 10 列或更少列的矩阵。

- CV 块，这导致动态矩阵的连续方程被加在一起，以加快计算速度。这在本质上相当于定义了不同周期的未来预测间隔。CV 块可以将动态矩阵中的行数减少到原来数目的四分之一以下。

- MPC 约束控制器在功能控制块中实现，并且也可在应用工作站中工作。关于该主题更为广泛的介绍超出了本书的范围。为了找到更详细的介绍，对本主题感兴趣的读者可以参阅一些专著（Tatjewski，2007；Macjewski，2002；Rossiter，2003）或一些产品手册（如 DeltaV BOL）。

参 考 文 献

1. Allison，B. J.，Isaksson，A. J. and Karlström，A. "Grey-box Identification of a TMP Refiner" *Proceedings of* IMPC，TAPPI，1995.

2. Alsip，W. P. "Digital Control of a TMP Operation"*Pulp & Paper Canada*，82(3)：T76-T79，1981.

3. Ansari，R. and Ansari，T. "Non-linear Model Based Multivariable Control of a Crude Distillation Process"*Non-linear Model Based Process Control* London：Springer-Verlag，2000 pp. 79-101.

4. Berg，D. and Karlström，A. Gustavsson，M.，"Deterministic Consistency Estimation in Refining Processes" *Proceedings of* IMPC，TAPPI，2003.

5. Boudreau，M. "Squared Model Predictive Controller Performance on the Shell Standard Control Problem"*Proceedings of ISA Conference*，Houston，October 2003.

6. Butler，D. L.，Cameron，R. A.，Brown，M. W. and McMillan，G. K. "Constrained Multivariable Predictive Control of Plastic Sheets" ISA Technical Conference，Paper 1022，Houston，TX，2001.

7. Camacho，E. F. and Bordens，C. "Model Predictive Control in the Process Industry" London：Springer-Verlag，1995；ISBN 3-540-19924-1.

8. Chmelyk，T. "Lime Kiln Model Predictive Control with a Residual Carbonate Soft Sensor"*ACC*，WP01，Anchorage，Alaska，2002.

9. Chmelyk，T. "An Integrated Approach to Model Predictive Control of an Industrial Lime Kiln" *Proceedings of the 2002 IEEE APC Conference*，Vancouver，BC 2002.

10. Cuthrell，J. E.，Rivera，D. E.，Schmidt，W. J. and Vegeais，J. A. "Solution to the Shell Standard Control Problem"*Proceedings of The Second Shell Process Control Workshop* Stoneham：Butterworth Publishers，1990，pp. 27-58.

11. Cutler，C. and Ramaker，B. "Dynamic Matrix Control—A Computer Control Algorithm" *Proc. Joint Automatic Control Conference*，San Francisco，CA，1980.

12. Du，H. "Multivariable Predictive Control of a TMP Plant"*Ph. D. dissertation*，UBC，Vancouver，BC，Canada，1998.

13. Edgar，T.，Himmelblau，D. and Lasdon，L. *Optimization of Chemical Processes* New York，McGraw-Hill，2001.

14. Ehrgott，M. and Gandibleux，X. *Multiple Criteria Optimization*，Boston，Dordrecht London，Kluwer's International Series，2002.

15. Illikainen，M. et al. "Power Consumption and Fibre Development in TMP Refiner Plate Gap" IMPC 2007.

16. Johnston，C. "MPC Documentation"*Emerson technical document*，Emerson Process Control，2010.

17. Maciejowski，J. M. *Predictive Control with Constraints* Harlow：Pearson Education Limited-Prentice Hall，2002.

18. Maciejowski，J. M. "Two Case Studies" *Predictive Control with Constraints* Harlow：Pearson Education Limited，2002a，pp. 248-269.

19. Mehta，A.，Wojsznis，W.，Thiele，D. and Blevins，T. "Constraints Handling in Multivariable System by Managing MPC Squared Controller" *Proceedings of ISA Conference*，Houston，October 2003.

20. Press，W. H.，Teukolsky，S. A.，Vetterling，W. T. and Flannery，B. P. *Numerical Recipes in C*，Cambridge：Cambridge University Press，1997.

21. Prett，D.，Garcia，C. and Ramaker，B. "Workshop Papers Discussion Sessions"*Proceedings of* the Second Shell Process Control Workshop；Stoneham：Butterworth Publishers，1990，pp. 375-398.

22. Prett, D. and Morari, M. "Shell Control Problem" *Proceedings of* Shell Process Control Workshop; Stoneham: Butterworth Publishers, 1987 pp. 355-360.

23. Qin, S. J. and Badgwell, T. A. "An Overview of Industrial Model Predictive Control Technology" *Proceedings of Fifth International Conference on Chemical Process Control*, pp. 232-256, AIChE and CACHE, 1997.

24. Rao, C., Wright, S. and Rawlings, J. "Application of Interior-Point Methods to Model Predictive Control" *J. Optim. Theory Appl*, 99: 723-757, 1998.

25. Rawlings, J. and Eaton, J. "Optimal Control and Model Identification Applied to the Shell Standard Control Problem" *Proceedings of* the Second Shell Process Control Workshop; Stoneham: Butterworth Publishers, 1990, pp. 209-240.

26. Roche, A., Owen, J., Miles, K. and Harrison, R. "A Practical Approach to the Control of TMP Refiners" *Control Systems* 1996, p. 129.

27. Rosenqvist, F., Berg, D., Karlstrom, A., Eriksson, K. and Breitholtz, C. "Internal Interconnections in TMP Refining" *Proceedings of* IEEE Control Systems Society Conference on Control Applications 2002, Glasgow, UK.

28. Rossiter, J. A. *Model-based Predictive Control: a Practical Approach* Boca Raton London New York Washington, D. C., CRC Press LLC, 2003.

29. Ruscio, D. D. "Topics in Model Based Control with Application to the Thermo Mechanical Pulping Process" *Ph. D. dissertation*, Norwegian Institute of Technology, Trondheim, Norway, 1993.

30. Sidhu, M. S., et al. "Stabilization and Optimization of a TMP Process" *Control Systems*, 2004.

31. Gullichsen and Fogelholm editors, *Chemical Pulping*: Vol. 5 of Papermaking Science and Technology Series, TAPPI Press, 1999.

32. Tatjewski, P. *Advanced Control of Industrial Processes*, London, Springer, 2007.

33. Tessier P., Broderick, G., Desrochers, C. and Bussiere, S. "Industrial Implementation of Motor Load and Freeness Control of Chemimechanical Pulp Refiners" *TAPPI Journal*, 80(12): 135-142, 1997.

34. Tyler, M. L. and Morari, M. "Propositional Logic in Control and Monitoring Problems" in *Proceedings of European Control Conference '97*, pp. 623-628, Bruxelles, Belgium, June 1997.

35. Vada, J., Slupphaug, O. and Foss, B. A. "Infeasibility Handling in Linear MPC Subject to Prioritized Constraints" in *Preprints IFAC'99 14th World Congress*, Beijing, China, July 1999.

36. Vada, J., Slupphaug, O. and Johansen, T. A. "Efficient Infeasibility Handling in Linear MPC Subject to Prioritized Constraints" in *ACC 2002 Proceedings*, Anchorage, Alaska, May 2002.

37. Wojsznis, K. W., Blevins, L. T. and Nixon, M. "Easy Robust Optimal Predictive Controller" *Advances in Instrumentation and Control*, *Proceedings of* ISA Technical Conference, New Orleans, 2000.

38. Wojsznis, W., Mehta, A., Wojsznis, P., Thiele, D. and Blevins, T. "Multi-objective Optimization for Model Predictive Control" *ISA Transactions*, Vol. 46, No. 3, pp. 351-361, 2007.

39. Wojsznis, W., T., Thiele, D., Wojsznis, P. and Mehta, A. "Integration of Real Time Process Optimizer with a Model Predictive Function Block" *Proceedings of ISA Conference*, Chicago, October 2002.

第13章 在线优化

优化技术已被广泛应用于各行各业近 50 年。自模型预测控制(MPC)问世以来,过程优化就在 MPC 应用中发挥着举足轻重的作用,其早期的应用主要是离线优化规划或调度。更多的益处来源于与过程的紧密集成,并通过提供在线解决方案来核算当前的测量和过程动态约束操作。在某些过程(诸如发电)中,只需使用稳态过程模型即可有效地应用在线优化。这种方法简化了应用程序开发,特别是过程建模。

本章提供了一些例子,用来列举用于发电的在线线性规划(Linear Programming,LP)优化器应用。即使 MPC 功能被禁用,通过使用带有集成优化器的模型预测控制便可实现在线操作。从已知在线优化应用中所获得的经济效益表明,这个方向在未来几年内将会得到发展。

就本书所提及的专题练习和基于在线优化基础要素的章节而言,它们应为读者提供在线优化应用功能、可实现的好处和设计方法的良好想法。

13.1 为什么优化——以锅炉负荷分配为例

(本节作者: Chris Hawkins、George Buchanan、Andrew Riley——英国艾默生过程管理公司。)

过程工厂内的一种常见情况是在两个或多个类似设备或加工机组之间分配一定数量的饲料、能源或生产(Cohen 和 Sherkat,1987;Arroyo 和 Conejo,2000)。考虑到如图 13-1 所示的简单系统——两个蒸汽发生器(锅炉)都燃烧相同的燃料,并通过一个共同的集管供应蒸汽。该方法可以推广到更多的锅炉,并适用于组涡轮机、压缩机或其他可由线性方程组进行表示的系统。这个例子也消除了这样一个谬论,即负荷总是分配给效率更高的设备或列车。

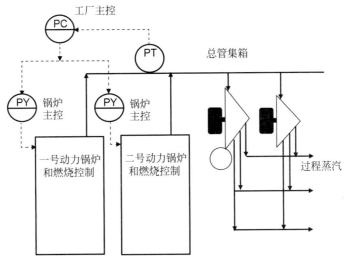

图 13-1 两个锅炉实例

需要通过燃料能源流 F 生成蒸汽量 S，公式如下：

$$F = F_0 + \frac{S\lambda}{\eta}$$

式中，λ 表示蒸汽潜热；η 表示将燃料化学能转化为蒸汽热能的转化效率；F_0 表示燃料能源消耗的流动质量，但是由于与锅炉有关的热损失，所以它对蒸汽的产生没有贡献。

其他设备，如汽轮机，也表现出了类似的关系，需要有限数量的蒸汽来补偿热损失和机械效率。让我们来介绍两个锅炉的一些实际数字，它们具有线性模型的特征，如表 13-1 所示。

表 13-1　锅炉运行实例

	一号锅炉	二号锅炉
λ	2400MJ/t	
η	0.7	0.8
F_0	10MW	40MW

如果 η 和 λ 是常数，那么锅炉响应便是线性的。实际上，η 是负载函数，而 λ 随着锅炉给水和蒸汽条件的变化而变化，从而产生非线性响应。图 13-2 在给水和蒸汽参数不变的情况下，对恒定（线性）η 和变化 η 的响应进行了比较。

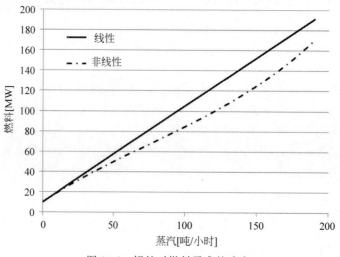

图 13-2　锅炉对燃料需求的响应

过程知识和操作数据的分析应该表明该过程的线性度。虽然线性规划需要线性响应模型，但我们稍后将说明，轻度非线性可以通过线性规划来处理，而无须使用一些更高级的方法（如混合整数算法）。

让我们来看一下这两个锅炉的整体效率。整体效率的通常表达为

$$效率 = \frac{输出}{输入} \times 100$$

这个定义根据输入和输出的值，以及燃料的热值是高还是低，产生许多不同的效率值。对于燃烧式蒸汽发生器（ASME PTC 4-1998），美国机械工程师协会标准认可了蒸汽发生器效率的如下两个定义：

- 燃料效率包括被蒸汽吸收并作为输出的所有能量,但仅将化学能作为输入进行计算;通常是较高的热值。
- 总效率也包括被蒸汽吸收并作为输出的所有能量,并将所有进入蒸汽发生器的能量作为输入。总效率通常是小于或等于燃料效率。

不管采用哪种定义,都有两种公认的方法来确定蒸汽发生器的效率。

- 输入/输出。
- 能量平衡。

每种方法都有其优缺点,虽然能量平衡方法无疑更为严格;但在实际实现中通常采用输入/输出法。

在我们的示例中,使用简单的输入/输出燃料效率。

$$\eta_{i/o} = 100 \frac{S\lambda}{F}$$

图 13-3 显示了两个"线性"锅炉的整体效率。请注意,虽 η 值较高,但是二号锅炉的效率似乎低于一号锅炉。这是二号锅炉需要更多燃料来抵消更大的热损失的结果。

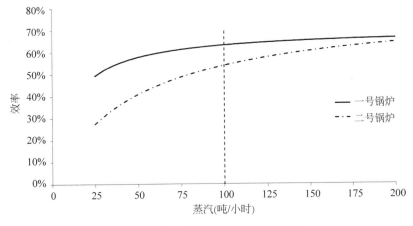

图 13-3　带有蒸汽发生器的能量之变化

假设每个锅炉的蒸汽总需求量均为 200 吨/小时。如果蒸汽总需求量增加到 210 吨/小时,那么哪个锅炉可以生成额外的 10 吨/小时呢?答案显而易见:一号锅炉,如图 13-3 所示。以出口蒸汽总吸收热值占总供给热值的百分比来衡量,一号锅炉效率更高。

然而,除非二号锅炉受到限制,否则这个答案是错误的,并说明了更有效的锅炉应承受额外的负荷。

为了理解上述言论,考虑超出燃料效率的因素,并回过头来继续研究如图 13-2 所示的燃料与蒸汽的关系。该图显示了两个锅炉在线性情况下的响应。

表 13-2 显示,在效率更高的一号锅炉上增加 10 吨/小时的蒸汽,需要比效率更低的二号锅炉多 1.2 兆瓦的燃料。这是为什么?这是由于一号锅炉拥有较低的零负荷燃料需求,从而导致其燃料效率较高。因此,一号锅炉产生 100 吨/小时或实际上 110 吨/小时蒸汽所需的燃料总量比二号锅炉要少。然而,由于在一号锅炉中增加 10 吨/小时的额外蒸汽所需的额外燃料超过在二号锅炉中增加 10 吨/小时的额外蒸汽所需的额外燃料,从而导致一号锅炉的增量效率更低一些。这可能是由于锅炉内燃烧和/或传热不良所致。

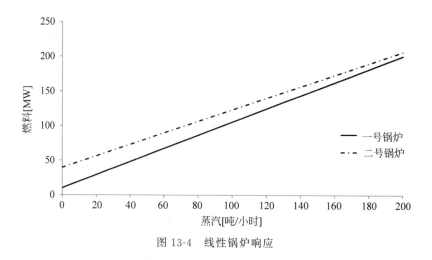

图 13-4　线性锅炉响应

表 13-2　锅炉增量效率

蒸汽总量	一 号 锅 炉		二 号 锅 炉		燃料总量
	蒸汽	燃料	蒸汽	燃料	
[t/h]	[t/h]	[MW]	[t/h]	[MW]	[MW]
200	100	105.24	100	123.33	228.57
210	110	114.76	100	123.33	238.10
210	100	105.24	110	131.67	236.90

　　无论锅炉的数量或描述关系的线性度如何,在给定的额外蒸汽范畴内,具有最低增量效率的锅炉总是消耗最少的额外燃料。同样,如果蒸汽需求量减少,那么蒸汽应该选取自增量效率最高的锅炉。

　　对于任意数量的不同容量、不同性能的锅炉,可以用线性规划来解决这个问题。此外,可以在线实现此应用程序,从而确保在不断变化的情况下分配仍能保持最优。

　　下面给出线性规划的标准形式(Huang 等,1992；Lahdelma 等,2003)。

最小化：$\qquad F(x) = c_1 x_1 + c_2 x_2 + \cdots + c_n x_n$

限制条件：$\qquad a_{11} x_1 + a_{12} x_2 + \cdots + a_{1n} x_n = b_1$

$\qquad\qquad\quad a_{21} x_1 + a_{22} x_2 + \cdots + a_{2n} x_n = b_2$

$$\vdots$$

$\qquad\qquad\quad a_{m1} x_1 + a_{m2} x_2 + \cdots + a_{mn} x_n = b_m$

$$x_i \geqslant 0 \quad i = 1, 2, \cdots, n$$

$$b_j \geqslant 0 \quad j = 1, 2, \cdots, m$$

写成更紧凑的形式为

最小化：$\qquad f = c^{\mathrm{T}} x$

限制条件：$\qquad Ax = b$

$$x \geqslant 0, \quad b \geqslant 0$$

　　对于两个锅炉示例,优化变量 x 是每个锅炉的燃料量(或者可以将此问题反转,将每个锅炉所生成的蒸汽量定义为最优变量)。

因为我们只有一种燃料,所以其成本不是一个因素,因此设定 $c_1 = c_2 = 1$,那么目标函数为

$$\min f(x) = x_1 + x_2$$

该约束条件是蒸汽集管的平衡和燃料消耗总量,即

$$1.05x_1 + 1.2x_2 = 蒸汽需求$$

$$x_1 + x_2 \leqslant 最大可用燃料$$

在本例中,每个锅炉均产生 100 吨/小时的蒸汽。但这便是两个锅炉对蒸汽总量 200 吨/小时的最优分配吗? 几乎可以肯定不是这样的,最优分配是在二号锅炉(这是两个锅炉当中效率最低的一台)中生成全部的蒸汽总量(见图 13-4)!

确实如此吗? 表 13-3 显示,单独在二号锅炉中将蒸汽总量增加 200 吨/小时就几乎少用 24MW 燃料。实际上,仅使用一号锅炉会需要比其他任何分配消耗更多的燃料。

表 13-3　燃料消耗分配的影响

蒸汽总量	一 号 锅 炉		二 号 锅 炉		
	蒸汽	燃料	蒸汽	燃料	燃料总量
[t/h]	[t/h]	[MW]	[t/h]	[MW]	[MW]
200	100	105.24	100	123.33	228.57
200	200	200.48	0	40	240.48
200	0	10	200	206.67	216.67

但是看起来一号锅炉在最小(零)负荷下运行,而二号锅炉在最大负荷下运行。所以应该关掉一号锅炉吗?

否,正如表 13-4 所示,应该将二号锅炉关闭!

表 13-4　关闭一个锅炉的影响

蒸汽总量	一 号 锅 炉		二 号 锅 炉		
	蒸汽	燃料	蒸汽	燃料	燃料总量
[t/h]	[t/h]	[MW]	[t/h]	[MW]	[MW]
200	200	200.48	0	0	200.48
200	0	0	200	206.67	206.67

为什么会是这样呢? 因为我们不再需要简单地消耗燃料来克服热损失,所以最好关闭二号锅炉,因为它对燃料的零负荷要求较高。

选择哪个锅炉运行是一个混合整数优化问题。在实践中,此类决策很少完全取决于燃料最小化。工业锅炉的启停时间是有限的,维持一定的"瞬时"备用蒸汽发电量往往是运行要求。

精明的读者现在可能意识到,给定 n 台锅炉,每台锅炉具有不同但线性的蒸汽燃料响应,最优负荷将始终包括 $n-1$ 台锅炉在最小或最大负荷下,以及一台锅炉提供平衡蒸汽流量。

到目前为止,我们假设锅炉具有线性蒸汽燃料响应。虽然这通常是一个合理的假设,但当对线性的要求放宽时,最佳载荷会发生显著变化。我们能用基本线性规划来解决这个问

题吗？如果能利用这样一个事实，即最佳负荷发生在总流量为 200 吨/小时的蒸汽流中，并且蒸汽燃料曲线上的梯度相等。无论锅炉的数量和性能方程的形式如何，本规则均适用。但是，如果假设该响应曲线恰好是一个一元二次方程，例如：

$$S = aF^2 + bF + c$$

其中，a、b 和 c 通常通过将性能关系与运行数据拟合来确定，则二次方程的一阶导数为线性方程：

$$\frac{dS}{dF} = 2aF + b$$

因此，线性规划问题演变为

$$\min f(x) = x_1 + x_2$$

随着蒸汽联管约束被每个响应曲线导数均相同的约束所替代：

$$2(a_1 x_1 - a_2 x_2) + (b_1 - b_2) = 0$$

当保留总燃料约束时：

$$x_1 + x_2 \leqslant 最大可用燃料$$

然而，我们不能再将蒸汽需求约束作为一个显式变量包含在 LP 公式中。相反，我们引入了一个简单的更新算法，该算法是根据蒸汽需求量与蒸汽产生质量的比值，计算出在锅炉之间分配的燃料总量。

$$F_\Sigma^{k+1} = F_\Sigma^k \frac{S_{SP}}{S^k}$$

该示例使用如表 13-5 所示的性能曲线。

表 13-5　性能曲线系数

	一 号 锅 炉	二 号 锅 炉
a	-2.678×19^{-3}	-3.195×10^{-3}
b	1.711	2.131
c	-25.17	-89.22

在蒸汽总需求量均为 200 吨/小时的前提下，一号锅炉和二号锅炉的最优负载分别为 77 吨/小时和 123 吨/小时。很明显，这是一个不太明显的解决方案，部分原因是大多数蒸汽均是在效率较低锅炉中产生的。

13.2　纸浆和造纸工厂中的能量优化

（注：本节作者：Terrance Chmelyk，Carl Sheehan——加拿大不列颠哥伦比亚省本拿比市斯巴达控制公司。Devin Marshman——加拿大不列颠哥伦比亚省温哥华市英属哥伦比亚大学。）

纸浆和造纸公司已经认识到能源不仅仅是一个成本中心。事实上，能源管理和热电联产可以对工厂的整体盈利能力产生巨大影响。许多工厂有能力热电联产，并将其电能出口到市场，因此，正在与当地公用事业公司签订长期的、往往是复杂的买卖协议（Gruhl 等人，

1975 年)。这对及时做出关键决策提出了重大挑战,且需要大量与过程操纵参数相关的实时经济信息(Ferrari Trecate 等人,2005)。因此,实际可实现的利润有时候并不能连续被优化。当操作人员进行多任务处理,并试图做出关键的过程决策时,有时会发生重大的人工干预,包括:

- 调整蒸汽供应量来满足过程需求;
- 根据成本和适用性选择不同合适燃料;
- 根据成本和约束加载可用锅炉;
- 确定购买与生成的电量;
- 根据成本、蒸汽可用性和约束加载涡轮机;
- 对突发事件和设备故障做出响应。

本节提出了一个集成的实时能源管理优化系统,用于通过自动化关键决策和过程调整来降低集成制浆造纸厂的能源总成本。能源管理系统(EMS)采用特定于设施的商业模式来持续管理能源合同,并确定最佳运行参数,以实现利润最大化。

13.2.1 热电联产介绍

由于所使用的木材和制浆过程,纸浆生产过程中的木屑最多能产生约 50% 的废料,这种废料也叫"湿混合废木料"。纸浆造纸工业中通常不会将这种剩余材料直接处理掉,而是加以利用,即利用多燃料电站锅炉来燃烧废物以产生蒸汽。与天然气或煤等传统燃料相比,废料除了是一种便宜得多的燃料外,还被认为是一种"绿色"燃料,具有显著的环境效益(Sampson 等人,1993 年)。湿混合废木料在锅炉中燃烧所产生的蒸汽,可被用于纸浆厂中各个不同的单元操作,或者通过一系列涡轮机来发电。这类系统被称为热电联产系统、发电机组或热电联产系统;因为它们同时产生蒸汽和电能,这是包括纸浆生产在内的许多工业过程所需的两种有价值的东西。

由一个系统而不是两个独立系统产生动力和蒸汽在经济上是有利的。将这两种工艺结合起来,由于整体效率更高,从而降低了燃料成本,进而节省了 10% ~ 40% 的成本(Madlener 和 Schmid,2003 年)。天然气等清洁燃料的燃烧产生的污染物,比煤或湿混合废木料燃烧产生的相同数量的蒸汽产生的污染物要少。近年来,通过在天然气勘探中采用水力压裂技术,天然气蒸汽发电的成本大大降低。锅炉效率和燃料成本的差异可能会被进一步利用,因为许多工厂的热电联产系统能够以远远超过工厂需求的速度发电,从而以合同价格向区域电力供应商出售电力,是这家工厂额外的收入来源。

实际上,热电联产系统的配置通常很复杂,每个系统由几个锅炉、涡轮机、冷凝器、安全阀、通风口和压力集管组成。最大限度地利用热电联产过程,需要稳定、准确和快速地控制每一个单独的单元,并需要一个有效的战略来协调所有单元,以实现一个共同的目标,如最大的盈利能力(Thorin 等,2005 年)。能源管理系统(EMS)是能够满足这些需求的工具或策略的通用名称。

13.2.2 能源管理介绍

成功地管理热电联产装置绝非易事,而且在今天的纸浆和造纸工业中,热电联产装置仍然是重获利益的关键组成部分。复杂的工厂布局导致相互依赖的各单元情况复杂且不断变化。

如前所述,工厂和区域电力供应商之间可能会签订复杂的合同协议。电价可能会随着时刻、年月、市场电价以及电力生产现行税率的变化而变化。其他导致复杂性的因素还包括可变燃料成本和可用性、动态机组效率、波动的轧机热需求和许多限制生产率的过程约束。因此,大多数热电联产设施都开发和/或采用了优化算法来助力电厂能源管理过程(Vasebi 等,2007 年)。

这些算法通常被称为能源管理系统,负责完成电力最佳调度、利用有效资源发热及机组运行管理(Williams 等,2005 年)。值得注意的是,这些能源管理系统通常不同于单独的单元控制器。能源管理系统通常指示最优单位的设定值,而单元控制器实现并保持这些设定值。

能源管理系统的设计目的是通过使用数学模型和优化策略,推动电厂的运行和该电厂内的单个机组运行朝着共同的目标前进。典型的能源管理系统包括两个基本组成部分:一个单元协调策略和一个业务策略。单元协调策略使用当前机组效率和潜在的工厂配置来确定蒸汽和能源生产的相对成本。此外,单元协调策略还处理过程约束,如单元操作限制、跳闸、蒸汽消耗要求和环境约束。业务策略利用实时能源定价、燃料成本/可用性和电力合同信息,来在当前发电率和整体盈利能力之间开发一个准确的关系。通过有效地结合和实施能源管理的这些组成部分,热电联产设施可以可靠地实现利润最大化。

13.2.3　综合实时能源管理系统

如前几节所述,最好能将能源管理系统的单元协调和业务策略(模型)有效地结合起来,以实现系统的最大性能和可靠性。过去,能源管理功能以各种形式提供给行业,通常涉及"分层"体系结构,能源管理系统功能与监管控制系统明显分离。这些"分层"系统的范围往往有限,缺乏鲁棒性,而且往往很难由工厂技术资源维护。

商用控制系统技术的最新进展为开发完全集成的能源管理系统提供了框架。一些应用技术,如模型预测控制(MPC)、线性规划(LP)和高级能源计量功能等,现在已经成为现有控制体系内的标准。而这也允许商业战略模型中要求的监管层和经济最优化能够实现紧密结合。

在开发集成的 EMS 系统时,一些关键属性和能力被看作是整个设计的基础,其中包括:

- 利用标准的实时开放架构硬件和软件组件,以保证系统的稳定性和可维护性。
- 确保基本单位监管控制被设计为 EMS 系统中不可缺少的一部分。
- 确保 EMS 被设计为能够实现全自动控制,但能够以"咨询"(Advisory)或"直接控制"(Direct Control)模式运行。这种灵活性使得操作员能够对系统建议进行更改,也允许系统可以与单元进程控制系统一起进行设置点更改。
- 确保集成的 EMS 可扩展,并可被扩展到热电厂的各种配置。

开发的集成能源管理系统利用了 DeltaV 数字自动化系统中嵌入的高级控制功能,来协调和优化蒸汽集管、汽轮发电机和锅炉的燃烧控制,以最大限度地提高整体发电量,以及改善各种蒸汽集管在恶劣条件下的稳定性。该集成设计包含以下控制和优化功能:

- 集管压力管理——在恶劣条件下保持蒸汽集管压力在特殊的限制内,在需要时,可降低某些"低优先级"压头的设置点,以保证"高优先级"压头的压力。
- 锅炉负载分配——根据锅炉的有效性、效率和限制因素,在不同的多种万用锅炉之间进行最优负载分配,由此可以从最有效率的锅炉中得到最大化的蒸汽产量。
- 优化蒸汽涡轮发电——根据可用蒸汽和工厂限制因素,来决定最优蒸汽负载分配以及 STG 发电的最大值。

- 额定基础负载/发动机基本负载跟踪——针对额定基线,持续跟踪电力用量和发电量。
- 能源成本和有效计算——以每一个单位为基准,来决定蒸汽生产和发电的成本。
- 实时电力额定计算——根据一年和一天中任何时候的发电量来决定增加的价格。
- 数据有效性和错误处理——确保所有用于控制和经济决策的过程数据都是"好的"数据。
- 增强的操作员界面显示——对 EMS 运作提供良好的洞察力。

为了举例说明集成的综合能源管理是如何设计的以及如何运行的,在接下来的章节里将详细描述此应用的一个案例分析。

13.2.4 综合 EMS 案例分析

下面的案例研究中描述的能源管理系统,是为一个集成热电联产蒸汽工厂设计的,该工厂(见图 13-5)包括:

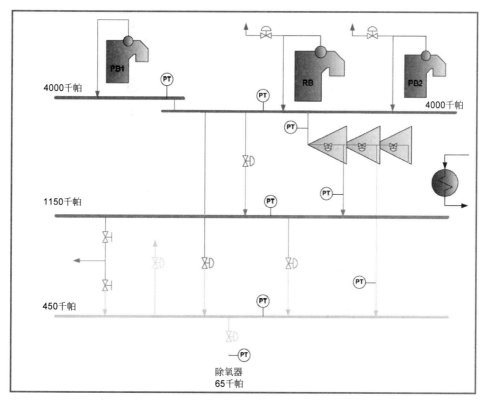

图 13-5 热电联合设备厂的过程概述示意图

- 一个回收锅炉;
- 两个燃烧湿混合废木料和天然气的电力锅炉;
- 一个带有 1150 千帕和 450 千帕抽气量的三级压缩蒸汽发电机;
- 在 4000 千帕、1150 千帕、450 千帕以及 65 千帕压力下的互连蒸汽集管系统。

集成的实时能源管理系统包含以下核心组件：

- 监管控制；
- 蒸汽生产和发电量的实时经济分析；
- 包含过程约束的模型预测控制和线性规划（LP）。

监管控制

为了维持蒸汽厂的基本运营（例如，生产过程中的安全发电和蒸汽输送），需要一系列监管控制。该监管控制系统专门为维护蒸汽厂的运营而设计，同时也为 EMS 提供协调蒸汽厂各单元运营的具体办法。一般来说，监管控制旨在满足以下控制目标：

- 为蒸汽厂内的高压（4000 千帕）蒸汽集管和中等气压蒸汽集管提供气压控制。
- 在可能的情况下，通过蒸汽涡轮发电机（STG）为整个生产过程运送锅炉产生的额外蒸汽。
- 当蒸汽涡轮发电机的任何阶段受到其能力范围的限制时，则为锅炉产生的增量蒸汽提供一个可预测和可重复的路径。
- 优化锅炉燃烧过程和蒸汽涡轮发电机发电过程。

图 13-6 提供了在没有限制因素控制的情况下集管压力控制方案的一般概述。高压（4000千帕）集管的压力控制是通过控制锅炉内湿混合废木料和/或者天然气的燃烧速度来实现的。单独的集管压力控制器被用于控制每种燃料的燃烧速率。这两种压力控制器都保持相同的蒸汽集管压力，但是湿混合废木料燃料集管控制器的设置值比天然气集管控制器要高。这样保证了在生产高压蒸汽时，湿混合废木料作为优先燃料来使用。当湿混合废木料燃料集管控制器不能提供足够的湿混合废木料燃料来保持高压蒸汽集管的压力时，即当蒸汽集管压力低于天然气集管压力控制器的设置值时，天然气才会用于保持蒸汽集管的压力。

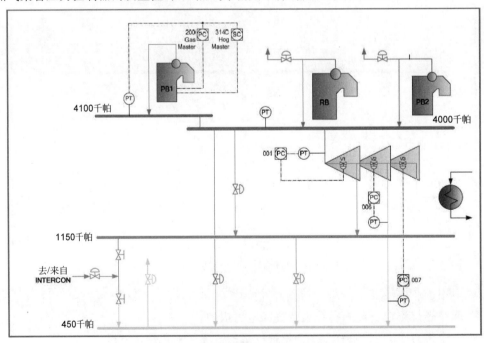

图 13-6　无限制下的一般集管压力控制

后面章节会讲到,发电锅炉燃烧效率的协调是通过能源管理系统(EMS)来实现的。回收锅炉中黑液的燃烧率是由硫酸盐法浆厂中制浆和再调整速率决定。因此,回收锅炉不能用于维持高压蒸汽集头。当调整回收锅炉的燃烧速度时,发电锅炉可以维持蒸汽集管的压力。

1150 千帕蒸汽集管和 450 千帕蒸汽集管的控制由 STG 抽汽阀维持。1150 千帕蒸汽集管由 STG 第二级抽汽阀控制,450 千帕蒸汽集管压力由 STG 的第三阶级抽汽阀控制(第三级是对冷凝器抽汽)。STG 进汽阀用于保持 STG 进汽压力。单独压力控制器用于操作这些阀门(例如,STG 进汽压力控制器控制 STG 进汽阀门,1150 千帕蒸汽集管压力控制器控制 STG 二级抽汽阀等)。

通过使用锅炉燃烧率来控制高压蒸汽集管和通过使用 STG 进汽/抽取阀门来控制中压蒸汽集管,产生的增量蒸汽在进入过程之前将始终流经 STG,前提是 STG 阀门均没有受到限制。为了证明这一点,发电锅炉中产生的额外蒸汽对蒸汽系统的影响就是例证。当蒸汽进入高压蒸汽集管,STG 进汽压力就会增加。随后,STG 进汽压力控制器打开 STG 进汽阀门,减小 STG 进汽处的压力,额外蒸汽通过 STG 第一级。这部分蒸汽引起第一级抽汽压力增加,导致 1150 千帕蒸汽集管压力控制器打开第二级抽汽阀门;这部分蒸汽通过 STG 第二级,以此类推。

当任一 STG 进汽/抽取阀的流量受到限制时(即,阀门位置增加不会导致通过阀门的流量增加),那么受限制的阀门的集管压力控制会受到影响。为了缓解这种情况,对中压蒸汽集管配置了独立的压力控制器,用来控制中压蒸汽减压阀(Pressure Reducing Valves,PRV)。一个例子是控制 4000/1150 千帕蒸汽集管减压阀的高压(4000 千帕)集管过压控制器(见图 13-7)。该"过压"控制器的压力设定值要比 STG 进汽压力控制器(用于控制 STG 进汽阀门)的高。当 STG 进汽阀门受限而不能通过更多的流量时,STG 进汽压力就会增加。一旦 STG 进汽压力升高到超过过压控制器的设定值,过压控制器就会打开 4000/1150 千帕蒸汽减压阀,降低 STG 进汽压力。

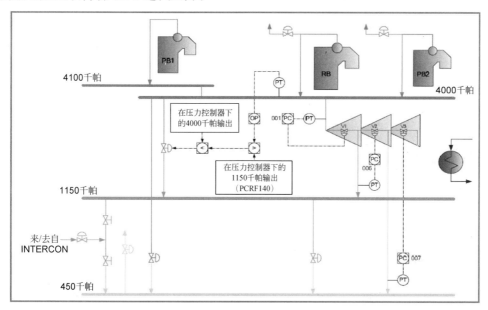

图 13-7 带有 4000 千帕过压控制的蒸汽集管压力控制

在蒸汽发电机中,每个减压阀(PRV)都配置了过压控制器。一旦任何一个 STG 进汽/抽取阀门受限,减压阀(PRV)就会使增量蒸汽通过这个系统。但是,在保持蒸汽集管压力时,过压控制器有效地旁路了 STG 特定阶段的蒸汽。在前面的例子中,在 STG 进汽阀门流动受限时,随着增量蒸汽流过 4000/1150 千帕减压阀,STG 的第一级就会被旁路。显然,如果增量蒸汽在 STG 第一级分流,增量蒸汽产生的电力就会减少,于是从蒸汽中获得的利润就降低了。所以,每个 STG 进汽/抽取阀的位置必须由能源管理系统控制。

实时经济分析

能源管理系统以一定顺序对蒸汽产生和电力产生进行了实时经济分析。最终,能源管理系统必须确定从其操作的每个锅炉/燃料组合中生产电力的盈利能力。简单来说,盈利能力就是生产电力的成本和售出电力价格之间的差额。图 13-8 显示了能源管理系统图表,以及为每个机组计算的一些关键经济数据。

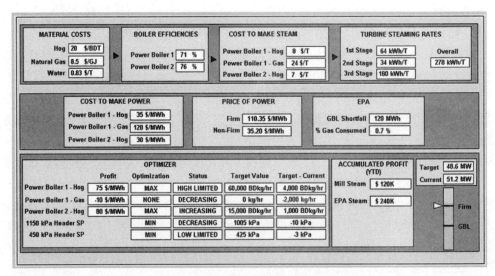

图 13-8　显示 EMS 经济数据的图表

首先,确定每个锅炉/燃料组合产生蒸汽的成本。增量成本(美元/BDT 湿混合废木料)是手动输入系统的,成本的价格随着供应商不同而变化。天然气的成本(美元/吉焦,天然气)是一个实时值,它是通过能源管理系统和互联网之间的一系列安全连接自动更新的。化学处理原水的成本(美元/吨,水)是另一个手动输入的值。这个值仅在蒸汽被排放到大气中时才被算入到蒸汽的总成本中。能源管理系统确定增量蒸汽流经蒸汽发电装置的部分;如果增量蒸汽被排放到大气中,那么能源管理系统会把原水处理的额外成本加到蒸汽生产的成本中。

锅炉效率的计算是为了确定每种燃料所产生的蒸汽增量,这个值叫作蒸汽因子。蒸汽因子用蒸汽量/每单位燃料表达。蒸汽因子把燃料的原材料价格转换成蒸汽的成本。知道了每个锅炉的蒸汽因子和原材料价格,就可以确定每个混合燃料锅炉生产蒸汽的成本(美元/吨蒸汽)。

在下一步的经济分析中,必须对蒸汽成本进行修正,以便通过减热增加蒸汽产量。来自锅炉的高压过热蒸汽在使用前被减温至饱和点。用于冷却高压蒸汽的锅炉给水本身就被转化为蒸汽。因此,考虑到过热蒸汽所需要的额外能量,蒸汽的成本被通过过热蒸汽减热而产生的额外蒸汽的数量而降低。

在 STG 的每个抽汽点和所有减压阀(PRV)的下游都会发生降温。每个这种点,通过减温产生的蒸汽量是不同的,这取决于蒸汽通过这些点时所保留的能量。因此,在确定将要发生的减温总量时,能源管理系统必须考虑增量蒸汽通过蒸汽装置的路径。

现在,蒸汽成本(美元/吨蒸汽)已经确定了,也纠正了降温产生的蒸汽,计算蒸汽产生的电力量(千瓦时/吨蒸汽)从而将蒸汽成本转换为产生电力的成本。为此,对 STG 的工作进行了分析。该分析是针对 STG 的每个阶段进行的,因为锅炉产生的增量蒸汽只会流过 STG 的特定阶段,这取决于蒸汽电厂的运行。对于每一级蒸汽发生器,计算出效率和蒸汽率。蒸汽率是蒸汽流经涡轮产生的电力量(千瓦时/吨蒸汽),它由 STG 的每个进汽/抽取点的蒸汽焓决定。

与降温修正一样,增量蒸汽流经蒸汽发电装置的部分将决定 STG 的哪个阶段有利于整个的电力生产。用管制措施部分中的一个例子,如果蒸汽产量的增加引起高压蒸汽集管过压控制器打开 4000/1150 千帕减压阀,那么 STG 的第一级基本上会被多余的蒸汽分流。所以,STG 的那个阶段不产生电力。

STG 过程分析的结果显示,每个锅炉/燃料混合产生的蒸汽成本(美元/兆瓦时)被转换为每个混合燃料锅炉产生电力的成本(美元/兆瓦时)。在计算每个混合锅炉的盈利时,可以在电力价格中减去这些成本。

STG 产生的多余电力通过复杂的买卖协议出售给当地电力公司。这些协议通常由出售电力的固定价格部分和公开市场价格部分组成,取决于发电量。电力的固定价格部分是根据需求调整的,一天中的时段(非高峰、高峰或超高峰)和一年中的月份都会影响电力的固定价格。例如,1 月份下午 5 点(超高峰)电价可能是 7 月份凌晨 3 点(非高峰)电价的两倍。同时,公开市场价格通常也跟需求有关。EMS 实时管理买卖协议,并对年度合同进行追踪。图 13-9 显示了 EMS 实时管理电力部门买卖协议的例子。

在买方/卖方协议中,一些其他因素也必须要考虑进去。在合同协商中提到在未来很多年内,电价有可能会采用每月定价的办法,同时还必须根据消费者价格指数(CPI)量化的通货膨胀情况进行调整。电力的公开市场价格通常以美元计算,因此在适用的情况下必须转换为加拿大货币。

EMS 根据适当的电力买卖协议计算电力的实时价格。为了确定许多实时价格因素(电力公开市场价格、货币汇率、消费物价指数),能源管理系统通过各种互联网服务获得一些准确信息。例如,可以与道琼斯指数建立一项服务,用包含当前高峰和非高峰公开市场电力价格的每日电子表格更新能源管理系统。

LP 优化器

在 STG 中,实时发电的优化是通过嵌入式线性规划(LP)优化器来实现的,该优化器是控制系统 MPC 的一部分。该 LP 优化器包含一系列过程动态模型,这些模型将每个锅炉/燃料组合的蒸汽生产与 STG 中的电力生产关联起来。LP 优化器通过最大化或最小化每个锅炉/燃料组合的蒸汽产量,来实现最有利可图的操作点,同时将过程保持在其约束限制范围内。因此,对于优化器操作的每个锅炉/燃料组合,优化器可以预测该锅炉/燃料组合可以产生多少增量电力。优化器还包含另一系列过程模型,这些模型将每个锅炉/燃料组合的蒸

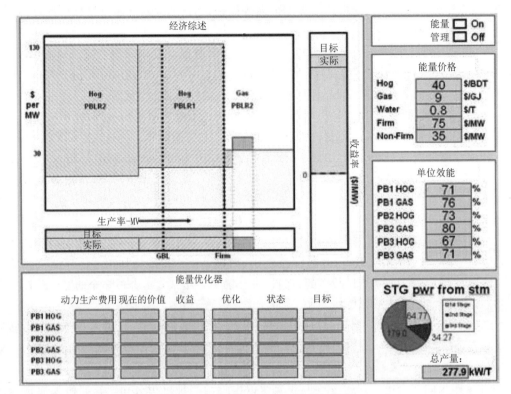

图 13-9　EMS 电力合同管理示例样图

汽生产与特定的过程约束（例如，高压蒸汽集管压力、锅炉烟囱不透明度等）关联起来。因此，优化器可以在违反过程约束之前，预测每个锅炉/燃料组合的最大燃烧率。LP 优化器使用所有过程动态模型来确定各种蒸汽生产商最有利可图的组合，这些蒸汽生产商将在其各种约束限制内维护过程。LP 优化器还可操控每个锅炉中每种燃料的燃烧速度（如一号锅炉中的湿混合废木料和一号锅炉中的天然气等）。在此过程中，优化器会覆盖高压蒸汽集管控制，这些控制操纵着锅炉中每一种燃料的燃烧率。因此，高压蒸汽集管的压力控制受到 STG 进气阀压力控制器的控制，该 STG 进气阀压力控制器同时还控制着 STG 进气阀。这样，当该优化器控制锅炉的燃烧率时，STG 进气阀压力控制器确保增加的蒸汽通过 STG。当 TSG 进气阀流量受限时，高压蒸汽管的过压控制系统将会操纵 4000/1150 千帕的减压阀，以将蒸汽从高压集管中放出。在剩余蒸汽集管上的过压控制器，将确保增加的蒸汽继续通过 STG 的尽可能多的阶段。

　　一旦经济分析决定了某个锅炉内的燃料将被最大化后，优化器将在最有利润的锅炉/燃料组合中寻找最大蒸汽产量。利用过程动态模型，优化器可以从锅炉/燃料蒸汽发生器中计算最大蒸汽生产量，这将保证过程和 STG 内的生产量也在限制范围内。如果锅炉/燃料组合已经在生产最大值，而 STG 仍有发电能力，那么优化器将在下一个最有利润的锅炉/燃料组合中寻找最大蒸汽产量。这一系列的计算将会一直进行，直到 STG 的发电能力达到最大化或者达到过程的限制因素。

　　前面描述的经济分析确定了由优化器操纵的每个锅炉/燃料组合的净利润（＄/MWh）。

如果锅炉/燃料组合为正利润,那么优化器会使燃料在锅炉中的燃烧最大化;当最大化时,燃料在锅炉中的燃烧被推到其最高极限。相反,如果锅炉/燃料组合有负利润(赔钱),优化器通过将燃料的燃烧速率推到其最低限度,即将锅炉中燃料的燃烧最小化。每次利润计算都要经过一个滞后函数,这样,如果净利润略微为正或为负,那么优化器就不会在"最大化"和"最小化"之间振荡。

图 13-10 以图形方式显示了电力和蒸汽发电是如何基于经济学和约束限制进行优化的。

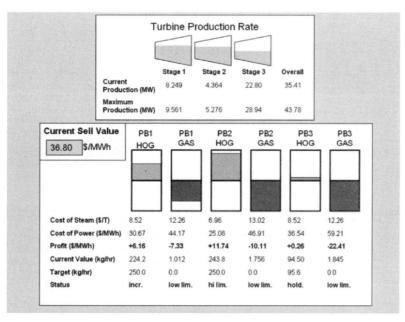

图 13-10　单元优化等级的图表示例

在调整任何锅炉里的燃烧率之前,利用过程动力学模型计算优化解。一旦计算出优化解,通过斜坡函数将锅炉中每种燃料的燃烧速率设置为它们的最佳值。

每 5 秒计算并调整一次优化解。可控的和非可控的、能够影响最优结论的干扰因素将持续被评估和调整。例如,优化器决定在一个锅炉里的燃料添加比率是 30 吨/小时,并且开始逐渐增加比率。在 20 吨/小时的情况下,因湿混合废木料的短缺问题,湿混合废木料燃料添加器受到影响。此时,优化器将从下一个最优利润燃料中重新计算蒸汽量的增加值,用来补充湿混合废木料燃料未能提供的 10 吨/小时电力。当湿混合废木料燃料添加器问题最终被解决时,优化器将再次增加湿混合废木料添加比率到 30 吨/小时,同时减少下一个最优利润燃料的蒸汽产量。

通过对优化解的不断计算和对实时干扰的统计,证明了能源管理系统有效且对建模误差不太敏感。

13.2.5　结果总结

为了说明集成实时能源管理系统所取得的成果,本节总结了一些案例研究结果。该案例研究将先前用于优化热电厂盈利能力的运营策略与能源管理系统提供的绩效进行了对比。对试图根据蒸汽涡轮能力和围绕电力买方/卖方协议的规则，来优化工厂的工程管理办法进行了底线预测。

以下案例研究假设构成了分析的基础：

- 拥有综合热电联产和 55 兆瓦蒸汽涡轮能力（三重压缩）的造纸厂。
- 三个不同运营效率、燃烧湿混合废木料的电力锅炉。
- 有以下一般特点的电力购买/销售协议。
  - 多达 40 兆瓦的固定电价价格范围在 75 美元/兆瓦时（高峰）和 55/兆瓦时（非高峰）之间。
  - 非固定电价价格范围为 30～60 美元/兆瓦时。
- 增量的湿混合废木料燃料价格为 2.05 美元/吉焦。
- 以机组产能为基础确定规则作为现有工厂管理策略的基线。
  - 以三重机组 100% 的能力运行（压缩）。
  - 高峰时期 100% 的三重机组压缩能力，非高峰时期 50% 三重机组压缩能力。
  - 保持电力生产量在 40 兆瓦（固定价格限制）。
- 为获得最优结果，综合 EMS 系统应在闭环模型中运行。

有关结果的简短总结如下所述。图 13-11 显示了综合 EMS 系统方法与三种基线运营策略的盈利能力（美元/小时）随时间变化的曲线图。图表显示，在所示的 48 小时内，发电厂

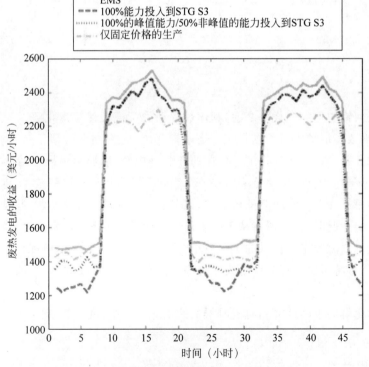

图 13-11　综合 EMS 系统方法与三个基线操作策略
随时间增加所产生的部分盈利能力

的盈利能力各不相同,而综合能源管理系统在一天中的高峰和非高峰时段将盈利能力最大化。表13-6将盈利能力的提高与基本经营策略进行比较。

表 13-6　比较盈利能力与基线操作策略的增益

运 行 模 式	盈利($/天)	盈利提高($/天)	盈利提高与固定模式(%)
综合 EMS	$47814	$3087	6.46%
100% S3 能力	$44824	$97	0.22%
50/100% S3 能力	$45438	$711	1.56%
固定	$44727	n/a	n/a

综合能源管理系统能够使热电联产的整体盈利能力提高近6.5%,即约3000美元/天。根据该工厂一年350天的运行时间,鉴于其性质为实时优化的工厂,预计利润的累积收益将超过100万美元/年。

盈利能力提高的原因来自于经济优化器对机组运行的实时操作。先前存在的开环操作策略使得操作人员很少对单元流程进行更改,且并没有将效率的不断变化或经济变化模型考虑在内。这是大多数热电联产操作的典型情况,因为复杂度和组合数量对于人工操作员来说非常难以实时处理。

与之相反,集成了STG闭环控制的EMS,将锅炉和压蒸汽减压阀结合起来,能够实时进行调整,每分钟都能找到最优的组合。发电与售电的盈亏平衡点是总蒸汽发电的函数,如图13-12所示。在此图中,盈亏平衡点的位置用实时电价和实时蒸汽成本曲线图表示。

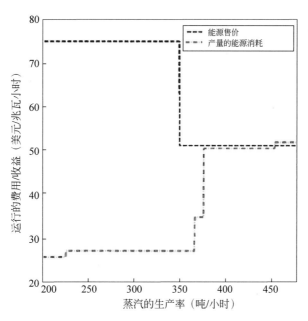

图 13-12　实时电价和展示盈亏平衡点位的
实时蒸汽成本曲线的样图

　　图 13-13、图 13-14 和图 13-15 显示了综合 EMS 是如何基于实时经济计算变动单位目标的样图。

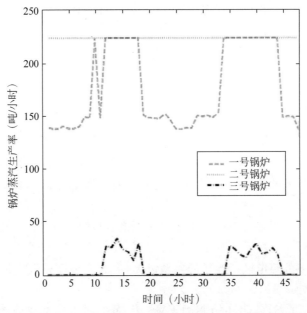

图 13-13　发电锅炉生产目标与时间的集成化 EMS 优化规划

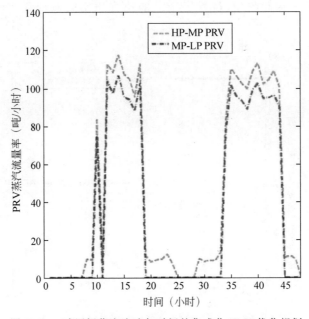

图 13-14　减压阀蒸汽流速与时间的集成化 EMS 优化规划

13.2.6　总结

　　本节介绍了一种实时能源管理系统（EMS），可用于最大限度地提高硫酸盐浆厂热电联

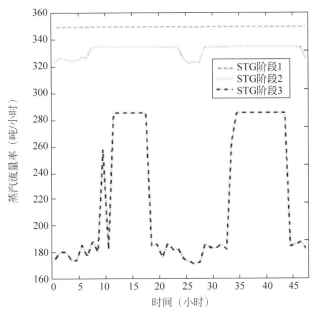

图 13-15 汽轮发电机提取阶段流速与时间的集成化 EMS 优化规划

产设施的利润。最近商用控制系统技术的发展提供了一个框架,在此框架下可对完全集成的 EMS 进行部署,从而有效地将监管控制层、单元协调和经济模型结合起来以实现优化系统的性能最大化及可靠性。过去,曾以各种形式将能源管理功能运用至工业领域,通常涉及一个"分层"架构,EMS 功能与监管控制系统明显分离。这些系统的范围往往有限,缺乏鲁棒性,而且往往很难由工厂技术资源进行维护。

通过应用 EMS 集成方法进行实例分析,结果表明,热电厂盈利能力的实时管理具有重要的现实意义。与现有的"开环"操作策略相比,集成的 EMS 系统能够使工厂的盈利能力提高 6.5%。基于本案例中为期 350 天的工厂运营年计算,预计由于集成的 EMS 系统提供实时决策,为工厂带来的累积利润将超过每年 100 万美元。

13.3 在线优化专题练习

本专题练习的目的是说明当蒸汽负荷分配给两台运行效率不同的锅炉时,如何使用实时优化来最大限度地降低蒸汽生成成本。访问本书的网站 http://www.advancedcontrolfoundation.com,并选择"解决方案"选项卡来查看正在执行的专题练习。

第一步,在 200 吨/小时蒸汽需求不变的情况下,观察锅炉负载分配对燃料消耗的影响。

第二步,检测仅有 1 号锅炉或 2 号锅炉运行时产生 200 吨/小时蒸汽的成本。

第三步,将蒸汽需求从 100 吨/小时逐步改变到 300 吨/小时,并观察优化器如何分配蒸汽负荷,从而将蒸汽生成成本降至最低。

如图 13-16 所示的界面将被用于检测锅炉负载分配的影响和蒸汽生成的成本。

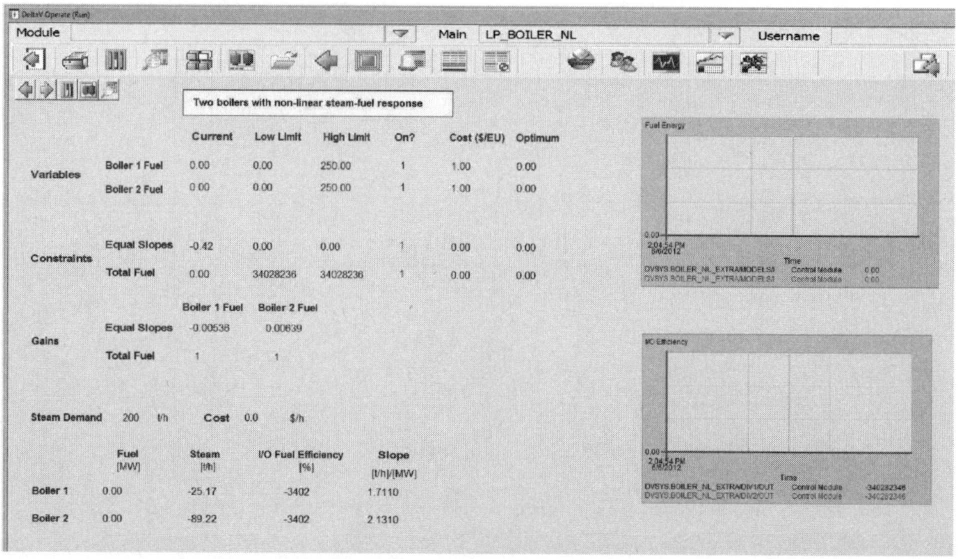

图 13-16　专题练习界面

13.4　技 术 基 础

　　本节提供了一些过程工业中应用的优化术语和优化技术的通用技术要求。一般来说，可利用优化来解决各类工业问题，如设备设计、操作规划、存货降低或资源配置。本章的重点是在线优化。当所有的过程优化模型参数都可以在线获得，并且优化结果可以被转移到过程中，从而影响过程的运行时，这可以被视为在线优化。

　　一般来说，优化应用程序由三个部分组成：

- 过程模型；
- 操作约束；
- 目标函数。

　　本书第 12 章介绍了线性过程模型和线性目标函数的优化，此类优化被称为线性规划（LP）。LP 的应用最为广泛，也许也是最有效的技术。当目标函数包含二次项时，则该优化为二次规划（QP）。正如第 12 章所述，LP 总是在约束的交点上提供解，而 QP 解可以是非约束的且在可行域内，即由线 CV1 最小值、CV2 最大值、MV2 最大值、CV1 最大值和 CV2 最小值所限定的区域内（见图 13-17）。若最优操作点在可行域内，则最优 QP 解可能不会随约束的变化而变化，这就允许更健壮的优化。

　　当过程模型使用非线性方程并应用非线性优化时，称为非线性规划（NP）。连续线性规划（SLP）技术是求解 NP 问题的常用方法。SLP 技术为非线性规划问题求解出一系列的线性规划近似值。

　　许多工业问题同时也涉及整数值。优化解应回答诸如操作或安装哪些设备以及如何制

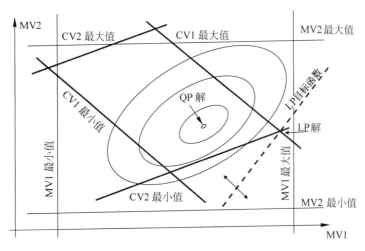

图 13-17 LP 和 QP 的最优解

定最佳计划等问题。此类优化问题也被称为混合整数规划(MIP),并用分支界限法(BB)求解。

对于更复杂的优化问题,可采用实时优化(RTO)方法。RTO 是一个复杂的、严格的基于模型的系统,可优化工厂的运营。一个典型的 RTO 包含数以千计的变量和方程,并且使用最适合该问题的线性和非线性优化技术。提供上述任何优化技术的详细信息都远远超出了本书的范围。更多信息请参见参考文献,特别是 Edgar、Himmelblau、Lasdon(2001)和 Maciejowski(2002)。

参 考 文 献

1. Arroyo, J. and Conejo, J. "Optimal Response of a Thermal Unit to an Electricity Spot Market" *IEEE Transactions on Power Systems* 15(3):1098-1104, August 2000.

2. Cohen, A. and Sherkat, V. "Optimization-based Methods for Operations Scheduling" *Proceedings of the IEEE*, 75(12):1574-1591, December 1987.

3. Edgar, T., Himmelblau, D. and Lasdon, L. *Optimization of Chemical Processes* 2nd edition, Boston, McGraw-Hill, 2001.

4. Ferrari-Trecate, G., Gallestey, E., Letizia, P., Spedicato, M., Morari, M. and Antoine, M. "Modeling and Control of Co-generation Power Plants: A Hybrid System Approach" *IEEE Transactions on Control Systems Technology* 12(5):694-705, September 2004.

5. Gruhl, J., Schweppe, F. and Ruane, M. "Unit Commitment Scheduling of Electric Power Systems" In: *System Engineering for Power: Status and Prospects*, Springfield, VA, US DOE Report NTIS-CONF-750867, 1975, pp. 116-129.

6. Huang, G., Baetz, B. and Patry, G. "A Grey Linear Programming Approach for Municipal Solid Waste Management Planning under Uncertainty" *Civil Engineering and Environmental Systems* 9(4): 319-335, 1992.

7. Lahdelma, R. and Hakonen, H. "An Efficient Linear Programming Algorithm for Combined Heat and Power Production" *European Journal of Operational Research* 148(1):141-151, July 2003.

8. Maciejowski, J. M. *Predictive Control with Constraints* Harlow: Pearson Education Limited, 2002.

9. Madlener, R. and Schmid, C. "Combined Heat and Power Generation in Liberalised Markets and a Carbon-constrained World" *GAIA—Ecological Perspectives for Science and Society* 12(2): 114-120, June 2003.

10. Sampson, R., Wright, L., Winjum, J., Kinsman, J., Benneman, J., Kürsten, E. and Scurlock, J. "Biomass Management and Energy" *Water, Air, & Soil Pollution* 70(1-4): 139-159, October 1993.

11. Thorin, E., Brand, H. and Webe, C. "Long-term Optimization of Cogeneration Systems in a Competitive Market Environment" *Applied Energy* 81(2): 152-169, June 2005.

12. Vasebi, A., Fesanghary, M. and Bathaee, S. "Combined Heat and Power Economic Dispatch by Harmony Search Algorithm" *International Journal of Electrical Power & Energy Systems* 29(10): 713-719, December 2007.

13. Williams, J., Huff, F. and Francino, P. "Islands of Optimization: a Web-based Economic Optimization Tool" White paper, Emerson Process Management, 2005.

第14章 过 程 仿 真

正如许多专题练习所描述的,动态过程仿真可被用来演示和测试控制系统内的监测和控制功能。在大多数情况下,这些控制系统的特征可以为模型所用,并且支持过程仿真。将此功能作为模块来创建过程仿真时,可能会将仿真过程添加到控制系统内,以检查或证明一个控制策略,而不修改用于监测、计算和控制的模块配置。此外,可能还可以利用此功能为操作者创建综合培训系统。

当使用先进的控制技术(如模型预测控制和由连续和批量数据分析提供的先进监控功能)时,仿真过程这一工具十分有用,因此本章介绍如何利用大多数控制系统均有的工具将过程仿真控制添加到控制系统中。

14.1　过程仿真技术

在控制模块中,阀门、阻尼器或变速驱动器等最终控制元件是由仿真输出块所操控的。因为仿真输出块的 OUT 参数表示这些最终控制元件的当前或数字信号,所以该 OUT 参数作为一个输入与过程仿真相连接。同样地,离散输出块的 OUT_D 参数可能也会作为输入被添加到过程仿真中。而已扰动变量和未扰动变量作为可调节离散或模拟参数,也可能被包含在仿真内;当包含这些参数时,这些参数也作为输入与过程仿真相连接。

由操纵和干扰输入引起的过程条件(例如,对过程条件的监测测量,如流量、压力、温度、液位、成分或限位开关的离散状态),被反映在过程仿真的输出中,并且可以很容易地被包含在该仿真中。这些过程条件中的一些可以使用变送器或开关在现场测量,从而通过使用仿真和离散输入块可将仿真数值提供给获取这些现场测量值的模块。通过利用仿真和离散输入块,通常可在控制系统中获取这些信号传送器和开关的当前或数字输出值。然而,模拟和离散输入块的正常处理可通过启用仿真参数进行变更,如图 14-1 所示。

当在输入块中启用仿真时,将使用仿真参数值代替现场测量。因此,仿真过程输出值可由仿真和离散输入块代替现场测量使用。通过此基本控制系统功能,过程仿真可以成为控制系统的一部分。

在某个控制系统中添加过程仿真能力的最常用方法,是创建一些仅包含该过程仿真的新模块。这些仿真模块可以在不修改现有模块的情况下添加,因为大多数现代控制系统都包含了对其他模块参数的模块读写功能。利用这种能力,仿真模块可以读取模拟和离散输出功能块的输出值,该模拟和离散输出功能块是控制模块的一部分。然后,可以将仿真模块的结果写回现有模块的模拟和离散输入块的仿真输入参数。图 14-2 给出了这种实现的一个例子。

在现有的模块中,可以通过使能 I/O 块的模拟参数来启用过程仿真。当仿真被启用时,便可使用正常的操作员控制显示器和工程工具来查看现有控制系统模块执行的监视和控制功能。

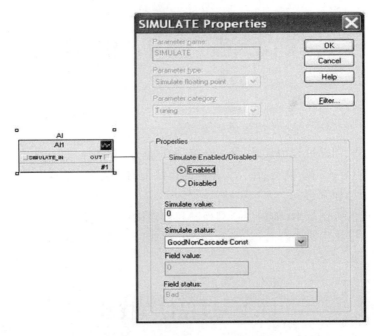

图 14-1　仿真参数——模拟输入块

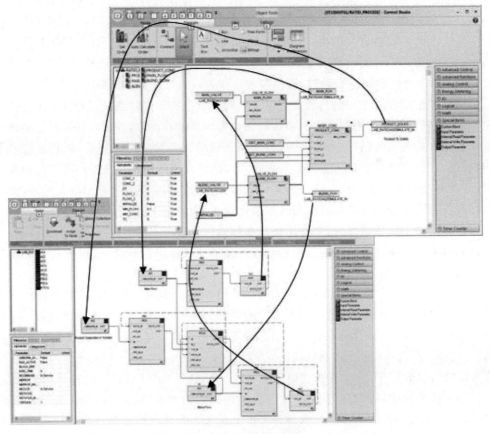

图 14-2　仿真参数转换

14.2　从 P&ID 中开发过程仿真

管道和仪表图(P&ID)通常是开发控制系统检验或操作员培训过程仿真的起点。管道和仪表图显示了工厂中设备的主要部件及其连接关系。此外,管道和仪表图还标识有过程控制系统访问的最终控制元件和变送器。在大多数情况下,应该为以下模块开发一个过程仿真模块:支持与设备相关的控制或监视功能。因此,开发过程仿真的第一步是将 P&ID 上显示的设备和管道分成多个过程,这些过程可以在一个或多个仿真模块中进行仿真。

作为一般规则,一些设备或管道的组成部分,例如用于监管或高级控制策略或监控功能的变送器和最终控制元件,应被表示为同一仿真模块中的一个或多个过程。举例来说,控制模块内仿真输出块所暗指的执行器位置,可作为仿真过程的一个输入。就用于控制或检测功能的执行器和信息传送器而言,其流动路径的任何测量均是仿真过程的输出。该仿真模块可能包含一些非扰动变量参数。在控制策略测试或操作员训练期间,这些扰动参数时可能会发生改变,从而展示扰动对过程的影响。

以下实例说明了管路仪表图上所显示工厂设备和管道是如何被分解成代表过程的较小设备组,如图 14-3 中的回收罐示例所示。

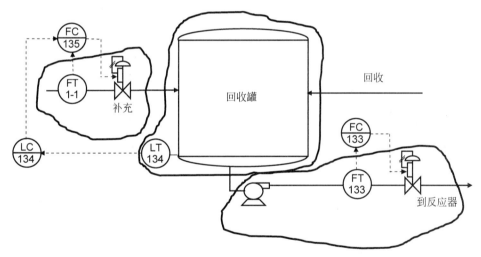

图 14-3　将管路仪表图分离成小过程

在本实例中,管路仪表图上被圈起的区域,将成为与仿真图相连的仿真过程,并记录在仿真图中,如图 14-4 所示。

一旦以这种方式对管路仪表图进行分析,那么该仿真图可能被作为现有控制模块的仿真模块被执行,同时仿真图上的过程将作为复合模块在仿真模块内被执行。根据模拟输出块在现有控制模块内的参考设置值,最终控制元件的过程输入将被作为外部参照添加至现有控制模块的模拟输出块设定值中。应将未测量的过程输入添加为参数。表示现场变送器测量值的过程仿真输出随后被实现为外部参考,写入现有模块模拟输入块的模拟参数。

回收罐的仿真模块实例如图 14-5 所示。

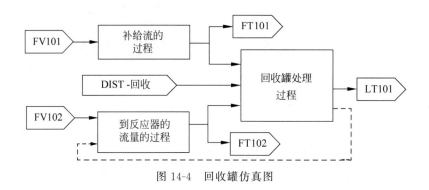

图 14-4　回收罐仿真图

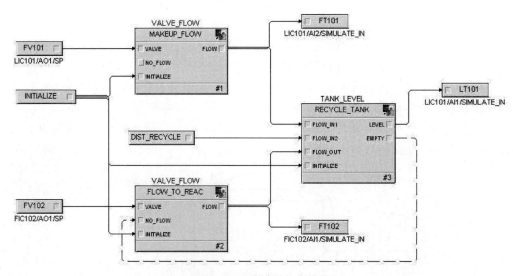

图 14-5　回收罐的仿真模块

就该回收罐实例来说，储罐液面控制 LC134 和补给流量 FC135 被在一个控制模块（LIC134）中实现，如图 14-6 所示。

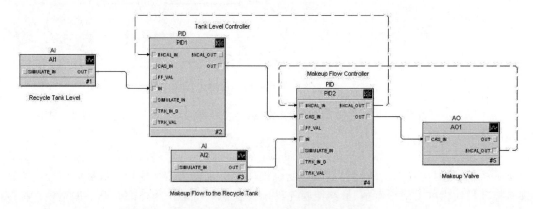

图 14-6　模块 LIC134——回收罐实例

循环罐示例中反应器的流量回路被在一个模块 FIC133 实现，如图 14-7 所示。

当启用一个控制系统时，自调节过程的阶跃响应通常是以一阶时滞为特征的。同样，时

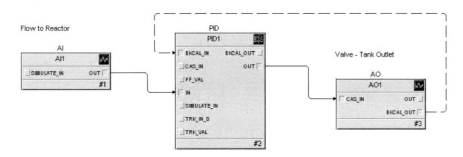

图 14-7　模块 FIC133——回收罐实例

滞和积分增益被用来对积分过程的阶跃响应进行表征。

有必要设计一个过程仿真来复制该阶跃响应(Cutler,2005),(Blevins 等,2011)。举例来说,一个滤波器块、一个时滞块和一个乘法器块可能会被用来仿真单输入单输出(SISO)自调节过程的过程时滞、时间常数和增益。通过使用信号发生器模块,可将过程噪声添加到仿真过程输出中。例如,图 14-8 所示的 FLOW_VALVE 复合块,便是使用此方法来仿真该回收罐示例中的补给和发生器的流量过程。这个复合块通过使用这些标准的功能块(滤波器块、时滞块、乘法器块以及一个用来仿真过程噪声的信号发生器块)所创建的。

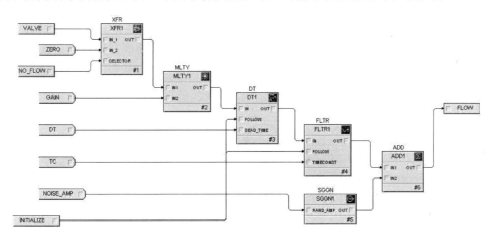

图 14-8　FLOW_VALVE 复合

为了处理异常操作条件,过程仿真中可能会包括额外输入。如 FLOW_VALVE 复合块所示,NO_FLOW 输入会被包含在内,从而允许仿真准确反映阻止流量的条件。

一些输出可能也会被包含在仿真中,来反映一些异常条件,比如模拟回收罐的 LEVEL_TANK 复合块就包含一个 EMPTY 输出。当液面仿真中的储罐为空罐时,这个布尔参数便可由 0 转换至 1。如图 14-5 所示回收罐的仿真模块所示,此 EMPTY 条件被用于反应器流量仿真中。

积分过程的仿真应考虑模块的执行时间,并且应该支持不同数量的输入。此外,液面计算值应不超过容器/器皿的高度。可将标准功能块和运算块相结合来执行储罐液面仿真,如图 14-9 所示。

模拟的回收罐及其相关控制模块的实时动态响应,将准确反映出反应器流量的变化以及在回收罐仿真模块中定义的回收罐入口流量扰动输入的变化。

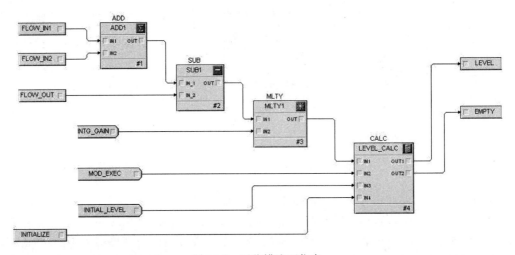

图 14-9　回收罐液面仿真

　　一个仿真过程可能包括多个输入和输出。在回收罐液面仿真中，可以安全地假设入口和出口流量的相同变化对罐液位具有相同的动态影响。然而，一般而言，每个过程输入可能会对每个过程输出产生不同的影响。

　　正如第 11 章和第 12 章所述，每个过程输入对每个过程输出的影响，可以通过对输入中的阶跃变化所引起的阶跃响应来表示。可以设计过程仿真，以复制对输入中阶跃变化的过程输出响应。例如，批量反应器过程的仿真模块图（见图 14-10），显示了该批量反应器过程的输入会影响三个输出中的每一个，如图 14-11 所示。

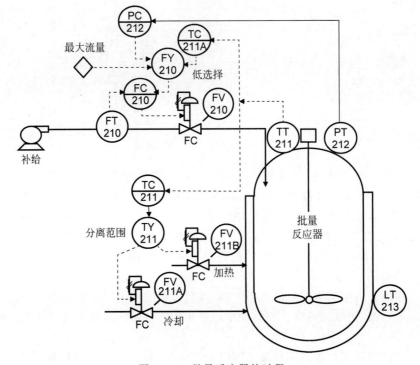

图 14-10　批量反应器的过程

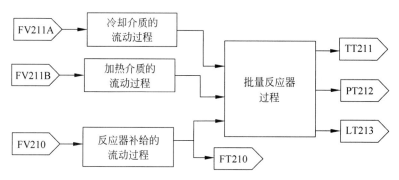

图 14-11　批量反应器的过程仿真图

对过程仿真图的分析表明,这三个过程输入对批量反应器过程中的温度和压力输出都有影响。进给速度只影响该反应器的液位。该反应器仿真的设计必须考虑到这三个过程输入对三个输出的影响。图 14-12 显示了使用支持 3×3 尺寸的复合块的实现。实现这个复合块只需要标准功能块。

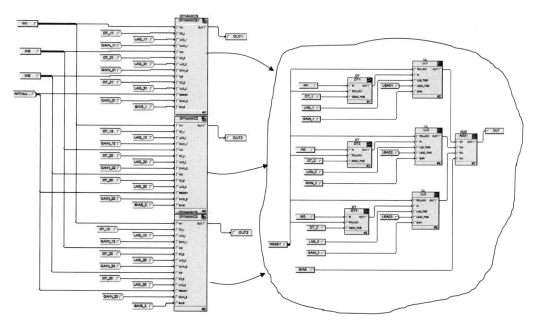

图 14-12　3×3 过程仿真的复合块

用于仿真 3×3 过程的复合块,可能很容易地被扩展以仿真更大的过程,例如蒸馏塔,其特征是大量的过程输入会影响多个过程输出,如本书中的一些专题练习所示。

14.3　仿真过程非线性

基于复制过程阶跃响应的仿真,可被有效地用来计算不同的自调节或积分过程测量。然而,这种仿真技术假定该过程是以线性方式存在的。当该仿真在较宽的工作范围内使用时,阶跃响应可能无法准确地显示过程的非线性影响。

通过用表征器功能块替换 FLOW_VALVE 复合块中的增益乘法器模块,可对安装阀的非线性表征进行仿真。将表征器功能块包含在 LEVEL_TNK 复合块中,可仿真由非常规形状储罐引入的非线性,从而将积分增益作为水平函数进行计算。以类似的方式,在分析测量中经常看到的非线性响应,例如混合两种气流后的浓度或气流温度所产生的加热器出口温度,可以在过程仿真中被考虑。

过程增益的必要修正必须基于输入/输出关系,该关系通过对稳态操作执行能量和/或质量平衡来确定。从该仿真图可知一个过程的输入/输出。

能量或质量平衡是基于这样一个事实:通常情况下,过程中加入的东西加上过程中的累积或损失必须等于过程的输出。然而,在稳态运行下,进入这个过程的东西必须出来(即,这是一种平衡)。例如,当使用混合器将两种流混合时,在混合器出口的液体溶解物质或悬浮物质浓度(用液体蒸汽的质量百分比表示)随入口流量和入口流浓度以非线性方式变化。

模拟器过程的仿真图如图 14-13 所示。

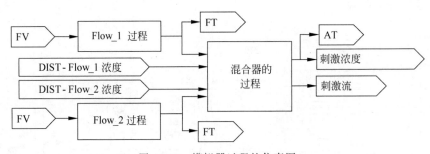

图 14-13　模拟器过程的仿真图

可以基于混合器周围的质量平衡来计算出口流浓度,并添加模块来为输入变化提供动态响应。出口浓度的计算如下:

$$\text{Solids}_{in} = \text{Solids}_{out} = F_1 \times C_1 + F_2 \times C_2$$

$$\text{Mass}_{in} = \text{Mass}_{out} = F_1 + F_2$$

$$\text{出口浓度} = \frac{\text{Solids}_{out}}{\text{Mass}_{out}} = \left(\frac{F_1 \times C_1 + F_2 \times C_2}{F_1 + F_2} \right)$$

其中,

F_1——进口质量流_1;

F_2——进口质量流_2;

C_1——固体浓度气流_1;

C_2——固体浓度气流_2。

如本计算所示,输入变化前后稳态运行的过程增益(即混合器出口浓度随混合器入口流量变化而变化),取决于这两种流量的流速和浓度。在稳态质量平衡的基础上,通过计算出口浓度,可以将这种非线性响应包括在过程仿真中。与此计算方法相结合,利用时滞和过滤块可计算混合所导致的任何传输延迟或滞后,如图 14-14 中混合器仿真复合所示。

当要仿真诸如加热器或锅炉等燃烧过程时,对废气中的氧气浓度进行仿真通常是必要的。在很宽的工作范围内,由氧气分析仪所测量的废气中氧气浓度,以非线性方式随燃料输

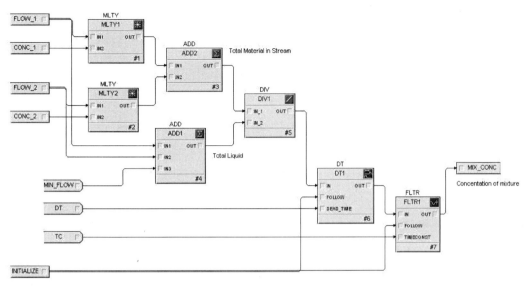

图 14-14　混合器出口浓度仿真

入速率和空气总流量的变化而变化。这是通过将非线性响应纳入仿真从而扩大仿真范围的另一个实例。燃烧过程的仿真图如图 14-15 所示。

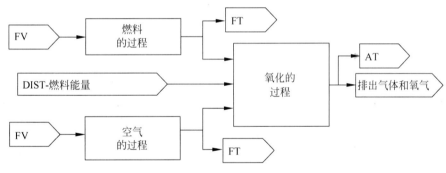

图 14-15　燃烧过程仿真图

为了在较大操作范围内对废气中氧气浓度进行精确仿真,使用质量平衡的氧气计算方法可与在过程阶跃响应中确定的滞后和停滞相结合。按体积计,空气中的氧气浓度大约为 21%。因此,燃烧后的稳态氧气浓度可用如下公式计算:

$$消耗空气 = 燃料流量 \times K = 空气流量 \times \left(1 - \frac{\%O_2}{21}\right)$$

其中,

K——完全燃烧一个燃料单位所需的空气。

为了求得氧气浓度,得出以下等式:

$$O_2 = 21 \times \left(1 - \frac{K \times 燃料流量}{空气流量}\right)$$

如上所述,燃料或空气流量变化对出口气体氧气浓度的影响随燃料和空气流量而变化。为了解释这一非线性响应,燃烧过程的氧气仿真可以将氧气、燃料流量和空气流量之间的稳态关系作为其基础。计算值必须限制在 0～21％，以适应异常情况，如空气流量为零。时滞和过滤块可被用来解释燃烧过程中的传输延迟和气体混合，如图 14-16 所示。

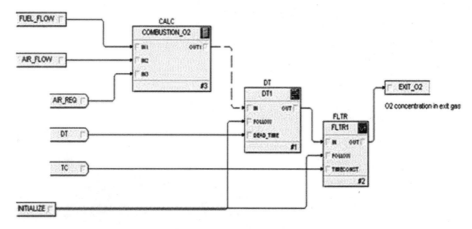

图 14-16　燃烧过程氧气仿真复合

在"神经网络"和"模型预测控制"的专题练习中的过程仿真，表明通过将稳态分析结果与过程阶跃响应相结合，可以准确地仿真非线性过程响应。

14.4　其他考量

当过程仿真被用于控制系统检验或操作员培训时，可能需要加快过程响应。仿真过程可设计为提供比实时响应更快的响应。这可以通过降低自调节过程的时间常数和时滞来实现。对于一个积分过程，亦可增加该积分过程的积分增益和时滞。当以此种方式修改过程响应时，通常需要重新整定 PID 控制来使改进后的过程响应与仿真过程相匹配。

一些控制系统提供了仿真应用程序，该程序允许过程仿真模块和控制模块以比实际更快的速度运行，因此无须修改仿真参数和控制整定就可实现此行为。这些工具还允许输入块的模拟参数在所有模块或选定模块中通过单击按钮启用或禁用。为这种模拟环境提供的接口示例如图 14-17 所示。

该仿真界面的另一个特点是能够保存和恢复仿真。这项功能可与仿真器训练整合，并用于捕捉和恢复状态信息，以准备运行特定场景。通过将这些功能构建到实际的操作员界面中，便可使用同一个操作员显示器同时显示工厂操作和培训了。

许多优秀的商业仿真产品可被用于过程设计。这些产品所支持的仿真工具，是基于过程设备的第一原理分析。

第一原理分析——基于现有物理学和化学定律的分析，该定律不作假设，如经验模型和拟合参数。

这些过程仿真通常在更大的操作范围内提供比使用阶跃响应仿真模型更好的结果。虽然这类工具已成功用于操作员培训（Blevins 等，2000），但如果仅将仿真用于控制系统校验或操作员培训，那么成本通常是比较高的。此外，更新这些类型的仿真以反映工厂启动时所做的更改，其所需的专业知识通常在过程工厂中是不可用的。同时，也很难使第一原理模型

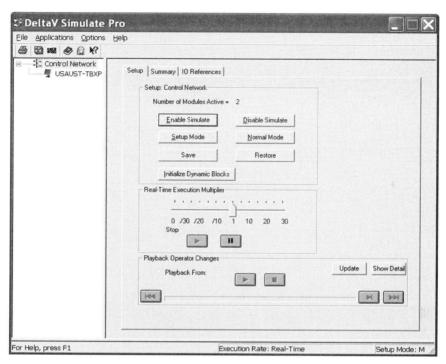

图 14-17 仿真界面实例

与实际过程保持时时同步。基于阶跃响应的过程仿真能够满足控制检验和操作训练的要求。在大多数情况下,在基于第一个原理分析的仿真中,与购买、工程和维护相关的额外成本,并不能通过仿真过程响应的差异来证明。

14.5 专题练习——过程仿真

在过程工业中,喷雾干燥机被用来制造各种产品。如第 11 章所述,喷射塔内的干燥机理十分复杂,并且受到料浆流速、喷射压力、空气流量和空气温度的影响。本专题练习旨在演示如何对喷雾干燥器进行简易仿真,如图 14-18 所示。访问本书的网站 http://www.advancedcontrolfoundation.com,并选择"解决方案"选项卡来查看正在执行的专题练习。

第一步,通过在 P&ID 副本上循环喷射,可识别与喷雾干燥器相关的小型过程,如本过程选项卡所示。

第二步,创建表示在第一步中已识别小型过程的仿真图。

第三步,检查基于喷雾干燥过程仿真图创建的控制和过程仿真模块。

第四步,若控制模块中的浆液流量设定值发生变动,查看喷雾干燥器仿真的动态响应。请注意此变化对模拟流量、加热器出口温度和产品湿度的影响。

专题练习讨论

与喷雾干燥器过程相关的设备可以被分成五个逻辑过程,每个逻辑过程都可以基于阶跃响应建模:

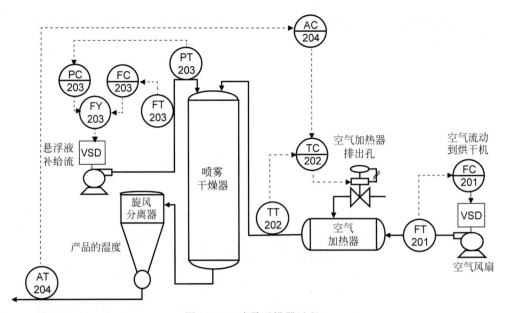

图 14-18　喷雾干燥器过程

（1）泥浆流动过程；

（2）喷雾压力过程；

（3）空气流动过程；

（4）空气加热器过程；

（5）蒸馏塔过程。

基于此选择的仿真图如图 14-19 所示。可用与 VALVE_FLOW 复合块的相同方式对泥浆和空气流动过程进行仿真。可以使用一般的阶跃响应模型来模拟空气加热器、喷雾压力过程和蒸馏塔过程，即分别采用与本章前面介绍的 3×3 过程类似的方法来实现一个 2×1 和 4×2 过程。

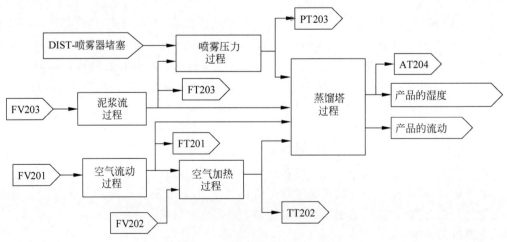

图 14-19　喷雾干燥器过程的仿真图

在广泛的工作范围内,喷雾压力过程是非线性的。为了在仿真中说明这种非线性,可以使用表征器功能块作为过程流速的函数来定义该过程增益。

14.6　理论——基于阶跃响应的仿真

许多基本的热物理机制被反映在过程设备的传热设计中,气体或液体的混合往往有向输入变化提供一阶响应的趋势。此外,考虑到物理设备的尺寸问题,输出响应经常会出现一些传输延迟现象。在此类设备中,对过程输入变化的输出响应可能被描述为一阶时滞响应。通过确定过程增益、时滞和时间常数,可完全捕获一阶时滞过程的动态响应。

在这样的过程中,当过程输入发生阶跃变化时,在过程输出中不会立即看到响应,如图 14-20 所示。

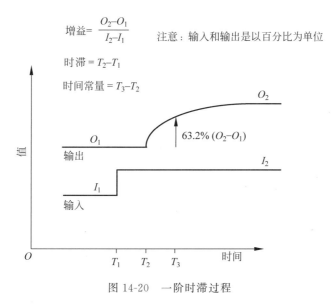

图 14-20　一阶时滞过程

过程时滞是介于阶跃输出变化和第一次可检测输出变化之间的时间。过程时间常数是第一次输出可检测变化所需时间,直到输出达到其最终值变化的达到 63%(不是最终值的 63%)。过程增益是过程输出的百分比变化除以过程完全响应后过程输入的百分比变化。

就分析和控制系统的设计目的而言,组成工厂的过程设备的操作通常可以被分解为具有一阶时滞响应的过程。然而,通过对过程设备的仔细检查,表明过程输出响应是多种机制共同作用和相互作用的最终结果:热传递、功能、惯性、执行器中的空气电容等。这些不同机制的联合作用构成了更高级别的有序过程响应,但其通常极其(以及在大多数情况下充分地)近似于一阶时滞响应。

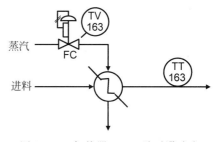

图 14-21　加热器——一阶时滞响应

一个具有一阶时滞响为特点的过程实例就是进料流加热器,如图 14-21 所示。

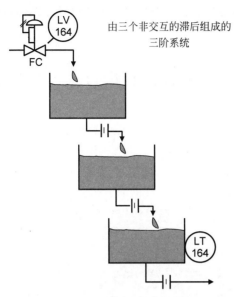

由三个非交互的滞后组成的
三阶系统

图 14-22　由三个非交互的滞后组成的过程

当加热器蒸汽入口阀位置发生阶跃变化时，将在加热器出口温度响应中看到延迟现象。根据进料流量的不同，流经加热器管束的进料流需要一段时间才能到达温度变送器的位置。一旦温度开始变化，它就将表现出一阶响应。这是因为构成加热器的金属质量以及管束内液体进料和管束外蒸汽之间的传热机制。传输延迟和热传递的联合影响提供了一阶时滞响应。

如上所述，在同一过程内一同运作的多个机制，有时可以相互结合来提供一阶时滞响应的近似值，即使在此过程中无传输延迟或测量延迟。图 14-22 解释了构成三个连续滞后（三阶系统）的过程是如何被估计为一阶时滞过程的。

在本例中，将三个纯滞后过程（通常简单地称为滞后过程）组合成一个系列，以创建一个三阶过程。操纵输入是第一个滞后过程的入口流量。第一个滞后过程的输出成为第二个滞后过程的输入，其输出成为第三个滞后过程的输入。第三个滞后过程的液位是混合三阶过程的受控参数。当过程输入发生变化时，滞后过程的输出会立即开始变化。然而，如图 14-23 所示，串联的三个滞后过程的组合响应与一阶时滞过程的水平输出响应极为接近。

在某些情况下，过程输入中的阶跃变化会导致过程输出的不断变化。表现出这种响应的过程被称为积分过程。过程工业中有许多类似的积分过程的实例，例如储罐的液位控制、气体或蒸汽集管的压力控制。

当积分过程的输入发生变化时，由于测量延迟或传输延迟，输出可能在一段时间内没有开始响应。因此，一个可用来描述积分过程的参数是过程时滞。一旦过程输出开始响应输入的变化，观察到的输出变化率将被用来描述积分过程的特征。具体来说，每秒钟内输出变化与输入变化之间的百分比被定义为积分增益。因此，积分过程响应一般是由过程积分增益和时滞来描述的，尽管时滞值可能为零。

积分增益——在一个积分过程中，每秒钟内输出变化与输入变化之间的百分比，如图 14-24 所示。

积分过程的响应和积分增益的计算如图 14-24 所示。

积分过程也被称为非自调节过程。积分过程的一个实例是一个储罐，其中流入储罐的流量是操纵输入，储罐液位是控制输出，储罐内的液体通过齿轮泵排出，如图 14-25 所示。在此过程中，出口流量是由齿轮泵的转速决定的，因此并不受储罐液面的影响。

在本储罐液面控制示例中，如果入口流量与出口流量不相匹配，那么液面将不断变化。如果这个过程持续足够长的时间，那么储水箱会溢出或变干。此外，此示例和前面的储罐液位示例表明，储罐液位的响应是由过程设计决定的。

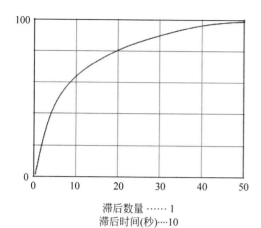

滞后数量 …… 1
滞后时间(秒)…10

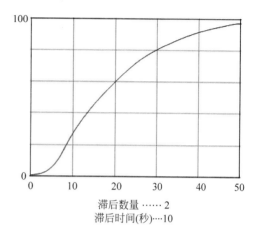

滞后数量 …… 2
滞后时间(秒)…10

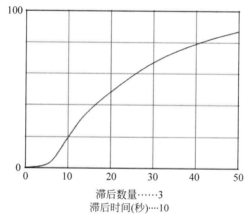

滞后数量……3
滞后时间(秒)…10

图 14-23　接近高阶系统

$$积分增益 = \frac{O_2 - O_1}{(I_2 - I_1) \times (T_3 - T_2)}$$

$$时滞 = T_2 - T_1$$

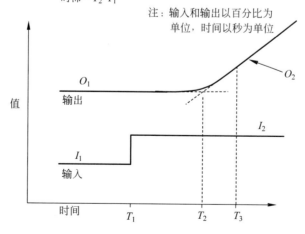

注：输入和输出以百分比为
单位，时间以秒为单位

图 14-24　积分过程响应

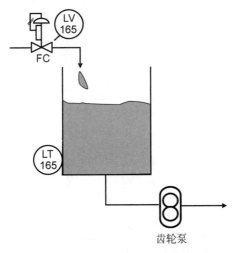

图 14-25　实例——积分（非自衡）过程

当处理具有多个输入和/或输出的过程的响应时，在通过阶跃响应进行过程仿真时做出假设：该过程是线性的，并且具有叠加性和同质性这两个属性。为输入 $x1$ 产生输出 $y1$，为输入 $x2$ 产生输出 $y2$、以及为输入 $x1+x2$ 产生输出 $y1+y2$ 的过程，具有叠加性。同样地，为输入 x 产生输出 y 以及为输入 ax 产生输出 ay 的系统，具有同质性。这些特性是多变量过程的过程输出由过程输入变化的阶跃响应之和表示的基础，如图 14-26 所示。每一个过程输出都是输入行为的总和。

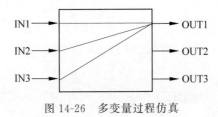

图 14-26　多变量过程仿真

参 考 文 献

1. Blevins，T.，Nixon，M.，*Control Loop Foundation—Batch and Continuous Processes*，Pages 327-346，International Society of Automation，Research Triangle Park，NC，2011.

2. Blevins，T.，McMillan，G. K. and Wheatley，R. "The Benefits of Combining High Fidelity Process and Control System Simulation"*Proc. ISA EXPO 2000*，Chicago，Oct. 2000.

3. Culter，C.，"Operator training simulation"，*World Oil*，Page 3，April 1，2005.

4. Seborg，D.，Edgar，T. F. and Mellichamp，D. A. *Process Dynamics and Control* John Wiley & Sons，Hoboken，N. J.，2004.

第15章 集成 APC 到 DCS

使用前面章节介绍的先进控制技术,通常可以提高工厂的生产和运营效率。在某些情况下,对先进控制的支持被嵌入分布式控制系统(DCS)。这种方法为工厂操作员提供了一个窗口界面,来访问与工业过程运行相关联的所有功能。与先进控制相关的过程信息可能被包括在该显示界面。然后,还为操作员提供了一致性的表达以显示过程警告、趋势和交互,以启动控制设定值和操作模式的变化。此外,嵌入式先进控制使提供单一登录和控制范围成为可能。

如果某个 DCS 不支持先进控制,那么先进控制应用程序必须被层次化到 DCS 系统中。几种方法可被用于将先进控制层次化到现有的分布式控制系统。所选择的方法取决于先进控制应用的类型和 DCS 对分层应用的支持。

当先进控制被层次化到一个现有的 DCS 系统时,那么执行先进控制工作的操作员可能需要查看和使用来自现有 DCS 的其他信息。同样,现有 DCS 系统的操作员可能需要从先进控制获得一些反馈,以便决定如何最好地实现部分无先进控制的工厂的运行。在大多数情况下,先进控制应用程序和现有 DCS 中只有一小部分信息必须进行通信,以支持操作员此类的协调。图 15-1 描述了一个最常见的技术,该技术已经被成功地用于 DCS 与一个包含有先进控制应用的工作站之间实现信息交互。

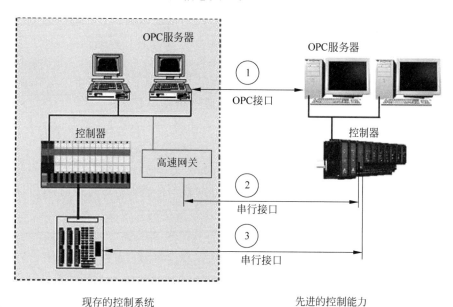

图 15-1 现有 DCS 系统中先进控制的集成

如图 15-1 所示,当分布式控制系统(DCS)支持 OPC 服务器功能时,先进控制应用程序可以使用 OPC 功能访问 DCS 中的信息(Rohjans et al,2011;Gîrbea 等,2011;Hollender

等,2012)。通过这个 OPC 接口,可以访问来自 DCS 的实时和历史信息。添加 OPC 服务器,是许多较旧的 DCS 和许多业务应用程序都支持的选项。包含先进控制功能的工作站可以被构造为一个 OPC 客户机,该客户机被配置为直接访问现有 DCS 中的 OPC 服务器中的信息。如果现有系统不支持 OPC,那么可以通过支持的串行接口与 DCS 相连。

在某些情况下,包含高级控件的工作站可能仅用作 OPC 服务器。在这种情况下,有必要利用另一个应用程序,例如 OPC 镜像,其可被配置为从 DCS 服务器传送信息到具有先进控制能力的工作站。如图 5-12 所示,如同 OPC 镜像的产品可被安装在 DCS 服务器中,而先进控制服务器被安装在一个独立的工作站中。

图 15-2　使用 OPC 进行传输数据

如果一个 OPC 服务器必须被添加到现有的 DCS 系统,那么这将增加先进控制项目的实施成本。根据先进控制工作站所提供的对 OPC 的支持,应该预留一些项目时间来配置 OPC 接口,因为这通常需要重复配置来将参数从一个系统映射到另一个系统。

另外,这样的接口通常不是冗余的。在这种情况下,DCS 接口应该被设计成在暂时无法通信(如将下行控制模式从远程控制切换到本地控制)时能采取适当的措施。

在许多情况下,从分布式控制系统 OPC 服务器到先进控制服务器的数据,通常流经由防火墙隔开的网络。这些防火墙通常包含一些特色,以确定会话的合法性、在网络层过滤以及评估包的内容。这些防火墙执行一些算法来在数据包层进行检查。它们还执行从一个系统到另一个系统的地址映射。设置这些防火墙需要非常专业的技能。由于防火墙是经常被用到的,所以分配时间来配置网络设置以使能数据通信是很重要的。

将先进控制集成到现有 DCS 系统时可能遇到的另一个挑战是:控制系统制造商通常以不同的方式表示控制参数。以模式的表示为例,一些控制系统的实现模式包含两个参数,即本地/远程和自动/手动,而其他控制系统的实现模式只有一个参数,即手动/自动/级联/远程级联/远程输出。如果存在这种差异,控制器的基本计算特征则可被用于在一个新的控制器中创建一个代理,以将这些参数映射到新控制系统中的等效表达式。

在过去的几年中,几个 OPC 方面的改进使得先进控制的集成变得更加容易。OPC 标准化工作最新的努力是对数据模型作出重要改进、整合数据(如报警)资源以及支持更多 Web 服务类型的接口。推荐的分布式编程实践现在正朝着面向服务的体系结构发展,其中有效载荷以 XML、JSON 或二进制 XML 进行编码。OPC 基金会最近引入了新的标准,以便将现有的数据模型与新的服务框架结合在一起。

例如,实时数据、警报和事件以及历史模型正在被合并(Mahnke 等,2011；Gîrbea 等,2012；Gîrbea 等,2011)。这些新模型还解决了与一致命名相关的问题,以及与状态/质量属性相关的一致使用的问题。一致性/标准化的命名将允许客户端调解系统之间的命名差异——相同的 OPC 路径总是指向相同的数据。

OPC 基金会对 OPC 的标准化还定义了状态的分配。当 OPC 服务器与设备进行数据通信时,该服务器使用一个一致的状态。OPC 服务器状态分配的一致性提高了客户端的一致性。此更改允许单个客户端浏览能定位感兴趣的数据、订阅,然后检索实时数据、警报和事件以及历史。映射模块可能在 OPC 服务器中被创建,作为传输到 OPC 服务器的信息的占位符,如图 15-3 所示。

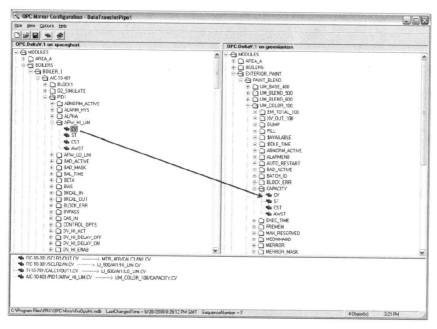

图 15-3　OPC 接口的配置

一些分布式控制系统提供了一种嵌入式的先进控制功能,例如先进控制功能(模型预测控制)被表示为功能块。控制系统内的应用支持性能监测和用于调试先进控制的工具。当先进控制的这个级别的支持被嵌入在 DCS 系统中时,先进控制的实施和调试就变得容易得多。即便如此,在许多情况下,先进控制工具的使用,例如 MPC 取代 PID 控制,对于控制工程师来说是一个新概念。设计和调试先进控制所需的技能和知识,与传统的基于 PID 控制策略相关的技能和知识完全不同。

一个简单的初步了解 MPC 和获得调试 MPC 块经验的方法,是在一个控制模块中基于 PID 的传统控制策略对 MPC 功能块进行分层,如图 15-4 所示。MPC 块的输出与模拟输出模块的 RCAS_IN 相连。模拟输出模块的 RCAS_OUT 连接到 MPC 块的反算输入。

在本实例中,通过暴露 AO 块的 RCAS_IN 和 RCAS_OUT 参数,控制参数作为输入有线连接至 PID 块和 MPC 块。

一旦 AO 块的 RCAS_IN 和 RCAS_OUT 参数被暴露,它们就可用于连接到 MPC 块输出和反算输入,如图 15-5 所示。

通过将该 AO 块的模式变成 RCAS 模式,工程师就可以允许 MPC 功能块控制该过程。当 AO 模式切换回 Cascade 模式,PID 块可以用于控制过程。Cascade 模式和 RCAS 模式之

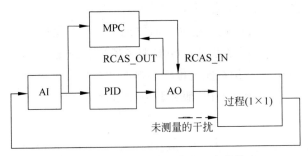

图 15-4　MPC 层次化到一个现有的策略

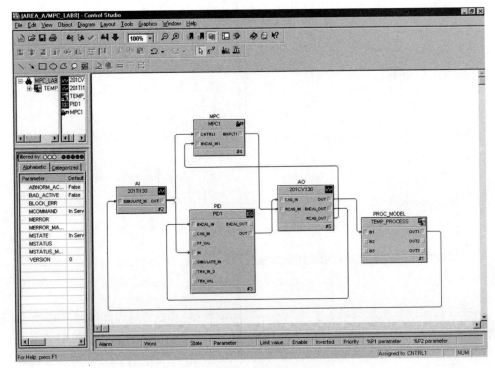

图 15-5　在一个现有策略实现 MPC

间的切换是不冲突的,因为 PID 和 MPC 块都有反算连接。

　　因为工程师和操作员通常在使用 PID 控制方面拥有最丰富的经验,所以先进控制应用程序最初可能使用 PID 控制进行调试。然而,随着时间允许,MPC 功能块可能被用于调试,并逐步在过程控制中被越来越多地使用。如果分布式控制系统支持在现有的策略上 MPC 的分层,那么 PID 或 MPC 都可用来操作工厂。

　　正如本章前面所述,MPC 可用来解决使用 PID 时控制性能受限的情况。例如,如果相对于过程时间常数而言,工业过程的时滞比较显著,那么使用 MPC 可能可以获得更好的控制性能。如果工业过程有强烈的相互作用,那么这是使用 MPC 而不是 PID 的另一个原因。此外,如果一个过程具有许多限制变量的特征,那么相较于多 PID 块和一个或多个控制选择器,使用 MPC 来实现和调试控制系统将会更快和更容易。

15.1　与工厂系统的集成

越来越多的组织通过集成外部系统和业务系统来降低成本。例如,实验室数据和生产调度系统可以与 DCS 集成,并用于先进控制策略。整个工厂架构提供了一些方式,来实现数据共享、数据转换、点对点数据交换以及通过 Web 应用程序查看信息。以这种方式使用网络来提高生产力和降低成本,可能会导致漏洞,从而使执行关键任务的 DCS 相关系统暴露于安全威胁之下。出于这个原因,大多数组织都非常小心地通过使用授权、身份验证和防火墙设备来保护自己的网络。

工厂的信息基础设施利用网络技术来支持数据共享、对等数据交换以及基于 Web 应用程序。这些基础设施支持控制应用和操作员界面的信息通信。例如,实验室数据可以通过实验室系统传输给 DCS 系统,并被集成到数据分析或神经网络应用程序。在其他情况下,操作员可能使用这些数据以协调操作或者辅助对工业过程的整体情况做出决策。

两种技术常常用于传输这些信息:MODBUS TCP/IP 和 OPC。在其他情况下,为用户提供的信息可以在 socket 或更高级别的框架(如 Windows Communication Foundation)上通过网页进行传输。不管数据是通过使用某种协议(如 OPC)或通过网页技术(如 HTML5)进行传输,工厂通过使用精心设计的网络来保护这些通信。图 15-6 提供了在一个过程工厂中的网络逻辑视图。

网络整合提供了在整个企业传输数据的能力。整个网络的运行特性必须确保没有不可接受的通信损失风险,这种风险会导致该工厂的运行状况危及人员安全,或可能对环境或工厂资产造成损害。对于任何潜在的通信中断情况,应急事件必须到位以维护安全操作,包括紧急关闭和启动。为了满足这些需求,网络被集成到工厂中并按照功能被分离,并依据使用特定网络如何被使用的原则进行设计以满足特定的要求。

网络集成的整体设计原则概括如下:

- 安全。安全是一种保护生产设施的水平,以防止生产设施受到恶意或无意的外部入侵从而威胁到质量、完整性或可用性。个人网络必须是安全的。
- 标准。国际标准和事实上的行业标准为许多工厂的网络基础设施提供了基础。
- 可用性。可用性是在正常工作条件下生产设施的功能基于时间的百分比。
- 完整性。完整性是工厂系统不断提供测量和在规定的质量、交货限制和时间限制应用控制功能的能力。
- 质量。质量被定义为测量值和测量频率处于在设计规定的时间内的百分比。
- 可扩展性。网络集成必须允许不同的物理实现以支持不同的工厂规模、资产期限,以及实际的限制(如监管、环境、商业和金融等)。

在体系结构上,工厂的整个系统通常被分为三种环境:办公室环境、工厂环境和因特网。这些环境如图 15-6 所示。办公室环境是执行计划、预测、资产管理、建模、设定值的最优计算以及一些诊断和维护行为的地方。工厂环境是执行所有现场操作(如实时过程的监测和控制、安全系统、设定值的验证、设备诊断和生产设施的维护)的地方。在因特网中,授权用户可以根据需要执行一些活动(如远程诊断、数据采集和办公活动)。工厂环境中的网

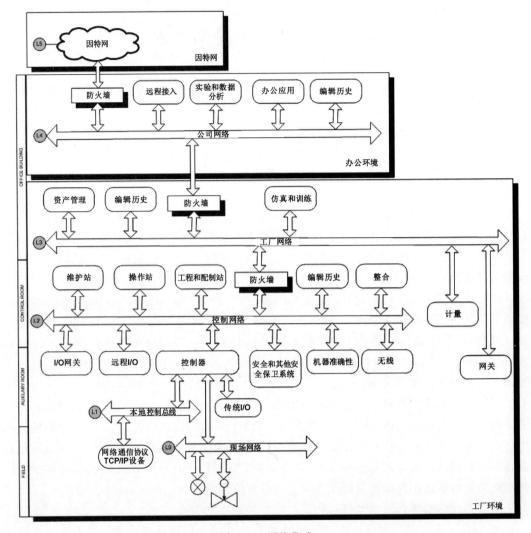

图 15-6　网络集成

络是永远不被允许直接访问因特网。不同的企业会根据其特定需求定制这个分区。

　　因特网、办公室网络、工厂内网络之间的互联，将会为整个工厂网络带来一些重要的商业风险。这些风险可能导致控制和保障系统的常见模式故障。例如，工厂内网络的安全问题可能导致计算机病毒、蠕虫或网络黑客的渗透，从而造成人员受伤/死亡、环境的破坏、资产的损失和/或生产的延误。

　　因此，办公环境和工厂网络之间的所有连接（包括为了历史数据的只读链接）必须被防火墙和适当的保护。设计完全的标准有许多，包括 NERC CIP［北美电力可靠性公司（NERC）关键基础设施保护（CIP）网络安全标准］、NIST（美国国家标准与技术研究所）、NISCC（NISCC 在 SCADA 和过程控制网络上部署防火墙的成果实践手册版本 1.1）、ISA 出版物：ISA-TR99.00.01—2004（制造和控制系统的安全技术）和 ISA-TR99.00.02—2004（将电子安全集成到制造和控制系统环境）。NIST 提供了一系列的建议，系统供应商可以简单地采纳这些建议以为工作站锁定和管理安全设置。

请再次参考图 15-6,工厂环境内的网络的顶层是工厂网络。工厂网络将所有系统连接在一起,如电力计量、过程控制网络、与办公室区域连接的网关。控制网络为维修站、操作员站、工程设计和配置站、历史数据库、控制器、机器准确性、I/O 系统以及网关提供了一个骨干网络。在大多数情况下,工厂网络和控制网络通过防火墙进行连接。近年来,一些系统也通过集成防火墙功能的智能交换机将所有的工作站连接到控制网络。

过程控制设备由三个专用通信网络进行互联:

- 现场总线和传统的 I/O;
- 控制总线;
- 控制网络。

现场总线和传统的 I/O 将现场设备通过 DCS 控制器与工厂控制系统的其余部分进行连接。传统的 I/O 是点到点接线——这一直是工厂很多年的标准做法。现场总线(如 Fieldbus H1)能显著地消除布线的工作量,使大量的设备具有诊断功能并实现本地控制。大多数的现场总线能为设备提供电力,从而可以避免布置额外的电源线。

在无线和传统的 I/O 的最新进展也减少了在现场布线的工作量。对于由电池或其他动力源供电的无线设备,其信息的传输是利用无线技术。对于传统的 I/O,电子编组将会从根本上改变工厂布线、工程和调试的工作。

本地控制总线是一种本地骨干网络,该网络用以将主动控制模块与工厂环境的其他部分(如动力控制中心、包装和材料处理)进行互联。在许多情况下,本地控制总线还包括集成的防火墙。这些防火墙直接插在控制网络的设备级交通线路上。

大多数企业将使用一组利用多个网络设备的最佳实践方案。这些网络设备包括防火墙设备、路由器[配置有访问控制列表(ACL)]、开关、静态路由和路由表,以及完全独立的物理设备。在需要单个登录的组织中,域被组织为单个结构,域之间建立信任。

15.2　网络和系统设置

将系统设置成可在网络之间传输数据和 Web 内容,需要设置一个应用程序(例如 OPC)来在系统之间传输数据。OPC 通常用于将数据(如实时数据、实验室数据或历史数据)从一个源系统传输到一个目标系统。在许多情况下,映射模块也被用于在目标系统上标明值的含义。映射模块提供了一个位置以实现在目标系统上标明值的含义,这样它们就可以被 MPC、MN 和其他应用程序引用。映射模块在本章前面已经描述过,如图 15-3 所示。

OPC 的设置要求定义一个管道以传输数据,然后配置要被访问的参数。因为管道必须被认证,所以在开始安装之前拥有针对源系统和目标系统的用户名和密码信息是非常重要的。同时,知道用于传输数据的端口号也是必要的。在许多情况下,有必要在防火墙中拥有一些开放端口以用于数据传输。图 15-7 显示了管道属性的设置。图 15-7 显示了用于设置管道属性的接口示例。

一旦 OPC 管道被配置,下一个步骤就是配置系统之间被传送数据的值。链路方向的正确设置是很重要的。图 15-8 显示了在一个商业应用程序中如何配置链路。

当配置链路时,数据类型的正确配置也是很重要的。图 15-9 显示了如何配置数据类型

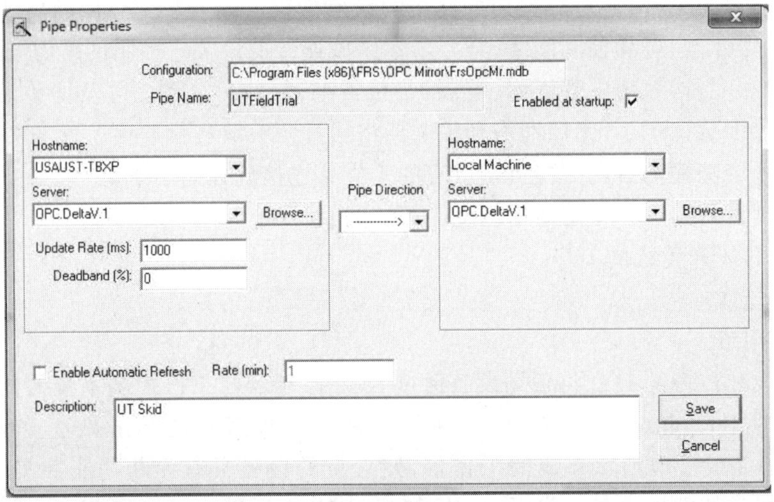

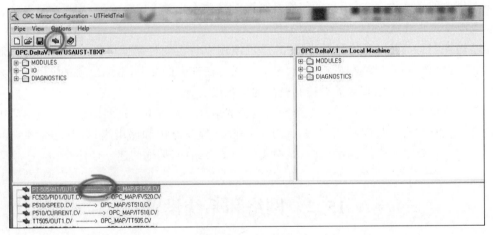

图 15-7　设置 OPC 管道属性

图 15-8　配置 OPC 链路

信息。

　　大多数用于传输数据值的公共设施也拥有验证该数据是否被正确传送的能力。验证该数据值正以正确的数据率被正确地传输和更新是很重要的。

　　在系统之间设置网络连接的第二个主要步骤，通常包括设置该网络以支持在服务器和客户端浏览器之间传输 Web 内容和数据更新。Web 网页通常是基于 Java 脚本的 HTML5，以提供更新和一些行为。例如，Web 页面正在更新的值必须首先被该 Java 脚本收集，然后被额外的 Jave 脚本用来更新在屏幕上的值。这种类型交互的一个好例子，可在专题练习和应用程序的工作区窗口中看到，参见 www.controlloopfoundation.com。

　　为了允许工厂操作员访问由先进控制服务器托管的这些 Web 页面，IT 部门需要打开两三个管道进行信息传输。在某些情况下，查看 Web 内容的用户还需要提供某种级别的身份验证。当需要时，身份验证应该默认为当前登录的用户。

　　有时出现的一个问题是：在工厂网络或办公室网络的用户将通过一个企业登录被认

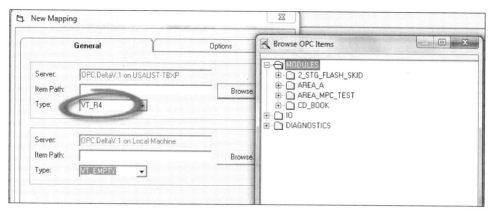

图 15-9　配置 OPC 数据类型

证,这与控制系统登录不同。有很多方法可以解决这个问题:可以使用信任设置域,可以在服务器(Web 页面的源)和客户端(运行浏览器)同时使用相同的账户信息,或者在 Web 页面级别禁用安全性。

15.3　应用实例

在工厂现场,支持连续数据分析的服务器将被分层放置在现有的 DCS 上。对于本例,假设该 DCS 包含一个 OPC 服务器。OPC 镜像已被配置为将信息从 DCS 服务器传输到 OPC 服务器,该 OPC 服务器由持续数据分析应用程序支持。操作员、过程工程师和工厂管理人员,可使用在线 Web 界面访问由持续数据分析提供的质量参数预测和故障检测。本例中并没有给出完整的工厂环境,满足这些安装需求的典型方法如图 15-10 所示。

在本应用实例中,DCS 网络被商业网络的防火墙阻断,仅在允许通行的方向才可这么做。DCS 网络的主机一直不允许连接至网络。

一个系统连接至 DCS 受保护网络的全部途径同时也会受到无警戒区(DMZ)的保护。可通过受防火墙保护的思杰(Citrix)服务器实现远程访问,其中思杰服务器是商业网域的一部分,但是受限访问。终端用户通过思杰远程访问体系结构向 DCS 系统传达的信息是端对端加密信息,并通过双因素认证方式完成了认证。这样一来,便杜绝了盗用现有访问权限人士密码的行为。

思杰系统安装了数据分析 Web 应用程序所需要使用的 Microsoft Internet Explorer 组件。

通过使用有限数目的专用主机接入 DCS 系统,允许站点遵循静态防火墙规则,且不必启用需要静态 IP 地址的个人终端用户系统。需要在最终用户计算机上运行的应用程序必须与 Windows 7 兼容,并在使用前经过认证和打包,以确保正确安装、不需要管理员权限就能运行且以一致的方式安装并符合许可要求。

需要运行终端用户计算机的应用程序必须与 Windows 7 系统兼容,并且在使用前经过认证和打包,以确保它们安装正确、不需要管理员权限即可运行、以一致的方式安装并符合

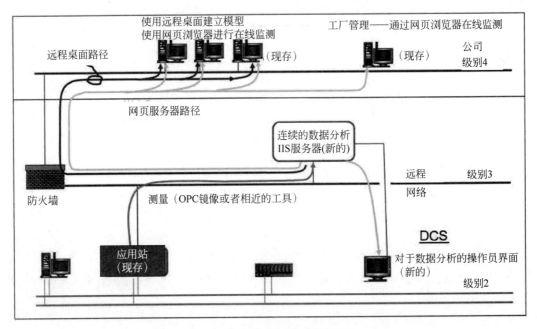

图 15-10　典型的先进控制的安装

许可要求。

工厂现场的 IT 安全需求通常会影响先进控制集成到工厂网络中的方式，以及先进控制工作站访问控制系统内信息的规则。例如，在上述讨论的安装过程中，为用于信息传输而打开的渠道是由工厂的 IT 部门指定的。

参 考 文 献

1. *OPC Mirror*, *Product Data Sheet*, www.EmersonProcess.com/DeltaV.

2. Mahnke, W., Leitner, S., Damm, M., *OPC Unified Architecture*, ISBN 978-3-540-68898-3, Springer, 2009.

3. Hollender, M., *Collaborative Process Automation Systems*, ISBN 978-1-936007, International Society of Automation, Research Triangle Park, NC, 2012.

4. Gîrbea, A., Nechifor, S., Sisak, F., Perniu, L., "Efficient address space generation for an OPC UA server", *Software: Practice and Experience*, Volume 42, Issue 5, pages 543-557, May 2012.

5. Gîrbea, A. Nechifor, S.; Sisak, F.; Perniu, L. "Design and implementation of an OLE for process control unified architecture aggregating server for a group of flexible manufacturing systems", *Software, IET*, Volume: 5, Issue: 4, Page(s): 406-414, August 2011.

6. Rohjans, S., Piech, K., "Standardized Smart Grid Semantics using OPC UA for Communication", *IBIS Interoperability in Business Information Systems*, Issue 1(6), 2011.

附　录　A

　　已经建立了一个网站,使你能够查看用于评估系统性能、按需整定和自整定、模糊逻辑控制、神经网络、智能 PID、持续和批量数据分析、MPC、实时优化和过程仿真的专题练习解决方案。此外,该网站所提供的一些信息,可能有助于探索基础控制技术和先进控制技术。

　　访问和使用该网站所需的只是一个 Web 浏览器。以下部分包含有关如何访问该网站和查找专题练习相关的信息。

A.1　进入网站

　　通过浏览器登录 http://www.advancedcontrolfoundation.com。该网站主页显示着先进控制基础的专题练习内容,如图 A-1 所示。

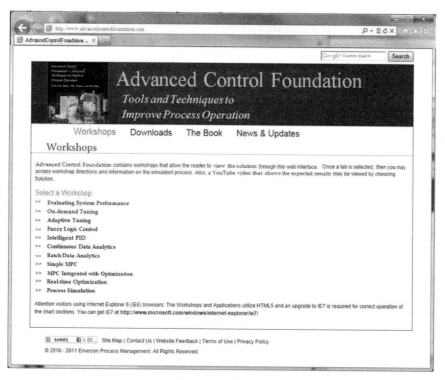

图 A-1　网站主页

　　从"专题练习"界面选择其中某个专题练习。举例来说,在"专题练习"界面选择"评估系统性能",则将打开此专题练习界面,如图 A-2 所示。

　　默认情况下,该网站将显示"练习"选项卡,其中包含本书中提供的该专题练习描述的副本。

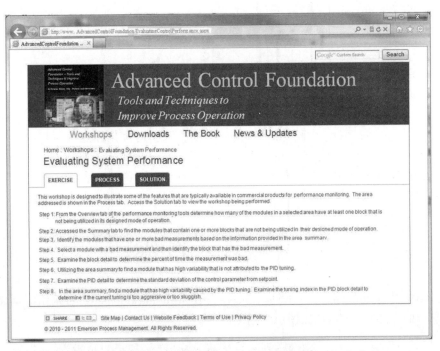

图 A-2　专题练习——评估系统性能

　　选择"过程"选项卡，以查看在专题练习上仿真的过程。作为回应，屏幕的底部部分会改变以显示流程的图片，如图 A-3 所示。

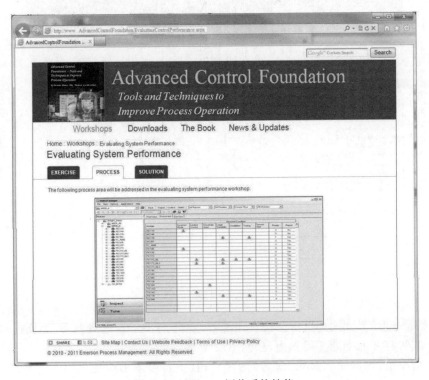

图 A-3　过程——评价系统性能

选择"解决方案"选项卡,将在屏幕下部打开一个视频,显示该练习的解决方案,如图 A-4所示。在该视频中,该练习的每一步都被予以展示和讨论。

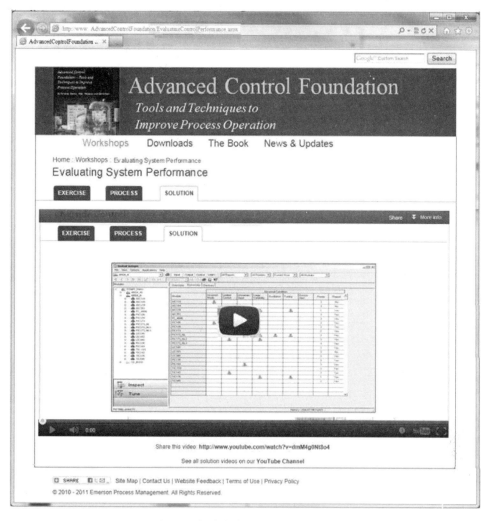

图 A-4　解决方案——评价系统性能

使用该视频区域提供的控制,可以调节音量并开始、停止和回放视频。

A.2　下 载 选 项

该网站主页提供了一个"下载"选项,用于下载过程仿真的配置文件以及与每个车间关联的控制模块。这些.fhx 文件可以被导入并与 DeltaV 控制系统一起使用,也可以与DeltaV 仿真产品一起使用。

A.3　书 籍 选 项

本书的信息及其作者的信息可通过网站主页的"书籍"选项卡获得。通过该网站也可以购买本书。

A.4　新闻和更新选项

本网站的这个部分包含了使用本书的教育课程的信息。此外，当在本书的文本或图片中发现错误时，勘误表将在本部分进行公布。

术　语　表

Accuracy（精度）——测量值与被测量的实际值相符合的能力。

Actual Mode（现行模式）——操作的一种模式，可基于目标模式和 PID 块输入的状态实现。

Aliasing（失真信号）——由于对模拟值采样频率不足造成的测量失真。

Batch Process（批量过程）——一种过程，它接收材料，通过一系列分立的步骤将材料加工成中间或最终产品。

Bumpless Transfer（无扰切换）——在模块模式转变时尽量减少对设定值的改变而设计的方法。

Calibrating a Transmitter（变送器校准）——利用准确的参考输入值、已知压差或其他过程测量值对变送器进行调整的过程。

Cascade Inner，Secondary，or Slave Loop（级联内环，二级环，或从环）——在级联策略中，操纵过程输入的 PID。

Cascade Outer，Primary，or Master Loop（级联外环，一级环，或主环）——构成级联的与最终过程输出相关联的 PID。

Cascade Intermediate Loops（级联中间环）——级联中处于外环和内环之间的 PID。

Closed Loop Control（闭环控制）——基于过程输出测量值自动调节过程输入。

Commissioning（投用）——使一个系统达到可以使用的程度所需要做的工作。

Configuration（组态）——为控制器和其他一些包括过程控制仪器系统的设备所提供的说明和引用信息。

Constraint Limit（约束界限）——为保证过程正确运行，约束参数不能超过的值。

Constraint Output（constraint parameter）（约束输出（约束参数））——必须维持在一个操作范围内的过程输出。

Continuous Process（连续过程）——一种过程，它连续不断的接收原材料，并连续不断的将其加工成中间或最终产品。

Control Faceplate（控制面板）——由操作员使用的面板显示，含有控制器，报警器，以及其他组件。

Control Loop（控制回路）——过程控制系统的组成部分。

Control Module（控制模块）——容纳以功能块方式实现的测量、计算和控制。一个模块可以包含其他的控制模块。

Control Panel（控制屏）——由操作员使用的屏幕，含有控制器、报警器以及其他组件。

Control Robustness（控制的鲁棒性）——在实际与设定的过程增益和动态响应出现偏差时保持控制不变的性能。

Controlled Output（controlled parameter）〔控制输出（控制参数）〕——过程输出，要通过调整过程的输入来将它维持在一个期望值。

Control Room（控制室）——工厂操作员工作的房间。

Control System（控制系统）——一个组件或作为统一整体共同发挥作用的一系列组件，在特定规范限定条件下，通过手动或自动的方式，创建或维持过程处理性能。

Controller Boards（控制器板）——包含内存和处理器，用于执行测量、计算和控制功能。

Critically Damped Response（临界阻尼响应）——在不超越设定值的前提下，在最短的时间内恢复控制参数。在最大限度减小响应时间的同时，可观察到影响过程增益或响应时间的运行条件变化引起的不稳定控制。

Damping（阻尼）——由传感器支持的测量滤波。

Dead Band（死区）——信号翻转时，不会造成输出信号显示值变化的输入信号范围。

Decommission（停用）——指停止使用一个控制器，常常用于替换有故障的控制器。

Disturbance Input（扰动输入）——操纵输入以外的过程输入，它影响被控制的参数。

Distributed Control System（分布式控制系统）——组成部分由数字通信网络相互联接的控制系统。

Duty Cycle Control（占空比控制）——过程输入调节的一种方法，通过改变高电平输入时间占时间周期的百分比，即占空比。

Dynamic Compensation Network（动态补偿网络）——包括在前馈路径中的网络，用于应对扰动输入变化响应和操纵输入变化响应的差异。

Electronic Control System（电子控制系统）——依赖于电力来操作过程测量、控制和执行机构的系统。

Electro-pneumatic transducers（电气转换器）——将输入电流或电压按比例转化成气压输出的设备。

External Reset Feedback（外部积分反馈）——基于过程某一操纵输入测量值而不是控制参数测量值对 PID 积分项的计算。

Equipment Turn Down（设备调节比）——某一设备所支持的最大和最小流量的比率。

Failsafe Position（故障安全位置）——在与控制系统失去联系或执行机构失去电源供应的情况下，阀门将回复到的位置。

First Principle Analysis（第一原理分析）——根据既定的物理和化学定律作的分析，不作像经验模型和拟合参数等的假设。

Flashing（闪蒸）——从高压液体变为低压液体/气体混合物的变化。

Four-Wire Device（四线制设备）——这种现场设备除了要求本地电源线外，还要求一对线缆用于与控制系统的通信。

Function Block（功能块）——一个逻辑处理软件单元，包含一个或多个输入和输出参数。

Gain Margin（增益裕度）——闭环系统进入非稳态前的增益变化。

Grab Sample（抽取样品）——手动获取的用于实验室分析的过程产品或饲料的样品。

Graphic Display（图形显示）——显示图案，包含过程设备和管道的图案表示和位于相应位置的测量值。

Hysteresis（迟滞）——产生相同输出信号的周期性输入信号间的差异，当输入信号的变化速率低于某值时，动态响应显著。

Increase Open/Increase Close Option（渐增打开/渐增关闭选项）——控制系统的一个特征，支持阀门故障安全位置的设定及执行机构和控制系统在默认阀门位置的情况下工作。

Increase/Decrease Control（增加/减少控制）——通过使用离散触点让电机正向或反向运行来调节使用电机的阀门执行机构。

Increase/Decrease Selection（增加/减少选项）——控制系统的特性，用于阀门的故障保险设置，并允许操作员和控制系统按照默认的阀门位置工作。

In-situ Analyzer（原位分析仪）——在液态或气态的流体中测量流体的属性或成分的分析仪。

Installed Characteristics（安装特征）——阀门安装到工业应用过程中后，阀杆位置变化引起的流体速率变化特性。

Integrating Gain（积分增益）——积分过程中，每秒钟输入变化 1% 造成的输出的变化率。

Inverse Response Process（反向响应过程）——有些过程表现出这样的行为，在输入阶跃变化时，输出的初始改变方向与过程充分回应输入变化后的最终方向是相反的。

I/O(Input/Output) Boards（I/O（输入/输出）板）——它包含的电路将现场测量转换为可被控制器使用的数字量，并将数字输出转换为给现场设备的电信号。

Loop Diagram（回路图）——显示现场设备安装细节的图，包括布线和连接现场设备到控制系统的接线盒（如果有接线盒）。

Manipulated input(manipulated parameter)（操纵输入/操纵参数）——过程输入，调整它以维持控制参数在设定值上。

Manual Control（手动控制）——工厂操作员对过程输入的调节。

Media（培养基）——支持微生物或细胞生长的液体或凝胶。

MISO Controller（MISO 控制器）——以使用多输入/输出来确定操纵输入为基础的控制器。

Monotonic（单调）——完全非增或完全非减。

Multi-loop Controller（多回路控制器）——实现对多个测量设备和执行机构的运算处理和控制的设备。

Normal Mode（正常模式）——PID 正常工作应在的模式。

Other Input（其他输入）——对控制输出或约束输出没有影响的过程输入。

Other Output（其他输出）——控制输出或约束输出以外的其他过程输出。

Output Deadband（输出死区）——沿着控制系统输出方向所需要的，能导致控制参数变化的，最小的百分比变化。

Output Resolution（输出分辨率）——控制系统输出所需要的，能导致控制参数变化的，最小的百分比变化。

Over-Damped Response（过阻尼响应）——在不超越设定值的前提下，逐渐恢复控制参数。在大多数情况下，过阻尼响应能够在影响过程增益和响应时间的不同条件下，提供最好的响应。

Pairing of Control Loops（控制回路配对）——选择控制参数和操纵参数以减少控制回

路之间的相互作用。

Permitted Mode(许可模式)——在给定应用中的操作员可选择的各种模式。

Phase Margin(相位裕度)——闭环系统进入非稳态前可增加的相角偏移动量。

PID Tuning Parameters(**PID 整定参数**)——PID 算法参数，可用于弥补过程增益和动态响应，并调节对设定值变化和过程干扰输入的控制反应。

Piping and Instrumentation Diagram(**P&ID**)（**管道和仪表图**）——显示工厂仪表和管线安装细节的图纸。

Plant Operator(工厂操作员)——工厂中负责一个或多个过程区域进行连续操作的人员。

Pneumatic Control System(气动控制系统)——依赖于加压空气来操作过程测量、控制和驱动设备的系统。

Pressure Head(静压差)——由一定高度（深度）的液体柱在其底部形成的压力。

Process(过程)——在一个制造工厂的专用设备配置，它对输入进行反应来产生输出。

Process Action(过程动作)——连接或协调不同的 PID 组件的功能的机制。

Process Area(过程区域)——一个工厂内设备按功能的分组。

Process Flow Diagram(过程流程图)——用以显示工厂主设备间工艺流程以及实现目标生产效率的设计工况的图纸。

Process Deadtime(过程时滞)——过程输入阶跃变化时，从输入产生变化到输出首次发生变化的时间测量值。

Process Gain(过程增益)——过程输入阶跃变化时，过程输出变化与过程输入变化的比值。输出变化量应在进程已充分响应输入变化后确定。

Process Time Constant(过程时间常数)——过程输入阶跃变化时，从输出开始变化直至达到输出变化量的 63% 的间隔时间。

Process Units(过程单元)——过程区域中结构和功能类似的设备。

Pseudo Random(伪随机)——似乎是随机的一系列变化，但实际上是根据某些预先安排的顺序生成的。

Rack Room(机柜间)——被设计成安装控制系统组成部分的房间。

Rangeability(可调范围)——流量计最高满刻度范围和最低满刻度范围的比率。

Remote Seal(远传密封)——将膜片安装在容器上，用充满液体的细软管连接到差压变送器。

Repeatability(可重复性)——同一输入条件下测量获得的多次连续输出结果之间的一致性程度。

Reset Windup(积分饱和)——当 PID 输出进一步改变对过程没有影响时，PID 持续积分计算造成的过度积累。

Resolution(分辨率)——能够检测并如实地反映细微变化的能力。

Rotary Valve(旋转阀)——一种阀门，通过旋转横向活塞中的一个或多个通道来调节所接管道中流动的液体或气体。

Sampling Analyzer(采样分析仪)——包含调整并测量气体或液体样本的采样系统的分析仪。

Self-Documenting(自建文档)——自动生成的遵循既定命令和结构规范的文档。

Self-Regulating(自调节)——过程维持内部稳定状态的能力或变化趋势。

Setpoint(设定值)——控制系统要维护的控制参数的值。

Single-Loop Control(单回路控制)——手动或自动调整单一操纵参数,将控制参数维持在设定值。

Slurry(泥浆)——在液体中悬浮的不溶性微粒。

Span(量程)——压力传感器输出信号的最小值和最大值的差值。

Step Change(阶跃变化)——从一个稳定状态值到另一个值的突然变化。

Superheated Steam(过热蒸汽)——在任何给定压力下,比水的沸点温度高的蒸汽。

System Configuration(系统组态)——控制系统的测量、计算、控制和显示功能的规范。

Tag Number(位号)——分配给现场设备的唯一身份标识。

Target Mode(目标模式)——操作员所要求的操作模式。

Terminator(终端器)——安装于现场总线网段末端或末端附近的阻抗匹配模块。

Terminations(终端装置)——给现场接线和信号处理的接线接口,它是提供给 I / O 板的界面。

Transmitter(变送器)——一种由外壳、电子部件和传感元件组成的现场设备,用于测量工艺运行状态并把这些测量值传送到过程控制系统。

Transport Delay(传输延时)——将液态、气态或固态物料从工艺段的一个位置传输到另一个位置所要花费的时间。

Tuning(整定)——在基于 PID 算法的反馈控制调试投用过程中,需要将与 PID 相关的参数(即比例、积分、微分增益)选定特定值,以便控制器针对设定值和扰动的变化做出最好响应。这个过程称为整定。

Turndown(调节比)——可被变送器测量出来的最大流量和最小流量的比率。

Two-Wire Device(两线制设备)——一种现场设备,这种设备通过一对导线获取电源,同时也利用这对导线实现其与控制系统间的通信。

Ultimate Gain(终极增益)——为获得控制参数和操纵参数持续振荡而要求的比例增益(积分增益和微分增益设置为零)。

Ultimate Period(终极周期)——当比例增益设置为终极增益时,增益振荡的周期(积分增益和微分增益设置为零)。

Underdamped Response(欠阻尼响应)——控制参数可以超过设定值,但最终落在稳定值上。可以最大限度地减小回到设定值的时间,但是通常是以牺牲稳定性、超过设定值和负载扰动为代价的。

Underspecified(未指定的)——为达到完全规范所需提供的信息不充足或不够精确。

Unstable Response(不稳定响应)——控制参数和操纵参数表现为一种振荡响应,幅度不断累加直到操纵参数达到其输出上限值。

Valve Actuator(阀门执行机构)——使用气流、电流或者液压等能量形式,为阀门提供直线或旋转运动的装置。

Valve Bonnet(阀盖)——保证阀门密封,其中的阀门填料是保持可使阀盖和阀杆之间密封的部件。

Valve Characteristics（阀特征）——在阀门两侧压力差恒定不变的情况下，随着阀杆的运动，阀门中流量对应的变化情况。

Valve Positioner（阀门定位器）——用来调节阀门执行机构以维持阀杆在一个目标位置的装置。

Valve Seat（阀座）——能够截断连续流动流体的可更换面部件。

Valve Stem（阀杆）——通过移动节流元件进而控制流过阀门流量的金属杆。

Zero Cutoff（小信号切除）——流量低于设定值时测量值显示为零。

图 书 资 源 支 持

感谢您一直以来对清华大学出版社图书的支持和爱护。为了配合本书的使用，本书提供配套的资源，有需求的读者请扫描下方的"书圈"微信公众号二维码，在图书专区下载，也可以拨打电话或发送电子邮件咨询。

如果您在使用本书的过程中遇到了什么问题，或者有相关图书出版计划，也请您发邮件告诉我们，以便我们更好地为您服务。

我们的联系方式：

地　　址：北京市海淀区双清路学研大厦 A 座 701

邮　　编：100084

电　　话：010-83470236　010-83470237

资源下载：http://www.tup.com.cn

客服邮箱：tupjsj@vip.163.com

QQ：2301891038（请写明您的单位和姓名）

教学资源·教学样书·新书信息

人工智能科学与技术
人工智能|电子通信|自动控制

资料下载·样书申请

书圈

用微信扫一扫右边的二维码,即可关注清华大学出版社公众号。